La maison communicante

Réussir son installation domotique et multimédia

Chez le même éditeur

Du même auteur

J. Repiquet, F.-X. Jeuland, *Architectures à vivre – Maison A/Studio B : innovations environnementales et domotiques*, 2007

Domotique et installation électrique

Th. Gallauziaux, D. Fedullo, *L'installation électrique comme un pro*, 4e édition, 2012

Th. Gallauziaux, D. Fedullo, *Le grand livre de l'électricité*, 2e édition, 2009

Th. Gallauziaux, D. Fedullo, *Installer un tableau électrique*, 3e édition, 2009

Th. Gallauziaux, D. Fedullo, *Les évolutions de la norme électrique*, 2e édition, 2009

Th. Gallauziaux, D. Fedullo, *Mémento de schémas électriques – Tome 1*, 2e édition, 2009

Th. Gallauziaux, D. Fedullo, *Mémento de schémas électriques – Tome 2*, 2e édition, 2010

J. Nozick, *Guide du câblage universel*, 4e édition, 2009

Maison environnementale et économies d'énergie

D. Molle, P.-M. Patry, *RT 2012 et RT Existant*, 2011

Th. Gallauziaux, D. Fedullo, *Le grand livre de l'isolation*, 3e édition, 2011

Th. Gallauziaux, D. Fedullo, *L'isolation thermique comme un pro*, 2011

Th. Gallauziaux, D. Fedullo, *Isoler les combles*, 2011

A. Garnier, *Le bâtiment à énergie positive*, 2011

L.-P. Hayoun, A. Arrigoni, *Les installations photovoltaïques*, 2011

D. Roditi, *Ventilation et lumière naturelle*, 2011

J.-M. Percebois, *Le guide du chauffage géothermique*, 2e édition, 2011

P. de Haut, *Chauffage, isolation et ventilation écologiques*, 2e édition, 2011

Th. Gallauziaux, D. Fedullo, *L'isolation par l'extérieur*, 2010

B. Vu, *Maison basse consommation (BBC)*, 2010

B. Herzog, *Le puits canadien*, 2e édition, 2010

E. Riolet, *Le mini-éolien*, 2010

P. Amet et coll., *Installer un chauffage ou un chauffe-eau solaire*, 2e édition 2010

E. Riolet, *L'énergie solaire et photovoltaïque pour le particulier*, 2e édition, 2010

P.-G. Bellin, *Se chauffer au bois*, 2e édition, 2010

P.-G. Bellin, *L'habitat bio-économique*, 2e édition, 2009

P.-G. Bellin, *L'auto-écoconstruction*, 2009

P. Le Goarnig, *L'isolation bio de la maison ancienne*, 2008

B. Béranger, *Les pompes à chaleur, 2e édition*, 2007

Architecture et maison contemporaine

J.-F. Daures, *Architecture végétale*, 2011

A. Liébard, *Architectures solaires*, 2009

A. S. Vidiella, *Atlas de l'architecture d'aujourd'hui*, 2008

J. Repiquet, L. Duca, *Construire en bois aujourd'hui*, 2007

J. Repiquet, *Extensions de maisons de ville et de banlieue*, 2007

V. McLeod, *50 maisons d'architectes*, 2007

Architecture intérieure et décoration

D. Willis, *Le disque aux 800 couleurs*, 2011

K. Vézina, *50 nuanciers tendances*, 2010

V. McLeod, *38 salles de bain d'architectes*, 2009

V. McLeod, *36 cuisines d'architectes*, 2008

G. Prieur, *Intérieurs de style*, 2009

A. Starmer, *Jeux de couleurs 2 : les neutres et les pastels*, 2009

A. Chinn, *Jeux de matières et de couleurs*, 2008

B. Phillips, *Vivre en grand dans un espace trop petit*, 2008

C. Merlino, *Réaménager son appartement*, 2008

T. Lemâle, *Conseils de pros pour votre déco*, 2007

T. Lemâle, *Coaching d'intérieurs*, 2006

A. Starmer, *Jeux de couleurs*, 2006

K. Skinner, *Effets de peinture murale*, 2006

Construction et rénovation de maisons

E. Fossoux, S. Chevriot, *Construire sa maison container*, 2011

Y. Benoît, Th. Paradis, *Construction de maisons à ossature bois*, 3e édition, 2011

L. Cagin, L. Nicolas, *Construire en pierre sèche*, 2e édition, 2011

E. Adam, O. Dauch, J. Soum, *Construire en rond*, 2010

H. Renaud, *Bien construire sa maison*, 2011

H. Renaud, *Construction de maisons individuelles*, 2e édition, 2009

J.-L. Valentin, *La charpente, mode d'emploi*, 2008

R. Newman, *La construction à ossature traditionnelle en chêne*, 2007

H. Renaud, *Choisir et réaliser ses fondations*, 2007

H. Renaud, *Implantation des maisons et branchements*, 2006

H. Renaud, *Murs, poutres et planchers*, 2005

H. Renaud, *Choisir et réaliser les couvertures en tuile*, 2004

H. Renaud, *Choisir et réaliser les charpentes*, 2004

W. Mannes, *Construction artisanale d'escaliers en bois*, 1994

R. Roy, *Escaliers en bois*, 1989

Second œuvre et aménagement de la maison

V. Le Roy, *Les enduits intérieurs*, 2011

M. Cerro, *Enduits terre et leur décor*, 2011

M. Cerro, *Enduits chaux et leur décor*, 2011

M. Cerro, *Sols chaux et terre cuite*, 2010

Th. Gallauziaux, D. Fedullo, *La plomberie en PER, PVC et multicouche*, 2011

Th. Gallauziaux, D. Fedullo, *La plomberie comme un pro*, 2e édition, 2010

Th. Gallauziaux, D. Fedullo, *Doublages et faux-plafonds*, 2010

Th. Gallauziaux, D. Fedullo, *Poser et entretenir parquets et sols stratifiés*, 2e édition, 2011

Centre historique de Léon, *La chaux et le stuc*, 2e édition, 2010

J.-Cl. Bidaux, *Plâtre – Murs, formes et volumes*, 2e édition, 2008

G. Rondeau, S. Rondeau, M. Pons, *Techniques et pratique du staff*, 2004

École d'Avignon, *Techniques et pratique de la chaux*, 2003

La maison communicante

Réussir son installation domotique et multimédia

François-Xavier **Jeuland**

Avec la contribution de Olivier Salvatori

4e édition

EYROLLES

ÉDITIONS EYROLLES
61, bld Saint-Germain
75240 Paris Cedex 05
www.editions-eyrolles.com

Crédits

Les figures 2.17, 3.24, 4.2, 5.1, 6.7 et 10.1 sont basées sur une perspective 3D propriété de la société Delta Dore.

Alain Bonnivard (schémas) : fig. 2.17 (détail), 2.18, 3.5-3.6, 4.5, 4.7 (détail), 13.3 (détail), 13.7 (détail), 13.25 (détail).

Arnauld Castagné (axonométries) : fig. 10.23, 11.2, 13.5, 13.7, 13.13, 13.16, 13.19, 13.25.

Paul Kozlowski, www.photoarchitecture.com (photos) : fig. 1.3, 1.10, 2.5, 5.33, 6.3, 6.9, 6.10, 7.14, 10.12, 10.15, 10.17, 12.1, 13.1-13.2, 13.9-13.10, 13.12-13.15, 13.18, 13.20, 13.23, 13.28-13.30.

Marie-Hélène Phuong (schémas) : fig. 2.13, 3.13, 3.15, 3.22, 5.9, 5.24-5.27, 7.1, 7.3-7.4, 7.6, 7.8-7.9, 7.12, 7.15, 8.2-8.3, 8.5, 8.7, 9.1, 9.4, 9.6, 11.5, 13.3, 13.27.

Les photos de couverture sont de Paul Kozlowski, à l'exception de celles des 2e, 4e et 5e vignettes de 4e de couverture, propriétés respectives des sociétés Danfoss, Hager et Legrand. Sauf erreur ou omission involontaire de l'éditeur, les autres photos ou schémas sont la propriété des fournisseurs de solutions cités en légende des figures ou de l'auteur.

L'auteur et l'éditeur remercient le magazine *Architectures à vivre*, concepteur de la maison Be-Green qui illustre la 1re de couverture et du projet Maison A/Studio B présenté au chapitre 13 de l'ouvrage. Les installations domotiques et multimédias de la maison Be-Green et de la Maison A ont été conçues par l'auteur de l'ouvrage.

L'auteur et l'éditeur remercient également les entreprises Dréan Electricité, Vision Éco-habitats, CustHome PACA et Ouest-Domotique ainsi que leurs clients respectifs pour avoir accepté de participer à l'élaboration des deux nouvelles études de cas présentées aux chapitres 14 et 15.

 ISBN : 978-2-212-13276-2

Sommaire

Chapitre 12

Chapitre 13

Chapitre 14

Avant-propos

Le développement du télétravail et des trente-cinq heures, le vieillissement de la population, la prise de conscience environnementale, le maintien ou le retour à domicile des personnes âgées ou handicapées et la généralisation de l'informatique et des loisirs pour tous bouleversent profondément nos modes de vie. Pourtant, nos maisons continuent d'être conçues comme il y a trente ans, sans tenir compte de ces évolutions ni intégrer en amont la moindre réflexion sur l'intégration de solutions innovantes. Faire abstraction de ces progrès conduit à la réalisation de maisons souvent pauvres en fonctionnalités et dépourvues de possibilités d'évolution.

Qui accepterait d'acheter une voiture neuve qui obligerait à fermer à clé une à une toutes les portières ou à actionner les vitres manuellement ? Qui voudrait d'un véhicule dépourvu de système de sécurisation des passagers ? Ce que nous refusons pour nos voitures, nous semblons l'accepter pour nos maisons. Résultat, l'électronique n'y a pas sa place, comme si l'endroit où nous passons plus de la moitié de notre temps n'en valait pas la peine.

Avant même de parler de maison intelligente, il faudrait commencer par concevoir intelligemment nos maisons. L'approche la plus courante consiste à reproduire à l'infini ce qui est parfaitement maîtrisé par les entreprises du bâtiment. En règle générale, que ce soit par habitude, manque de connaissance ou peur de l'inconnu, les professionnels n'abordent pas les domaines liés à l'innovation avec leurs clients, si ce n'est pour les en détourner.

Rares sont encore ceux qui, motivés et éclairés, réussissent à faire bouger les choses et amènent les différents acteurs à évoluer pour mettre en place des solutions simples, pas forcément plus onéreuses, afin de disposer de maisons tout à la fois plus confortables, plus fonctionnelles, capables de communiquer et de réagir de façon autonome, aptes à évoluer selon les besoins, plus sûres, plus respectueuses de l'environnement et de surcroît plus économes.

Objectifs de l'ouvrage

Quatrième édition

Après le succès des éditions précédentes, compte tenu, de l'évolution rapide des technologies domotiques et multimédias, cette nouvelle édition mise à jour, corrigée et augmentée, comporte les principales nouveautés suivantes :

- Refonte de la structure du livre pour permettre un parcours de lecture adapté à chacun.
- Mise à jour de tous les chapitres pour tenir compte des évolutions des usages, des technologies et des solutions disponibles sur le marché.
- Accent porté sur la pertinence des solutions domotiques en réponse aux engagements pris par le Grenelle Environnement et à la nouvelle réglementation thermique (RT 2012).
- Mise en perspective des tendances apparues récemment dans le monde du numérique (TV HD et 3D, TV IP, TNT, OLED, etc.) et de la mobilité (écrans tactiles, smartphones, tablettes, etc.).
- Études de cas complémentaires au projet Maison A : une petite installation de pilotage à distance pour un appartement rénové et une application domotique au service d'une maison passive.

Depuis des années, on nous annonce une révolution dans l'habitat avec l'avènement de la domotique, et l'on nous fait rêver de la maison du futur. Ce concept même de « maison du futur » n'a pas sa place dans le présent ouvrage, dont l'objectif est au contraire de donner les clés nécessaires à la mise en place concrète, aujourd'hui, de solutions innovantes certes sophistiquées mais disponibles sur le marché et ayant fait la preuve de leur efficacité. Nous nous garderons donc de parler de révolution, tout au plus d'évolution naturelle, inhérente à tous les domaines.

Que notre projet concerne une construction neuve ou une rénovation, qu'il s'agisse d'une maison ou d'un appartement, d'une habitation principale ou secondaire, le résultat ne peut être fonctionnel que si les systèmes mis en œuvre sont choisis et installés de façon cohérente. Cela implique une réflexion en amont, que nous mènerons nous-même ou avec l'aide de spécialistes, pour définir nos besoins et choisir les solutions techniques adéquates.

Cette phase nécessite une vision globale du projet et ne peut en aucun cas se réduire à une discussion avec les différents corps de métier. Chaque projet faisant appel à des compétences différentes (électricien, alarmiste, chauffagiste, antenniste, domoticien, informaticien, etc.), il nous faut faire la synthèse de tous ces domaines en considérant le projet dans sa globalité et non comme une juxtaposition de technologies. Cette phase de conception permet de faire les bons choix et éventuellement de déterminer ce qui doit être réalisé au stade de la construction et ce qui peut être différé.

À l'ère du numérique, notre maison doit être prête à accueillir tous les systèmes qui accompagnent l'évolution de notre façon de vivre, de travailler et de nous divertir.

En résumé, les principaux objectifs de cet ouvrage sont les suivants :

- Définir ce qu'est une maison intelligente afin d'aider à sélectionner les fonctions qui nous permettront de disposer d'un habitat plus confortable, plus sûr et plus fonctionnel.
- Faire un tour d'horizon des solutions innovantes disponibles dans les domaines de l'électricité, du chauffage, de la sécurité, de la téléphonie, de l'informatique et de l'audiovisuel.
- Offrir les clés pour effectuer les bons choix et éviter de commettre l'erreur, le plus souvent irréversible, de construire une maison pour satisfaire aux besoins présents, sans prendre en compte les évolutions futures liées au numérique.

- Détailler une méthode de conduite de projet permettant de choisir les solutions et les intervenants dans les meilleures conditions et d'optimiser nos chances de succès.
- Étudier les surcoûts engendrés par l'intégration de ces solutions et les possibilités de phasage dans le temps.
- Donner envie d'inclure les technologies domotiques et multimédias dans un projet à travers trois études de cas représentatives de la variété du marché.

En étant bien informé et en comprenant les tenants et les aboutissants de plusieurs projets complémentaires mettant en œuvre des solutions innovantes, nous mettons toutes les chances de notre côté pour réussir.

Structure de l'ouvrage

Avant de détailler les solutions disponibles et les moyens à rassembler pour les mettre en œuvre, il nous a semblé indispensable de définir les objectifs à atteindre dans ce type de projet et de résumer dans chaque domaine les solutions innovantes susceptibles d'être retenues. Trois études de cas, incluant des données budgétaires, permettent de se faire une opinion sur l'opportunité d'intégrer ou non les technologies domotiques et multimédias dans un projet.

Le livre est organisé en trois parties :

La **première partie** présente les applications possibles des technologies domotiques et multimédias :

- 1. **Qu'est-ce qu'une maison intelligente ?** Pourquoi les maisons construites de façon traditionnelle ne sont-elles pas capables d'intégrer facilement des fonctions avancées ni compatibles avec le numérique ? En quoi l'intégration de nouvelles technologies dans la conception d'une maison peut-elle contribuer au bien-être d'une famille ? Telles sont quelques-unes des questions auxquelles ce chapitre tente de répondre.
- 2. **Les loisirs numériques.** TV connectée HD et 3D, Internet, multimédia, satellite, home cinéma, musique, jeux vidéo devenant omniprésents, chacun veut pouvoir y accéder de partout et à tout moment. Ce chapitre donne les clés pour mettre en place un réseau multimédia cohérent et gérer au mieux toutes ses ressources.

- **3. L'informatique.** L'informatique prenant de plus en plus d'importance dans nos maisons, le fait de disposer d'un réseau local permettant de partager toutes les ressources informatiques est devenu crucial. Ce chapitre montre comment, de simple outil de travail, de communication et de divertissement, l'ordinateur, grâce notamment aux tablettes, devient incontournable dans un projet domotique.
- **4. La téléphonie.** Avec ou sans fil, fixe ou mobile, sur IP ou directement sur Internet, le téléphone continue de se développer dans nos maisons. Ce chapitre montre qu'il constitue la base d'une maison communicante et peut devenir facilement le prolongement des fonctions intelligentes mises en place.
- **5. La sécurité des biens et des personnes.** Disposer d'un logement sûr est devenu un élément de confort et de bien-être à part entière, qu'il s'agisse de limiter les menaces d'intrusion, surveiller sa maison à distance, ou prévenir certains risques domestiques.
- **6. Le confort domestique.** Éclairage, chauffage, climatisation, rafraîchissement, automatismes, sécurité sont autant de domaines à prendre en compte dans un projet de maison intelligente visant au confort et au bien-être de ses habitants. Ce chapitre livre les critères à prendre en compte pour la sélection et la mise en œuvre de ces services.

La **partie II** introduit les infrastructures domotiques et multimédias à déployer et détaille les possibilités de faire des économies d'énergie grâce à ces nouvelles technologies :

- **7. L'installation domotique.** Comment les différents systèmes communiquent-ils entre eux ? Quelle est la colonne vertébrale de la maison ? Une infrastructure classique, fondée sur un réseau électrique traditionnel, est-elle suffisante ? Ce chapitre apporte des réponses à ces interrogations.
- **8. L'installation multimédia.** Comment intégrer les fonctions multimédias dans nos maisons ? Faut-il continuer à câbler ou opter pour les technologies sans fil ? Quelles solutions permettent de rationaliser le câblage, voire dans certains cas de s'en passer ?
- **9. La centralisation des commandes.** En plus de leur intérêt spécifique, les services et fonctionnalités détaillés au cours des chapitres précédents peuvent être mis en réseau, condition déterminante de la réussite d'un projet. Ce chapitre montre comment unifier ces systèmes et faire en sorte que tous les utilisateurs soient à l'aise et en tirent bénéfice.
- **10. Les économies d'énergie.** C'est une préoccupation de tous devant l'explosion du prix des matières premières et la prise de conscience de la réalité du réchauffement climatique. Comment, dans ce contexte, tirer partie des solutions domotiques et multimédias ? Quel est l'impact sur

nos maisons de la libéralisation du marché de l'énergie et de la nouvelle réglementation thermique RT 2012. Quelles solutions existent pour optimiser nos consommations d'eau ou d'électricité ou encore produire notre propre énergie ?

La **partie III** présente les moyens à mettre en œuvre pour réussir notre projet, énumère nombre de pièges à éviter et illustre le propos du livre entier par plusieurs études de cas :

- **11. Approche méthodologique.** Tout projet de construction, même traditionnel, est complexe. Il met en jeu énormément d'intervenants et demande une certaine rigueur pour aboutir. C'est encore plus vrai si nous souhaitons disposer de solutions innovantes. Ce chapitre détaille la marche à suivre pour gérer au mieux la définition de nos besoins, la sélection des entreprises et la phase de construction proprement dite.
- **12. Les écueils à éviter.** Comment tirer partie de l'expérience de ceux qui se sont déjà lancés dans ce type d'installation ? Quels sont les pièges à éviter dans ce domaine et quelles sont les lignes directrices à adopter pour mener à bien notre projet ?
- **13. Étude de cas n° 1 : Maison A.** Cet exemple concret de réalisation illustre la méthodologie et les solutions détaillées tout au long de l'ouvrage. Ce chapitre fournit l'occasion de démontrer que la domotique peut contribuer aux performances énergétiques d'une maison et d'illustrer concrètement l'impact financier de solutions innovantes par rapport à une installation traditionnelle.
- **14. Étude de cas n° 2 : petite rénovation d'un appartement.** Ce chapitre fournit l'occasion de démontrer que les solutions domotiques sont bien adaptées à tous les besoins et à tous les budgets.
- **15. Étude de cas n° 3 : la villa Vision.** Ce projet exceptionnel de maison passive montre comment nous pouvons tirer parti des technologies domotiques pour jouir d'un certain niveau de confort tout en limitant les consommations au maximum.
- **16. Les grandes tendances.** L'évolution de nos modes de vie, de travail et de loisirs a des conséquences importantes sur la façon dont nous concevons nos maisons. Ce chapitre est l'occasion d'analyser ces nouvelles tendances et d'en déduire ce qu'elles impliquent concrètement sur le terrain.
- **17. À nous de jouer…** Comment nous lancer si nous souhaitons mettre en œuvre certaines solutions décrites dans ce livre ? À qui s'adresser en priorité et comment imposer notre volonté aux professionnels ? Si nous suivons la méthodologie proposée et respectons le type d'infrastructure préconisé, notre habitation sera à coup sûr plus confortable et plus facile à vivre. Nous disposerons alors d'un habitat contemporain, prêt à s'adapter aux besoins de demain.

Public visé

L'ambition de cet ouvrage est de faire progresser le nombre de projets de construction ou de rénovation fondés sur l'intégration de solutions innovantes. Cela n'est possible que si l'ensemble des acteurs concernés, que ce soit en maîtrise d'œuvre, maîtrise d'ouvrage ou installation, disposent des mêmes informations et parlent le même langage :

Le **particulier,** ou maître d'ouvrage, qui se lance dans un projet de construction doit connaître les possibilités fonctionnelles offertes par les technologies domotiques et multimédias pour prendre des décisions en toute connaissance de cause. Il trouvera dans l'ouvrage les clés qui lui permettront de faire les bons choix structurels en fonction de ses besoins présents et futurs et de son budget, ainsi que la marche à suivre pour sélectionner les intervenants et mener le projet à bien.

Le **maître d'œuvre,** qu'il soit architecte, architecte d'intérieur, décorateur, promoteur ou constructeur de maisons individuelles, trouvera les réponses aux questions posées par un nombre croissant de clients. Ayant un rôle primordial de conseil, il sera de la sorte en mesure d'orienter ses clients dans les domaines liés à l'innovation sur les plans fonctionnel, technique et normatif.

L'**installateur** intéressé par les technologies domotiques et multimédias trouvera dans l'ouvrage toutes les pistes lui permettant de faire évoluer son métier et de valoriser son activité. De plus en plus de clients sont en effet demandeurs de fonctionnalités avancées et font confiance aux entreprises capables de les conseiller, de comprendre les dépendances avec les autres corps de métier et, bien entendu, de mettre en œuvre, programmer et maintenir ces installations.

Parcours de lecture

Ce livre a été conçu en trois parties pour permettre à chacun de trouver le niveau d'information adapté à ses connaissances dans chaque domaine :

Le **particulier,** ou maître d'ouvrage, s'intéressera surtout aux usages et aux aspects pratiques du livre développés dans la première partie. Il trouvera dans la deuxième partie des éléments plus techniques pour réussir son projet et optimiser ses consommations d'énergie. La troisième partie est clairement destinée à lui permettre de gérer son projet et de tirer parti de l'expérience des autres à travers les pièges à éviter et les études de cas.

Le **maître d'œuvre** découvrira principalement au deuxième chapitre ce que les technologies domotiques et multimédias impliquent pour un projet de conception. Il trouvera dans la troisième partie plus d'informations sur les compétences à réunir pour mener à bien ce type de projet.

L'**installateur** trouvera dans la première partie des arguments pour convaincre ses clients et dans la deuxième les éléments nécessaires à sa réflexion sur le type de solution à privilégier en fonction du pouvoir d'achat de sa clientèle, du type de projet sur lequel il intervient et des compétences de ses équipes. Les études de cas seront pour lui l'occasion d'apprendre concrètement comment aborder ce type d'installation.

La lecture des chapitres de la première partie peut se faire dans n'importe quel ordre en fonction des centres d'intérêt de chacun. Les trois parties sont indépendantes les unes des autres, mais il est conseillé de lire la deuxième partie avant la troisième pour comprendre les tenants et aboutissants de la méthodologie employée et tirer pleinement partie des études de cas.

L'auteur espère grâce à ce livre susciter une prise de conscience de la nécessité de faire évoluer nos maisons vers des logements tout à la fois plus confortables, plus sûrs, plus économes et réellement adaptés aux évolutions à venir.

Site Web du livre

Le site *www.maisoncommunicante.com* est à votre disposition pour réagir à la lecture du livre, poser vos questions à l'auteur, visualiser les vidéos des études de cas, vous tenir informé de l'actualité de l'ouvrage et consulter certains passages qui exigent une mise à jour régulière, comme les liens Internet des fabricants et des sites de référence, les études de cas ou les tableaux comparatifs.

I

Les applications

Nous avons pris l'habitude de vivre dans des habitations si pauvres en technologies que des systèmes aussi simples que la centralisation des volets roulants, la régulation du chauffage ou les réseaux informatiques y sont encore exceptionnels.

Une maison dépourvue de telles fonctions ne peut guère évoluer, car sa structure est figée. À l'inverse, une maison intelligente est une maison qui dispose de fonctionnalités qui simplifient la vie de ses habitants au quotidien et leur permettent de réaliser des économies d'énergie tout en bénéficiant d'un certain niveau de confort et de sécurité. Elle est ouverte aux évolutions futures par la nature même de ses infrastructures de câblage et par son ouverture au monde numérique.

Le propos de cette première partie est de montrer que l'intégration de nouvelles technologies dans la conception d'une maison permet de mettre en place un ensemble de fonctions qui contribuent à notre qualité de vie. La technologie pour la technologie n'a aucun intérêt. Elle ne devient intéressante que si elle améliore notre quotidien grâce à des systèmes de chauffage et d'éclairage évolués, si elle élimine certaines tâches répétitives et fastidieuses, si elle garantit notre sécurité et notre autonomie et si elle nous permet d'accéder dans chaque pièce à toutes les ressources audiovisuelles, téléphoniques et informatiques.

1 Qu'est-ce qu'une maison intelligente ?

« Après des décennies d'un statut de niche technologique réservé aux passionnés et aux plus fortunés, la domotique semble avoir convaincu le grand public pour devenir un marché à part entière » (Sam Lucero, ABI Research).

Si l'on demande à quelqu'un s'il aimerait vivre dans une maison intelligente, numérique et « domotisée », il y a de fortes chances pour que sa réponse soit négative tant ces concepts peuvent paraître abstraits. Pour le rassurer, le convaincre ou au moins lui donner envie d'y réfléchir, mieux vaut lui donner des exemples concrets d'applications.

Non contente de simplifier la vie, une telle maison devient tout à la fois confortable, communicante, évolutive, autonome, sûre et économe.

Une maison confortable

Le confort de vie est une notion éminemment relative. S'il va de soi que chacun préfère vivre dans un espace harmonieux et fonctionnel, la perception et les attentes que nous avons du confort de notre environnement varient suivant notre personnalité, notre éducation ou notre propre expérience. Est-ce de fermer tous les volets roulants depuis le canapé, d'accéder à Internet depuis la baignoire ou simplement d'allumer un feu de bois ?

En dépit de cette diversité d'appréciations, il est clair que le chauffage et l'éclairage constituent les éléments de base du confort domestique. Les sections qui suivent présentent les fonctionnalités disponibles aujourd'hui dans ces deux domaines.

Le confort thermique

Le besoin d'adapter la température de son habitat aux conditions climatiques est vieux comme le monde, ou presque. Les descendants de l'homme de Cro-Magnon ont déployé des trésors d'ingéniosité pour maintenir une température supportable en hiver et la limiter en été.

Figure 1.1
Le confort, une notion toute relative *(source Philips)*

Aujourd'hui, si nous accordons beaucoup d'importance au choix de notre système de chauffage, le critère numéro un semble le prix de l'installation, loin devant les coûts d'exploitation ou le réel confort thermique. Qui n'a vécu l'expérience de pièces surchauffées, dans lesquelles on est obligé d'ouvrir les fenêtres en hiver ?

Nos modes de vie nous éloignent des principes de bon sens appliqués à l'habitat traditionnel et propres à chaque région (orientation des maisons, taille des ouvertures, choix des matériaux, épaisseur des murs, etc.). La réhabilitation de quelques-uns de ces principes couplée à l'intégration de systèmes innovants permet pourtant, sans lourds investissements, de diminuer les coûts d'exploitation des maisons contemporaines tout en améliorant leur confort au quotidien.

À titre d'exemples, les fonctionnalités suivantes peuvent être combinées pour aboutir à des installations satisfaisantes :

Réglage par zone. Le distinguo entre zone de nuit et de jour est important car nous ne chauffons pas une chambre de la même façon qu'un salon. De même, pour éviter de chauffer inutilement une zone inoccupée, il doit être possible de désactiver le mode confort.

Asservissement du chauffage à l'occupation des pièces. Le chauffage s'éteint ou passe en mode réduit à partir du moment où une pièce est inoccupée pendant un laps de temps prédéfini. Il est évident que cette notion est moins facile à appliquer à un système à forte inertie, comme un plancher chauffant.

Modes confort, réduit, hors gel. Si nous avons la possibilité de passer d'un mode à l'autre de façon simple et sûre, nous nous habituons rapidement à utiliser cette fonction pour activer le mode réduit en notre absence ou le hors gel pour une résidence secondaire. Nous verrons plus loin que l'activation à distance du mode confort en tenant compte de l'inertie du système entre également dans cette logique.

Réversibilité. En été, plus de 70 % de la chaleur à l'intérieur de la maison est due au rayonnement thermique, générant ainsi des pics de besoin électrique. En plus de la qualité du vitrage ou de la gestion intelligente des stores, il peut être judicieux d'envisager une installation réversible. Certains systèmes permettent non seulement de chauffer une maison mais également de réduire la température lors de fortes chaleurs. Sans aller jusqu'aux systèmes de climatisation, qui commencent seulement à être adaptés aux besoins et moyens des particuliers, les puits provençaux ou canadiens couplés à la ventilation ou les systèmes thermodynamiques sont efficaces.

Programmation quotidienne et hebdomadaire. Nos rythmes de vie étant relativement réguliers, il est simple d'associer automatiquement un

Figure 1.2
Une installation de chauffage bien conçue est source de bien-être *(source Acova)*

niveau de chauffage à différentes périodes de la journée ou de la semaine. Un chauffage qui passe du mode réduit au mode confort quelques minutes avant notre réveil puis bascule à nouveau dans la journée, sauf pendant le week-end, et s'ajuste en fonction de la température extérieure pour nous accueillir au retour du travail contribue de façon efficace et simple à notre bien-être tout en nous permettant de maîtriser les dépenses énergétiques.

L'éclairage

Qu'y a-t-il de plus agréable que des ambiances lumineuses adaptées à chaque activité ? Malheureusement, la conception de l'éclairage est souvent le parent pauvre des projets de construction et de rénovation, alors même qu'il s'agit d'un élément de confort et de bien-être à part entière. Il n'est d'ailleurs pas rare de rencontrer des constructions de standing dans lesquelles les installations électriques sont dignes de logements collectifs d'entrée de gamme.

À défaut d'exigences stipulées en amont du projet, l'entreprise d'électricité installe un système d'éclairage standard, répondant aux normes en vigueur, mais somme toute relativement rudimentaire : un plafonnier dans chaque pièce, quelques va-et-vient, un certain nombre de prises de courant, au mieux quelques prises commandées et l'appareillage de base en termes d'interrupteurs et de prises de courant.

Sachant qu'une installation électrique traditionnelle ne tolère aucune évolution simple, puisque tout est câblé une fois pour toutes dans les murs, si vous constatez *a posteriori* que tel interrupteur ou telle prise commandée est mal placé, il vous faut raisonner comme s'il s'agissait de rénovation, avec tout ce que cela implique de travaux supplémentaires (saignée, peinture, finition, etc.) et de dépenses. Résultat, l'agencement des pièces évolue en fonction de l'emplacement des interrupteurs et des prises (220 V, TV, téléphone, etc.), et non des besoins ou des envies.

Pourtant, le spectre des possibilités dans ce domaine est beaucoup plus large que le couple interrupteur-plafonnier. En voici quelques exemples :

Variation d'éclairage. Qu'elle soit électrique ou électronique, la variation permet de multiplier les ambiances et d'adapter l'intensité de l'éclairage au besoin du moment.

Ambiances d'éclairage. La combinaison des différents types d'éclairage – en direct ou non, en fixe ou en variation – permet de réaliser de véritables mises en scène (dîner, TV, relaxation, ménage, chemins de lumière, etc.).

Type d'éclairage. Même si les ampoules à incandescence sont progressivement retirées de la vente, il reste un très grand nombre de dispositifs lumineux, comme le fluocompact, l'halogène, la fibre optique, le spot solaire, la LED, etc., que nous pouvons combiner à volonté.

Régulation en fonction de la luminosité extérieure. Pour ne pas laisser des éclairages allumés inutilement, un capteur de luminosité peut être installé pour piloter l'éclairage en fonction d'un seuil prédéfini ou le réguler de façon continue afin d'obtenir une luminosité constante. Les éclairages s'allument, s'éteignent ou s'ajustent alors en variation pour optimiser les conditions de luminosité.

Commandes d'éclairage. Parmi les nombreuses options de commandes susceptibles de nous simplifier la vie, citons le capteur de présence, qui déclenche automatiquement un éclairage quand nous passons devant

Figure 1.3
L'éclairage, source de confort et élément de décoration *(© P. Kozlowski)*

(garage, couloir, dressing, cave, etc.), la minuterie, qui interrompt un circuit après un laps de temps déterminé, ou la télécommande, qui nous permet d'allumer la lumière depuis un canapé.

Une maison qui simplifie la vie au quotidien

Chacun peut tirer parti de l'innovation comme il le souhaite. Peu importe si l'objectif est d'améliorer le confort global de l'habitation, de se faire plaisir ou d'éblouir ses invités. Dans tous les cas, l'intégration des nouvelles technologies contribue à simplifier la vie.

Toutes les actions que nous faisons machinalement peuvent être automatisées et intégrées dans des scénarios préprogrammés. L'élimination des gestes fastidieux et répétitifs peut nous faire gagner du temps, économiser l'énergie et nous tranquilliser l'esprit.

Figure 1.4
Un nouveau mode de vie fondé sur le numérique *(source Philips)*

Sans descendre de notre voiture, nous désactivons l'alarme, ouvrons le portail, éclairons l'allée si nécessaire et ouvrons la porte du garage d'un seul geste au moyen d'une télécommande.

Un scénario « réveil » se charge d'augmenter à l'heure dite la température de la salle de bains de quelques degrés, de désactiver le système d'alarme partiel, d'allumer la radio et de déclencher la cafetière.

Figure 1.5
D'un seul geste, et sans descendre de voiture, la lumière s'allume, le système d'alarme se désactive et la porte de garage s'ouvre *(source Hager)*

Une programmation home cinéma déclenche simultanément, depuis le canapé, la descente des volets roulants et de l'écran, la diminution progressive de l'éclairage et la mise en route des appareils audiovisuels. Ce type de séquence permet évidemment de se passer de toutes les télécommandes qui envahissent peu à peu nos salons, tout en apportant une certaine dimension magique à la projection.

Pour quitter la maison, un seul bouton active l'alarme, baisse le chauffage, vérifie que toutes les ouvertures sont fermées et que les éclairages sont éteints, lance la simulation de présence aléatoire et active le renvoi des appels téléphoniques et d'éventuelles alertes d'incident sur le téléphone portable.

Le déclenchement de telles séquences peut s'effectuer localement, depuis la maison, ou à distance. Il est possible de les activer au travers de boutons-poussoir, de télécommandes, d'écrans tactiles ou à la voix. Les scénarios peuvent aussi être associés à une programmation horaire ou au changement d'état des détecteurs (baisse de température, vent fort, fuite d'eau, niveau de luminosité, intrusion, etc.).

Détente et loisirs

Il n'y a pas si longtemps, nos anciens étaient fiers de voir affiché sur la façade des immeubles « gaz à tous les étages ». Aujourd'hui, c'est aux loisirs que notre société attache le plus d'importance. Le fait de se divertir, d'écouter de la musique, de regarder des films, de naviguer sur Internet ou de téléphoner dans n'importe quelle pièce de la maison est devenu primordial.

Voici quelques exemples de fonctions importantes à considérer lors de la construction d'une maison :

Diffusion sonore. Permet d'écouter et de contrôler en divers endroits de la maison plusieurs sources en qualité ambiance ou hi-fi (radio traditionnelle ou numérique, platine CD, baladeur numérique, serveur multimédia, musique en direct sur Internet, TNT ou satellite, etc.). Au lieu de multiplier le nombre d'appareils audiovisuels, il suffit de les mutualiser et de les rassembler dans une seule pièce.

Distribution vidéo. Sur le même principe que la diffusion sonore, la distribution vidéo offre la possibilité de regarder plusieurs sources vidéo (enregistreur, lecteur DVD, caméscope, portier vidéo, TV, satellite, câble, etc.) et de les commander depuis plusieurs endroits de la maison.

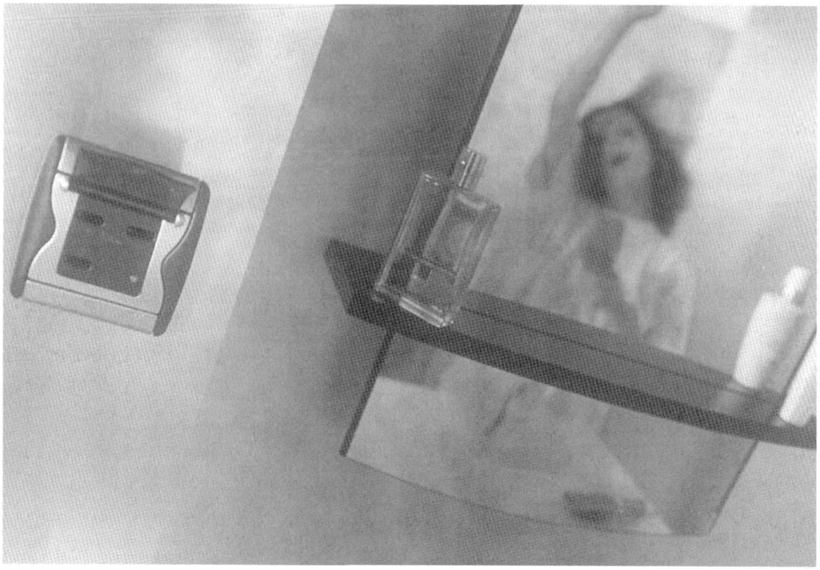

Figure 1.6
De la musique jusque dans la salle de bains
(source Legrand)

Réseau téléphonique interne filaire et sans fil. Présente l'intérêt de pouvoir passer et recevoir des coups de téléphone partout dans la maison, de communiquer gratuitement de pièce à pièce, d'avoir plusieurs numéros pour un même abonnement et de distribuer le signal de l'interphone sur tous les combinés.

Réseau local. Permet d'accéder aux ressources informatiques (imprimante, scanner, accès Internet, partage de fichiers bureautiques ou multimédias) en plusieurs endroits de la maison, avec ou sans fil. L'informatique dépasse désormais les limites du bureau pour investir les chambres des enfants, la cuisine et le salon. L'accès à Internet est devenu une commodité, au même titre que l'eau courante et l'électricité. Le fait de disposer d'une connexion de qualité, accessible depuis différentes pièces de la maison, devient de fait de plus en plus important dans la vie quotidienne d'une famille.

Le véritable intérêt de ces systèmes réside dans la convergence de domaines jusque-là séparés. La musique numérique stockée sur l'ordinateur du bureau, par exemple, peut être commandée depuis le canapé grâce à un écran tactile et diffusée à travers l'installation hi-fi du salon par le biais du réseau local sans fil.

Une maison communicante

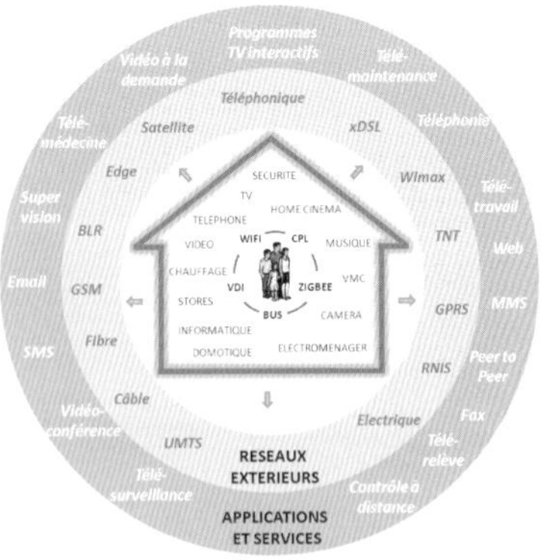

Figure 1.7
Dans une maison communicante, les utilisateurs accèdent aux différents équipements avec ou sans fil à l'intérieur comme à l'extérieur de la maison et peuvent bénéficier d'une multitude de services accessibles de façon interchangeable par un grand nombre de réseaux

Nous sommes entrés dans une ère où la communication est omniprésente et où nous avons pris l'habitude d'être joignables en tout lieu et à tout moment et de joindre les autres aussi facilement. Cette tendance concerne de plus en plus notre habitation.

Comme l'illustre la figure 1.7, nos maisons disposent de très nombreux moyens de communication, que ce soit par voie terrestre (téléphone fixe, réseau ADSL, réseau électrique, câble, etc.) ou aérienne (téléphone mobile, boucle locale radio, Wi-Fi, satellite, etc.). Pourquoi ne pas les exploiter pour être prévenus d'éventuels dysfonctionnements ou interagir avec les systèmes communicants installés dans la maison pour commander certains paramètres à distance ?

La maison nous parle

Quoi de plus rassurant quand nous quittons notre maison que de savoir qu'en cas d'effraction, de panne d'électricité ou de fuite d'eau nous serons directement prévenus sur notre téléphone mobile et notre PC de bureau ou portable par un message vocal, un e-mail ou un SMS ? Les messages peuvent être personnalisés pour indiquer avec précision la nature du problème et permettre une action adaptée en direction des voisins, de la police ou d'un centre de télésurveillance.

Pour peu que nous ajoutions une webcam au dispositif, nous pouvons tout aussi bien recevoir une image de l'incident et visualiser ce qui se déroule chez nous.

Il peut enfin s'avérer utile d'être prévenu lorsqu'une fenêtre est restée ouverte, une lumière allumée, l'alarme correctement activée ou que la température a dépassé un seuil prédéfini. Le message d'avertissement peut être vocal ou sous forme de bip sonore, à l'image de ce qui se fait couramment dans nos voitures. Une autre solution, moins intrusive, consiste à disposer à la sortie de la maison un écran indiquant l'état des différents systèmes (ouverture, alarme, éclairage, chauffage) et permettant l'interaction avec eux.

Figure 1.8
Un message s'affiche sur le téléphone portable au moindre incident
(source Maison communicante)

Nous parlons à la maison

La communication peut évidemment s'effectuer dans l'autre sens, c'est-à-dire sous forme de commande adressée aux différents systèmes connectés de la maison. Il peut s'agir de commander à la voix les circuits d'éclairage ou de déclencher certains scénarios. Nous pouvons aussi activer à distance le chauffage de notre résidence secondaire en mode confort quelques heures avant d'y arriver. Nous pouvons de la même façon désactiver l'alarme pour permettre à une personne autorisée d'entrer chez nous en notre absence ou, à l'inverse, l'activer depuis notre bureau ou encore simuler une présence en actionnant les volets roulants, l'éclairage ou la musique.

Toutes ces interactions n'ont rien de très nouveau, et nous disposons depuis des années de fonctions de contrôle à distance par téléphone d'un certain nombre d'équipements et de systèmes domestiques. Ces fonctions étaient généralement fondées sur des technologies propriétaires (non standards) et étaient pilotables par le biais d'interfaces rudimentaires, telles que des combinaisons de touches sur un téléphone.

Les innovations actuelles portent sur les protocoles de communication, devenus des standards, les interfaces, toujours plus intuitives, la nature des informations échangées, qui s'étendent à l'état des équipements, la centralisation des systèmes communicants sur une seule et même application et l'amélioration de la fiabilité des technologies de synthèse vocale. Tous ces progrès rendent maintenant possible un contrôle simple et intuitif des différents équipements.

Mise en réseau des équipements

Non content de dialoguer avec la maison, nous pouvons faire communiquer tous les systèmes entre eux à partir du moment où ils s'appuient sur des protocoles et des infrastructures de câblage standardisés.

Rien de plus simple, si la conception est bien réalisée, que de renvoyer le signal audio de l'interphone de notre maison vers les combinés téléphoniques ou un téléphone portable.

La combinaison d'une caméra, d'un écran de télévision ou d'ordinateur et d'un accès à Internet permet de réaliser des visioconférences. Ces dernières peuvent s'avérer utiles, par exemple, pour des consultations médicales à distance ou le télétravail.

À partir du moment où tous les systèmes communiquent entre eux, il peut être dissuasif, en cas de tentative d'effraction, de faire clignoter tous les éclairages, sans possibilité de les éteindre, ou encore d'actionner les volets roulants.

Il est aujourd'hui facile de faire communiquer entre eux, avec ou sans fil, tous nos appareils numériques : lecteur DVD, téléviseur, console de jeux

Figure 1.9
À l'heure du numérique, la mise en réseau de nos équipements permet de multiplier les usages pour tous les membres de la famille : impression depuis tous les ordinateurs sur l'imprimante du bureau, mutualisation de l'abonnement Internet, partage de fichiers, jeux en réseau, diffusion sonore à partir du serveur multimédia dans toutes les pièces, etc. *(source Sonos)*

vidéo, caméra, appareil photo numérique, vidéoprojecteur, lecteur de musique MP3, chaîne stéréo, imprimante ou scanner. Cette mise en réseau et la convergence entre toutes les applications du numérique autorisent la mutualisation des données. Il devient possible, par exemple, de regarder la télévision sur n'importe quel ordinateur de la maison, de visionner des photos ou des vidéos de famille sur un écran de télévision ou d'écouter des morceaux de musique sur n'importe quel équipement audio (chaîne, PC, lecteur MP3) depuis n'importe quelle pièce.

Une maison évolutive

La conception d'une maison ou d'un appartement doit s'envisager sur le long terme. Dans la mesure où nous ne nous contentons plus d'y manger et d'y dormir mais également d'y travailler, de nous divertir, de nous informer, etc., et ce de plus en plus longtemps compte tenu de l'allongement de la durée de vie, les notions d'évolutivité, de polyvalence des pièces et des équipements et de modularité des espaces deviennent essentielles.

Modularité des espaces

Comme expliqué précédemment, nous sommes souvent limités dans l'agencement des pièces par la disposition des équipements (prises secteur, TV, téléphone, etc.). De la même façon, lors de projets de rénovation ou de réhabilitation, nous sommes contraints de tenir compte du câblage existant et de l'emplacement des interrupteurs si nous ne voulons pas engager de lourds travaux.

Les infrastructures électriques traditionnelles (éclairage, circuit de prises, etc.) et multimédias (TV, téléphone, hi-fi, etc.) ne sont hélas pas conçues pour faire évoluer les espaces d'une maison.

Si nous souhaitons concevoir notre maison dans une optique de modularité, nous devons nous appuyer sur des solutions électriques innovantes offrant d'avantage de souplesse. Les modifications, réaménagements ou réhabilitations futurs seront à la fois plus simples, plus rapides et moins coûteux à effectuer. On estime l'économie réalisée en cas de remaniement à une fourchette comprise entre 30 et 75 %, selon la nature des modifications.

Évolutivité du câblage

Le câblage de nos maisons est resté longtemps rudimentaire. Au fil des années, les appareils électriques se multipliant, on s'est contenté d'augmenter le nombre de prises. Puis, la généralisation de la télévision et du téléphone a nécessité l'introduction de prises spécifiques TV, FM et téléphone.

Depuis une dizaine d'années, de nouveaux systèmes se sont généralisés dans les logements, tels qu'alarme, téléphonie et audiovisuel distribués, micro-informatique, Internet, home cinéma, régulation, automatismes, etc. La mise en œuvre de tous ces systèmes pose évidemment des problèmes de câblage, qui finissent par revenir cher.

L'adaptation à l'habitat résidentiel de systèmes électriques sophistiqués issus du tertiaire ajoutée aux progrès de l'informatique permet aujourd'hui de rationaliser les installations et de centraliser les commandes. Grâce à cela, une maison bien conçue offre beaucoup de souplesse dans le changement d'affectation des commandes électriques.

Il est, par exemple, possible, et à coût modéré, de brancher n'importe où dans la maison téléphones, téléviseurs, ordinateurs, Box Internet, interphones, webcams ou imprimantes. Aucune pièce n'est de la sorte confinée à un usage exclusif du fait de l'emplacement des prises, et nous pouvons sans difficulté transformer une chambre en bureau et brancher le téléphone aussi simplement qu'une lampe à une prise de courant.

Personne ne peut prédire par quel moyen on recevra demain les chaînes de TV, les stations de radio ou le téléphone. Déjà, aujourd'hui, nous pouvons y accéder par satellite, par Internet, par le câble ou par les ondes. Plutôt que de faire des paris sur l'avenir, il vaut mieux concevoir la maison sans *a priori* en choisissant une infrastructure qui pourra s'adapter aux évolutions technologiques.

Ouverture technologique

Le fait d'introduire des systèmes innovants dans nos maisons rend indispensable une rigueur dans le choix des solutions techniques. Même si le rythme d'évolution de ces systèmes est relativement rapide, l'objectif n'est pas de changer continuellement d'équipements mais de les choisir en connaissance de cause et de faire en sorte qu'ils soient capables d'évoluer et de s'intégrer aux prochaines générations technologiques.

Les technologies propriétaires sont le plus souvent à proscrire, car elles ne s'inscrivent que sur du très court terme ou ne concernent que des applications isolées. Il faut être conscient de ces limites pour éviter les impasses technologiques, telles qu'un matériel sans maintenance ni support.

À l'inverse, les constructeurs ayant choisi de rendre leurs produits compatibles avec les standards du marché et communicants grâce à des protocoles ouverts sont à privilégier. Ils permettent d'intégrer dans le projet les meilleurs produits de chaque fabricant tout en offrant une garantie de pérennité de l'installation.

Dans l'idéal, mais aussi aujourd'hui dans la réalité, une télécommande du constructeur X doit pouvoir agir sur les volets roulants du constructeur Y, le système de chauffage W et l'éclairage du constructeur Z.

▶ Personnalisation

Une maison évolutive s'adapte aux habitudes et aux goûts de chacun. De la même façon qu'un ordinateur s'adapte à la personne qui l'utilise par le biais d'interfaces personnalisables, certaines ambiances peuvent être associées à chaque personne en combinant ses musiques, photos et niveaux de chauffage et d'éclairage personnalisés de façon prédéfinie.

De la même façon, les interfaces de commande peuvent être adaptées à chaque utilisateur. Au travers d'un écran tactile, les parents procèdent à l'enregistrement des scénarios et des ambiances d'éclairage grâce à leur accès complet aux fonctionnalités du système. De leur côté, les enfants n'accèdent qu'à certaines commandes. Un utilisateur malvoyant a accès au même type d'interface, mais adapté à son handicap par le biais d'interfaces sonores ou d'icônes plus grandes.

Figure 1.10
Des interfaces de commandes sur mesure *(source DomoConsulting)*

Figure 1.11
L'ergonomie élémentaire de ce téléphone répond aux besoins de tous les utilisateurs qui souhaitent des équipements simples et conviviaux. Avec ses grosses touches, ses raccourcis et son voyant lumineux il est particulièrement adapté aux personnes âgées ou handicapées *(source France Télécom)*

Un habitat adapté à tous

Lors d'un projet de construction ou de rénovation de maison ou d'appartement, il est impératif de garder à l'esprit que nous y vivrons probablement de longues années et que différentes générations s'y côtoieront, voire s'y succéderont. Des femmes enceintes, de très jeunes enfants, des adolescents, des étudiants, des télétravailleurs, des handicapés, des personnes âgées doivent pouvoir y vivre sans contrainte.

L'enjeu est d'utiliser l'innovation pour rationaliser la construction et permettre à l'habitat de s'adapter à toutes ces catégories, tout en renforçant les liens entre les membres de la famille et entre les générations. Les équipements les plus sophistiqués doivent être simples à utiliser et adaptables à tous.

Cette approche est d'autant plus importante pour les personnes vieillissantes ou en situation de handicap. Le fait de pouvoir rester autonome le plus longtemps possible est perçu par beaucoup comme essentiel. Grâce aux nouvelles technologies, une personne paralysée peut commander seule ses volets, son chauffage, son éclairage et l'ouverture des portes par le biais d'une télécommande ou d'un système vocal.

On parle ici non plus de confort, encore moins de gadget, mais de fonctions cruciales, palliant une déficience physique ou mentale, avec pour objectif de donner le plus possible d'autonomie et de dignité aux personnes qui en ont besoin.

Une maison autonome

À l'instar de ce qui se passe dans l'industrie automobile, l'introduction de l'électronique et de l'informatique dans l'habitat ouvre de nombreuses perspectives en termes de sécurité, de confort et d'économies d'énergie.

Non seulement la maison devient capable de détecter d'elle-même des dysfonctionnements ou des changements de paramètres susceptibles de présenter un danger, mais elle peut réagir en conséquence. Vigilante en permanence, et surtout lorsqu'elle est vide, elle s'adapte lorsque la maison est habitée pour laisser le maximum de liberté d'action à ses occupants.

Supervision

Une maison autonome doit avant tout être capable de détecter les changements d'état des systèmes à surveiller, en particulier les suivants : panne des appareils électroménagers, dysfonctionnement du système de chauffage, changement de conditions météorologiques, coupure d'électricité, tentative d'intrusion, risque domestique (fuite d'eau ou de gaz, par exemple).

Comme nous le verrons au chapitre 5, il existe des dispositifs de détection adaptés à chaque domaine, et il devient courant de rencontrer sur le marché des systèmes capables de signaler leurs propres dysfonctionnements.

Figure 1.12
L'écran permet de garder un œil sur la piscine, d'accéder aux informations de température et de sécurité ainsi que d'être prévenu en cas de dysfonctionnement ou d'informations de maintenance *(source Hager)*

Réactivité

Signaler un incident ou un changement d'état est une chose ; être capable de le communiquer à une éventuelle centrale de supervision pour en tenir compte en est une autre. Ces fonctionnalités de réactivité des systèmes se rencontrent couramment dans le domaine de la sécurité et du chauffage. Elles sont en train de se généraliser aux autres domaines de l'habitation.

Voici quelques exemples de réactivité des systèmes :

- Le store banne se roule grâce à un capteur de vent.
- Les fenêtres de toit se ferment automatiquement en cas de pluie.

- Les volets côté sud descendent quand il fait trop chaud.
- L'alimentation d'eau se coupe automatiquement par une électrovanne en cas de détection de fuite.
- Le système d'arrosage se déclenche grâce aux informations fournies par des capteurs d'humidité ou un système de prévision météorologique locale *via* Internet.
- L'intensité de l'éclairage s'adapte à la luminosité extérieure.

Étant donné le nombre grandissant d'applications domestiques, il est essentiel qu'elles soient non seulement autonomes, mais reliées à un système de centralisation. Cela permet de les gérer toutes de façon identique et cohérente et de les combiner pour plus d'efficacité, comme dans les exemples suivants :

- La détection d'une fuite d'eau provoque la fermeture des arrivées d'eau et d'électricité, la mise en marche de l'alarme et, en cas d'absence, l'appel d'un téléphone portable ou d'un centre de télésurveillance.
- L'arrivée d'un orage entraîne la fermeture du store banne, des volets et des fenêtres de toit. Certains circuits sensibles sont coupés (téléphonie, informatique, électroménager, etc.).
- Une alerte incendie déclenchée par les détecteurs de fumée provoque la coupure générale des circuits électriques (hors éclairage de sécurité) et des systèmes de ventilation et de climatisation pour empêcher l'extension rapide du sinistre.

Une maison sûre

Personne n'a envie de subir un cambriolage ou de voir sa maison partir en fumée, mais peu d'entre nous se dotent de moyens de prévention adaptés. Souvent perçue comme un luxe, la sécurité a pourtant énormément changé ces dernières années. Concevoir un système de sécurité en même temps que le reste de sa maison s'avère aujourd'hui à la fois simple et bon marché.

La question à se poser n'est pas forcément « quelle est la valeur des objets à protéger ? » mais « qu'est-ce qui est le plus important pour moi dans cette maison ? » Vue sous cet angle, la sécurité concerne au premier chef les personnes. L'assurance d'être averti de la moindre fumée suspecte dans la chambre des enfants ou que personne ne puisse s'introduire chez soi pendant son sommeil est beaucoup plus importante que le simple fait d'avertir une équipe d'intervention que son domicile a été fracturé.

Détection d'intrusion

Un système de sécurité se doit d'abord de protéger la maison d'éventuelles intrusions. L'objectif est de mettre en place une série de dispositifs périphériques, périmétriques et intérieurs capables de détecter de la façon la plus précoce possible toute tentative d'intrusion ou de présence. La détection provoque une série d'actions déterminées mettant en jeu des alarmes sonores, intérieures ou extérieures, ainsi que lumineuses (flash, projecteur, éclairage intérieur).

Une détection rapide s'avère dissuasive et met souvent un terme à la tentative d'effraction. La centrale doit cependant pouvoir signaler immédiatement l'incident et transmettre l'information vers une liste de numéros de téléphone prédéfinis (ami, voisin, portable) ou un centre de télésurveillance. Ce dernier met alors tous les moyens en œuvre pour vérifier la nature du problème (levée de doute audio ou vidéo, vérification téléphonique) et réagir en conséquence (équipe d'intervention, appel des secours).

Ce type d'installation est destiné à prévenir d'éventuelles effractions quand la maison est vide, mais également quand elle est occupée. Il est rassurant de savoir que le périmètre de la maison est protégé en toutes circonstances.

Il convient toutefois d'être vigilant dans le choix du système. S'il a tendance à signaler des incidents de façon intempestive ou s'il est trop contraignant dans sa mise en marche, il finit par ne plus être utilisé. Un tel système n'est efficace que s'il est systématiquement activé et s'il vient en complément d'une bonne protection mécanique (volets ou vitrage de qualité, porte blindée).

Risques domestiques

Les risques domestiques dans l'habitat sont encore trop rarement pris en compte en France, contrairement à ce qui se passe ailleurs. Il est possible de les minimiser ou d'être prévenus au plus tôt d'éventuels incidents, tels que départ d'incendie, dégagement de fumées toxiques (monoxyde de carbone, par exemple), augmentation de température du congélateur, inondation ou fuite de gaz.

Chaque risque comporte son propre détecteur, qui peut être autonome (voyant ou signal sonore) ou relié à la centrale de sécurité, elle-même éventuellement reliée aux dispositifs d'alerte sonore, visuelle et à distance décrits précédemment. Comme pour une intrusion, nous pouvons être

Figure 1.13
Détecteur de fumée *(source GE Security)*

prévenus immédiatement sur un téléphone portable ou par message vocal, e-mail et SMS.

Certains dispositifs portables sous forme de bracelet ou de pendentif se révèlent très rassurants, en particulier pour les enfants et les personnes âgées ou en situation de handicap, qui peuvent déclencher une alarme en toutes circonstances et alerter les secours.

Risques électriques

Différents dispositifs permettent de limiter les risques liés à la présence permanente de courant électrique dans les circuits, comme l'électrocution, l'hydrocution, les surtensions ou les courts-circuits.

Plus généralement, la domotique n'est pas contradictoire avec une approche environnementale de la construction et propose des solutions concrètes permettant de se préserver des pollutions générées par l'omniprésence de champs électriques et magnétiques.

La prolifération du 220 V dans l'ensemble de nos habitations constitue un danger potentiel, qui peut être minimisé en généralisant, par exemple, les câbles à très basse tension de sécurité pour alimenter les interrupteurs et autres boutons-poussoir. Dans le même ordre d'idée, un déconnecteur de réseau permet de couper la tension d'un circuit de prises de courant dès qu'il n'est plus utilisé. La limitation du nombre de circuits continuellement alimentés en 220 V évite en outre l'omniprésence dans nos maisons des champs électromagnétiques, réputés néfastes à long terme.

Aucune région de France n'est à l'abri de la foudre ni des orages. Un parafoudre principal installé sur le tableau électrique absorbe une grande partie des surtensions. Quelques parafoudres spécifiques supplémentaires ou des disjoncteurs différentiels protègent les appareils les plus sensibles, tels qu'ordinateurs, téléviseurs, téléphones et magnétoscopes.

Si tous ces dispositifs ont finalement peu de chance d'être un jour utilisés, il faut raisonner comme pour une assurance : même s'ils ne servent qu'une fois, ils peuvent s'avérer cruciaux en cas de cambriolage, de fuite d'eau, de surtension liée à la foudre ou, bien entendu, lorsque la vie de nos chères têtes blondes est en jeu.

Une maison économe

L'introduction de technologies avancées dans un projet de construction a comme principal objectif d'apporter davantage de confort au quotidien et non de rentabiliser son investissement. Il n'est toutefois pas négligeable que des systèmes tels que la régulation du chauffage, de la climatisation, de l'éclairage et de l'arrosage génèrent de fortes économies.

Chauffage et climatisation

Nous avons vu précédemment tout l'intérêt qu'il y avait à lier le fonctionnement du système de chauffage à l'utilisation réelle de chaque pièce (présence, zones jour/nuit, etc.). Il s'agit là d'une source de confort mais aussi d'économies.

C'est d'autant plus vrai pour des maisons dans lesquelles se multiplient les parois vitrées. Exploiter au mieux le rayonnement thermique devient essentiel, en été comme en hiver, pour limiter l'utilisation du chauffage, du rafraîchissement, de la ventilation et de la climatisation : la qualité du verre est évidemment primordiale, comme peut l'être la gestion automatique des stores et des volets ou la précision de la régulation.

De la même façon, la programmation du fonctionnement en priorité pendant les heures creuses, le délestage, qui consiste à alterner le chauffage des différentes pièces pour limiter la puissance nécessaire, et donc le niveau d'abonnement, ou la possibilité de connaître en temps réel le détail des consommations sont autant de moyens simples pour limiter le budget énergétique.

Un système bien conçu permet de rationaliser la consommation électrique en baissant systématiquement la climatisation ou le chauffage en notre absence ou en ayant la possibilité de les activer à distance si nous avons oublié de le faire.

Éclairage

Les nouvelles technologies électroniques d'éclairage et l'arrivée à maturité de la fibre optique et des LED (diodes électroluminescentes) changent complètement la donne en matière de conception d'éclairage et de performance énergétique.

Les dispositifs d'éclairage sur minuterie ou fondés sur la présence dans certaines pièces, la variation des circuits d'éclairage et leur asservissement à la luminosité extérieure permettent de réaliser d'importantes économies d'énergie.

Certains choix d'éclairage et de luminaires entrent également dans cette logique, notamment les suivants :

Tubes fluorescents et ballasts électromagnétiques. Peuvent générer des économies de consommation de l'ordre de 50 %.

Lampes fluocompactes. Entraînent une économie de 60 à 70 % par rapport aux anciennes lampes à incandescence.

Systèmes de variation. Permettent de réduire la consommation électrique et d'augmenter la durée de vie des ampoules. Une ampoule se dégrade beaucoup plus rapidement si elle est continuellement soumise à la puissance maximale.

Figure 1.14
Un simple détecteur permet de déclencher automatiquement l'éclairage et de réaliser des économies d'énergie *(source Legrand)*

Arrosage

Il n'est pas rare de voir des systèmes d'arrosage en action sous la pluie. Destinée à éviter de tels gaspillages, la programmation horaire couplée à une détection des conditions climatiques optimise la consommation d'eau et déclenche le système uniquement quand c'est nécessaire.

Un simple capteur – il en existe sans fil – placé dans le sol peut déterminer précisément à quel moment l'arrosage est utile et quelle quantité d'eau est nécessaire. Ce type de système est en outre capable de signaler une tête d'arrosage obstruée et de déclencher une intervention de façon à éviter de consommer l'eau inutilement.

La récupération de l'eau de pluie est également synonyme d'économies d'énergie. Il est important de connaître la quantité d'eau disponible dans la cuve et d'optimiser son utilisation pour l'arrosage ou éventuellement d'autres fonctions dans la maison.

Conclusion

Toutes les fonctions et applications décrites dans ce chapitre apportent confort et bien-être. Le fait que nos maisons soient en outre plus sûres, capables de communiquer et dotées d'un minimum d'autonomie est également à considérer. Si, de surcroît, l'investissement initial permet de faire évoluer l'installation à moindre frais et de limiter les coûts d'exploitation, choisir de rendre sa maison intelligente apparaît comme un choix judicieux, et non plus comme un luxe.

Encore faut-il que les aspects purement technologiques laissent la place à une simplicité d'utilisation pour tous. Il est donc important de garder à l'esprit deux principes fondamentaux : un système trop complexe est peu à peu sous-exploité ou délaissé et un système trop intrusif suscite le rejet.

Le succès de l'intégration des nouvelles technologies passe par une bonne conception en amont, le choix de solutions standardisées, une adéquation des solutions aux attentes des utilisateurs et un accompagnement dans la prise en main des systèmes.

Avant d'aborder les solutions disponibles sur le marché et les façons de les mettre en œuvre, nous détaillons dans les chapitres suivants les fonctions envisageables dans chaque domaine.

Figure 1.15
Un quotidien simplifié, un intérieur épuré. Toutes les fonctions liées au chauffage, à l'éclairage, aux motorisations et aux scénarios sont rassemblées sur une plaque en verre sensitive *(source Hager)*

2 Les loisirs numériques

> *« Comme l'eau, comme le gaz, comme le courant électrique viennent de loin dans nos demeures répondre à nos besoins moyennant un effort quasi nul, ainsi serons-nous alimentés d'images visuelles ou auditives naissant ou s'évanouissant au moindre geste. »*

C'est ainsi que Paul Valéry imaginait, en 1928, dans *La Conquête de l'ubiquité,* la naissance de la télévision, qui deviendra réalité en 1946, un an après la mort de l'écrivain. Depuis lors, le nombre de sources vidéo et sonores ainsi que les façons de les consulter ne cessent de se multiplier.

Voici les tendances de ces dernières années : disparition progressive de l'analogique au profit de l'audiovisuel numérique ; désir de l'utilisateur d'accéder à toutes ses ressources audio et vidéo à toute heure, quel que soit l'endroit où il se trouve dans la maison (ce qui se traduit par l'explosion de la diffusion sonore et de la distribution vidéo) ; démocratisation du cinéma à domicile (il est devenu courant de s'équiper d'un système de home cinéma, voire de dédier une pièce à la projection de films mais aussi d'événements sportifs, de diaporamas ou de jeux vidéo) ; puissance des ordinateurs familiaux (qui permet à chacun de se doter de véritables studios audiovisuels et d'alimenter toutes les pièces en musique, images et vidéos) ; foisonnement de l'offre d'équipements numériques (allant du smartphone au Media Center en passant par la tablette et la Box Internet).

Le présent chapitre analyse ces tendances et montre comment en tirer le meilleur parti dans les projets de construction ou de rénovation en anticipant le déploiement et la mise en réseau des ressources numériques.

Les équipements numériques

L'irruption du numérique dans nos maisons se traduit par un accroissement constant du nombre d'équipements permettant d'accéder à tout moment, dans toutes les pièces et sur tous nos appareils numériques à nos photos, jeux, films, radios et musiques préférés.

En dehors des ordinateurs classiques *(voir le chapitre 3)* et des appareils nomades (téléphone portable, baladeur numérique, lecteur DVD portable, etc.), les principaux équipements numériques susceptibles de jouer un rôle dans la conception de l'installation sont les suivants :

Terminal numérique. Avec ou sans disque dur, à l'achat ou en location, le terminal est délivré par les fournisseurs de services satellite, câbles ou indépendants. Aux États-Unis, le service TiVo est devenu un véritable phénomène de société depuis que le terminal enregistre automatiquement les programmes en fonction des goûts de l'utilisateur, tout en éliminant les coupures publicitaires et en permettant de le programmer à distance *(voir figure 2.1)*. Certains terminaux numériques sont équipés de plusieurs tuners permettant d'enregistrer une chaîne en en regardant une autre ou bien de diffuser le signal sur un second téléviseur. Si l'appareil dispose de fonctions réseau, il est possible de déporter le signal HD (haute définition) dans une autre pièce, d'enregistrer le programme sur un ordinateur ou d'accéder au contenu d'un disque dur sur d'autres écrans ou sur tablette.

Box Internet. Les boîtiers fournis par la plupart des fournisseurs d'accès permettent d'accéder aux services TV par ADSL. En général, le module TV est distinct du routeur Internet pour permettre de le placer à proximité du téléviseur. Comme pour les terminaux numériques, certaines Box Internet proposent un boîtier vidéo déporté comme sur la figure 2.2, un disque dur, une interface d'accès aux services de vidéo à la demande, un tuner TNT voire des fonctions de pilotage d'équipements domestiques.

Figure 2.1
Terminal numérique haute définition TiVo à disque dur avec sa télécommande. L'appareil dispose de quatre tuners, d'un disque dur de 2 To et d'une connectique complète en vue d'une installation home cinéma et d'une intégration dans le réseau local informatique et audiovisuel *(source TiVo)*

Figure 2.2
Exemple de boîtier TV HD pour Box Internet compatible fibre optique avec fonctions enregistreur, vidéo à la demande et multi-écran *(source Orange)*

Console de jeux. La plupart des consoles de jeux sont devenues des plates-formes multimédias fédératrices offrant une connectique informatique réseau ou sans fil, une connectique HDMI et un port USB au minimum. Elles sont souvent capables de lire les Blu-Ray et les principaux formats de musique et de vidéo numériques. Leur mise en réseau permet de jouer à plusieurs en local ou par Internet, mais aussi de partager ses données et d'accéder à tous les fichiers de la maison.

Media Center. Fondé à l'origine sur le logiciel éponyme de Microsoft, cet appareil, proposé aujourd'hui par tous les fabricants de matériel informatique, incluant Apple et son Apple TV, constitue le point de convergence de la chaîne numérique domestique. Son design, son interface, sa télécommande et sa connectique autorisent enfin l'ordinateur à entrer au salon pour relier audiovisuel, informatique et réseau local. Équipé d'une carte tuner TNT, d'un lecteur Blu-Ray et d'un disque dur, il permet à lui seul de remplacer trois appareils, sans compter les fonctions similaires à un terminal numérique qui commencent à apparaître. Les droits liés à l'abonnement TV sont directement traités par le Media Center, avec gestion de la haute définition et du 5.1 *(pour plus d'informations sur le Media Center, voir le chapitre 3).*

Lecteur multimédia. Contrairement au Media Center, le lecteur multimédia n'est pas forcément équipé de disque dur *(voir figure 2.3).* Il fait office de passerelle entre l'ordinateur familial et le monde de l'audiovisuel c'est-à-dire la télévision, le home cinéma ou le système hi-fi. Considéré comme un client multimédia, il communique avec le reste du réseau en filaire ou sans fil grâce à un module d'extension compatible avec les principales plates-formes logicielles (Windows, Android, MacOS, Linux, etc.).

Téléviseur connecté. Tous les téléviseurs du marché proposent des fonctions réseau en Wi-Fi ou sur une prise RJ-45 qui leur permettent d'accéder

Figure 2.3
Exemple de lecteur multimédia audio et vidéo haute définition, silencieux et équipé d'un connecteur réseau Ethernet Gigabit *(source Syabas/Popcorn Hour)*

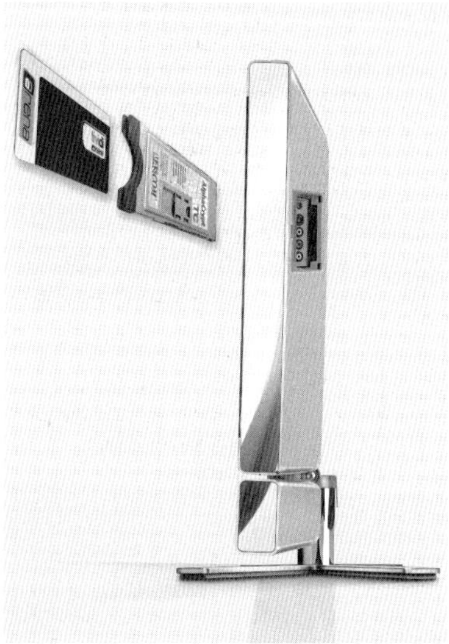

Figure 2.4
Écran LCD équipé d'un disque dur et d'un lecteur de carte d'abonnement *(source Loewe)*

de facto, grâce à la norme DLNA, à tout le contenu multimédia de la maison, aux services de télévision à la demande ou aux réseaux sociaux et de s'interfacer avec l'installation domotique. Pour éviter les problèmes de connectique et de câblage, les fabricants proposent également des écrans équipés d'adaptateurs TNT, de cartes mémoire, de disques durs, de connexions réseau, voire de lecteurs de carte d'abonnement, comme l'illustre la figure 2.4. C'est le summum de l'intégration, mais pas forcément de l'évolutivité : si un composant ne donne pas satisfaction ou est obsolète, il faut tout changer. Une autre tendance consiste à déporter toutes ces fonctions dans un boîtier à part, ce qui permet aux fabricants de proposer des écrans ultraplats.

Les solutions apportées par l'informatique pour une telle mise en réseau sont détaillées au chapitre 3. Pour l'instant, voyons comment les ressources audio et vidéo, qu'elles soient numériques ou non, peuvent être distribuées dans toute la maison.

DLNA et Airplay

De plus en plus d'équipements numériques sont équipés d'une prise RJ-45 et sont certifiés DLNA. La DLNA (Digital Living Network Alliance) est une association de fabricants souhaitant définir une norme d'interopérabilité entre les serveurs (ordinateur, NAS, console de jeux, etc.), les clients (téléviseur, tablette, chaîne Hi-Fi, etc.) et les commandes (smartphone, écran tactile, télécommande, etc.). Ce standard s'appuie sur la norme UPnP (Universal Plug-and-Play) AV. Tout client compatible doit ainsi être capable de lire les fichiers multimédias présents sur un serveur par l'intermédiaire éventuel d'une commande DLNA.
La technologie Airplay est similaire à la norme DLNA dans l'écosystème Apple pour la diffusion en streaming de contenus audio, photo et vidéo depuis iTunes vers une télévision HD, une chaîne Hi-Fi ou une enceinte compatibles.

La diffusion sonore

Pour écouter les informations ou de la musique dans sa chambre, la salle de bains, la cuisine, le salon, le bureau ou le garage, il est toujours possible de transporter son poste de radio ou son lecteur CD ou MP3 dans chaque pièce ou bien encore d'en installer un peu partout dans la maison. Il est toutefois plus rationnel de mutualiser tous les appareils et de prévoir un réseau de diffusion sonore.

Relativement simple à mettre en œuvre dès lors qu'on l'intègre en amont d'un projet de construction ou de rénovation, un tel système permet de disposer dans toutes les pièces d'un son de qualité. Il s'agit là d'un élément de confort et de bien-être à part entière. La figure 2.5 illustre la simplicité d'utilisation de ce type de commande.

Figure 2.5
Clavier de diffusion sonore permettant à l'utilisateur de naviguer dans sa médiathèque et de piloter le son depuis chaque zone de la maison *(source Russound)*

Pour une illustration d'une installation de diffusion audiovisuelle avec centrale, capable de distribuer indépendamment six sources sonores dans six zones distinctes, voir au chapitre 13 les figures 13.22, 13.23 et 13.25. Il est possible de commander la diffusion localement et de gérer les fonctions d'interphonie, d'appel général, de gestion horaire et de surveillance de pièce.

De même qu'il n'est pas évident de relier une chaîne hi-fi à deux enceintes en s'efforçant de cacher les câbles, installer de la diffusion sonore à l'échelle d'une maison nécessite un minimum d'effort de conception.

Les sections qui suivent examinent les moyens de mener à bien une telle installation ainsi que les fonctionnalités offertes par les différents systèmes.

Fonctions apportées par la diffusion sonore

L'un des intérêts de la diffusion sonore, également appelée diffusion multiroom ou multizone, est de ne pas nécessiter de lecteur dans chaque pièce.

> **La RNT (radio numérique terrestre)**
>
> Comme pour la TNT, nous allons assister dans les prochaines années à l'extinction progressive des radios analogiques diffusées en modulation de fréquence. La RNT sera accessible depuis un terminal compatible (tuner numérique, téléphone, autoradio). Elle diffusera davantage de stations, le son sera de meilleure qualité, et l'on pourra y associer des informations, des photos ou des vidéos.

Figure 2.6
Enceinte et station d'accueil Airplay d'Apple, pour une diffusion sans fil de très haute qualité depuis ou vers tous les appareils compatibles de la maison *(source Bowers & Wilkins)*

Les sources sonores se sont multipliées ces dernières années. Les dispositifs audio que l'on peut installer dans une maison sont les suivants :

Classique. Poste de radio ou platine tuner, lecteur CD, lecteur de cassettes ou de vinyles, pour les plus nostalgiques.

Nouveau format. Lecteur Blu-Ray, de DVD-Audio, de disques SACD (Super Audio Compact Disc) ou de fichiers sonores numériques.

Source audio numérique. Les principales stations de radio FM sont disponibles en qualité numérique par câble ou par satellite, mais aussi plus récemment par ondes hertziennes.

Source audio par Internet. Des milliers de stations de radio sont diffusées sur Internet, et de nombreux sites Web proposent le téléchargement ou l'écoute en temps réel de sources musicales, tels Deezer, Jiwa, Musicme ou Spotify. À l'image de l'iCloud d'Apple, la tendance est au stockage en ligne de ses propres données, accessibles où que l'on soit et sur n'importe quel terminal, à la simple condition d'être bien connecté.

Source audio sur ordinateur. Il est parfaitement légal de numériser toutes nos sources audio sur notre ordinateur ou de stocker de la musique libre de droits ou achetée sur Internet. C'est également un moyen de faire une copie de sauvegarde de toutes les sources musicales dont nous disposons et de les synchroniser avec le disque dur de notre baladeur numérique ou bientôt avec le disque dur de l'autoradio. Les formats audio numériques les plus courants sont AAC, MP3, FLAC, Ogg Vorbis, WAV et WMA. Ces fichiers peuvent être stockés et raccordés au système de diffusion sonore pour devenir accessibles par chacun des membres de la famille dans la pièce de son choix. De la même façon, de nombreux fabricants proposent des bases d'accueil pour baladeurs, smartphones ou tablettes afin de les rendre accessibles dans toutes les pièces couvertes par la diffusion sonore *(voir figure 2.6)*.

Dans la mesure où l'on ne peut disposer dans chaque pièce d'une chaîne hi-fi, d'un ordinateur et d'un démodulateur satellite, l'intérêt de la diffusion sonore est de centraliser toutes ces sources pour les redistribuer dans chaque pièce.

Pour bien choisir son système de diffusion sonore, il faut commencer par se poser les bonnes questions :

- Quelles sources méritent d'être distribuées dans la maison ?
- Dans quelles pièces doit-on les diffuser et en quelle qualité (musique d'ambiance, mono/stéréo, qualité hi-fi, etc.) ?
- Faut-il diffuser une même source dans toutes les zones, ou bien chaque utilisateur doit-il pouvoir choisir indépendamment ce qu'il veut écouter dans sa propre zone ?

- Quelles fonctions doivent être accessibles dans chaque pièce sans être obligé de se déplacer à l'endroit où sont centralisées les sources (meuble hi-fi dans le salon ou le local technique, par exemple) ?

Les fonctions disponibles sont les suivantes : accès aux réglages (volume, graves/aigus, balance, etc.) ; changement de station ou de morceau de musique ; contrôle de l'écoute par télécommande, tablette ou smartphone ; branchement d'écouteurs ; raccordement local à une autre entrée audio (caméscope ou lecteur MP3, par exemple) ; affichage du nom de la station ou du fichier MP3 que l'on est en train d'écouter.

Figure 2.7
Exemple de commande locale de diffusion sonore *(source Legrand)*

La figure 2.7 illustre un exemple de commande locale de diffusion sonore.

Le système de diffusion sonore peut être utile à d'autres fonctions intelligentes de la maison, notamment les suivantes :

Surveillance de pièce. Il est possible d'être prévenu dans une pièce quand le niveau sonore d'une autre pièce dépasse un seuil prédéfini. Ce type de fonction s'applique en particulier à la surveillance des enfants ou des personnes dépendantes.

Interphonie. Les différentes commandes locales peuvent être utilisées comme système d'interphonie pour dialoguer d'une pièce à une autre ou faire un appel général, tout en gardant la possibilité d'activer dans chaque zone la fonction « ne pas déranger ».

Accueil des visiteurs. L'interphone situé à l'entrée de la propriété ou de l'immeuble peut être relié au système de diffusion sonore pour accueillir les visiteurs depuis la pièce où l'on se trouve et éventuellement ouvrir la porte ou le portail sans avoir à se déplacer dans le hall d'entrée.

Fonction réveil, timer et diffusion de l'heure. Le système peut afficher l'heure dans toutes les pièces et nous réveiller le matin en musique.

Synthèse vocale. De même qu'il est possible de dialoguer de pièce à pièce, il est possible d'utiliser le micro et le haut-parleur du système de diffusion sonore pour commander les équipements par la voix et être tenu informé de l'état du système.

De nombreuses fonctions annexes peuvent être déployées. L'intégration avec le système téléphonique permet, par exemple, de réduire ou d'éteindre le volume sonore quand le téléphone sonne. La fonction « réception » offre la possibilité d'imposer la même musique dans toute la maison et de désactiver les claviers afin d'éviter que les invités ne changent la musique dans les différentes pièces.

Plus globalement, si nous souhaitons diffuser de la vidéo sur le même principe et disposer de commandes tactiles pour l'éclairage ou les volets roulants dans chaque pièce, il peut être intéressant de choisir une solution capable de mutualiser toutes ces fonctions.

Installation d'un système de diffusion sonore

Un simple amplificateur relié à plusieurs haut-parleurs peut suffire à diffuser du son dans plusieurs zones d'une maison. Il est évident que ce système élémentaire ne convient pas si l'on souhaite disposer de toutes les fonctions récapitulées précédemment.

Les différents systèmes qui permettent de mettre en place un dispositif de diffusion sonore sont les suivants :

Ligne 100 V ou 70 V. Il s'agit d'un mode de diffusion sonore empirique, fondé sur une distribution de puissance vers un ensemble de haut-parleurs équipés de transformateurs. Le fonctionnement sous tension élevée permet de déployer de grandes longueurs de ligne. Il est uniquement possible de contrôler le volume des haut-parleurs situés dans chaque zone grâce à un potentiomètre. Ce type d'installation n'est pas réellement adapté au particulier, car la puissance délivrée est démesurée et le niveau de fonctionnalité dans chaque zone très limité.

Amplificateur de distribution multizone. Ce type d'appareil permet de diffuser une source sonore dans plusieurs zones sans possibilité de commande locale. Un bouton de sélection sur l'amplificateur permet de choisir la ou les zones à sonoriser. Même si l'amplificateur peut être raccordé à plusieurs lecteurs, une seule source peut être diffusée simultanément dans les différentes zones. En fonction des distances, du nombre de haut-parleurs et des caractéristiques de l'amplificateur, il peut être nécessaire d'ajouter un dispositif d'adaptation d'impédance.

Figure 2.8
Enceinte extérieure sans fil diffusant la musique issue d'une station d'accueil ou de tout système de diffusion sonore *(source Soundcast)*

Amplificateur de distribution multizone avec commande locale. La configuration précédente est complétée par des amplificateurs secondaires dans chaque zone ou de simples potentiomètres permettant d'activer ou non le système et de contrôler le volume de la source.

Centrale multizone. C'est la solution la plus courante proposée par les constructeurs, et donc par les électriciens. Une commande locale reliée à un haut-parleur dans chaque zone actionne un relais qui active un amplificateur central branché sur une source sonore. La commande locale ne permet que d'ajuster le volume et de mettre en marche ou d'éteindre la diffusion sonore. Il est parfois possible d'ajouter des modules pour diffuser un message ou faire de la surveillance de pièce.

Centrale multisource et multizone. La centrale est reliée à plusieurs sources et à plusieurs commandes locales permettant à l'utilisateur de sélectionner la source, la station de radio ou la plage d'un CD ou d'une playlist MP3 et d'ajuster le volume, la balance, les graves, les aigus, etc. Chaque utilisateur peut choisir dans la pièce où il se trouve d'écouter la source de son choix. Certaines commandes locales peuvent afficher les informations relatives au morceau en cours de lecture et proposent des options de surveillance de pièce, d'interphonie, d'accueil des visiteurs, de gestion horaire, de contrôle par télécommande infrarouge, par tablette, etc. Les haut-parleurs peuvent être inclus dans la commande locale, encastrés dans les murs ou le plafond, reliés à de simples prises murales audio ou en sans fil pour plus de mobilité *(voir figure 2.8)*. Dans ce type d'installation, la centrale joue en général le rôle d'amplificateur multizone en distribuant une qualité de signal identique sur plusieurs commandes locales. Ces dernières comportent un dispositif d'amplification permettant d'alimenter un ou plusieurs haut-parleurs. Chez certains fabricants, l'amplification se fait directement au niveau du haut-parleur.

Diffusion sonore sur réseau VDI (voix, données, images). Un simple ordinateur ou un poste de radio connecté par la prise casque à une prise RJ-45 d'un réseau VDI peut alimenter plusieurs enceintes actives situées dans plusieurs pièces de la maison, elles-mêmes équipées de prises RJ-45, sans aucune limite de puissance. Ce type d'installation peut s'envisager avec des enceintes passives, mais avec une limitation de puissance à 30 W, ce qui est généralement suffisant pour des applications de diffusion sonore. Ce type d'installation nécessite peu d'investissement pour peu que la maison soit déjà équipée d'un réseau VDI. Il est également possible d'utiliser le câblage VDI pour relier les claviers de commandes de chaque zone, comme chez Russound, voire de gérer toute la diffusion sonore en IP, comme le proposent Control4, Netstreams ou Philips.

Diffusion sonore informatique. Les sources numériques (MP3, radio Internet, tuner PC, etc.) stockées sur un serveur multimédia DLNA ou Airplay sont accessibles par le biais du réseau informatique *(voir le chapitre 3)* ou de modules de type Exstreamer, Squeezebox ou Neuston, reliés eux-mêmes à des mini-enceintes ou à un amplificateur dans chaque zone. Si l'intégration dans la pièce n'est pas aussi aboutie que dans les systèmes de diffusion sonore précédents, la facilité de mise en place, les possibilités d'évolution et les prix sont en revanche imbattables.

Diffusion sonore sans fil. En fonction de l'équipement sonore dont nous disposons déjà, des contraintes inhérentes au projet et au budget, nous pouvons être amenés à combiner plusieurs principes de diffusion sonore. Certains constructeurs proposent d'utiliser la technologie CPL (courants porteurs en ligne), qui consiste à utiliser le câblage électrique existant pour sonoriser les différentes zones. D'autres, tels Apple, B&W, Yamaha, Slim Devices, Roku ou Sonos, offrent des solutions mixtes audio-informatique permettant d'associer à un serveur central minichaînes locales, claviers muraux, smartphones ou tablettes communiquant en DLNA ou Air*play* *(voir figure 2.9)*.

Modules externes de diffusion sonore informatique

La Squeezebox de Logitech ou l'Exstreamer de Barix permettent de relier une chaîne hi-fi ou un casque au réseau local informatique. La liaison peut être filaire ou sans fil. Le contrôle s'effectue à partir d'un simple navigateur Web. Neuston propose un système contrôlant la diffusion sonore, mais aussi la distribution vidéo ou l'affichage de photos en diaporama, sur un simple écran de télévision. Ce type de solution est bien adapté aux projets de rénovation, dans lesquels on ne peut plus passer de câbles supplémentaires, car l'approche informatique permet les liaisons sans fil Wi-Fi ou sans nouveau fil CPL.
Contrairement à une source traditionnelle, comme un lecteur CD, par exemple, qui diffuse le même morceau dans toutes les zones, il est possible avec ce type de distribution sonore de permettre à chaque utilisateur d'écouter localement le fichier de son choix.

Distribution sonore multisite

À partir du moment où plusieurs maisons sont connectées à Internet à haut débit, il est possible de les relier virtuellement et de partager un seul serveur, qui stocke et distribue toutes les sources musicales de la famille. Il est également possible de synchroniser plusieurs ordinateurs afin que chaque résidence dispose localement de la totalité des morceaux de musique. Chaque fois qu'un nouveau CD est chargé ou qu'un nouveau morceau numérique est téléchargé, il est automatiquement répliqué sur les autres sites. Du fait des progrès de la compression et de la généralisation du haut débit, ces solutions sont également parfaitement adaptées au partage de sources vidéo.

Figure 2.9
Solution de diffusion sonore Wi-Fi avec contrôle sur smartphone Android *(source Sonos)*

Les recommandations supplémentaires suivantes sont à considérer lors de la phase de conception d'un projet :

Type de haut-parleurs. Contrairement à l'installation d'une chaîne hi-fi dans une pièce, où l'on s'attache à la restitution acoustique du son, l'objectif de la diffusion sonore est de distribuer des sources audio en qualité ambiance dans différentes zones. Il ne s'agit donc pas d'installer des enceintes de type colonne acoustique dans la cuisine ou dans la salle de bains. De petits haut-parleurs placés en hauteur ou encastrés dans les murs ou le plafond sont suffisants dans la plupart des cas. Certains constructeurs offrent un large choix d'enceintes peu épaisses, conçues pour être encastrées facilement dans un mur et pour corriger les distorsions acoustiques générées par l'encastrement. Là encore, les possibilités sont innombrables : enceintes encastrées intégrant l'amplification et le récepteur infrarouge chez Systemline, enceintes sans fil chez JBL, enceintes tropicalisées pour les salles de bains ou les hammams, ou enceintes ressemblant à des rochers pour une intégration parfaite dans le jardin, voire enceintes totalement invisibles chez Sound Advance.

Calcul de sonorisation. Il est essentiel lors de l'étude préliminaire de dimensionner correctement les besoins en termes de puissance totale et de sonorisation zone par zone, de façon à optimiser le choix du matériel ainsi que le nombre et l'emplacement des haut-parleurs. Il peut s'avérer nécessaire de raccorder des amplificateurs de plus forte puissance que ceux intégrés dans les centrales d'origine ou d'augmenter la puissance des commandes locales pour la sonorisation de grandes pièces. À ce stade, l'expérience des installateur, intégrateur ou consultant est essentielle pour optimiser l'installation.

Figure 2.10
Encastrement mural d'une tablette dans un boîtier motorisé avec possibilité de renvoi audio vers un système de sonorisation. Ce type d'intégration permet de préserver la mobilité de la tablette tout en conservant la facilité d'utilisation pour le pilotage de la diffusion sonore ou de toute autre fonction domotique *(source iRoom)*

Cohérence esthétique. Un système de diffusion sonore réussi doit s'intégrer parfaitement dans chaque pièce, que ce soit pour l'intégration des haut-parleurs ou pour celle des commandes locales. Certains systèmes de centralisation proposent des commandes compatibles avec les interrupteurs ou boutons-poussoir les plus courants. Les fabricants d'appareillage intègrent parfois les fonctions de commande sonore directement dans leurs gammes. Pour résoudre tout problème esthétique, certaines solutions de diffusion sonore sont compatibles avec les platines de boutons domotiques voire pilotables directement sur un téléphone portable, un écran tactile ou une télécommande *(voir figure 2.10)*.

Type de câblage. On distingue trois catégories de câbles pour la diffusion sonore :

- Câble audio traditionnel, coaxial ou optique, entre les sources audio et la centrale ou le serveur.
- Câble pour haut-parleur composé de deux fils.
- Câble spécifique, domotique ou informatique, pour relier la centrale aux commandes locales. Le nombre de paires dépend du nombre de sources et de fonctions. Certains constructeurs proposent leurs propres câbles avec repérage par couleur pour faciliter l'installation. Il est possible de trouver des solutions à base de câble informatique quatre paires compatible avec le réseau VDI. Le système A-Bus, adopté par plusieurs constructeurs, comme Russound ou Channel Vision, s'appuie sur ce type de câblage. C'est un critère très important à prendre en compte si vous disposez déjà d'un réseau VDI. Cela permet de faire évoluer l'installation sans le moindre recâblage et de rester cohérent en ne déployant qu'un seul type de câble *(voir figure 2.11)*.

Figure 2.11
Kit de diffusion sonore 4 sources/4 zones livré avec un module de connexion mural sur RJ-45 pour simplifier le raccordement de la centrale aux claviers et aux haut-parleurs *(source Russound)*

Pour en savoir plus sur le Web

Fournisseurs de solutions de diffusion sonore

Arcam : www.arcam.co.uk (anglais)
AVA Media : www.ava-media.com (anglais)
Bang&Olufsen : www.bang-olufsen.com
Barix : www.barix.com
Bose : www.bosefrance.fr
B&W : www.bowers-wilkins.fr
Crestron : www.crestron.com (anglais)
Cyrus : www.cyrus.co.uk (anglais)
Dipiom : www.dipiom-media.fr
Elan : www.elanhomesystems.com (anglais)
Goldmund : www.goldmund.com (anglais)
Harman Kardon/JBL : www.harman.com
Imerge : www.imerge.co.uk (anglais)
Legrand : www.legrand.fr
Linn : www.linn-france.fr
Logitech Squeezebox : www.logitech.fr
Marantz : www.marantz.com (anglais)
Meridian : www.meridian-audio.com (anglais)
Naim audio : www.naim-audio.com (anglais)
Netstreams : www.netstreams.com (anglais)
Niko : www.niko.fr
Niles : www.nilesaudio.com (anglais)
Nuvo : www.nuvotechnologies.com (anglais)
Onkyo : www.onkyo.com (anglais)
Philips : www.streamium.com
QSonix : www.qsonix.com (anglais)
Revox : www.revox.ch
Roku : www.rokulabs.com (anglais)
Russound : www.pilotefilms.fr
Sonos : www.sonos.com
Sony : www.sony.fr
Soundcast : www.soundcastsystems.com (anglais)
Speakercraft : www.speakercraft.com (anglais)
Systemline : www.systemline.co.uk (anglais)
T+A : www.audio-t.co.uk (anglais)
Vidabox : www.vidabox.com (anglais)
WHD : www.whd.de (allemand/anglais)
Yamaha : fr.yamaha.com
YBA : www.yba.fr

Resté longtemps cantonné à quelques pièces, le son s'étend aujourd'hui à toute la maison, voire au-delà, pour ceux qui disposent d'un baladeur, d'un autoradio MP3 dans leur voiture ou qui possèdent plusieurs résidences. La question qui se pose maintenant est de savoir si le stockage local des médias ne va pas être peu à peu remplacé par le stockage en ligne, voire par l'accès en temps réel à des services de musique en ligne et si les installations filaires dédiées ne vont pas laisser la place à des solutions sans fil fondées sur DLNA ou Airplay.

La distribution vidéo

L'image prend de plus en plus d'importance dans nos maisons. Elle nous accompagne dans nos activités, et son omniprésence devient un élément de confort à part entière.

La plupart des foyers disposent maintenant de plusieurs écrans. On trouve même des modèles de TV conçus pour être encastrés dans la cuisine, intégrés dans le miroir de la salle de bains ou posés sur la baignoire. À moins de se contenter d'un téléviseur Wi-Fi ou Wireless HD, la distribution de la vidéo mérite d'être intégrée en amont, comme la diffusion sonore, dans tout projet de construction ou de rénovation.

▶ Les nouvelles formes de télévision

Avant de réfléchir aux fonctions de distribution vidéo, il est important d'analyser nos besoins en matière de télévision et d'anticiper les développements futurs de ce média, qui connaît une importante évolution, avec de nouveaux modes d'accès et l'essor de la haute définition.

Les modes d'accès à la télévision disponibles sur le marché sont les suivants :

Antenne hertzienne. Reste le moyen le plus simple pour capter sans abonnement un signal TNT (télévision numérique terrestre). L'antenne n'est pas très esthétique, mais il est parfois possible de la cacher dans les combles ou, dans certaines zones proches des émetteurs, de se contenter d'une antenne intérieure.

Parabole. Permet de recevoir de très nombreuses chaînes en analogique ou en numérique, quel que soit l'endroit où nous nous trouvions sur le territoire. Pour les maisons qui ne peuvent capter les chaînes hertziennes dans de bonnes conditions, la parabole est une solution intéressante. L'intérêt de la parabole est plus limité en ville, surtout qu'il n'est pas toujours possible d'en installer et que la télévision par câble ou ADSL s'y développe rapidement. Il existe des modèles de paraboles plats, en couleur ou à poser au sol relativement discrets. L'abonnement n'est pas obligatoire pour certaines chaînes, mais l'achat ou la location d'un démodulateur reste indispensable, qu'il soit livré à part ou intégré dans le téléviseur ou dans le Media Center. Le démodulateur sert essentiellement à changer de chaîne et à accéder aux différents services en fonction du niveau d'abonnement. La location permet de limiter l'investissement initial, mais l'achat d'un démodulateur est vite rentabilisé et permet d'orienter la parabole vers d'autres satellites et de capter ainsi des bouquets étrangers. La figure 2.12 montre un exemple de démodulateur permettant de s'abonner à plusieurs bouquets simultanément (bouquets étrangers, par exemple), d'enregistrer les programmes sur disque dur et de piloter le système par le biais du réseau informatique ou par Internet.

Câble. Offre quasiment la même diversité de chaînes analogiques ou numériques que le satellite et nécessite un abonnement et la location ou l'achat d'un terminal. Le câble présente l'intérêt d'être très facile à mettre en place, puisqu'il ne nécessite pas d'équipement extérieur, et d'offrir l'accès à

Figure 2.12
Démodulateur satellite équipé de la connectique pour le home cinéma, d'un disque dur, d'un double tuner, d'un graveur DVD, de plusieurs lecteurs pour carte d'abonnement et d'une prise informatique pour la connexion au réseau local et à Internet *(source Dreambox)*

Télévision haute définition

La TNT (télévision numérique terrestre) a maintenant remplacé la télévision hertzienne analogique. Certaines chaînes TNT sont déjà diffusées au format HD, ce qui constitue une évolution majeure. Pour beaucoup de spécialistes, le passage de l'analogique au numérique représente le même type d'évolution que celui du noir et blanc à la couleur. Pour schématiser, cela représente une définition cinq fois supérieure à celle des images analogiques, sans risque d'interférences. La diffusion du son a également fait un bond, puisque nous passerons de la stéréo au Dolby Digital.
La TV TNT HD est disponible en France *via* l'ADSL, le câble, le satellite, la fibre et la TNT. À noter que le nombre de chaînes, le coût de réception et la qualité de diffusion peuvent être très différents selon les opérateurs.

d'autres services, comme l'Internet haut débit. À la différence du satellite, le câble nécessite un abonnement individuel ou collectif et ne concerne que les zones à forte densité de population.

Fibre optique. Dernière arrivée sur le marché, l'offre de télévision sur la fibre optique est réservée aux abonnés Internet éligibles au très haut débit. Les fournisseurs proposent un décodeur spécifique et une qualité HD exceptionnelle. Autre avantage lié aux débits offerts par la fibre : certains opérateurs proposent des offres permettant de regarder la télévision sur plusieurs postes différents simultanément.

ADSL. Solution de réception de la télévision qui ne concerne que les foyers éligibles en fonction essentiellement de leur éloignement par rapport au central téléphonique. La diversité des chaînes, le confort d'utilisation et le support technique ne sont pas toujours au rendez-vous, mais ce n'est qu'une

Tableau 2.1 Comparatif des modes de réception de la télévision*

Mode de réception[1]	Installation	Couverture	Nombre de chaînes	Chaînes nationales	Chaînes locales	Chaînes TNT	Canal+	CanalSatellite	Chaînes étrangères	Stations de radio	Téléphone	Internet	Qualité HD	Vidéo à la demande	Son Dolby 5.1	Multiposte	Interactivité	Prix	Qualité de service[9]
TNT	Antenne[2] + adaptateur	Nationale	24 + 10 payantes	Gratuit	Oui	Oui	Oui[7]	P	Non	Non	Non	Non	++	Non	P	Oui	+	-	++
Parabole	Parabole + terminal	Nationale	300[3]	Payant[5]	Oui	Oui	Oui[7]	Oui	Oui	Oui	Non	+	++	Oui	P	Option 2 max	++	+	++
Câble	Terminal	Grandes villes	220	Payant	Oui	Oui	Oui[7]	Oui	P	Oui	Oui	++++	+++	Oui	P	Option 4 max	++	++	++
Fibre	Terminal	Grandes villes	290	Payant	Oui	Oui	Oui[7]	Oui	P	Oui	Oui	++++	+++	Oui	P	Option 4 max	++	+++	+++
ADSL	Box Internet	Foyers éligibles	90[4]	Payant	Non	Oui	Oui[7]	P	P	Oui	Oui	+++	+	Oui	P	Option 2 max	++	++	+
Internet	Routeur	Nationale	Illimité	Non	P[6]	Non	Non[7]	Non	P	Oui	IP	Oui	-	Oui	P	Oui	+++	-	+

* Tableau mis à jour le 15 novembre 2011.
1 Hors système de diffusion sur téléphone mobile.
2 Une antenne large bande est nécessaire.
3 Jusqu'à 300 par abonnement classique mais beaucoup plus potentiellement (bouquets étrangers, etc.).
4 Dépend du fournisseur d'accès Internet.
5 Sauf pour les bouquets spécifiques.
6 P = Partiellement.
7 Sur abonnement.
8 Sauf en zone frontalière.
9 La qualité de service est un critère d'ensemble tenant compte de la qualité d'image et de son, de la vitesse de zapping, de la continuité de service et de l'efficacité du support technique.

question de temps. Nécessite un abonnement à l'ADSL haut débit et l'achat ou la location d'une Box Internet.

Internet. Cette solution, à ne pas confondre avec la télévision par ADSL, ne nécessite pas d'abonnement spécifique, ni de matériel de type Box Internet. Un simple accès Internet suffit pour accéder à des programmes de télévision à la demande, à des émissions enregistrées ou aux nouvelles générations de chaînes personnelles ou communautaires. Comme pour les radios libres des années 1980 ou les forums de discussions des années 1990, chacun est en mesure de créer en toute légalité sa propre télévision, de diffuser ses programmes personnels et d'accéder à une multitude de chaînes qui échappent pour l'instant aux diffuseurs et aux modèles de revenus traditionnels. Ce mode de diffusion en plein essor s'appuie sur des sites Internet de partage vidéo comme YouTube ou DailyMotion, des boîtiers numériques personnels (console de jeux, Apple TV, Media Center, TiVo, etc.) ou sur des applications de TV interactive en peer-to-peer sur PC, comme Joost.

À l'heure de la télévision par ADSL ou par Internet, est-il encore nécessaire de continuer à installer une antenne ou une parabole ou de raccorder notre logement au câble ? Tout dépend de la consommation que nous en faisons, de nos habitudes, de nos goûts, du nombre d'écrans que nous avons et d'autres critères plus techniques, comme notre type de logement (maison ou appartement), notre lieu d'habitation (en zone urbaine ou à la campagne, moins bien desservie par le haut débit et le câble) et le budget que nous souhaitons y consacrer.

Le tableau 2.1 dresse un comparatif des différentes solutions disponibles.

À l'image du Web 2.0, la TV 2.0 participative se développe, offrant une multitude de programmes à la demande conçus pour une audience individuelle et interactive, et non plus de masse et passive.

Le futur de la télévision consistera probablement en un mélange d'abonnements traditionnels, d'achat de vidéos à la demande et de butinage personnel sur téléviseur, ordinateur et dispositifs mobiles (baladeur, écran de voiture, tablette, smartphone, etc.). Les modes de réception capables de proposer des débits très importants dans les deux sens pour supporter à la fois l'interactivité, la fiabilité de service et de qualité de diffusion et de réception en haute définition paraissent évidemment les plus prometteurs. Les opérateurs du câble et de l'Internet ont donc de beaux jours devant eux, surtout avec l'avènement de la fibre optique.

Le standard HBB TV

Entre le traditionnel télétexte et les services de contenu propres à chaque fabricant de téléviseurs, les services fondés sur le standard HBB TV (Hybrid Broadcast Broadband TV) permettent aux chaînes de télévision de proposer des fonctions interactives quelle que soit la marque du récepteur utilisé. La diffusion d'informations peut se faire indifféremment *via* la TNT, le câble, le satellite ou Internet. Le HBB TV se concrétise par la diffusion de magazines d'information, de contenus relatifs aux programmes en cours, d'alertes, de votes en ligne ou par l'intégration des réseaux sociaux.

Pour en savoir plus sur le Web

Fournisseurs de solutions de télévision

Alice : www.alicebox.fr
Bis Télévisions : www.bis.tv
Bouygues : www.bbox.bouyguestelecom.fr
CanalPlus : www.canalplus.fr
Darty : www.dartybox.fr
Fransat : www.fransat.fr
Free : www.free.fr
Numéricable : www.numericable.fr
Orange : www.orange.fr
SFR Neuf Cegetel : www.neuf.tv
TNT Sat : www.tntsat.fr

Fonctions apportées par la distribution vidéo

L'un des principaux intérêts de la distribution vidéo multiroom ou multizone est de mutualiser les sources vidéo disponibles. Cela permet de les regarder sur tous les écrans de la maison, sans avoir à multiplier les lecteurs Blu-Ray, ordinateurs, abonnements, etc.

Les sources vidéo que nous pouvons installer dans une maison ou un appartement sont les suivantes :

Classique. TNT, enregistreur, lecteur Blu-Ray, TV par satellite ou par câble, etc.

Numérique. Console de jeux, enregistreur numérique, ordinateur de bureau, ordinateur portable, tablette, baladeur vidéo, lecteur multimédia, Media Center, caméscope, Box Internet, terminal TV numérique, appareil photo numérique, smartphone, etc.

Domestique. Portier vidéo, caméra de sécurité, caméra de surveillance d'une chambre d'enfant, serveur domestique (supervision, maintenance, tableau de bord), etc.

L'approche traditionnelle consiste à attribuer un écran à chaque source. Nous sommes en ce cas contraint de limiter la consultation de chaque source à une seule pièce. Par exemple : le lecteur Blu-Ray, l'enregistreur et la TV satellite sur la TV principale ; le portier sur la platine de l'entrée ; la console de jeux sur la TV de la chambre ; l'informatique sur l'écran de l'ordinateur de bureau.

Quand les besoins évoluent, à moins de nous contenter de ce que nous avons, nous sommes obligés de dupliquer le matériel ou les abonnements au câble ou au satellite, par exemple.

La télévision traditionnelle nous a habitués à considérer que le signal TV était disponible partout où des prises pouvaient le recevoir. Ce n'est malheureusement pas aussi simple avec la télévision par satellite, câble ou ADSL ou avec l'ordinateur, les lecteurs Blu-Ray ou les enregistreurs. Toutes ces sources ne sont visualisables au départ que sur un seul écran. Heureusement, il est possible de disposer d'un réseau vidéo, peu coûteux et souple, permettant de rationaliser l'installation et de mettre toutes les ressources vidéo de la maison à la disposition de tous.

Un autre bénéfice de la distribution vidéo est d'anticiper le tout-numérique. La cassette vidéo VHS et le magnétoscope ont fait leur temps. Même le disque Blu-Ray n'est qu'un support transitoire. Le fait de matérialiser de la vidéo sur un disque impose des contraintes de mémoire du support, de fragilité et de manipulation physique. L'avenir est au stockage des fichiers vidéo sur un serveur multimédia consultable à tout moment, où que nous soyons dans la maison.

Il est déjà possible d'acheter un film sur Internet, de l'enregistrer sur PC ou de le consulter à la demande en temps réel. Il y a donc tout intérêt à relier l'accès Internet haut débit au réseau informatique et à l'installation vidéo et à choisir ensuite l'écran sur lequel nous souhaitons le visualiser.

Comme pour la diffusion sonore, les sources vidéo numériques (DVD numérisé, DivX, fichier de vidéo à la demande téléchargé sur Internet, montage vidéo familial, etc.) stockées sur un serveur multimédia, une Box Internet ou un Media Center sont accessibles par le biais du réseau ou en Wi-Fi sur des ordinateurs, les tablettes *(voir le chapitre 3)* ou les téléviseurs par l'intermédiaire des lecteurs multimédias ou directement en DLNA ou en Airplay.

Comment déployer ce type d'infrastructure ? Est-ce faisable dans le cadre d'un projet de rénovation ? Quel type de câblage est le mieux adapté ? Est-il nécessaire d'installer du matériel supplémentaire ? Les sections qui suivent montrent comment sélectionner et déployer un système de distribution vidéo.

Choix d'un système de distribution vidéo

Il est possible d'anticiper les usages et les technologies naissantes en déployant un véritable réseau audiovisuel lors de la construction ou de faire appel à des technologies sans fil ou sans nouveau fil dans les projets de rénovation.

Comme dans les autres domaines abordés dans cet ouvrage, il est essentiel de nous poser les bonnes questions au bon moment, par exemple : combien y aura-t-il de téléviseurs ? quelles chaînes seront nécessaires et sur quels écrans ? quelles sources vidéo méritent d'être accessibles partout dans la maison (satellite, câble, Blu-Ray, enregistreur, portier, ordinateur, etc.) ? quelles sont les sources que nous souhaitons regarder indépendamment dans certaines zones (par exemple, faut-il prévoir que deux personnes puissent regarder en même temps un Blu-Ray et une chaîne satellite) ? est-il nécessaire de relier le réseau informatique et l'accès Internet à certains écrans ?

Il n'est pas inutile de récapituler clairement toutes les réponses, comme le propose le tableau 2.2.

Un tel tableau permet de se rendre compte de nos besoins réels et de les exprimer clairement à un spécialiste. En fonction de notre budget et des contraintes du bâtiment, ce dernier pourra nous conseiller.

Le principe de fonctionnement d'un système de distribution vidéo analogique est le suivant :

- Un modulateur combine plusieurs signaux vidéo, le son de chaque source et éventuellement les informations de commandes infrarouges en leur attribuant des fréquences différentes.

Pour en savoir plus sur le Web

Fournisseurs de lecteurs multimédias

ADS Tech : www.adstech.com
D-Link : www.dlink.fr
Dune : www.dune-hd.fr
DVico : www.dvico.com (anglais)
Hauppauge : www.hauppauge.fr
Kiss (Linksys) : www.linksys.fr
Logitech Squeezebox : www.logitech.fr
Netgear : www.netgear.fr
Packard Bell : www.packardbell.fr
Peekton : www.peekton.com
Philips : www.streamium.com
Pinnacle Show Center : www.pinnaclesys.com
Popcorn Hour : www.popcorn-hour.fr
Xtreamer : www.xtreamer.fr

Équipement minimal

Selon les normes en vigueur, les pièces principales du logement ainsi que la cuisine doivent être au moins équipées d'une prise de communication (RJ-45 recommandée). Si la prise de communication ne peut pas distribuer la télévision, il faut prévoir une prise TV pour un logement d'une surface inférieure à 35 m², deux prises TV pour un logement de 35 à 100 m² et trois pour une surface supérieure à 100 m².
À l'heure du tout-numérique, de l'explosion des besoins en matière de TV, de téléphone, d'Internet et de réseau informatique familial, ce minimum est rarement suffisant. Mieux vaut prévoir, par exemple, au moins deux prises de communication à l'emplacement de la TV principale, ne serait-ce que pour relier l'écran à la TV et à Internet ou au réseau local (*voir le chapitre 8, « L'installation multimédia »*).

Tableau 2.2 Exemple de tableau permettant de définir quelles sources vidéo doivent être disponibles dans chaque pièce

	Blu-Ray	Media Center	SAT	Enregistreur	TNT	Portier vidéo	Caméra chambre d'enfant	Console de jeux	Signal informatique
TV chambre	Oui	Oui	Indépendant[1]	Non	Direct[2]	Oui	Oui	Direct	Non
PC bureau	Non	Non	Non	Non	Direct	Oui	Oui	Non	Direct
Plasma salon	Non	Direct	Direct	Oui	Direct	Oui	Oui	Oui	Oui
LCD cuisine	Non	Non	Oui	Non	Direct	Oui	Oui	Non	Oui
Écran home cinéma	Direct	Non	Oui	Direct	Direct	Oui	Oui	Oui	Oui

1 La consultation doit être localement indépendante, de telle sorte que si nous changeons de chaîne satellite dans la chambre, par exemple, cela ne la change pas celle vue dans le salon.
2 L'équipement ou la prise se situent physiquement dans la pièce.

- Ce signal est disponible dans toutes les pièces grâce au câblage ou à un dispositif d'émission sans fil.
- Chaque écran est en mesure d'afficher les différentes sources grâce à la sélection des canaux en direct ou à un démodulateur ou récepteur sans fil.

La plupart des installateurs d'antennes, ou antennistes, considèrent que la seule solution de raccordement vidéo est le câblage coaxial. Si c'est encore vrai à l'extérieur pour relier l'antenne ou la parabole, ce n'est plus le cas pour le système de distribution et les prises terminales. Il est, par exemple, possible d'utiliser le réseau VDI ou, en rénovation, de recourir à des systèmes sans fil.

Distribution vidéo par câble coaxial

La distribution vidéo par câble coaxial correspond à l'installation traditionnelle. Il est possible d'étoffer cette solution en fonction des besoins. Le coaxial classique 75 Ω est adapté aussi bien à l'installation de base, qui consiste à distribuer les chaînes hertziennes sur un ou plusieurs téléviseurs, qu'à des projets plus ambitieux, avec plusieurs sources à distribuer en multiroom dans des zones indépendantes.

L'installation classique en coaxial est constituée d'un amplificateur et d'un répartiteur, voire d'un coupleur pour limiter le nombre de câbles à faire descendre du toit, si nous disposons d'une antenne et d'une parabole ou de plusieurs paraboles. Quand il y a plusieurs prises à raccorder, une centrale TV peut être nécessaire pour coupler les signaux et les amplifier avant de les envoyer vers le répartiteur. Les prises terminales TV coaxiales ou les prises triples TV/SAT/FM permettent de recevoir les signaux dans chaque pièce.

Prenons l'exemple d'une maison équipée d'une antenne hertzienne, d'une parabole satellite et de trois postes de télévision. La figure 2.13 illustre une telle installation, qui oblige à disposer d'un démodulateur satellite ou d'un lecteur Blu-Ray par téléviseur.

Ce type d'installation oblige à définir précisément l'emplacement des téléviseurs, à moins de prévoir plusieurs prises TV par pièce ou d'utiliser des

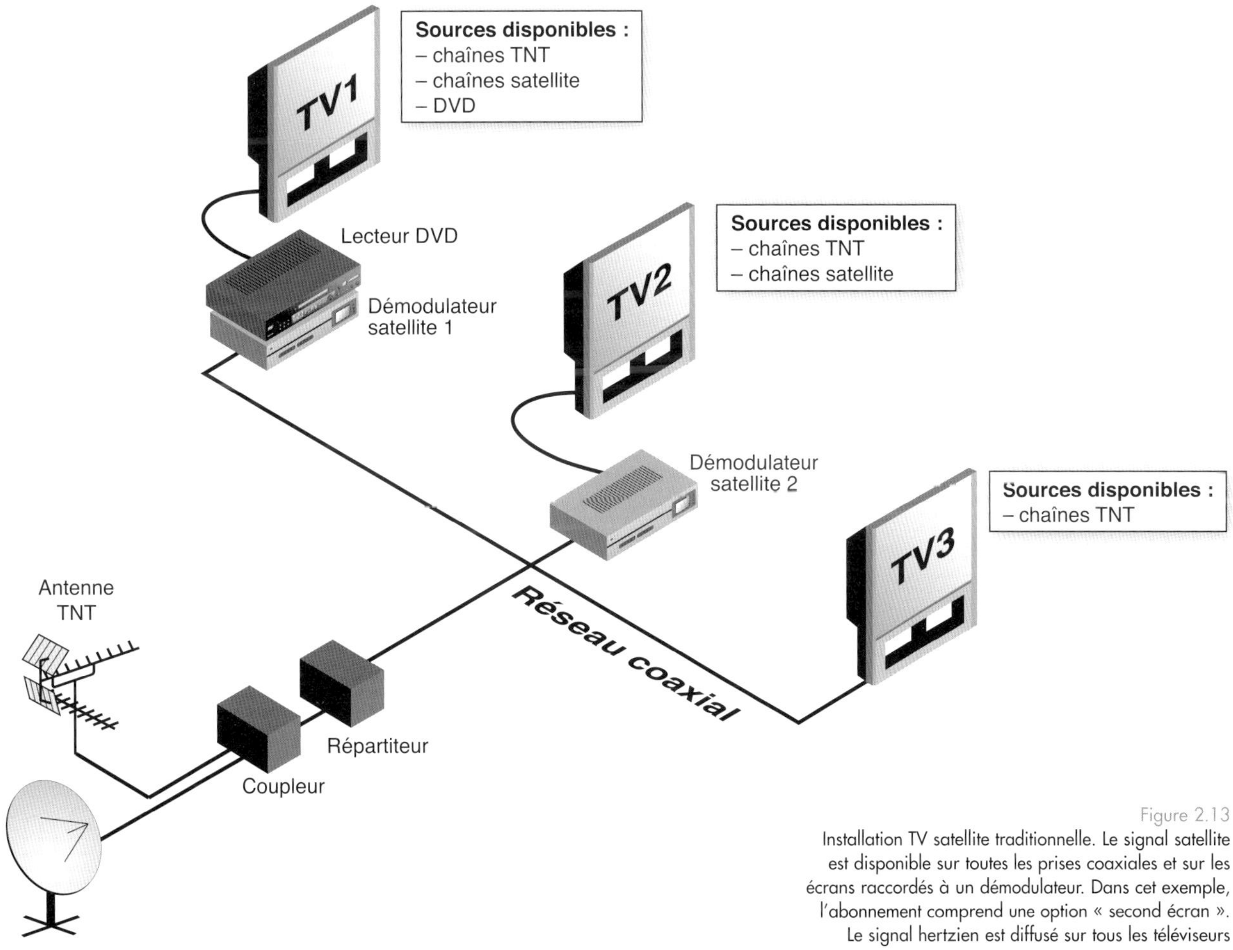

Figure 2.13
Installation TV satellite traditionnelle. Le signal satellite est disponible sur toutes les prises coaxiales et sur les écrans raccordés à un démodulateur. Dans cet exemple, l'abonnement comprend une option « second écran ». Le signal hertzien est diffusé sur tous les téléviseurs

prises RJ-45 avec duplicateurs ou encore des rallonges. Dans tous les cas, il ne permet pas de distribuer d'autres sources vidéo que le signal hertzien. Si nous souhaitons disposer du signal satellite dans quatre pièces différentes de façon indépendante, il nous faut plusieurs démodulateurs, plusieurs abonnements (ou un abonnement spécial avec un écran supplémentaire), avec une centrale TV à quatre entrées satellite et une parabole adaptée. Dans une telle configuration il nous faut en outre autant de lecteurs Blu-Ray que d'écrans.

Pour distribuer de la vidéo sur un réseau coaxial, il est nécessaire de compléter l'installation par un distributeur TV, capable de renvoyer tous les signaux issus de l'antenne, du câble, de la parabole, du lecteur Blu-Ray, de l'enregistreur numérique ou du démodulateur satellite vers toutes les prises terminales. Ce type de distribution nécessite l'installation de câbles coaxiaux internes (vers les prises TV) et externes (prises TV vers distributeur). Certains distributeurs TV sont capables de gérer les reports de télécommandes infrarouges pour commander un lecteur Blu-Ray ou changer de chaîne satellite dans toutes les pièces. Si ce n'est pas le cas, il faut ajouter des câbles entre les cellules infrarouges et le distributeur.

Ce type de distribution ne permet pas de disposer de toutes les chaînes simultanément dans toutes les pièces, un démodulateur traditionnel ne pouvant traiter qu'un seul signal numérique à la fois.

Les solutions permettant à plusieurs personnes de regarder des programmes différents simultanément dans plusieurs pièces sur un réseau coaxial sont les suivantes :

Plusieurs sources. Le fait de disposer d'une antenne et d'une parabole permet déjà de visionner simultanément deux programmes différents. Cela peut suffire, mais il ne s'agit pas véritablement de distribution vidéo.

Démodulateur à plusieurs tuners. Certains opérateurs de télévision par câble, TNT ou satellite proposent des terminaux équipés de deux tuners, capables de gérer plusieurs chaînes numériques simultanément. À l'achat, la plupart des décodeurs satellite sont équipés d'un double tuner pour enregistrer une chaîne pendant que nous en regardons une autre. Cela nécessite un abonnement spécial et ne résout le problème que partiellement, puisque, selon le type de démodulateur, seulement deux téléviseurs peuvent recevoir un programme différent simultanément. En ajoutant une réception TNT et une réception ADSL, nous pouvons disposer de quatre programmes différents en permanence.

Matrice de commutation vidéo. Pour une distribution optimale, il faut nous tourner vers un système de matrice. C'est ce système qui est utilisé dans les hôtels pour diffuser un programme indépendant dans chaque chambre. Ce type de solution est extrêmement performant mais peut s'avérer onéreux, surtout pour distribuer de nombreuses sources.

Avec l'avènement de la TNT, un simple réseau coaxial permet de consulter plusieurs chaînes numériques simultanément, mais, quelle que soit la solution retenue, un réseau coaxial manquera toujours de souplesse d'implantation, car les prises TV sont figées et limitées en nombre. Il n'offre pas non plus de garantie pour le futur en termes d'intégration et d'interactivité avec le multimédia ou le numérique. Les infrastructures sans fil, sans nouveau fil ou VDI viennent pallier ces limitations.

Distribution vidéo sans fil ou sans nouveau fil

Dans l'ancien et pour la rénovation, où l'ajout de câble est parfois impossible ou très coûteux, les solutions sans nouveau fil ou sans fil présentent les avantages suivants :

Sans nouveau fil. La première solution consiste à utiliser le réseau coaxial existant. Un boîtier de distribution peut transporter la vidéo, mais également le son et les déports de télécommande *(voir figure 2.14)*. Les perfor-

> **Distribution vidéo par courant porteur**
>
> Il existe des boîtiers fonctionnant sur courant porteur destinés à diffuser des sources audiovisuelles dans toute la maison. Par exemple, pour la diffusion de la TNT, la société Neli propose un boîtier à triple tuner, à brancher sur une prise coaxiale qui permet de récupérer toutes les chaînes de la TNT à partir de n'importe quelle prise de courant, et même sur des téléviseurs non équipés d'adaptateurs TNT *(voir figure 2.15)*.

Figure 2.14
Distribution vidéo en HDMI sur câble coaxial pour distribuer une source vidéo HD sur un écran situé dans une autre pièce *(source Audio Authority)*

mances sont dépendantes de la qualité du câblage existant. Elles n'apportent pas plus de souplesse que l'installation filaire en termes d'implantation, puisque nous restons dépendants de la position des prises TV. Une solution plus souple consiste à utiliser le réseau électrique existant en installant des modules courant porteur à proximité des différents écrans. La figure 2.15 illustre une telle installation, dans laquelle l'abonnement satellite principal est rendu disponible en haute définition sur des écrans secondaires grâce à des modules courant porteur.

Sans fil. Indépendantes des prises TV existantes, ces solutions permettent d'ajouter un téléviseur dans une pièce non équipée de prise TV ou d'ajouter des sources à un poste déjà raccordé. Par exemple, le signal du démodulateur satellite du salon ou du lecteur DVD peut être raccordé à un émetteur sans fil et renvoyé dans une autre pièce sur le récepteur, lui-même raccordé au récepteur radio.

Figure 2.15
Solution de distribution de TV HD sans nouveau fil. Le décodeur principal est équipé de trois tuners permettant de distribuer le signal en haute définition sur deux écrans supplémentaires *(source Neli)*

Il est nécessaire de compléter certains modèles de distribution sans fil par un dispositif de report de commandes infrarouge *(voir figure 2.16)*.

Certains modèles sont munis de plusieurs entrées de façon à distribuer plusieurs sources distinctes et les reports de télécommandes. D'autres solutions sans fil ne gèrent que le report de télécommandes dans le cas où la transmission de la vidéo et du son est effectuée par câble coaxial ou prise Péritel.

Les solutions sans fil sont idéales sur de courtes distances, mais elles restent extrêmement sensibles aux obstacles et aux perturbations électromagnétiques. Des tests *in situ* permettent de vérifier l'efficacité ou non d'une transmission vidéo sans fil.

Figure 2.16
Distribution sans fil d'un signal vidéo avec report des signaux émis par la télécommande infrarouge *(source Thomson)*

Distribution vidéo sur une infrastructure VDI

L'infrastructure VDI (voix, données, images) décrite au chapitre 8 est conçue pour apporter un maximum de souplesse dans la distribution des fonctions de téléphonie, d'informatique et de télévision.

La figure 2.17 illustre une installation de distribution vidéo permettant de distribuer les sources TV, serveur multimédia, portier et caméra sur le réseau informatique.

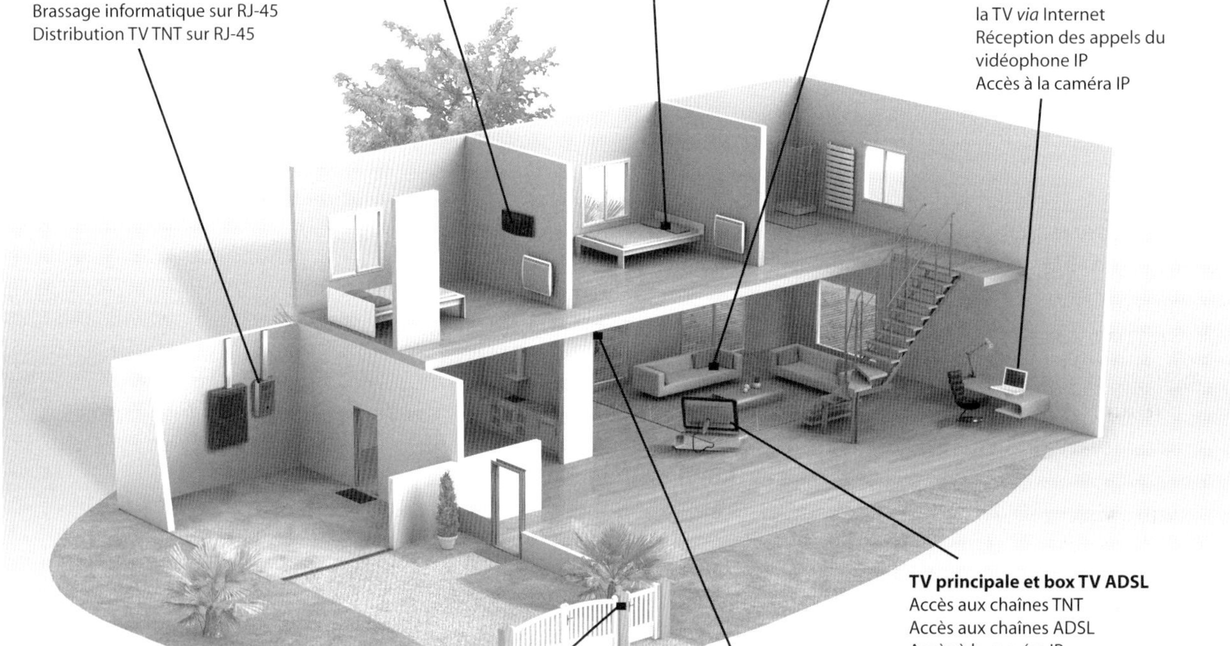

Figure 2.17
Installation de distribution vidéo dans une maison raccordée à une offre ADSL Triple Play et équipée d'une antenne TNT. Le vidéophone, la caméra, les chaînes TV ADSL sont distribués par le réseau informatique tandis que les chaînes TNT sont diffusées sur les RJ-45 *via* l'infrastructure VDI. Les téléviseurs, la tablette et le smartphone peuvent visualiser le contenu multimédia du serveur grâce à la technologie DLNA ou Airplay

La distribution de la télévision est rendue possible par la qualité du câblage et la mise en place d'un *actif TV*, capable de diffuser les signaux vidéo sur un câble à paires torsadées.

Il existe trois types d'actifs TV :

Distributeur actif. Diffuse les signaux issus d'une antenne hertzienne ou du câble sur du câble « grade 3 », voire des signaux satellite sur du câble « grade 3S » adapté. La figure 2.18 illustre un actif capable de diffuser une source coaxiale sur quatre prises RJ-45 raccordées aux téléviseurs par le biais de la baie de brassage.

Diffuseur VDI. Diffuse les signaux issus d'une parabole sur de la paire torsadée. Les signaux de la télévision par satellite ont une fréquence très élevée (2 400 MHz), qui les rend intransportables en l'état sur un réseau VDI. Le diffuseur VDI est capable de transposer le signal satellite dans la bande de fréquences utilisée par la télévision hertzienne (5-862 MHz), ce qui permet de distribuer le signal vidéo sur toutes les prises RJ-45 de la maison. Certains diffuseurs VDI sont également en mesure de gérer la distribution et la commande de toutes les sources vidéo (lecteur Blu-Ray, enregistreur numérique, Media Center, console de jeux, etc.) et du signal infrarouge.

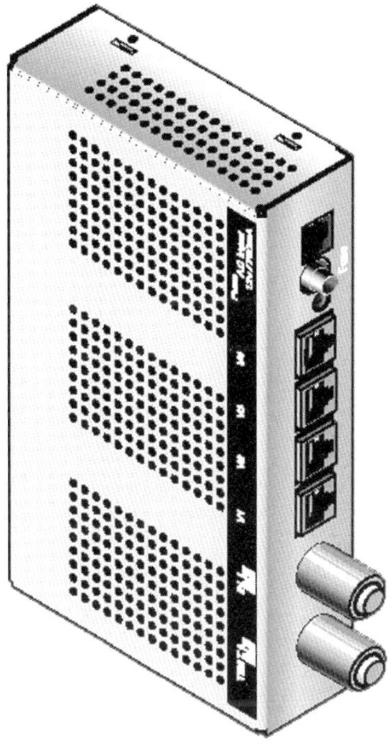

Figure 2.18
Distributeur actif TV pour réseau VDI
(source Casanova)

Centrale vidéo. Il existe des produits permettant de distribuer les signaux vidéo en composite, que nous pouvons parfaitement intégrer dans une installation VDI en transformant le signal à la source et à l'arrivée grâce à des convertisseurs. Si la qualité moyenne du signal composite associée à la conversion du signal et au transport sur le réseau VDI ne permet pas d'obtenir des résultats de grande qualité, il n'en reste pas moins que c'est une solution souple, adaptée à la distribution sur écrans secondaires (cuisine, chambre, etc.). Les fonctions de distribution vidéo sont parfois intégrées dans des produits multizones, ce qui permet de répondre aux besoins de commande locale et de diffusion des signaux audio et infrarouge (*voir le chapitre 13, « Étude de cas n° 1 »*).

Il est possible de mêler une installation VDI et une distribution coaxiale. C'est même une solution pertinente pour la TNT ainsi que pour le démodulateur satellite du salon, dont on peut ainsi réinjecter le signal pour le visualiser sur un autre téléviseur raccordé au réseau de prises RJ-45.

Terminal à plusieurs tuners

Il est possible d'utiliser directement le réseau VDI pour diffuser, par exemple, une seconde chaîne vers un autre téléviseur à travers le réseau local (ou le réseau électrique en CPL) grâce à un terminal à double tuner. C'est la solution proposée par certains opérateurs de TV par câble, ADSL ou satellite. Il existe également des solutions intégrant jusqu'à six tuners dans un seul boîtier, ce qui permet de distribuer les signaux sur de nombreux écrans.

Distribution numérique de la vidéo

À l'heure de la télévision haute définition il devient primordial d'amener la qualité numérique au plus près des écrans. Le principe de la modulation traditionnelle ne suffit plus, puisqu'elle transforme le signal en analogique.

Plusieurs pistes sont envisageables pour distribuer le signal numérique :

Modulation TNT. On commence à voir apparaître des systèmes de modulation TNT, qui permettent de distribuer à domicile nos propres sources vidéo sous un format numérique équivalent à celui de la TNT. Cette solution est toutefois encore très onéreuse.

Distribution informatique. La figure 2.19 illustre la possibilité de distribuer les signaux TV TNT ou satellite par l'intermédiaire du réseau informatique, solution beaucoup plus fiable que la distribution multiposte proposée par les fournisseurs d'accès Internet.

Distribution numérique sur le câblage VDI. La liaison entre l'écran et la source haute définition doit idéalement se faire en câblage HDMI. La distribution en câblage HDMI n'est pas envisageable pour des raisons de coût et surtout de perte de signal au-delà de 20 mètres. Il est par contre parfaitement possible d'utiliser le câblage VDI pour cette distribution, en utilisant un transmetteur HDMI à la source et un récepteur HDMI à proximité de l'écran à alimenter. Cette solution répond au besoin de distribution du signal haute définition sur plusieurs postes ou au besoin de centralisation des sources dans un local technique. Il existe des solutions intégrées de distribution haute définition multizone et des produits d'émission/réception du HDMI sur un ou deux câble « grade 3 », selon les fabricants *(voir figure 2.20)*.

Distribution IP. Cette solution consiste à émettre le flux vidéo en streaming, c'est-à-dire en continu sur le réseau IP. Il s'agit d'une solution purement informatique, très courante sur le Web, qui permet de commencer à visualiser une séquence audio ou vidéo sans devoir télécharger le fichier complet. Dans le contexte de l'explosion de la TV par ADSL et par Internet, il s'agit de la solution la plus élégante et sans aucun doute la plus pérenne puisqu'elle permet une distribution numérique de plusieurs sources vers plusieurs écrans, avec pour seule limite la bande passante des réseaux VDI, courant porteur en ligne ou sans fil. L'innovation française est à la pointe de la

Figure 2.19
Adaptateur relié à la prise d'antenne et au réseau local informatique permettant de distribuer la TNT ou la TV par satellite sur tous les ordinateurs en réseau filaire ou les tablettes en Wi-Fi. Ce boîtier embarque deux tuners, ce qui permet l'enregistrement et les fonctions PIP (Picture in Picture) d'image dans l'image *(source Elgato)*

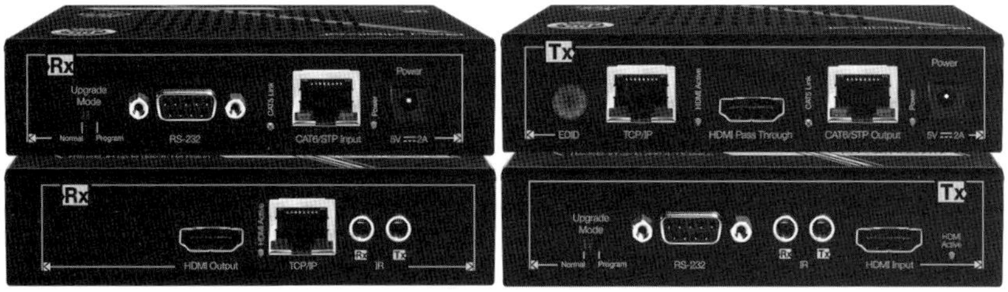

Figure 2.20
Distribution vidéo haute définition sur câblage VDI. Le signal vidéo 1080p, le report de télécommande infrarouge et les données de pilotage RS232 sont transmis sur une distance de 100 mètres par l'intermédiaire d'un seul câble informatique grade 3 *(source Key Digital)*

recherche dans ce domaine. Cybervia, Dee&Be et Utrema proposent déjà des solutions de distribution TV et vidéo sur IP extrêmement performantes.

Les solutions ne manquent donc pas pour distribuer de la vidéo. Si, dans le neuf, la combinaison du coaxial pour le raccordement de l'antenne à l'extérieur et du réseau VDI à l'intérieur constitue aujourd'hui le meilleur choix, les solutions sans fil ou sans nouveau fil peuvent être envisagées en rénovation.

Pour en savoir plus sur le Web

Fournisseurs de solutions de distribution vidéo

- AMX : www.amx.com (anglais)
- Avnex : www.avnex.co.uk (anglais)
- CGV : www.cgv.fr
- Control4 : www.control4.com (anglais)
- Corvo : www.corvo.com
- Crestron : www.crestron.com (anglais)
- Cybervia : www.cybervia.fr
- Dee&Be : www.deenbe.com
- Elgato : www.elgato.com
- Extron : www.extron.com (anglais)
- Fusion Research : www.fusionrd.com (anglais)
- Gefen : www.gefen.com (anglais)
- Kaleidescape : www.kaleidescape.com (anglais)
- Key Digital : www.keydigital.com (anglais)
- Kramer : www.kramerfrance.com
- Netstreams : www.netstreams.com (anglais)
- Utrema : www.utrema.tv
- Vity Technology : www.vity.com

Le home cinéma

Le développement du numérique et de la haute définition, conjugué à l'arrivée à maturité des systèmes de vidéoprojection et de restitution de qualité, pousse de plus en plus à s'équiper d'un système home cinéma *(voir figure 2.21)*.

Il est possible d'intégrer un tel système dans le salon ou d'aménager une pièce dédiée. Dans les deux cas, une préparation est nécessaire, car il faut relier de nombreux appareils entre eux et intégrer l'audiovisuel, l'informatique, les automatismes, l'éclairage et les organes de commandes. Le home cinéma doit également être inclus dans la conception globale de la maison,

Figure 2.21
Intégration d'un système home cinéma fondé sur un écran plasma encastré. Remarquons l'intégration parfaite des équipements audiovisuels dans le mur et des enceintes au plafond *(source Point Rouge-Home Cine'Feel)*

puisque le réseau VDI doit y passer et que la distribution audio et vidéo est souvent issue de cette pièce.

Cette section n'est pas un guide du home cinéma. Son objectif est uniquement de montrer ce qu'implique ce type d'installation lors de la construction ou de la réhabilitation d'une maison ou d'une pièce. Il est possible de mettre en place un home cinéma pour quelques centaines d'euros seulement comme d'y engloutir des sommes considérables. L'essentiel est de savoir ce que nous en attendons et le budget que nous souhaitons y consacrer.

Conception d'un home cinéma

Une multitude de solutions permettent de créer un home cinéma. Voici les principaux critères à prendre en compte pour réussir son installation :

Intégration dans un salon ou une pièce dédiée. La plupart du temps, la seule solution consiste à intégrer les fonctions de home cinéma dans le salon. Ce n'est évidemment pas optimal du point de vue technique (difficulté de mise au point acoustique, appareils et câblage à intégrer, etc.) ou fonctionnel (isolation phonique, conditions d'obscurité, utilisation au quotidien, etc.). L'idéal est d'y consacrer une pièce susceptible de faire également office de salle de jeux et de loisirs. Dans les deux cas, la dimension de la pièce doit être prise en compte pour le choix de la puissance du matériel audio, du mode de distribution vidéo et de la taille de l'écran.

Type d'utilisation. Un système de home cinéma consiste *a priori* à recréer chez soi une ambiance de cinéma pour apprécier la projection d'un film en famille ou entre amis. À l'usage, chaque membre de la famille se l'approprie en fonction de ses goûts et de ses passions. Il est possible de l'utiliser pour regarder un événement sportif, montrer des photos ou le film des dernières vacances, jouer à un jeu vidéo, écouter de la musique ou assister à une séance de cinéma 3D en version 5.1 haute résolution. Pour bien choisir l'emplacement, le mode de restitution, la connectique, le câblage et le mode de commande, il est indispensable de savoir ce que nous souhaitons réellement faire.

Voici une liste non exhaustive des sources visualisables sur un home cinéma :

- Télévision : qu'il s'agisse de TNT, satellite, câble, ADSL, etc., la question essentielle est de savoir si nous souhaitons regarder le journal télévisé de temps en temps pendant le dîner ou voir un bon film ou un match en famille. Dans le premier cas, la vidéoprojection n'est sans doute pas la solution la mieux adaptée.
- Lecteur Blu-Ray et enregistreur : les performances de la restitution vidéo et audio doivent être adaptées à la qualité de ces sources. Le Blu-Ray, en particulier, est la clé de voûte d'un home cinéma. Tous les films sont disponibles en numérique sur lecteur Blu-Ray en différents formats d'image et de son et en différentes langues.
- Source informatique : un ordinateur de bureau, un portable ou un serveur multimédia doivent pouvoir être intégrés dans l'installation. Le serveur multimédia devient incontournable puisqu'il est en mesure de remplacer l'enregistreur, le tuner, le démodulateur, la console de jeux et le lecteur Blu-Ray.
- Console de jeux : certains systèmes sont optimisés pour profiter des jeux sur grand écran en haute définition avec des effets spéciaux en surround.
- Appareils numériques : il est possible de connecter les différentes sources numériques (appareil photo numérique, caméscope, etc.) en direct ou par le biais du serveur multimédia. Il faut prévoir de pouvoir les connecter facilement, sans avoir à accéder à l'arrière des appareils.
- Audio haute définition : certains lecteurs Blu-Ray sont capables de restituer le son sur plusieurs canaux en qualité acceptable, même pour les audiophiles les plus exigeants. Il est possible de profiter du home

Home cinema 3D

Après le succès de la 3D au cinéma, tous les fabricants proposent aujourd'hui des écrans et des vidéoprojecteurs pour la 3D à la maison, et les chaînes de TV commencent à diffuser des programmes en 3D. Les solutions retenues sont très hétérogènes, et il est pour l'instant difficile de faire un choix technologique.

Le confort de visionnage, la définition, la profondeur, la dynamique générale et la qualité de contrastes semblent acceptables avec des lunettes 3D passives (polarisées), qui ont également le mérite d'être moins chères et de ne pas nécessiter de rechargement ou de changement de pile. Les lunettes actives offrent une meilleure résolution mais sont plus lourdes puisqu'elles embarquent de l'électronique.

Patience, donc ; une solution 3D sans lunette finira bien par arriver.

Le Blu-Ray

Le disque Blu-Ray est un support optique de même diamètre qu'un DVD classique (12 cm), mais avec une capacité de stockage bien supérieure : 50 Go en double couche (par rapport au DVD double couche de 8,5 Go). Les disques Blu-Ray sont donc capables de stocker plusieurs heures de film en haute définition (1 080 × 1 920 pixels et bandes son HD), ainsi qu'une multitude de bonus. Il s'agit actuellement du format idéal pour le home cinéma sachant qu'un lecteur Blu-Ray peut aussi lire les DVD.

cinéma pour écouter concerts et musiques enregistrés en Surround. La dynamique et la gamme de fréquences de ces enregistrements sont cinq fois supérieures à celles des CD audio traditionnels.

Figure 2.22
Écran LCD 116 cm HD TV équipé pour le futur numérique : réception TNT, 3D, HBB TV, Ethernet, Wi-Fi, DLNA *(source Samsung)*

Figure 2.23
Écran LED 152 cm avec trois tuners (TNT, câble et satellite), une entrée PCMCIA (CI+) pour insérer directement une carte d'abonnement sans décodeur supplémentaire, le DLNA et un capteur de luminosité ambiante permettant d'optimiser l'image en diminuant la consommation d'énergie *(source Sharp)*

Figure 2.24
Écran plasma 152 cm THX 3D avec télécommande à capteur de mouvements *(source LG)*

Choix de l'écran. Il existe de nombreuses solutions de restitution adaptées au cinéma à domicile, notamment les suivantes :

- LCD (Liquid Crystal Display) : cette technologie est déjà utilisée pour la fabrication des écrans plats informatiques. Certains modèles sont équipés de haut-parleurs et d'un tuner TNT intégré. Les écrans ont souvent un design élégant et sont faciles à intégrer dans un intérieur. La technologie LCD est parfois sensible à l'angle de vue, et son contraste est limité. De plus, elle ne permet pas encore d'offrir des tailles d'écrans aussi importantes que les plasmas ou les vidéoprojecteurs. Le LCD convient donc plutôt à une intégration en appoint, dans une chambre, un petit salon ou une cuisine, par exemple, qu'à un home cinéma. La figure 2.22 montre un exemple d'écran LCD.
- LED (Light Emitting Diode) : cette méthode de rétro-éclairage des écrans est de plus en plus utilisée pour son très bon contraste, sa colorimétrie fidèle et sa faible consommation électrique. Sur certains modèles, le LED permet d'atteindre une épaisseur d'écran de moins de 3 centimètres *(voir figure 2.23)*.
- Téléviseur OLED : encore onéreux à produire, les écrans OLED (Organic Light-Emitting Diode), ou à diode électroluminescente organique, devraient devenir le standard des écrans plats dans les prochaines années. Les avantages de cette nouvelle technologie sont nombreux : de meilleurs taux de contraste, un rendu des couleurs plus vrai que nature et une finesse d'écran inégalée.
- Plasma : accroché au mur, tel un tableau, intégré dans une bibliothèque, posé sur un meuble bas ou sur une commode, cet écran s'intègre partout, aussi bien dans le neuf que dans l'ancien. Il s'agit d'une solution séduisante pour faire entrer le cinéma dans un salon. Les puristes trouvent toutefois l'image un peu froide, ainsi que le contraste noir/blanc insuffisant et un manque de fluidité dans les scènes d'action sur certains modèles. Même si des fabricants produisent des dalles de plus de 2 m de diagonale, le plasma n'est pas la solution la plus rationnelle pour disposer d'une image de très grande taille dans une pièce dédiée. Longtemps considéré comme un handicap, le prix des dalles plasma se rapproche de celui des écrans LCD. La figure 2.24 montre un exemple d'écran plasma.
- Vidéoprojecteur : c'est aujourd'hui le mode de restitution d'image le plus performant pour le home cinéma *(voir figure 2.25)*. À la différence du plasma ou du LCD, qui restent des écrans de télévision, un vidéoprojecteur recrée une ambiance de cinéma, avec une image qui semble surgir de nulle part et une taille d'écran incomparable.

Longtemps réservés au home cinéma haut de gamme, avec les modèles tritubes très onéreux, les vidéoprojecteurs se démocratisent tout en continuant à offrir des images de qualité, même sur des écrans de plus de 5 m de diagonale grâce aux technologies DLP, tri-LCD et SXRD *(voir figures 2.26 et 2.27)*.

L'intégration de cette technologie dans un salon n'est toutefois pas simple, car l'écran, la source et le vidéoprojecteur ne sont pas rassemblés en un même endroit. Contrairement aux écrans TV décrits précédemment, un système de vidéoprojection est assez complexe d'utilisation. Quand nous voulons regarder les informations, par exemple, nous n'avons pas forcément

Figure 2.25
Vidéoprojecteur 1080p HD et 3D, fourni avec un émetteur et des lunettes et utilisant la technologie de projection SXRD *(source Mitsubishi)*

Figure 2.26
Écran électrique et vidéoprojecteur motorisé *(source Pilotefilms)*

Figure 2.27
Vidéoprojecteur, écran électrique et système de restitution sonore 7.1 *(source ADM/CCS/Point Rouge Home Cine'Feel)*

besoin d'une très grande image, ni le temps d'attendre que le projecteur se mette en route et que l'écran descende. Un vidéoprojecteur est donc complémentaire d'un téléviseur et réservé aux projections de films, d'événements sportifs, de diaporamas et de jeux vidéo.

Le tableau 2.3 récapitule les avantages et inconvénients des solutions de restitution de la vidéo.

Tableau 2.3 Caractéristiques des différentes solutions de restitution vidéo*

	Taille diagonale (cm)	Recul (cm)	Avantage	Inconvénient	Application
LCD	20-120	3 fois la hauteur de l'écran	– Facilité de mise en œuvre – Peu encombrant – Prix abordable – Faible consommation électrique – Compatibilité informatique	– Taille d'écran limitée – Angle de vision restreint – Contraste limité	– Écran TV d'appoint (chambre, cuisine, etc.) – Écran TV/moniteur (bureau) – Écran TV salon
LED	40-140	3 fois la hauteur de l'écran	– Facilité de mise en œuvre – Peu encombrant – Prix abordable – Très faible consommation électrique – Compatibilité informatique	– Taille d'écran limitée – Angle de vision restreint	– Écran TV/moniteur (bureau) – Écran TV salon
OLED	20-80	3 fois la hauteur de l'écran	– Rendu des couleurs – Taux de contraste inégalés – Angle de vision plus large – Minceur et souplesse du support – Très économe en énergie	– Taille d'écran très limitée pour l'instant – Durée de vie – Coût de production	– Écran photo – Écran TV
Plasma	82-260	3 fois la hauteur de l'écran	– Qualité d'image – Facilité de mise en œuvre – Peu encombrant	– Contraste noir/blanc parfois insuffisant – Fragilité du matériel – Consommation électrique – Onéreux en grande taille	– Écran TV principal – Home cinéma salon – Home cinéma dans une pièce dédiée – Écran TV d'appoint (chambre)
Vidéoprojecteur	100-700	1,5 à 4 fois la diagonale	– Taille d'image – Impression d'être au cinéma – Qualité d'image – Compatibilité informatique – Peu encombrant	– Difficulté de mise en œuvre et d'intégration – Durée de vie des lampes – Ventilateur bruyant** – Peu adapté à une utilisation ponctuelle – Nécessite une ambiance assombrie**	– Home cinéma dans une pièce dédiée – Home cinéma salon

* Tableau mis à jour le 15 novembre 2011.

** Selon les modèles.

Le choix du mode de restitution repose donc sur une combinaison de contraintes d'installation, de recul par rapport à l'image, de programme à projeter en priorité et de budget. Pour toute installation autour d'un écran dont la diagonale est inférieure ou égale à 82 cm, les TV LCD/LED paraissent idéales. S'il est possible d'intégrer un écran de taille plus imposante, le choix se limite au plasma, au LCD et au LED. Pour se rapprocher au plus près de la magie du cinéma, la vidéoprojection reste incontournable.

Restitution sonore. Selon que nous sommes audiophiles, cinéphiles ou uniquement intéressés par une restitution fidèle de nos sources, nous devons choisir un système de restitution sonore adapté sachant que la qualité acoustique des écrans baisse à mesure que leur épaisseur diminue. Les formats audio sont très nombreux : Dolby Digital, Dolby Surround, Dolby TrueHD, Prologic, DTS, DTS HD Master Audio, THX, etc. Les combinaisons tout autant : 5.1, 7.1, 7.2, etc. Si nous nous aventurons vers une installation sur mesure, les mises au point et les réglages sont délicats et le traitement acoustique des murs indispensable. À l'opposé, nous pouvons opter pour un système tout en un classique avec barre de son ou même surround virtuel, capable de simuler un son surround sur deux enceintes avant seulement.

Câblage et connectique. La qualité de restitution, l'environnement acoustique, le type de source et les besoins d'évolutivité souhaités doivent guider nos choix de câblage et de connectique. Même s'il est parfois difficile de s'y retrouver dans la jungle des acronymes et anglicismes, il convient de rechercher des standards éprouvés. Certains connecteurs, dont nous ne voyons pas toujours l'intérêt aujourd'hui, permettront à l'avenir d'ajouter des sources ou d'améliorer la qualité de restitution.

Disposition des appareils. Lors du choix du mode de restitution et de l'aménagement de la pièce, il est important de définir en amont la façon dont va être disposé le matériel audiovisuel. En fonction des sources à raccorder, il faut définir comment seront rangés les appareils (meuble audiovisuel, intégration dans une bibliothèque, placard dédié, etc.) et comment ils seront reliés entre eux (type de câblage, passage des câbles, technologie sans fil, etc.).

Intégration du home cinéma avec les autres réseaux. La dimension magique du home cinéma passe par l'intégration avec les automatismes et les éclairages. Il est possible pour tous les budgets d'associer les volets roulants, l'écran électrique et les éclairages aux scénarios de projection. L'intégration avec le réseau VDI est toutefois indispensable pour cela. Si notre installation ne comprend pas encore d'ordinateur, autant anticiper en prévoyant la connectique nécessaire et éventuellement un accès réseau. Il

Enceintes sans fil

Si le câblage de la pièce est impossible ou trop lourd à mettre en œuvre, les systèmes de surround virtuel évoqués précédemment ou les enceintes sans fil peuvent simplifier considérablement l'installation. Il existe des systèmes complets en 5.1 permettant de disposer les enceintes sans le moindre câblage et des systèmes mixtes filaires à l'avant et sans fil pour les enceintes arrière, qui sont généralement les plus difficiles à câbler. Même si les puristes peuvent trouver aberrant de réaliser des installations de home cinéma sans fil, le résultat peut s'avérer concluant, à condition de ne pas dépasser les portées indiquées par le fabricant et de ne pas se trouver dans un environnement fortement perturbé par d'autres systèmes sans fil.

convient de prendre en compte le fait que les sources audiovisuelles peuvent être issues d'une autre pièce ou, à l'inverse, que les appareils du home cinéma peuvent servir aux autres écrans de la maison et être commandés à distance.

Figure 2.28
Écran tactile permettant de simplifier l'utilisation du home cinéma en remplaçant toutes les télécommandes et en automatisant le déclenchement de scénarios prédéfinis *(source Archos/Control4)*

Commandes simplifiées. Le nombre de télécommandes est fonction du niveau d'intégration du home cinéma avec les autres systèmes de la maison et de la sophistication de l'installation audiovisuelle. Au-delà de trois ou quatre télécommandes, l'installation est presque inutilisable et devient une source de frustration. Il faut alors se tourner vers des télécommandes universelles ou des écrans tactiles, capables de piloter toute l'installation et de simplifier son utilisation par la programmation de séquences prédéfinies *(voir figure 2.28)*. Par exemple, le bouton Projection déclenche la descente de l'écran et des volets roulants, allume le vidéoprojecteur, l'amplificateur, le démodulateur et le lecteur Blu-Ray et tamise l'éclairage arrière à 10 % *(voir le chapitre 9 « La centralisation des commandes »)*.

Dans cette phase de conception, il ne faut pas hésiter à consulter des spécialistes indépendants *(voir en annexe)* ou des vendeurs spécialisés, de façon à prendre en compte tous ces éléments au regard de nos propres critères (budget, contrainte de bruit, intégration avec l'existant, etc.).

Conseils pour réussir une installation de home cinéma

Il est possible de prédisposer une pièce au home cinéma, qu'elle soit dédiée ou non, dans le cadre d'une réhabilitation ou lors de la construction d'une maison.

L'audiovisuel et le home cinéma requièrent une grande quantité de câble. La présence d'un faux plafond, d'un faux plancher, d'un vide sanitaire ou de combles facilite le passage des câbles. Encore faut-il prévoir des trappes d'accès et des fourreaux aiguillés pour anticiper la maintenance de l'installation. Il est également envisageable de ceinturer la pièce de gaines afin de relier tous les appareils audiovisuels avec l'éventuel projecteur et les enceintes. Dans le même ordre d'idée, pour assurer l'évolution de l'installation, il peut être utile de faire passer un peu partout dans la pièce différents câbles audiovisuels HDMI, coaxial, paire torsadée, fibre optique, etc.

Nous avons vu précédemment que le rangement du matériel était primordial. Il est possible de tout rassembler dans un meuble audiovisuel ou dans une bibliothèque ou encore de prévoir un placard dédié avec accès arrière dans une autre pièce. L'important est de rationaliser l'installation et de cacher les câbles ainsi que de faciliter la maintenance future *(voir figure 2.29)*. Si nous nous contentons d'empiler le matériel, nous risquons, à chacune de nos interventions, de débrancher un câble malencontreusement. Il convient également de prendre garde de ne pas stocker tous les appareils dans un meuble sans ventilation. Dans le cas d'une installation sophistiquée, comportant un grand nombre d'appareils audiovisuels et informatiques, il est conseillé de mettre en place un système de rack dans lequel les appareils sont bien maintenus et facilement accessibles.

Figure 2.29
Meuble de rangement hi-fi sur roulettes facilitant la maintenance de l'installation *(source Cust Home)*

La vidéoprojection est idéale pour disposer d'une image de grande taille. Pour la projection, nous pouvons nous contenter d'un mur blanc ou d'un écran fixe ou opter pour une solution amovible. Il existe des écrans manuels ou électriques, commandés en filaire ou par ondes radio ou infrarouge. Dans le neuf, l'idéal est de traiter l'intégration d'un écran électrique de façon similaire à celle d'un volet roulant, de façon à rationaliser les protocoles de commandes.

Le rendu sonore est également une composante importante dans le résultat final. Il est essentiel de choisir des matériaux et revêtements capables d'allier esthétique, isolation phonique et performances acoustiques. Si le résultat est décevant, nous pouvons toujours procéder à des corrections acoustiques, de façon à modifier le rendu sonore de la pièce grâce à des panneaux ou à des cadres accrochés aux murs.

Le positionnement des enceintes doit être précis, à l'exception du caisson de basses, qui peut être positionné n'importe où dans la pièce. Les enceintes doivent être orientées vers l'auditeur et respecter scrupuleusement les recommandations du constructeur. Quoi qu'il en soit, il est très délicat de mettre au point une bonne acoustique dans une pièce non dédiée au home cinéma.

Des caractéristiques importantes sont à considérer dans le choix d'un écran ou d'un projecteur :

- Le rendu final de l'image repose en grande partie sur la qualité des connecteurs et des câbles.
- Les liaisons numériques n'étant pas encore généralisées, il importe de veiller à sélectionner en priorité des connexions en composante YUV (trois câbles distincts) ou RVB par Péritel. Les liaisons en S-Vidéo sont correctes sur de courtes distances. Le composite, qui mélange toutes les informations sur un seul câble, n'est pas recommandé.
- Compte tenu du nombre croissant de sources vidéo à afficher (chaînes TV, Blu-Ray, portier, vidéosurveillance, informatique, etc.), le support de la fonction d'incrustation PIP (Picture in Picture), ou image dans l'image, peut s'avérer utile.

HDMI 1.4

Les versions HDMI se succèdent. Le HDMI 1.4 offre une plus grande image, à 4 096 × 2 160 et à 30 images par seconde, compatible avec les standards de vidéo 3D. Il adapte automatiquement l'image en fonction du contenu joué et permet au son de naviguer dans le sens amplificateur-télévision, mais aussi, et c'est la nouveauté, de la télévision vers l'amplificateur. Le câble HDMI 1.4 peut en outre servir de câble Ethernet 100 Mbit/s. Ainsi, un lecteur Blu-Ray connecté à Internet pourra-t-il partager sa connexion avec un téléviseur du moment qu'ils utilisent tous deux un port HDMI 1.4.

L'ARC (canal de retour audio) défini par le standard HDMI 1.4 permet de renvoyer le son multicanal du téléviseur vers l'amplificateur audiovisuel sans ajouter de câble. Par exemple, le son du récepteur TNT intégré au téléviseur peut ainsi être diffusé par le système 5.1.

La norme HDMI intègre également un protocole de contrôle et de communication entre les différents appareils compatibles reliés entre eux au moyen d'un câble HDMI. Le CEC (Consumer Electronic Control) permet de faire dialoguer entre eux les différents équipements home cinéma. Concrètement, la touche « lecture » du lecteur Blu-Ray peut lancer le film, allumer le téléviseur sur le bon canal et au bon format et activer la bonne source de l'amplificateur audiovisuel. Le CEC est renommé et souvent implémenté de façon différente par les fabricants, ce qui limite pour l'instant l'intérêt de ce protocole.

- Une résolution d'écran supérieure ou égale à 1 280 × 768 pixels est idéale pour permettre la lisibilité des sources informatiques et assurer la pérennité de notre investissement, compte tenu de l'arrivée des programmes en haute définition, voire en 3D.
- Il est essentiel de choisir des appareils capables d'assurer un balayage d'images progressif *(progressive scan)* afin d'éviter les effets de clignotement lors de l'affichage d'images désentrelacées, c'est-à-dire composées de l'intégralité des lignes, et non d'une ligne sur deux, comme en télévision traditionnelle.
- Dans le choix des appareils, autant privilégier ceux qui offrent des connexions numériques de façon à optimiser la qualité des transmissions et à anticiper l'abandon progressif de toutes les sources audiovisuelles analogiques.

Les différentes technologies de transmission numérique sont les suivantes :

DVI (Digital Video Interactive). Interface permettant de transmettre un signal vidéo en numérique. On trouve des connecteurs DVI sur certains ordinateurs, écrans LCD, lecteurs CD, écrans plasma, rétroprojecteurs et vidéoprojecteurs.

HDMI (High Definition Multimedia Interface). Véritable Péritel du numérique, la prise HDMI est désormais incontournable dans une installation domotique et multimédia tant elle facilite l'intégration de l'audiovisuel et de l'informatique. Contrairement au DVI, le HDMI permet, en plus de la vidéo, de véhiculer les signaux audio sur huit canaux en numérique. Il a la particularité de ne pas compresser les signaux, ce qui permet une transmission sans détérioration. Il convient toutefois de veiller à ce que les appareils et les câbles soient bien dans la même version de norme. Les connecteurs HDMI et DVI étant relativement volumineux, il faut prévoir un fourreau de 50 mm de diamètre ou au moins l'espace suffisant pour faire passer les câbles.

FireWire (ou i-Link ou encore IEEE 1394). On trouve des prises FireWire sur la plupart des ordinateurs. Le FireWire permet notamment de relier les appareils photo ou les caméscopes numériques.

S/PDIF (Sony/Philips Digital InterFace). Il s'agit du standard le plus courant pour la transmission du son numérique en hi-fi et en home cinéma.

Toslink. Mode de transmission d'un signal audio numérique par fibre optique présent sur certains serveurs multimédias et lecteurs CD, DVD ou Blu-Ray.

Même si les premières générations d'écrans plats présentaient des défauts au bout de quelques années, la durée de vie d'un écran LCD ou d'un plasma est désormais, comme celle d'un téléviseur traditionnel, d'au moins dix ans, ce qui est supérieur au délai moyen de renouvellement d'un téléviseur, qui est de sept ans. S'il est donc inutile de se focaliser sur la durée de vie des différents types d'écrans, il est en revanche nécessaire de vérifier celle des lampes des vidéoprojecteurs. Selon les modèles, cette dernière varie entre mille et quatre mille heures. Même s'il est évidemment possible de ne changer que la lampe, cela peut représenter un budget important au fil du temps.

Le choix des dispositifs d'amplification est délicat. Si nous disposons déjà d'une chaîne hi-fi de bonne qualité, il peut être tentant de la réutiliser, mais au risque de compliquer l'installation et de nous priver du son en 5.1. Certains amplificateurs intégrés audio-vidéo incorporent des décodeurs audio et des effets sonores prédéfinis (hall, concert, stade, église, etc.). En fonction de la qualité de l'amplificateur, des enceintes et de la grandeur de la pièce, il est possible de se passer du caisson de basse. Par ailleurs, compte tenu de l'évolution très rapide des codages audio et vidéo, les amplificateurs et lecteurs capables d'être mis à jour facilement offrent un gage de pérennité évident.

Il ne faut pas hésiter à exiger une reprise du matériel après l'avoir essayé chez vous. Il est fréquent de constater un défaut de pixellisation sur un LCD ou un plasma ou que le recul dont nous disposons ne soit pas suffisant pour le modèle de vidéoprojecteur retenu. Une autre source de frustration possible est celle engendrée par l'effet d'arc-en-ciel, matérialisé par l'apparition de bandes de couleur sur les zones très blanches de l'image, qui peut être constaté chez certaines personnes lors de la projection d'images en DLP. Une dernière précaution à prendre concerne la protection électrique du matériel home cinéma car il s'agit en général d'équipements très sensibles à la pollution de l'alimentation secteur.

Pour en savoir plus sur le Web

Sites d'informations sur le home cinéma

Cedia : www.cedia.net (anglais)
Cinenow : fr.cinenow.com
Homecine : www.homecine.com
Homecinéma-fr : www.homecinema-fr.com
Home Ciné'Feel : www.homecinefeel.com
Multiroom : blog.multiroom.fr
Son-vidéo : www.son-video.com

Conclusion

Le monde de l'audiovisuel grand public migre peu à peu vers le tout-numérique. Cela prend du temps, car il faut non seulement s'accorder sur des formats standards, mais aussi renouveler tout le matériel et assurer la diffusion des sources et des programmes en haute définition.

La tendance est à la convergence entre informatique et électronique de loisirs, ce qui facilite le développement du numérique à domicile. Les produits proposés sont de plus en plus abordables, tandis que les interfaces et les services se simplifient et deviennent plus intuitifs et conviviaux grâce notamment à la généralisation des tablettes numériques.

En se sophistiquant à l'extrême, la technologie doit s'effacer derrière l'utilisateur et devenir transparente et ludique. C'est tout l'enjeu de l'informatique. Encore faut-il disposer de matériels fiables, de connexions Internet de qualité et de réseaux performants. Le chapitre 3 propose un tour d'horizon le plus complet possible de la question.

3 L'informatique

« Vos enfants vivront entourés de machines ; il faut qu'ils les comprennent et soient avec elles familiers. Les machines traitent très mal ceux qui ne les aiment pas » (André Maurois, *Lettres à l'inconnue*, 1953).

L'informatique est incontournable dès lors qu'il s'agit de travailler à domicile, de s'informer, de communiquer ou, comme nous l'avons vu au chapitre précédent, de se distraire. Disposer d'un réseau local performant, d'une connexion haut débit à Internet et d'ordinateurs puissants est devenu un élément de confort à part entière.

De simple outil de travail, de communication et de divertissement, l'ordinateur étend son rôle à la gestion de la maison en centralisant les commandes et en assurant la prise de contrôle à distance des fonctions domotiques, ainsi qu'à la supervision des différents systèmes et au partage des fichiers numériques.

Les progrès de l'informatique permettent de généraliser les fonctions intelligentes dans la maison, tout en assurant la cohérence du contrôle de systèmes jusque-là totalement indépendants, comme l'éclairage, la sécurité, le chauffage ou l'audiovisuel. Disposer d'un écran tactile, capable de centraliser toutes ces fonctions, était il y a quelques années un luxe de milliardaire et un défi en matière d'intégration. Aujourd'hui, tout peut facilement s'interfacer avec l'informatique, et les ordinateurs deviennent eux-mêmes chaque jour plus fiables, plus puissants, plus faciles à utiliser et moins onéreux.

Quelles fonctions précises peut assurer l'informatique ? quelle place lui réserver dans la maison ? comment l'intégrer avec la domotique ? comment mettre en œuvre un réseau local informatique à l'échelle d'une maison ? quel matériel privilégier pour centraliser et commander les fonctions ? comment commander les volets roulants ou le chauffage depuis l'ordinateur ? comment transformer un ordinateur en un tableau de bord capable de surveiller nos consommations d'énergie ou de commander les équipements de la maison ? Telles sont quelques-unes des questions auxquelles ce chapitre tente de répondre.

L'informatique dans la maison

L'informatique occupe une place de plus en plus importante dans notre vie courante. Si la télévision a longtemps constitué le cœur de la maison, nos styles de vie tendent à accorder d'avantage de place à l'ordinateur, qui devient beaucoup plus qu'un simple outil passif et isolé.

Il y a vingt ans, le fait de disposer d'un ordinateur à la maison était extrêmement rare. Aujourd'hui, de nombreuses familles disposent d'au moins un ordinateur pour travailler, s'informer, communiquer, jouer ou se distraire, comme l'illustre la figure 3.1.

Figure 3.1
Un ordinateur à la maison pour travailler, communiquer ou se distraire *(source Sony)*

Travailler. Il est devenu courant de ramener du travail à la maison ou même de considérer son domicile comme un lieu de travail à part entière pour certaines professions. L'informatique y est donc indispensable, comme elle l'est devenue dans le monde professionnel pour la comptabilité, la bureautique, l'échange de messages ou de fichiers par fax ou Internet, la rédaction et l'impression de documents, le travail collaboratif, etc.

Apprendre. L'ordinateur prend une place de plus en plus importante dans l'enseignement. Les élèves n'hésitent plus à consulter une encyclopédie sur ordinateur ou Internet pour rechercher de l'information depuis leur domicile. L'enseignement à distance se développe également, et Internet permet à de nombreux élèves de rester en contact avec leurs enseignants.

S'informer. Disposer à domicile d'un ordinateur et d'Internet constitue une nouvelle forme d'accès à l'information. Tous les éditeurs de presse ont une version électronique de leurs journaux, et de nombreux sites en ligne permettent de s'informer dans tous les domaines. Il est en outre possible d'accéder à des radios dans toutes les langues, et la télévision par Internet et le cinéma à la demande commencent à se démocratiser.

Communiquer. Le courrier et le téléphone ont longtemps constitué les seuls liens de communication avec l'extérieur. L'informatique et Internet ont révolutionné ce domaine, et de nouvelles formes de communication se multiplient : dialogue en temps réel (chat), messagerie électronique (e-mail), forum de discussion, vidéoconférence, téléphonie ou fax par Internet à moindre coût. Il devient également possible d'exprimer notre opinion, de publier de l'information accessible à tous (blog), de rester en lien permanent avec ses contacts (réseaux sociaux) ou de nous connecter à distance au réseau interne de notre entreprise.

Se distraire. Nous passons de moins en moins de temps devant la télévision et de plus en plus de temps devant notre ordinateur, que ce soit pour gérer nos photos, faire du montage vidéo, télécharger et écouter de la musique, visionner des Blu-Ray, enregistrer des programmes TV ou tout simplement jouer. Les consoles de jeux sont devenues des ordinateurs à part entière, capables d'être mis en réseau et d'accéder à Internet *(voir le chapitre 2, « Les loisirs numériques »)*.

Accéder à des services. La puissance des ordinateurs, leur coût de plus en plus bas, la sécurisation des échanges et la possibilité de véhiculer de l'information multimédia (son et vidéo) ouvrent la voie à une palette de services interactifs extrêmement diversifiés, comme la médecine, le travail et l'enseignement à domicile, l'accès aux services administratifs (déclaration d'impôt, dialogue avec l'administration, téléchargement de documents, vote électronique), etc.

En quelques années, l'ordinateur s'est imposé à domicile, avec un spectre de fonctions qui ne cesse de s'étendre. Pourquoi ne pas imaginer qu'il devienne un élément à part entière de gestion, de contrôle et de commande de la maison elle-même ? La mise en réseau des équipements informatiques (ordinateur de bureau, portable, assistant personnel, console de jeux, etc.) et leur faculté à communiquer avec les autres appareils de la maison dessinent l'avenir de la maison intelligente.

Voici quelques fonctions que l'informatique peut d'ores et déjà gérer efficacement :

Programmation. De nombreux appareils électroménagers, tels qu'enregistreur, réveil matin, système d'alarme ou thermostat, disposent de modes de programmation spécifiques, sans cohérence visuelle ou ergonomique les uns avec les autres. La multiplication des systèmes programmables rend l'unification des interfaces de programmation primordiale. L'informatique offre un dispositif de programmation intuitif commun pour tous ces systèmes.

Automatisation des fonctions. L'informatique est également adaptée à l'automatisation de certaines tâches domestiques, comme le déroulement d'un scénario de simulation de présence ou l'arrosage automatique à certaines heures ou sous certaines conditions climatiques.

Accès aux commandes de la maison. La gestion de certaines fonctions à travers un ordinateur est à la fois pratique et confortable. De plus en plus d'appareils sont munis de télécommandes (portail, porte de garage, système de sécurité, volets roulants, climatisation, etc.), que l'informatique est à même de fédérer. Elle permet en outre de rationaliser les organes de contrôle et de gérer des scénarios multifonctions. Par exemple, le scénario « séance TV » peut gérer une séquence prédéfinie commandant les appareils audiovisuels, les volets roulants et les éclairages, sans avoir à manipuler de télécommande.

Supervision. À partir du moment où l'informatique est capable de dialoguer avec l'ensemble de l'installation, il est possible de disposer d'un véritable tableau de bord domotique, générant des informations aussi diverses que l'état du chauffage (réduit, confort, etc.), les données météorologiques (températures intérieure et extérieure, vitesse du vent, etc.), l'état de l'alarme (en service ou non, mode partiel, journal des incidents, etc.) ou celui des consommations énergétiques (heures pleines/creuses, jauge du fuel, consommation d'eau, etc.).

Accès à distance. Dès lors que les différents systèmes sont reliés à l'informatique et que la maison est elle-même connectée à Internet, il est possible d'accéder au tableau de bord et au contrôle à distance. L'informatique constitue la passerelle idéale pour la gestion du chauffage ou du système de sécurité à distance, tout comme elle permet de visualiser ce qui se passe dans la maison sans avoir à installer de lourds et coûteux systèmes de vidéosurveillance.

Partage des ressources multimédias. Organiser une projection de diapositives, acheter un disque dans un magasin, enregistrer une émission, louer un film ou lire le journal sont autant d'actions que nous pouvons effectuer en numérique sans sortir de chez nous. Cela signifie que les médias correspondant, comme les fichiers vidéo, musicaux, texte ou photo, peuvent être stockés sur ordinateur. Plutôt que de nous demander sans cesse sur quelle

Figure 3.2
L'informatique permet de commander et superviser la maison mais également de consulter toutes les ressources multimédias de la famille *(source Legrand)*

machine tel fichier est archivé et d'être dépendants de l'emplacement de l'ordinateur pour l'exploiter, l'idéal est de rassembler tous ces fichiers sur un même disque dur, accessible depuis toutes les machines de la maison (ordinateur, console de jeux, écran de télévision, assistant personnel, Media Center, baladeur numérique, vidéoprojecteur, etc.).

La figure 3.2 illustre l'évolution de l'usage de l'informatique à la maison. L'ordinateur a trouvé sa place dans toutes les pièces et répond tour à tour aux besoins de commande, de supervision, de travail ou de loisirs.

Tous ces exemples montrent que la mise en réseau des ressources informatiques et numériques ainsi que le lien entre l'informatique, l'audiovisuel et la domotique et la qualité de la connexion à Internet prennent une importance déterminante dans la réussite d'un projet de construction.

Mettre l'ordinateur à sa juste place

Même si l'informatique peut potentiellement gérer tous les systèmes intelligents d'une maison, il faut rester prudent dans son utilisation. Certaines fonctions exigent une fiabilité à 100 % et un niveau de sécurité extrême. Par exemple, il est prudent de n'autoriser la désactivation du système d'alarme qu'au travers d'une centrale de sécurité. De même, la commande des éclairages et des ouvrants doit être gérée par l'installation électrique et en aucun cas dépendre d'un système informatique. En effet, un bogue, un virus, un engorgement du réseau ou un dysfonctionnement, encore courants en informatique, ne doivent pas hypothéquer les fonctions clés de la maison.

Autrement dit, l'informatique ne doit pas constituer le cerveau d'une installation, mais uniquement son prolongement. Les différents systèmes de la maison doivent avant tout pouvoir être gérés de manière traditionnelle. Par exemple, si l'écran tactile n'a plus de batterie ou que le réseau informatique soit inaccessible, nous devons quand même pouvoir désactiver l'alarme ou descendre les volets roulants. Quand l'informatique sera aussi fiable qu'une centrale de sécurité ou qu'un télérupteur, nous pourrons éventuellement déroger à cette règle. Pour l'heure, l'ordinateur doit se contenter d'un rôle subalterne dans la gestion technique et domotique de la maison, tout en offrant des fonctions inédites de gestion à distance, de supervision ou de tableau de bord.

Il n'en va pas de même pour la chaîne numérique. L'ordinateur constitue en effet le moteur de la convergence entre tous les dispositifs électroniques, et c'est lui qui assure la cohérence numérique à l'échelle de la maison. Ordinateur de bureau, portable, téléphone mobile, assistant personnel, baladeur numérique, écran de télévision, Box Internet, Media Center, console de jeux constituent tous à leur niveau un maillon d'une chaîne numérique multi-usage, dont chaque élément doit pouvoir être géré de façon différente en fonction du moment, de la pièce et de l'utilisateur. Par exemple, un même écran peut jouer les rôles de centrale domotique encastrée à l'entrée d'une maison, de tableau de bord dans une cuisine, de télécommande universelle dans un salon ou de lecteur multimédia dans une chambre.

Présente à tous les étages d'une maison intelligente, l'informatique est connectée aux fonctions domotiques, distribuée dans toutes les pièces et reliée au réseau local. Élément central de ce réseau, la passerelle résidentielle est constamment en alerte, à l'écoute des demandes des utilisateurs et des appareils. Reliée à Internet, elle assure en outre un rôle de barrière de sécurité. La passerelle résidentielle, qu'elle soit un Media Center, une Box Internet ou un simple PC, peut également fédérer et mettre à la disposition de tous les données numériques de la famille, telles que photos, films, musiques, fichiers, etc.

Ce type de machine constitue le cœur numérique de la maison. Même si une seule machine peut rassembler toutes les fonctions domotiques et multimédias, il est toutefois préférable, pour des raisons de commodité, de câblage et de sécurité, de répartir les différents services sur des machines distinctes :

Serveur bureautique. Situé dans le bureau, ce serveur gère les fonctions d'impression de documents, de stockage des fichiers bureautiques, de sauvegarde des données et de sécurité du réseau. Ce type de serveur est souvent incontournable pour les personnes qui travaillent à domicile ou qui font du télétravail.

Serveur domotique. Situé dans le cellier ou dans le garage, à proximité du tableau électrique et du coffret de communication, il assure les fonctions de passerelle entre l'extérieur et la maison (partage de connexion Internet, hébergement du portail familial, sécurité du réseau, gestion des droits d'accès, préférences des utilisateurs, etc.) et d'interface entre l'informatique et les fonctions domotiques (électricité, chauffage, sécurité, vidéosurveillance, contrôle d'accès, etc.). Dans certaines installations sophistiquées, ce type d'équipement peut être appelé centrale domotique, ou automate.

Serveur multimédia. Situé dans le salon, il doit être silencieux et presque inaudible, comme peut l'être un lecteur Blu-Ray. Il peut s'agir d'un Media Center, d'une Box Internet, d'un terminal numérique de télévision ou d'une console de jeux. Souvent visible, il est préférable qu'il soit compact et design. C'est lui qui assure toutes les fonctions multimédias et audiovisuelles (diaporama, serveur audio et vidéo, enregistreur numérique, connexion d'un appareil photo numérique ou d'un caméscope, etc.). Le serveur multimédia est amené à remplacer la chaîne hi-fi, le magnétoscope, le lecteur Blu-Ray, etc.

Dans la suite de l'ouvrage, le terme fédérateur de « passerelle résidentielle » est utilisé pour décrire l'un ou l'autre de ces serveurs.

Interface graphique utilisateur

Une interface graphique utilisateur, en anglais GUI (Graphical User Interface), définit la partie visible d'une application informatique. Elle est constituée d'éléments graphiques (icônes, pictogrammes, images, barres d'outils, fenêtres, etc.) et de textes (menus, descriptions, liens, etc.).

Choix de l'interface

Le navigateur Internet est une solution pertinente pour accéder au portail familial car le même développement peut suffire pour les accès en local sur écran tactile, TV, PC ou à distance sur un téléphone ou un ordinateur. Mais les technologies traditionnelles du Web ne sont pas suffisantes pour apporter la rapidité et l'interactivité nécessaires aux commandes locales domotiques et audiovisuelles. Les développements en Flash, en HTML 5 ou en Java peuvent améliorer les choses, mais il est souvent nécessaire de recourir à des interfaces compilées et exécutées directement sur les terminaux compatibles. Ce type d'interface est plus rapide et plus sécurisé mais nécessite de recourir à des terminaux spécifiques rendus compatibles en usine ou en installant le morceau de code adéquat ou encore, chez certains fabricants, en introduisant une simple clé USB sur n'importe quel ordinateur.

L'interface universelle

Nous avons vu que l'informatique permettait de rationaliser les interfaces de programmation et de contrôle des systèmes déployés dans la maison. Encore faut-il pour cela mettre à la disposition des utilisateurs une application graphique intuitive permettant d'accéder facilement à l'ensemble des fonctions. La figure 3.3 illustre une telle interface.

L'informatique constituant le lien entre la maison et les utilisateurs, il faut à tout prix que cette interface soit la même pour l'ensemble des systèmes déployés. Auparavant, chaque constructeur de matériel informatique et électronique fournissait un logiciel spécifique et un ensemble de pilotes permettant d'accéder aux fonctions de chaque machine. L'installation et la configuration étaient fastidieuses, et l'utilisateur devait jongler avec des applications différentes selon le système d'exploitation utilisé et plus ou moins compatibles entre elles. Aujourd'hui, pratiquement tous les fabricants ont compris qu'une interface universelle était offerte par le navigateur Internet. Ce dernier permet d'accéder au travers d'une page Web à toutes les fonctions d'une machine sans être obligé d'installer le moindre logiciel ni de disposer de connaissances techniques particulières.

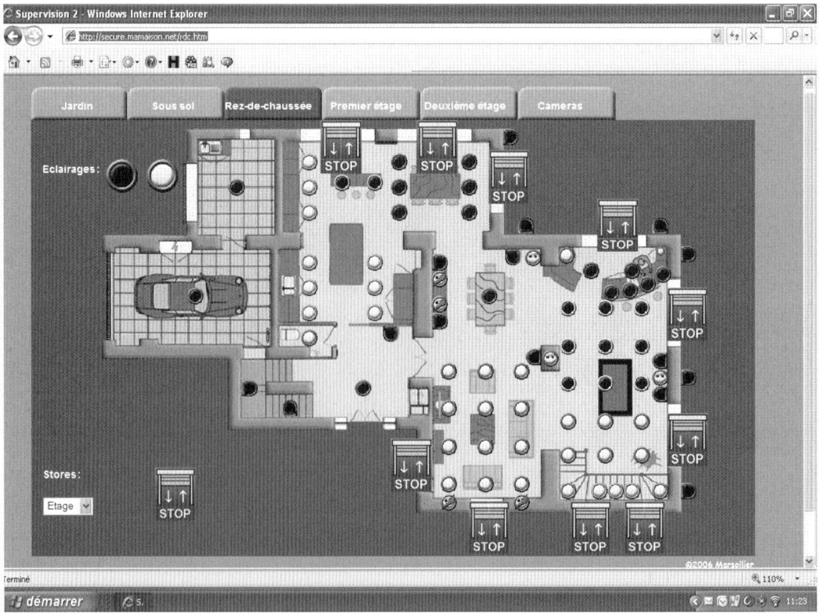

Figure 3.3
Exemple d'interface graphique permettant, à travers un simple navigateur Web, de piloter et superviser une installation domotique sur PC, écran tactile ou à distance *(source Marsollier Domotique)*

Tous les appareils présents sur le réseau local peuvent ainsi être configurés, utilisés et mis à jour facilement en tout point du réseau ou à distance à travers Internet, que ce soit sur un ordinateur, un assistant personnel ou un téléphone. La plupart des serveurs multimédias, des passerelles domestiques, des routeurs, des points d'accès sans fil ou même certains systèmes de climatisation ou de gestion d'éclairage peuvent être gérés de cette façon.

Le navigateur Internet faisant office d'interface universelle constitue la solution idéale pour fédérer toutes les applications numériques et domotiques. Il est possible d'envisager le développement d'un mini-site Web, également appelé portail familial, dédié à la maison, offrant l'accès aux commandes des appareils audiovisuels, des fonctions d'éclairage et de chauffage ainsi qu'à toutes les ressources et données présentes dans le réseau. Lorsque la maison est connectée à Internet et que le portail est accessible de façon sécurisée depuis l'extérieur, on parle d'extranet familial.

La figure 3.4 montre un exemple de portail familial accessible en local ou à distance.

Il est possible de personnaliser un tel site et de proposer des fonctions différentes selon les droits d'accès, les goûts ou les préférences de chacun. Voici quelques exemples de fonctions personnalisées :

- Les parents seuls accèdent à la programmation des scénarios et du chauffage.
- Les enfants n'ont accès qu'à certaines chaînes TV et qu'à certaines heures.
- Les enfants peuvent lire les DVD mais pas les graver.
- Une personne malvoyante a accès à toutes les fonctions grâce à une interface présentant des icônes plus grandes.
- Le contenu des pages s'adapte automatiquement au format de l'écran utilisé. Par exemple, sur un assistant personnel, les images sont remplacées par de petits pictogrammes.
- Chaque utilisateur peut choisir la couleur, la police de caractères et les styles de boutons qui lui plaisent.
- Le système d'alarme ne peut être désactivé à distance que par les parents.
- Les informations de la page d'accueil sont régulièrement mises à jour selon les centres d'intérêt de chacun (sports, Bourse, météo, etc.).

Extranet familial

Un site Web est un site public accessible à tous sur Internet. Un intranet est un réseau ou site privé réservé aux collaborateurs d'une entreprise. Un extranet est un intranet accessible sous certaines conditions aux partenaires, fournisseurs et clients extérieurs d'une entreprise. Par analogie, un extranet familial est une application accessible à distance ainsi qu'à certaines personnes habilitées, comme la famille, les amis ou des sociétés de maintenance, par exemple.

Figure 3.4
Portail familial accessible sur écran tactile. D'un simple clic, il est possible de commander les éclairages, le chauffage, la VMC, les stores, la diffusion sonore, le home cinéma, de visualiser les caméras, d'accéder aux tableaux de bord énergétiques ou de naviguer sur Internet *(source DomoConsulting)*

Informatiser sa maison

La mise en réseau des ressources numériques, l'installation d'une connexion Internet performante et sécurisée ainsi que l'interfaçage entre les systèmes audiovisuels et domotiques, d'une part, et l'informatique, d'autre part, sont des éléments déterminants dans la réussite d'un projet de construction ou de rénovation d'une maison intelligente.

Les sections qui suivent fournissent les clés pour déployer un réseau informatique domestique dans les meilleures conditions.

Le réseau local informatique

Le réseau local informatique constitue l'infrastructure de transport des données informatiques et de raccordement du matériel. Qu'il soit entièrement filaire ou qu'il allie des technologies filaires et sans fil de types Wi-Fi, Bluetooth ou CPL, il permet d'accéder aux ressources informatiques (imprimante, scanner, fichiers, Internet, etc.) dans toute la maison.

Si nous n'avons qu'un ordinateur chez nous, connecté directement à Internet et à une imprimante, il est probable que le déploiement d'un réseau informatique dans toute la maison nous paraisse quelque peu exagéré. Il faut toutefois se convaincre qu'un réseau local permet d'amener du confort et de l'intelligence dans toutes les pièces. D'ici peu, nous aurons sans doute plusieurs ordinateurs et périphériques et une connexion Internet haut débit disponible en plusieurs endroits de la maison pour le travail ou les loisirs numériques.

Des solutions filaires, sans nouveau fil ou sans fil permettent de déployer un réseau local informatique.

> **Réseau local informatique installation VDI (voix, données, images)**
>
> On parle de réseau local dès lors qu'une maison est équipée de plusieurs équipements informatiques capables de communiquer entre eux en filaire ou sans fil. Dans le neuf, ce type de réseau repose sur un coffret de communication permettant d'attribuer à certaines prises RJ-45 les fonctions liées au transport de la voix (téléphone), des données (informatique) et de la télévision (images). On parle de réseau VDI. En rénovation, il est possible de déployer un réseau local en combinant le câblage filaire, les technologies sans fil et les solutions en courant porteur, dites « sans nouveau fil ».

Les solutions filaires

Il s'agit du type de réseau à privilégier dans le neuf, car il garantit un débit optimal et une qualité de service dans toute l'installation. Comment organiser ce réseau ? quel câble est-il recommandé d'utiliser ? quelle prise est-elle la mieux adaptée aux applications d'aujourd'hui ? Voici quelques éléments de réponse.

Les topologies de réseau filaire

Il existe plusieurs topologies de réseau filaire, dont les principales sont les suivantes :

Bus. Plusieurs machines sont connectées sur le même câble de type coaxial. Cette topologie a permis le développement du concept de réseau informatique mais a presque totalement disparu.

Point-à-point. Suffisant dans le cas d'une petite installation, dans laquelle nous souhaitons relier deux machines, comme un ordinateur et une imprimante ou deux ordinateurs, cette topologie est inadaptée à l'échelle d'une maison intelligente.

Étoile. C'est le principe de l'installation VDI *(voir le chapitre 8 « L'installation multimédia »).* Ordinateurs, imprimantes, modems, etc., sont tous raccordés en point-à-point à un concentrateur situé au centre de l'étoile. La norme la plus courante de réseau en étoile est Ethernet 10/100 Mbit/s et évolue vers le 1 000 Mbit/s (Gigabit Ethernet).

Le câble informatique

Nous verrons au chapitre 8 qu'il n'est pas encore réaliste d'installer un réseau en fibre optique à l'échelle d'une maison ou d'un appartement.

Nous pouvons nous limiter, dans le cas d'un mini-réseau informatique à l'utilisation du Wi-Fi *(voir la section « Liaison radio Wi-Fi »)* ou de câbles de type USB en point-à-point ou avec un hub USB. C'est nécessaire lorsque le routeur ou l'imprimante ne dispose que de connexions USB et non Ethernet ou Wi-Fi.

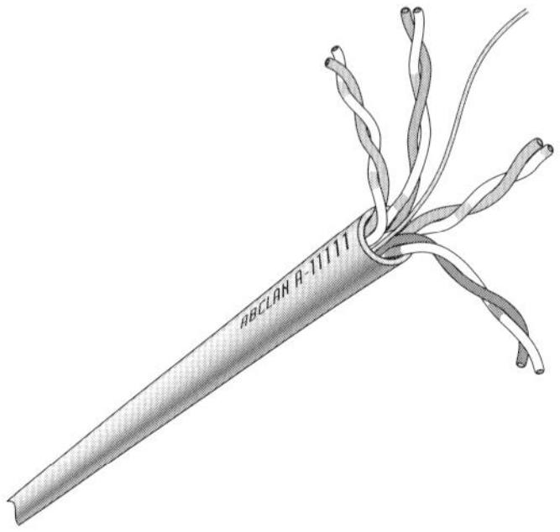

Figure 3.5
Câble informatique traditionnel *(source Casanova)*

À l'échelle de la maison, le câble en paires torsadées est la solution à privilégier. La figure 3.5 illustre un câble informatique traditionnel constitué de quatre paires.

Le câble informatique standard est de catégorie 5E, assimilable au grade 1 de la norme en vigueur dans la construction résidentielle *(voir le chapitre 8).* Il s'agit d'un câble constitué de quatre paires de fils torsadées écrantées à 100 MHz, qui autorise des débits jusqu'à 100 Mbit/s. Il est suffisant dans la maison si le besoin se limite au transport des données informatiques.

Il est cependant recommandé d'utiliser un câble de grade 2 (deux paires écrantées à 250 MHz), car il permet d'évoluer vers des débits de l'ordre du gigabit par seconde, voire de grade 3 (quatre paires écrantées à 900 MHz) si nous souhaitons utiliser cette infrastructure pour le transport de signaux audiovisuels haute définition ou véhiculer plusieurs signaux différents sur un même câble.

Catégories 6 et 7

En plus de la catégorie 5, qui est parfaitement normalisée, de nombreux constructeurs et installateurs proposent des câbles de catégories 6 et 7, qui n'ont aucune légitimité dans l'habitat. La norme NF C 15-100 se réfère uniquement à la classification en grades *(voir tableau 3.1).*

Un réseau informatique en étoile constitué de câbles de grade 1 ou supérieur offre une garantie de pérennité importante. Il est possible d'évoluer vers des réseaux de type Gigabit Ethernet (successeur du 10/100 Mbit/s), si nous en éprouvons le besoin à l'avenir, sans remettre en cause notre infrastructure. Il suffira de mettre à jour certains éléments, comme les cartes réseau ou les concentrateurs.

La prise informatique

La prise RJ-45 fait l'unanimité dans le domaine informatique et équipe de très nombreux ordinateurs ou autres équipements de télécommunication ou audiovisuels. La prise RJ-45 murale constitue la solution la plus fonctionnelle et esthétique pour les raccorder dans chaque pièce au réseau VDI.

La figure 3.6 illustre une prise et un connecteur RJ-45.

Il existe plusieurs qualités de prises RJ-45. La performance du réseau local est directement liée à la qualité de son élément le plus faible. Autrement dit, il ne sert à rien de déployer un réseau de grade 3 si nos prises RJ-45 sont de mauvaise qualité.

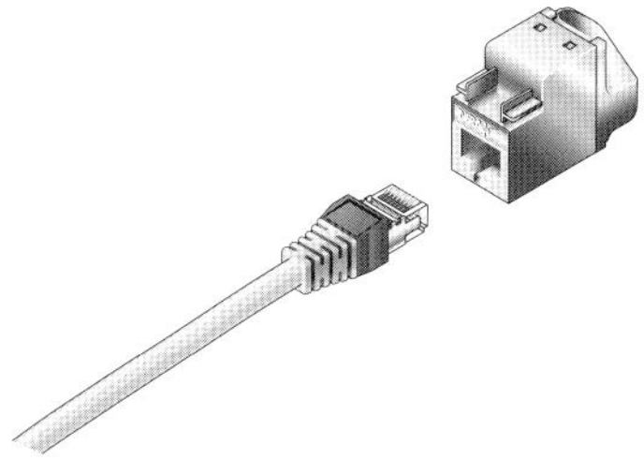

Figure 3.6
Prise et connecteur RJ-45 *(source Casanova)*

Le tableau 3.1 récapitule les correspondances entre câbles et prises RJ-45.

Tableau 3.1 Correspondance entre catégorie de câble et prise RJ-45

Câble	Nature du câble	Prise RJ-45
Grade 1 non écranté	Paire torsadée non écrantée 100 MHz	UTP à 100 MHz
Grade 1 écranté	Paire torsadée écrantée 100 MHz	FTP à 100 MHz
Grade 2	Paire torsadée écrantée 200 MHz	FTP à 250 MHz
Grade 3	Paire torsadée écrantée par paire 900 MHz	S-FTP à 600 MHz
Grade 3S	Paire torsadée écrantée par paire 2 200 MHz	F-FTP à 1 200 MHz

Les cartes réseau

Un ordinateur se connecte au réseau local informatique par l'intermédiaire d'une carte réseau. Selon le type de machine, il peut s'agir d'une carte PCI, ISA ou PCMCIA. La plupart des ordinateurs sont maintenant directement vendus avec ce type de carte préinstallée, ce qui évite d'avoir à ouvrir la machine. Les dernières générations de cartes mères des ordinateurs intègrent une carte réseau.

Les cartes réseau peuvent comporter différents types de connecteurs. Celles munies de connecteurs RJ-45 femelles 10/100BaseT sont à privilégier, car elles adaptent automatiquement leur vitesse au type de réseau.

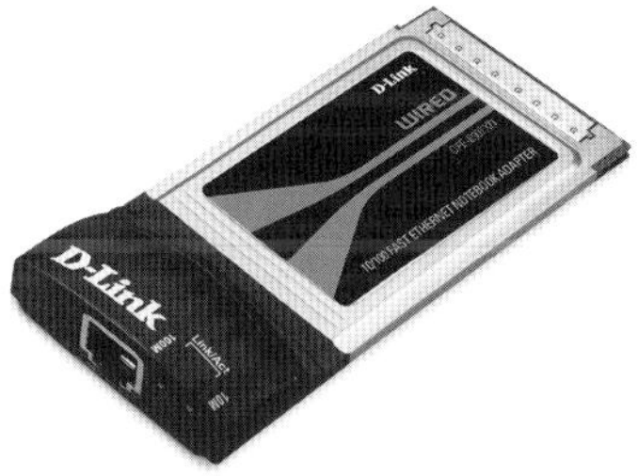

Figure 3.7
Carte réseau PCMCIA *(source D-Link)*

La figure 3.7 illustre une carte réseau telle qu'elle se présente avant d'être insérée dans l'ordinateur.

Les concentrateurs réseau

Les ordinateurs de bureau, portables, tablettes PC et même certaines consoles de jeux sont pour la plupart livrés prêts à être raccordés au concentrateur réseau.

Dès lors que nous souhaitons relier plus de deux machines, les liaisons point-à-point en USB ou en câble croisé de catégorie 5 ne suffisent plus. Un coffret de communication n'est pas suffisant non plus, car il se contente de relier physiquement des points. Il faut donc disposer d'un dispositif capable de gérer des flux de données informatiques. C'est le rôle du concentrateur réseau, qui peut être un hub, un switch ou un routeur.

Le choix du type de concentrateur varie suivant l'importance du réseau, l'emplacement du concentrateur et l'utilisation que nous souhaitons en faire. Les spécificités de chaque appareil sont les suivantes :

Concentrateur, ou hub. Il s'agit d'un simple répéteur, qui ne présente plus beaucoup d'intérêt compte tenu de la très faible différence de prix avec les switchs. Toutes les informations qui transitent par le répéteur sont amplifiées et réémises sur toutes les lignes. La vitesse du hub détermine la bande passante totale : un hub 100BaseT offre 100 Mbit/s de bande passante à partager entre tous les ordinateurs du réseau. Les caractéristiques d'un hub sont liées au nombre de ports disponibles, à la présence d'un port inverseur, permettant de relier deux hubs entre eux, par exemple, et à sa performance (10 ou 100BaseT). La figure 3.8 illustre un hub.

Figure 3.8
Hub quatre ports *(source Netgear)*

Commutateur, ou switch. Contrairement au hub, le switch est capable de distinguer les machines connectées au réseau et de n'envoyer les informations qu'à celles qui en sont destinataires. C'est le nombre de ports du switch qui détermine la bande passante totale du réseau : un switch à 100 Mbit/s équipé de quatre ports peut gérer jusqu'à 400 Mbit/s de bande passante au total. Un switch permet une gestion optimale du réseau et offre des fonctions de détection d'erreur, de filtrage de protocoles ou d'alimentation « Power over Ethernet ».

De plus en plus de switchs peuvent être administrés à travers un simple navigateur Web pour, par exemple, restreindre l'accès à un serveur à une partie des ordinateurs uniquement. Le prix d'un switch devenant peu à peu équivalent à celui d'un hub, il ne faut pas hésiter à opter pour le premier au détriment du second. Les concentrateurs existent en versions mini-actifs, d'une taille réduite, ou 19 pouces, plus large et destinée à être installée de façon professionnelle dans un grand coffret de communication. Certains fabricants proposent des switchs 10/100/1 000 Mbit/s, appelés Gigabit Ethernet *(voir figure 3.9)*.

PoE (Power over Ethernet)

La norme PoE est de plus en plus utilisée en informatique pour faire passer, en plus des données, une tension de 48 V sur un câblage VDI. Un switch PoE permet d'alimenter les équipements d'un réseau Ethernet tels que des téléphones IP, des disques durs réseau, des imprimantes ou des caméras IP *(voir le chapitre 5 « La sécurité »)*.

Figure 3.9
Switch administrable huit ports, avec deux ports Gigabit Ethernet et support du PoE *(source Cisco/Linksys)*

Figure 3.10
Routeur multiservice (accès Internet haut débit sans fil, télévision IP, vidéo à la demande, téléphonie sur IP, Media Center, etc.) *(source Sagem)*

Routeur. Hubs et switchs permettent de connecter des machines d'un même sous-réseau. Deux ordinateurs situés dans des sous-réseaux différents ne peuvent communiquer qu'au travers d'un routeur. Une machine connectée à un réseau interne avec l'adresse 192.168.0.2 peut communiquer avec l'adresse 192.168.0.4, car elle se trouve dans le même sous-réseau de classe C. Par contre, pour communiquer avec un site Web (classe A ou B), cette machine doit passer par un routeur. En réalité, la plupart des routeurs du marché ne se contentent pas de gérer le trafic entrant et sortant du réseau local. Ce type d'équipement embarque souvent un switch, un pare-feu, un point d'accès Wi-Fi et peut également faire office de serveur DHCP pour attribuer dynamiquement des adresses IP aux machines connectées. Quand il est équipé d'un modem ADSL ou câble, on parle de Box Internet. Il devient dans ce cas une véritable passerelle résidentielle, avec gestion de la télévision, de la vidéo à la demande et de la téléphonie sur IP, voire des fonctions de Media Center avec disque dur. En reliant plusieurs machines à un routeur, il est possible de partager une même connexion Internet. La figure 3.10 illustre un routeur multiservice.

Les solutions « sans nouveau fil »

En rénovation, il est souvent impossible ou très coûteux de repasser un câblage dédié dans toutes les pièces où nous souhaitons disposer de fonctions informatiques. Nous verrons que les solutions sans fil constituent une solution séduisante. Il est aussi possible de tirer parti du câblage téléphonique ou électrique existant.

Exploitation des réseaux téléphonique ou coaxial existants

Les constructeurs membres du groupement HPNA (Home Phoneline Networking Association) proposent depuis une dizaine d'années des modules permettant de relier plusieurs ordinateurs en réseau en utilisant les fils téléphoniques ou les câbles TV coaxiaux existants. Il existe des

Classes d'adresses

L'adresse IP d'un appareil connecté est unique. Elle est de type *x.x.x.x*, où *x* est compris entre 0 et 255. Il existe cinq classes d'adresses principales : A, B, C, D et E. Un site Web public a une adresse de type A ou B. L'adresse IP d'un ordinateur sur un réseau privé est de classe C, comprise entre 192.168.0.0 et 192.168.255.255. Rien n'oblige à attribuer une adresse de ce type à nos machines, car elles sont attribuées automatiquement par les Box Internet (DHCP), mais c'est préférable pour éviter tout conflit, voire indispensable quand il s'agit d'un serveur. Au besoin, la documentation fournie par le fournisseur d'accès ou le support technique indiquent les procédures à suivre pour attribuer des adresses IP fixes aux ordinateurs d'un réseau.

microprocesseurs, des cartes réseau, des adaptateurs USB et des routeurs compatibles avec ce protocole. Certains appareils électroniques, comme les serveurs multimédias de salon et les Box Internet, proposent également ce type de connexion. Le débit maximal est de 320 Mbit/s avec le protocole HPNA 3.1.

Pour en savoir plus sur le Web

Site du consortium HPNA : www.homepna.org (en anglais)

Du fait de l'explosion des offres multiservices couplant TV/téléphonie illimitée et haut débit, il s'agit d'une solution très intéressante en rénovation, quand plusieurs pièces sont équipées de prises téléphoniques. Du fait du développement des téléphones sans fil, ces prises ne sont plus toujours utiles et peuvent être réaffectées facilement aux fonctions informatiques.

Exploitation du réseau électrique existant

Encore plus nombreuses que les prises téléphoniques, les prises électriques sont idéales pour mettre en œuvre un réseau local sans tirer le moindre câble et accéder aux ressources informatiques dans la totalité des pièces.

L'utilisation de l'installation électrique existante en mode courant porteur pour gérer le chauffage, l'éclairage ou les volets roulants est une technologie éprouvée depuis de nombreuses années. Ce type de courant porteur communique à basse fréquence et à bas débit, ce qui le rend inutilisable pour les échanges de données informatiques. Dans ce domaine, le courant porteur traditionnel a laissé place au courant porteur en ligne à haute fréquence, ou CPL *(pour plus d'informations sur les différentes bandes de fréquences CPL, voir le chapitre 7 « L'infrastructure domotique »).*

Il en existe plusieurs variantes. Celle standardisée par le consortium industriel HomePlug semble s'imposer en assurant l'interopérabilité du matériel de différents constructeurs. Dans la mesure où le courant porteur en ligne utilise une fréquence plus élevée que le courant porteur traditionnel, il évite les nombreux problèmes de fiabilité liés aux interférences électromagnétiques sur le réseau électrique et peut cohabiter avec d'autres applications domotiques utilisant le courant porteur.

Les données informatiques sont codées, puis transmises sur le câble électrique avant d'être filtrées par les adaptateurs CPL branchés sur les prises de courant. Pour pallier les problèmes d'interférences ou de longueur de câble, les informations sont souvent émises plusieurs fois, ce qui diminue le débit théorique. Le débit réel fluctue également en fonction de la qualité du réseau électrique et des appareils qui y sont raccordés. La figure 3.11 illustre un exemple de produit CPL équipé d'un switch trois ports et de fonctions de qualité de service pour rendre un appareil prioritaire par rapport aux autres.

Il existe des adaptateurs RJ-45 et USB, ainsi que des modules gigognes permettant, sur une même prise électrique, d'alimenter un appareil en 230 V et de brancher l'adaptateur CPL. Certains switchs et modems-routeurs câble ou ADSL sont compatibles CPL et permettent d'étendre un réseau local filaire et une connexion Internet à l'ensemble des prises électriques de la maison.

Comme pour le courant porteur traditionnel, il est conseillé de s'équiper d'un filtre d'arrêt, car certains compteurs laissent passer les données vers l'extérieur de la maison. *A contrario,* tant que nous et nos voisins sommes raccordés au même transformateur électrique et que les distances sont inférieures à 200 m, nous pouvons exploiter cette faille pour constituer un véritable réseau de voisinage.

Dans tous les cas, pour des raisons de sécurité ou de confidentialité, il est fortement conseillé, même si cela altère quelque peu le débit, d'activer les fonctions de cryptage et d'authentification incluses dans les dispositifs CPL. Dans ce cas, chaque ordinateur est doté d'un mot de passe et repère automatiquement sur le réseau les machines identifiées par le même mot de passe.

Le CPL est une solution de remplacement ou de complément crédible aux solutions filaires ou sans fil. Il devrait connaître un essor important, notamment pour relier des appareils non informatiques ayant besoin de se connecter à Internet dans des pièces rarement connectées, comme la cuisine ou le salon, ou tout simplement pour déployer un réseau Wi-Fi, puisqu'il existe des modules CPL faisant office de répéteur Wi-Fi *(voir figure 3.12).*

Le standard HomePlug AV offre un débit de 170 Mbit/s et permet la transmission simultanée de données Internet et de flux audiovisuels TV et TV HD (télévision haute définition) sur quelques dizaines de mètres. Cette technologie est bien adaptée à la diffusion de multiples flux IP, que ce soit en termes de débit ou de zone de couverture. Les FAI l'ont bien compris, qui proposent en complément de leurs offres de télévision par ADSL des équipements CPL permettant de diffuser le haut débit vers les ordinateurs et la vidéo vers les différents écrans de télévision de la maison *(voir figure 3.13).*

La technologie CPL a un bel avenir devant elle, dans nos maisons, mais aussi comme solution de rechange à l'ADSL, au câble ou à la fibre optique, comme le montre le programme européen Opera (Open PLC European Research Alliance), dont l'ambition est de promouvoir la technologie CPL dans le cadre du développement de technologies d'accès Internet à haut débit. Il s'agit d'une solution crédible pour les zones non couvertes par l'ADSL.

Figure 3.11
Adaptateur secteur CPL/RJ-45 compatibles avec le standard HomePlug AV permettant, par exemple, de relier au réseau local trois appareils distincts à une vitesse de transmission théorique pouvant atteindre 500 Mbits/s. Il est possible de rendre un port prioritaire, pour privilégier le décodeur TV par exemple *(source Devolo)*

Figure 3.12
Adaptateur CPL/RJ-45/Wi-Fi permettant d'étendre la portée du réseau Wi-Fi *(source Netgear)*

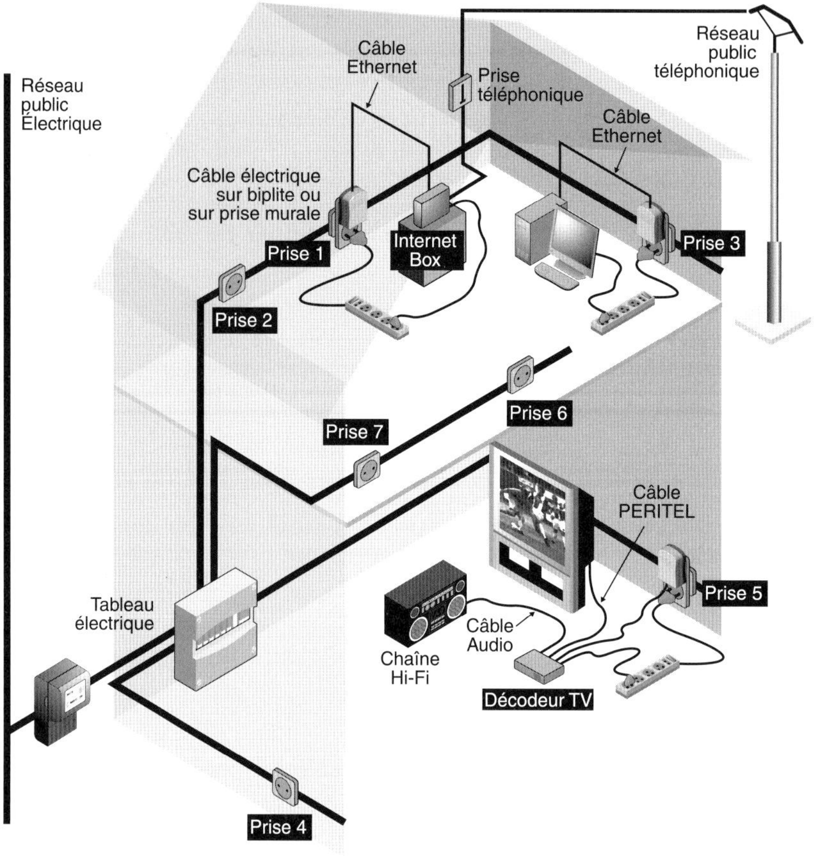

Figure 3.13
Exemple de réseau CPL domestique fondé sur une Box Internet et les extensions CPL fournies par le FAI pour diffuser les flux haut débit vers les ordinateurs et les flux vidéo vers les écrans de télévision situés dans des pièces dépourvues de prises RJ-45

Pour en savoir plus sur le Web

Consortium HomePlug : www.homeplug.org (anglais)

Fournisseurs de solutions CPL

Belkin : www.belkin.fr
Bewan : www.bewan.fr
D-Link : www.dlink.fr
Devolo : www.devolo.fr
HF Company : www.hfcompany.com
Lea : www.leacom.fr
Netgear : www.netgear.fr
Olitec : www.olitec.com
ReadyNet : www.readynetsolutions.com (anglais)
Sagemcom : www.sagemcom.com
Trendnet : www.trendnet.com
Zyxel : www.zyxel.fr

Les solutions sans fil

Au même titre que les solutions sans nouveau fil, le sans fil permet de déployer un réseau informatique à l'échelle d'une habitation sans contrainte de câblage.

Même dans un projet de construction neuve, où la solution filaire reste incontournable, les technologies sans fil peuvent venir en complément pour relier un ordinateur et une imprimante en infrarouge, par exemple, ou s'équiper d'un clavier ou d'une souris sans fil en Bluetooth ou encore pour accéder à Internet librement dans toutes les pièces de la maison ou à l'extérieur en Wi-Fi.

Les sections qui suivent dressent un tour d'horizon des différentes technologies sans fil disponibles.

Liaison infrarouge

La technologie infrarouge est largement répandue pour le pilotage par télécommande du matériel audiovisuel. Dans le domaine informatique, il s'agit d'une implémentation différente, appelée IrDA (Infrared Data Association). On trouve des émetteurs-récepteurs IrDA sur des imprimantes, ordinateurs portables, tablettes PC ou assistants personnels. Ils permettent, par exemple, de lancer sans liaison physique une impression depuis un portable vers une imprimante ou de synchroniser un assistant personnel avec un ordinateur de bureau.

La technologie infrarouge est limitée au dialogue entre deux appareils distants de quelques mètres sans obstacle. Autrement dit, elle répond à des besoins ponctuels, limités à une pièce et non à une logique de réseau local à l'échelle de la maison.

Pour en savoir plus sur le Web

Site de l'association IrDA : www.irda.org (anglais)

Liaison radio Bluetooth

Bluetooth est une autre technologie utilisée pour relier entre eux des appareils électroniques proches les uns des autres. On parle de technologie du « dernier mètre ». Il s'agit d'un protocole radio relativement récent, déjà largement répandu pour offrir une communication transparente entre tous les équipements informatiques et électroniques.

Voici quelques exemples de liaisons Bluetooth :

Connexion entre un ordinateur et ses périphériques. On trouve de plus en plus de claviers, de souris ou d'imprimantes capables de communiquer sans fil avec une unité centrale d'ordinateur *(voir figure 3.14)*.

Figure 3.14
Clavier et souris Bluetooth *(source Hewlett Packard)*

Connexion entre un ordinateur et un assistant personnel. Permet l'échange de fichiers ainsi que la synchronisation d'agendas ou de répertoires de contacts.

Connexion entre un appareil photo numérique et une imprimante. Il est très pratique d'imprimer directement une photo numérique sans passer par un ordinateur.

Connexion entre un appareil photo numérique et un écran de télévision. Les photos numériques sont directement visibles sur l'écran de télévision, sans passer par un ordinateur ni par un raccordement filaire.

Connexion entre un téléphone portable et une oreillette. Plus besoin de fil entre le combiné et notre oreille, en attendant que le téléphone soit dans l'oreillette elle-même.

Le principe de fonctionnement de Bluetooth est simple. Tous les appareils pourvus d'une puce Bluetooth sont en mesure de communiquer entre eux sans qu'il soit nécessaire de déployer de borne relais. Jusqu'à huit appareils peuvent se partager une connexion avec trois communications simultanées au maximum. En pratique, il est toutefois difficile de faire communiquer certains appareils Bluetooth entre eux, en particulier quand ils sont issus de constructeurs différents. La confidentialité des données est également un point noir si l'appareil n'est pas correctement configuré.

Bluetooth est une technologie peu coûteuse à déployer et relativement économe en énergie. Elle pourrait peu à peu faire place à des technologies plus performantes, en cours de standardisation, comme l'UWB (Ultra-Wide Band), qui offre des débits de l'ordre de 480 Mbit/s jusqu'à 10 m de distance et une consommation encore plus faible que Bluetooth. Ce type de technologie permet de manipuler des flux vidéo dans de bonnes conditions, ce qui n'est pas possible avec Bluetooth, ouvrant, par exemple, la voie aux moniteurs sans fil.

Pour en savoir plus sur le Web

Site du consortium Bluetooth : www.bluetooth.com (anglais)

Liaison radio Wi-Fi

Wi-Fi (Wireless-Fidelity) est une technologie clé dans le déploiement de fonctionnalités réseau, car elle permet de relier plusieurs machines sans fil avec un très bon rapport prix/performances. On parle de réseau ambiant, car la connexion peut se faire de partout, à tout moment et à haut débit. Sa simplicité de mise en œuvre et son confort d'utilisation en font un élément incontournable d'une maison intelligente.

Une connexion Wi-Fi peut se faire en mode ad-hoc, c'est-à-dire en point-à-point entre deux machines, ou en mode infrastructure, sur le modèle d'une topologie de réseau Ethernet filaire. C'est cette dernière solution qui nous intéresse à l'échelle d'une maison. La figure 3.15 illustre l'architecture d'un réseau Wi-Fi domestique.

Chaque ordinateur équipé d'une interface Wi-Fi communique avec le réseau local à travers une borne relais, appelée point d'accès Wi-Fi. Les éléments matériels nécessaires au déploiement d'un réseau Wi-Fi sont les suivants :

Interface Wi-Fi. Un ordinateur peut communiquer en Wi-Fi s'il dispose d'un dispositif capable d'émettre et de recevoir des informations sur la même fréquence que celle du point d'accès. Il peut s'agir d'une carte PCI, d'un adaptateur USB, d'une carte PCMCIA ou Compact Flash, d'un adaptateur port parallèle pour imprimante, etc. Les constructeurs proposent maintenant cette fonction en standard sur la majorité des cartes mères des ordinateurs. Il suffit d'attribuer à cette interface, manuellement ou automatiquement en DHCP, une adresse IP compatible avec notre réseau local.

Point d'accès Wi-Fi. Il s'agit d'une borne similaire à un switch Ethernet *(voir figure 3.16)*, si ce n'est que les informations transitent à travers les

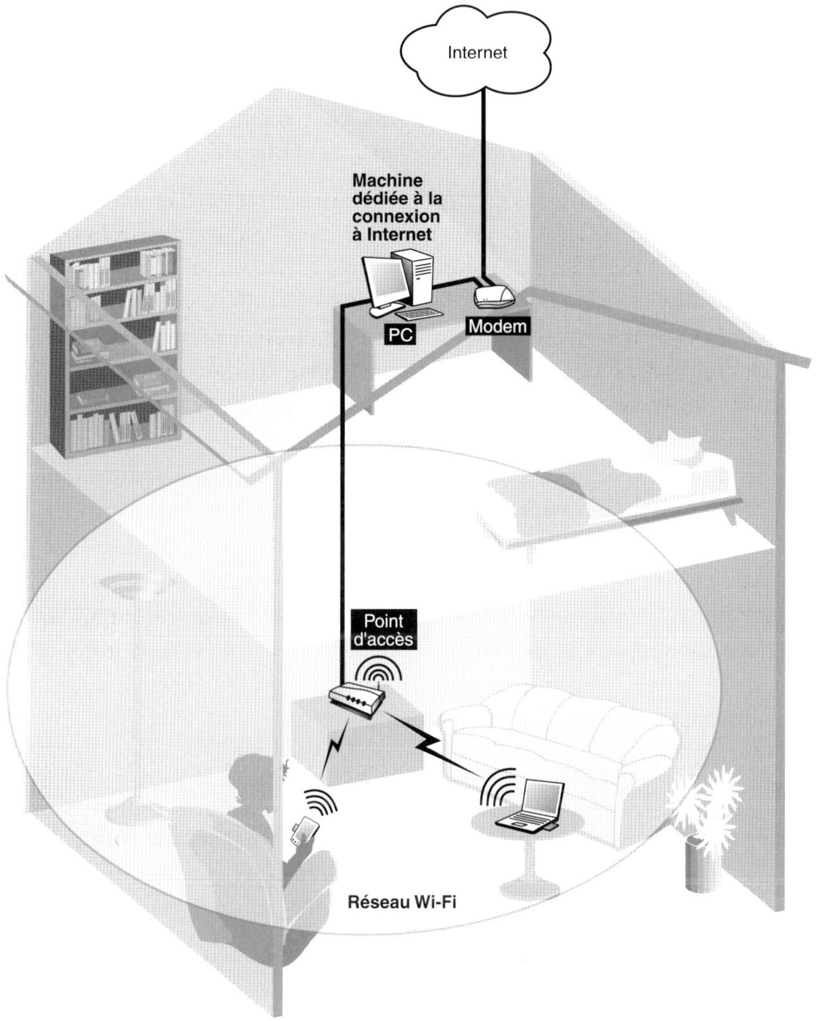

Figure 3.15
L'utilisateur est relié en Wi-Fi au réseau local informatique et à Internet

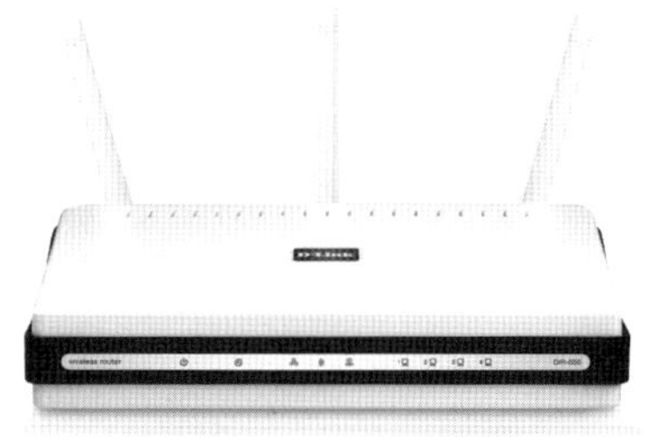

Figure 3.16
Le routeur Wi-Fi 802.11n offre une vitesse quatorze fois plus rapide que le 802.11g, une plus grande couverture et une meilleure qualité de service *(source D-Link)*

ondes radio et non sur un câble informatique. Cette borne doit être située près de l'accès Internet ou sur le réseau local à l'endroit le plus central possible de façon à être captée dans toutes les pièces de la maison. L'idéal est de la placer en hauteur, afin d'éviter certains obstacles et donc de prévoir une prise RJ-45 en haut d'un placard (une prise de courant n'est pas indispensable dans le cas d'une borne PoE). La portée du signal étant fortement altérée par les murs, il peut être nécessaire de faire plusieurs essais en orientant les antennes, en les remplaçant par des antennes plus puissantes ou directionnelles ou encore en positionnant plusieurs bornes. Les ondes Wi-Fi peuvent potentiellement être perturbées par certains obstacles, comme les meubles ou les appareils audiovisuels. D'autres perturbations sont souvent encore plus pénalisantes, notamment les suivantes :

- Obstacles métalliques. Plafonds, cloisons, poutrelles, baies vitrées, miroirs et escaliers peuvent constituer des obstacles à la transmission des ondes radio, pour peu qu'ils contiennent du métal. Un signal radio qui croise un mur de béton armé à angle aigu perd la moitié de sa vitesse de transmission.
- Éléments remplis d'eau. Cette source de perturbation est surtout sensible pour un réseau Wi-Fi fonctionnant dans la bande de fréquences des 2,4 GHz. Cette fréquence étant très proche de celle de la résonance de l'eau, plantes, êtres humains et fours à micro-onde sont particulièrement gênants pour la qualité du réseau sans fil.
- Autres équipements radio. Les réseaux Wi-Fi environnants (voisins, lieux publics, etc.), de même que les signaux émis par les transmetteurs vidéo, les fours à micro-ondes, les ampoules à économie d'énergie, les téléphones sans fil ou les moniteurs de surveillance bébé peuvent fortement perturber les transmissions Wi-Fi. Il est possible d'améliorer les choses en changeant le canal de transmission. Un autre écueil réside dans la compatibilité des points d'accès avec les versions antérieures de la norme. Par exemple, un routeur 802.11n ne sera réellement performant que si le réseau ne comporte pas d'autres équipements en 802.11b ou 802.11g.

Il est impossible d'empêcher le signal radio de se propager à l'extérieur d'un appartement ou d'une maison. À moins de vouloir partager notre réseau avec le voisinage et les passants, il est conseillé, pour des raisons de sécurité et de confidentialité, de sécuriser un réseau sans fil.

Les précautions suivantes doivent être prises :

- Éviter de placer le point d'accès près des portes et fenêtres.
- Limiter la fonction de supervision à une connexion filaire afin que personne ne puisse se connecter sans fil aux fonctions avancées du réseau.
- Changer les mots de passe fournis par défaut en prenant soin de choisir des combinaisons de lettres et de chiffres suffisamment longues.
- Choisir un nom de point d'accès qu'un intrus ne puisse deviner facilement et activer la fonction de masquage de cet identifiant.
- Activer les fonctions de cryptage des données. La même clé de chiffrement doit être utilisée sur la borne et sur les ordinateurs.
- N'autoriser en aucun cas un ordinateur non identifié à se connecter au réseau. En activant le contrôle d'accès, seuls les ordinateurs dont l'adresse physique (adresse MAC) est répertoriée peuvent se connecter.
- Choisir des points d'accès Wi-Fi dotés de fonctions de pare-feu (et ne pas les désactiver !)

Couper le Wi-Fi !

Pour réduire les rayonnements électromagnétiques et limiter les consommations électriques inutiles, nous pouvons désactiver la Box Internet ou les points d'accès Wi-Fi la nuit ou pendant les vacances, par exemple. Ce n'est pas toujours possible, surtout si, en l'absence de réseau filaire, notre téléphone ou notre télévision a besoin du Wi-Fi pour fonctionner.
La plupart des Box Internet et des décodeurs TV associés sont énergivores. Malheureusement, ils offrent rarement un interrupteur marche/arrêt, un mode veille, un moyen simple de désactiver la fonction Wi-Fi ou des fonctions de programmation horaire… En attendant que les fabricants réagissent, merci à la domotique, qui permet d'intégrer la coupure de l'alimentation du point d'accès Wi-Fi dans le scénario « départ » ou « coucher ».

Le bénéfice principal apporté par un réseau Wi-Fi est le partage de toutes les ressources informatiques de la famille, sans nécessairement disposer d'un réseau local filaire. Ainsi, tous les ordinateurs peuvent se connecter simultanément au réseau Internet. La plupart des fournisseurs d'accès haut débit par ADSL, satellite ou câble proposent des offres Wi-Fi permettant de connecter les équipements sans le moindre câblage.

Un des freins au développement des réseaux sans fil domestiques réside dans le nombre de normes disponibles :

802.11a. Ce standard Wi-Fi utilise la bande de fréquences des 5 GHz et offre un débit maximal théorique de 54 Mbit/s. Sa fréquence élevée permet d'éviter de nombreuses perturbations. Elle est aujourd'hui fortement concurrencée par la norme 802.11g, avec laquelle elle est incompatible.

802.11b. Malgré un débit de 11 Mbit/s et une bande de fréquences dans les 2,4 GHz particulièrement sujette aux perturbations, ce standard Wi-Fi est le plus répandu à l'heure actuelle. Il est compatible avec le nouveau standard 802.11g.

802.11g. Ce standard Wi-Fi se répand très rapidement. Il travaille à la même bande de fréquences des 2,4 GHz que 802.11b mais offre un débit équivalent à celui de 802.11a (54 Mbit/s), tout en étant plus sécurisé.

802.11n. Les travaux en cours sur les standards Wi-Fi 802.11e, 802.11i et 802.11f ont été rassemblés dans la norme 802.11n. Cette dernière propose un débit réel de 100 Mbit/s pour une vitesse théorique de 250 Mbit/s et est compatible avec 802.11a et 802.11g, au détriment de la vitesse globale du réseau. Elle offre des fonctionnalités avancées permettant d'attribuer des priorités aux différentes machines connectées, une amélioration de la sécurité et une gestion de la mobilité. 802.11n permet de rivaliser avec tous les réseaux, y compris les réseaux filaires, et gérer des applications temps réel, comme la voix ou la vidéo.

UWB (Ultra-Wide Band). Il s'agit d'un nouveau standard en cours d'homologation s'appuyant sur un système d'impulsions. Consommant moins d'énergie, il s'affranchit des obstacles physiques, est plus sécurisé et offre un débit environ dix fois supérieur à 802.11b, avec 480 Mbit/s sur 10 m. Sur le papier, UWB pourrait remplacer Bluetooth, USB et les connexions FireWire spécialisées dans le transfert de flux vidéo, puisqu'il est à la base des spécifications Bluetooth 2 et Wireless USB. La plupart des câbles entourant nos ordinateurs pourraient ainsi être remplacés par des connexions sans fil UWB *(voir figure 3.17)*.

ZigBee (802.15.4). Ce nouveau mode de transmission est limité en Europe à la bande radio des 868 MHz pour un débit de 20 Mbit/s. Il a la particularité de consommer très peu d'énergie et d'être bon marché et sécurisé, ce

Choix d'un point d'accès Wi-Fi

Quand la Box Internet n'est pas équipée de fonctions Wi-Fi ou que nous souhaitons étendre la couverture Wi-Fi, il est nécessaire de nous procurer un point d'accès autonome. Le choix d'une borne Wi-Fi n'est pas chose aisée tant l'offre et les standards sont nombreux. Il faut privilégier les modèles équipés d'antennes détachables permettant de les échanger contre d'autres si nécessaire et d'un port WLAN pour le partage de l'accès Internet et éventuellement de plusieurs ports Ethernet pour connecter d'autres machines en filaire. Il est important de vérifier que le point d'accès est doté d'un serveur DHCP, de fonctions de pare-feu et du protocole de sécurité WPA (Wi-Fi Protected Access) ou WEP (Wired Equivalent Privacy) et qu'il est compatible avec le plus de standards possibles ou dont les protocoles supportés sont modifiables.
Il ne faut pas trop se fier aux débits annoncés. En pratique, les vitesses de transmission sont différentes d'un logement à l'autre et se situent toujours très en dessous des valeurs annoncées. L'idéal est de pouvoir tester plusieurs modèles en situation.

Figure 3.17
Exemples d'équipements UWB : concentrateur USB compatible Wireless USB permettant à un PC UWB ou équipé d'une clé UWB de communiquer avec quatre périphériques USB *(source Belkin)*

Figure 3.18
Écran tactile sans fil communiquant avec son environnement en IR, en Wi-Fi ou par transmission ZigBee *(source RTI)*

qui en fait un candidat sérieux dans la course à l'équipement des petits appareils électroniques (électroménager, hi-fi, jouets, etc.) et domotiques (moteurs, ampoules, détecteurs, thermostat, écrans tactiles, etc.). La figure 3.18 montre un exemple d'écran tactile ZigBee.

Souple, ZigBee permet notamment la transmission normalisée en radio de commandes et d'informations de supervision dans un réseau domestique en point-à-point, en étoile ou maillé, avec la particularité de pouvoir communiquer sur plusieurs canaux ainsi que d'être auto-organisé et autocorrigé. À suivre également la technologie similaire Z-Wave, qui est très répandue aux États-Unis *(voir le chapitre 7, « L'infrastructure domotique »)*.

▶ En résumé

Il est difficile de prédire quelle norme sans fil s'imposera. Il est probable que plusieurs normes coexisteront quelque temps. Wi-Fi, ZigBee et UWB sont destinées à des applications distinctes et peuvent cohabiter. À terme, on peut rêver d'un standard unique, qui pourrait potentiellement couvrir à la fois les réseaux personnels et les communications longue distance pour offrir des dispositifs universels capables de communiquer à l'intérieur comme à l'extérieur de nos maisons.

Le tableau 3.2 récapitule les caractéristiques des différents modes de transmission de données dans la maison.

Ces normes ne doivent pas s'opposer, mais au contraire se compléter. Quel que soit le protocole utilisé, c'est la mise en réseau des équipements qui est fondamentale. À partir du moment où nous disposons d'un réseau local, il est important de privilégier le matériel informatique compatible avec la norme Ethernet, de façon à assurer une cohérence globale du réseau. Par exemple, si nous hésitons entre différents modèles d'imprimantes ou de routeurs, la présence d'une prise RJ-45 plutôt qu'USB ou de fonctions de réseau sans fil est un critère de choix à prendre en compte.

Un réseau informatique filaire restera encore longtemps plus rapide, plus fiable et plus sécurisé qu'un réseau sans fil. Aujourd'hui, les solutions sans fil ou sans nouveau fil permettent de gérer des flux audio dans de bonnes conditions mais pas encore les flux vidéo. Même si les nouveaux protocoles comme HomePlug AV, UWB ou 802.11n sont plus rapides et supportent le transport de la vidéo de type MPEG-2, leur vitesse réelle reste très en deçà de leur performance théorique, alors que l'infrastructure Ethernet filaire est déjà en mesure de gérer véritablement des débits de l'ordre du gigabit par seconde sans aucun risque d'interférences.

Dans le neuf, les solutions filaires sont à privilégier, surtout si l'infrastructure est conçue pour rationaliser les réseaux VDI de la maison. Cette infrastructure permet de connecter tous les appareils fixes, y compris les bornes

Tableau 3.2 Caractéristiques des réseaux informatiques domestiques*

	Type	Fréquence	Débit max théorique	Débit max réel	Portée	Statut	Type de projet
Réseau filaire	Grade 1	100 MHz	100 Mbit/s	100 Mbit/s	200 m	En cours	Neuf/réseau téléphone et informatique
	Grade 3	900 MHz	1 000 Mbit/s	1 000 Mbit/s	200 m	En cours	Neuf/réseau VDI
Réseau sans nouveau fil	HPNA 3.1	2 MHz	320 Mbit/s	100 Mbit/s	150 m	En cours	Rénovation/réseau téléphonique ou coaxial existant
	HomePlug 1.1	4,49 MHz 20,7 MHz	85 Mbit/s	35 Mbit/s	200 m	En cours	Neuf/rénovation/partage d'accès à Internet
	HomePlug AV	4,49 MHz 20,7 MHz	200 Mbit/s	60 Mbit/s	200 m	En cours	Neuf/rénovation/réseau audio/vidéo
Réseau sans fil	Infrarouge (IrDA 1.1)	1,84 MHz	4 Mbit/s	115 Kbit/s	1 m	En cours	Neuf/rénovation/synchronisation
	Bluetooth 1.1	2,4 GHz	1 Mbit/s	720 Kbit/s	10 m	En cours	Communication entre un ordinateur et ses périphériques
	802.11a	5 GHz	54 Mbit/s	20 Mbit/s	30 m	Fin de vie	Réseau sans fil domestique en neuf ou rénovation
	802.11b	2,4 GHz	11 Mbit/s	5 Mbit/s	35 m	En cours	Réseau sans fil domestique en neuf ou rénovation
	802.11g	2,4 GHz	54 Mbit/s	20 Mbit/s	35 m	En cours	Réseau sans fil domestique en neuf ou rénovation
	802.11n	2,4 et 5 GHz	540 Mbit/s	100 Mbit/s	70 m	En cours	Réseau sans fil domestique en neuf ou rénovation
	UWB	3,1-10,6 GHz	1 Gbit/s	480 Mbit/s	10 m	Attente de certification	Communication entre un ordinateur et ses périphériques
	ZigBee	868 MHz	20 Mbit/s	8 Mbit/s	75 m	En cours	Réseau d'équipements domotiques

* Tableau mis à jour le 15 novembre 2011.

Wi-Fi. Les solutions sans fil prennent en charge les appareils mobiles (ordinateur portable, tablette, écran tactile non encastré, assistant personnel, etc.). Quant au CPL, il permet de gérer les appareils situés dans des zones non couvertes par le filaire ou le sans fil, comme un lecteur audio numérique dans le salon ou un réfrigérateur dans la cuisine.

En rénovation, s'il n'est pas possible ou s'il est trop coûteux d'installer un réseau informatique filaire, une ou plusieurs bornes Wi-Fi, elles-mêmes raccordées en CPL, par exemple, peuvent couvrir les pièces principales. Des adaptateurs CPL ou HPNA peuvent venir en complément pour les applications domestiques, comme les lecteurs MP3 de salon ou les pièces diffi-

Pour en savoir plus sur le Web

Site USB et Wireless USB : www.usb.org (anglais)
Site de l'alliance Wi-Fi : www.wirelessethernet.org (anglais)
Alliance ZigBee : www.zigbee.org (anglais)
Technologie Z-Wave : www.z-wave.com (anglais)

cilement couvertes par le réseau Wi-Fi car trop excentrées ou sujettes à perturbations de par l'épaisseur de leurs murs ou la présence d'escaliers ou de baies vitrées métalliques.

En pratique, il n'est pas rare en rénovation de mêler solutions filaires, sans fil et sans nouveau fil de façon à optimiser les conditions de déploiement d'un réseau domestique. Par exemple, le réseau local peut être filaire dans le bureau, UWB entre les ordinateurs et leurs périphériques, CPL dans la cuisine et Wi-Fi dans le salon, la chambre et la terrasse, grâce à deux bornes reliées en CPL.

Les accès à Internet

Comme nous l'avons vu en début de chapitre, la connexion Internet est un élément important à prendre en compte dans un projet de construction ou de rénovation. Disposer d'un accès de qualité devient peu à peu aussi crucial que le raccordement au réseau électrique ou à l'eau courante.

Les sections qui suivent se penchent sur les solutions d'accès aux ressources Internet permettant de communiquer avec la maison.

Les modes de connexion à Internet

Il est possible de se connecter à Internet de différentes façons en fonction du budget, des besoins en bande passante, du nombre de postes à connecter ou de l'emplacement géographique de la maison.

Voici un tour d'horizon des différents modes de connexion :

RTC (réseau téléphonique commuté). Il s'agit du mode de raccordement le plus ancien. On branche un modem analogique entre la ligne téléphonique classique et son ordinateur pour accéder à Internet. La mise en œuvre est souvent fastidieuse, et la connexion bloque la ligne téléphonique, empêchant de téléphoner ou d'être joint. Surtout, elle est désespérément lente, avec un débit maximal de 56 Kbit/s. Il existe des modems externes ou sous forme de carte PCMCIA. De nombreux ordinateurs sont maintenant fournis avec un modem interne.

Numéris ou RNIS (réseau numérique à intégration de services). Offre de connexion numérique de bout en bout réservée aux professionnels permettant de transmettre une large gamme de services (voix, données, textes, images, etc.) et de se connecter à Internet. La vitesse maximale est de 128 Kbit/s. Il est nécessaire de disposer d'un modem Numéris (externe, interne ou sous forme de carte PCMCIA) et d'un abonnement spécifique. Ce dernier permet d'avoir un numéro de téléphone, un numéro de fax et un numéro correspondant à l'accès numérique et d'utiliser les trois lignes simultanément. L'accès à Internet par Numéris étant onéreux et relativement lent, il ne se justifie pas si nous sommes dans une zone couverte par l'ADSL.

ADSL (Asynchronous Digital Subscriber Line). Dans ce mode de connexion haut débit à Internet, les hautes fréquences de la ligne téléphonique analogique sont filtrées pour transmettre les données numériques *(voir figure 3.19)*. C'est de loin la solution la plus répandue aujourd'hui pour accéder aux services haut débit *(voir « L'accès ADSL », plus loin dans ce chapitre)*.

Fibre optique. Les offres d'accès par fibre optique sont disponibles dans certains quartiers des grandes villes. Il s'agit d'une solution performante pour accéder aux services à très haut débit *(voir la section « L'accès par fibre optique », plus loin dans ce chapitre)*.

Réseau câblé. L'Internet par le câble constitue une solution intéressante pour accéder au haut débit sans avoir à payer de communications ni d'abonnement téléphoniques, surtout si l'offre de télévision par câble nous intéresse également. Le câble n'est disponible que dans les grandes villes *(voir la section « L'accès par câble », plus loin dans ce chapitre)*.

Satellite. Comme pour la télévision, l'Internet par satellite nécessite la pose d'une antenne et d'un dispositif de réception. Il existe des offres unidirectionnelles, qui requièrent un abonnement supplémentaire à un fournisseur d'accès terrestre, et des offres bidirectionnelles, qui se généralisent. Les

Figure 3.19
La technologie ADSL permet d'utiliser la ligne téléphonique traditionnelle pour véhiculer simultanément la téléphonie et le haut débit Internet *(source British Telecom)*

fournisseurs d'accès proposent généralement des accès compris entre 512 Kbit/s et 2 Mbit/s en réception. C'est la solution par défaut dans les zones non couvertes par le câble, la fibre ou l'ADSL *(voir la section « L'accès par satellite », plus loin dans ce chapitre).*

BLR (boucle locale radio). Certains opérateurs ont choisi de déployer dans les grandes villes leurs propres infrastructures. On parle de boucle locale pour désigner la couverture des derniers kilomètres nécessaires à la diffusion du haut débit dans les zones résidentielles ou tertiaires. L'installation chez le client demande la pose d'une antenne spécifique. La boucle locale radio est toutefois en perte de vitesse du fait du dégroupage ADSL et du développement de WiMAX.

WiMAX (IEEE 802.16). Sur le modèle de Wi-Fi, WiMAX, avec des débits plus importants, de l'ordre de 70 Mbit/s en rase campagne, et une couverture plus importante, d'environ 50 km de rayon, constitue un moyen d'accès à Internet très efficace, notamment dans les zones non couvertes par l'ADSL.

GPRS (General Packet Radio Service). Technologie radio conçue pour l'échange d'informations numériques dans un réseau de téléphonie mobile. Le débit théorique est de 115 Kbit/s.

Edge. Il s'agit d'une simple évolution de la technologie GSM/GPRS permettant la circulation de données à des débits moyens de 130 Kbit/s en réception et de 60 Kbit/s en émission. Cette technologie est très employée par certains opérateurs de téléphonie mobile pour pallier l'absence de couverture 3G dans certaines zones.

UMTS (Universal Mobile Telecommunications System). Norme de téléphonie mobile de troisième génération permettant d'échanger des informations numériques à un débit théorique de 2 Mbit/s.

HSDPA (High-Speed Downlink Packet Access). Les opérateurs migrent peu à peu leur réseau de téléphonie 3G vers cette technologie permettant d'atteindre une vitesse théorique de 42 Mbit/s et de déployer des services mobiles multimédias (TV HD, visioconférence, etc.).

LTE (Long Term Evolution). Déjà déployé dans certains pays, LTE constitue la base des futurs réseaux 4G. Elle fait partie de la norme UMTS mais va au-delà en proposant des débits deux à trois fois plus rapides même en mouvement.

L'accès ADSL

Quand l'ADSL est disponible, c'est actuellement le meilleur compromis par rapport aux solutions bas débit de type RTC ou Numéris et celles par câble ou satellite.

Cette technologie est proposée sous trois déclinaisons différentes en fonction de notre lieu d'habitation.

- ADSL : la vitesse maximale théorique d'une connexion ADSL est de 8 Mbit/s. Tout le territoire n'est malheureusement pas éligible à ces offres, car l'ADSL nécessite de lourds investissements et ne peut fonctionner qu'à une distance limitée d'un central téléphonique.
- Re-ADSL : destinée aux zones un peu trop éloignées des centraux téléphoniques. Les débits sont assez faibles, mais la portée est améliorée.
- ADSL2+ : le débit théorique d'une connexion ADSL2+ est de 20 Mbit/s. Ce type de technologie ne concerne que les foyers situés à proximité d'un central téléphonique doté d'équipements spécifiques.

Avec le dégroupage, il est possible de s'adresser au fournisseur d'accès de son choix et de bénéficier d'offres ADSL regroupant l'accès Internet, la téléphonie illimitée et la télévision sur IP *(voir le chapitre 4, « La téléphonie »)*, grâce aux Box Internet *(voir figure 3.20)*.

Seule une analyse précise des besoins, des offres disponibles localement et des qualités de connexion constatées par des organismes indépendants permet de choisir le fournisseur d'accès adéquat et l'offre la mieux adaptée.

Figure 3.20
Box Internet et son décodeur TV permettant, dans les zones éligibles, d'accéder à Internet, de téléphoner en illimité et de recevoir la télévision haute définition. En cas de coupure ADSL, la clé 3G de l'opérateur prend le relais *(source Neuf Telecom)*

Pour en savoir plus sur le Web

Tests d'éligibilité et comparateurs d'offres ADSL

ADSL Facile : www.adsl-facile.com
Comparatel : www.comparatel.fr
Degrouptest : www.degrouptest.com
DSL Valley : www.dslvalley.com
Éligibilité ADSL : www.eligibilite-adsl.com
Grenouille : www.grenouille.com
Test ADSL : www.testadsl.net
Zone ADSL : www.zoneadsl.com

Les débits annoncés n'étant pas garantis, il convient de relativiser les promesses commerciales en fonction de l'encombrement du réseau de chaque fournisseur d'accès. Il est possible de connaître les débits réels sur des sites de sociétés indépendantes, comme *www.grenouille.com*. Il importe de rester vigilant sur les termes des abonnements proposés (résiliation, support technique, frais de dossier), ainsi que sur la réalité des débits annoncés et sur les solutions de sécurité proposées. Si le fournisseur d'accès donne le choix et si nous souhaitons partager notre connexion avec notre réseau local, autant opter pour le modem Ethernet et non USB, ce dernier étant davantage adapté à une liaison sur un ordinateur unique.

L'accès par fibre optique

L'ADSL ne peut offrir des débits élevés qu'aux foyers proches d'un central téléphonique. La fibre optique s'affranchit de cette limitation et propose

Figure 3.21
La fibre optique ouvre la voie à des applications nécessitant du très haut débit symétrique, comme la visiophonie *(source Neuf Telecom)*

sur de longues distances des débits symétriques, c'est-à-dire aussi bien en émission qu'en réception, de 100 Mbit/s (les débits théoriques sont même de l'ordre de 2 Gbit/s). Cela ouvre la voie à des services de type télévision haute définition sur un ou plusieurs postes, téléchargement instantané, supervision domotique à distance ou visiophonie en qualité optimale *(voir figure 3.21)*.

La fibre optique permet de nous connecter à plusieurs de ces services simultanément en réservant des débits garantis pour chaque application. Ce type d'infrastructure nécessite d'amener la fibre jusqu'à la porte de nos maisons ou en bas de nos immeubles, ce qui demande d'énormes investissements de la part des opérateurs et explique le déploiement lent de ce type d'offres. Le déploiement est actuellement en cours dans les zones très denses et devrait s'étendre au fil des années au reste du territoire.

Pour en savoir plus sur le Web

Offres commerciales « fibre optique »

Dossier sur le site de l'Arcep : www.arcep.fr/index.php?id=8650
Tout sur la fibre : www.fibre-optique-france.com
Free : ftth.free.fr/index.html
Numéricâble : fibreoptique.numericable.fr
Orange : abonnez-vous.orange.fr
SFR : www.lafibresfr.fr

L'accès par câble

Si nous habitons dans une grande ville, l'accès à Internet par le câble est à envisager, surtout si les bouquets de télévision, souvent proposés en parallèle, nous intéressent ou si nous ne souhaitons pas nous abonner à une ligne téléphonique fixe.

Le réseau câblé étant déjà en majeure partie basé sur de la fibre optique, il ne reste plus à l'opérateur qu'à remplacer les derniers mètres jusqu'aux abonnés, souvent en câble coaxial, pour offrir une solution 100 % fibre.

Pour en savoir plus sur le Web

Fournisseur d'accès Internet par câble

Numericable : www.numericable.fr

L'accès par satellite

Le satellite constitue encore une solution pour se connecter en haut débit à Internet en dehors des zones non couvertes par l'ADSL ou pour certains véhicules comme les camping-cars. L'Internet par satellite est de moins en moins coûteux, mais les contraintes techniques restent nombreuses. Nous avons vu précédemment qu'il existait deux types d'offres :

Unidirectionnelle. Limitée à la réception des données, cette solution nécessite un abonnement supplémentaire à un fournisseur d'accès terrestre compatible avec les contraintes techniques du fournisseur d'accès satellite. Certains protocoles permettent de se connecter juste le temps d'envoyer une requête et de continuer de recevoir les contenus demandés, même après la déconnexion de la ligne téléphonique. Aucune offre unidirectionnelle ne propose un accès illimité à débit garanti, car tous les utilisateurs partagent une même connexion.

Bidirectionnelle. Le système est capable de gérer la transmission d'informations en émission comme en réception et ne nécessite pas de voie de retour terrestre, comme le montre la figure 3.22.

Pour en savoir plus sur le Web

Principaux fournisseurs d'accès par satellite

als@tis : www.alsatis.com
Connexion Verte : www.connexion-verte.fr
DSD : www.dsd.fr
I-Sat : www.i-sat.fr
Nordnet : www.nordnet.com
Numeo : www.numeo.fr
Portail Internet par satellite : www.internetparsatellite.net
Sat2Way : www.sat2way.com
SHD : www.shdnet.fr
skyDSL : fr.skydsl.eu
Vivéole : www.viveole.fr
Wibox : www.wibox.fr

La téléphonie de troisième génération 3G/3G+

La technologie GSM (2G) ne permet pas d'accéder à Internet. Le GPRS (2,5G) ne donne qu'un accès limité grâce au WAP (Wireless Application Protocol). Avec Edge (2,75G) et surtout l'UMTS (3G) et HSDPA (3,5G ou 3G+), les téléphones, les smartphones ou les ordinateurs peuvent véritablement se connecter à Internet. Étant équipés d'un disque dur ou d'une carte mémoire Flash, ces terminaux permettent de télécharger et stocker des fichiers, d'héberger une boîte de messagerie, de faire de la visioconférence, de visualiser des webcams, de regarder la télévision et de piloter les équipements de la maison à travers une interface graphique conviviale. La téléphonie de quatrième génération (4G) sera entièrement IP et permettra une transparence totale entre les utilisations domestiques et mobiles.

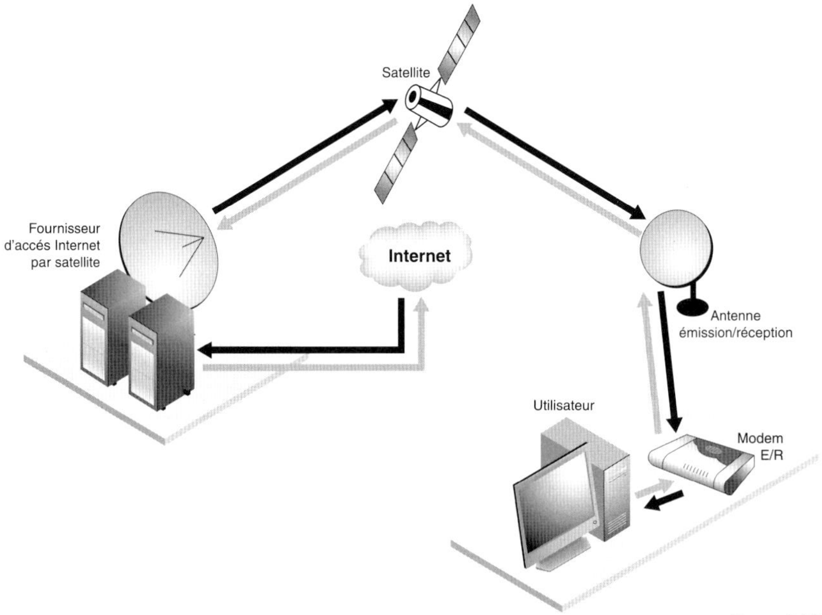

Figure 3.22
Connexion bidirectionnelle à Internet par satellite

Les FAI satellite proposent généralement des accès limités à 2 Mbit/s en réception. La mise en place de ce type d'installation est maintenant très accessible pour les particuliers. La position géostationnaire du satellite à 36 000 km de la Terre impose un temps de latence incompressible de 500 ms, contre 150 ms environ pour la voie terrestre, qui rend impraticables les applications de visioconférence ou de jeux en réseau.

Bien qu'il n'offre pas du tout le même confort d'utilisation que l'ADSL, la fibre ou le câble, le satellite constitue souvent la seule solution pour se connecter à haut débit en dehors des zones à forte densité de population, en attendant WiMAX ou la fibre optique pour tous.

Les autres types d'accès

Les technologies de téléphonie mobile dites de troisième génération, ou 3G, voire 3G+, permettent d'accéder à Internet depuis son téléphone portable ou son PC portable. La solution BlackBerry, par exemple *(voir figure 3.23)*, permet d'être connecté en permanence à Internet.

Figure 3.23
Terminal BlackBerry Wi-FI, Bluetooth, 3G/3G+ *(source SFR)*

À l'heure où beaucoup renoncent à leur ligne fixe au profit d'un abonnement à la téléphonie mobile, et même si les débits constatés sont largement inférieurs et les coûts d'abonnement et de connexion relativement élevés, les technologies 3G/3G+ sont des solutions intéressantes pour accéder à Internet depuis une habitation non raccordée au téléphone fixe, au câble ou au satellite, à condition toutefois qu'elle soit couverte par un réseau 3G/3G+. Elle est notamment à retenir pour les résidences secondaires, où des abonnements annuels ne se justifient pas, ou pour gérer notre maison lors de nos déplacements.

Pour en savoir plus sur le Web

Comparateur des offres d'accès Internet par téléphone mobile

Comparatel : www.comparatel.fr

En résumé

Le tableau 3.3 dresse un comparatif des différentes offres d'accès Internet disponibles en fournissant pour chaque technologie des moyennes, sachant qu'il existe une multitude d'options selon les modes de connexion et les fournisseurs d'accès. Le tableau 3.4 récapitule les avantages et inconvénients de chacune de ces technologies.

Lors de la consultation des offres des différents fournisseurs d'accès, il faut être vigilant sur les prestations annexes parfois facturées, telles qu'antivirus, anti-Spam, pare-feu, adresses IP fixes, etc. Il est important de faire jouer la concurrence, car certains proposent de faire payer des options offertes par d'autres.

Tableau 3.3 Comparatif des techniques d'accès à Internet*

	Débit*** en reception	Débit*** en émission	Télévision	Téléphone	Coût d'acquisition	Coût d'utilisation
RTC	56 Kbit/s	33,6 Kbit/s	Non	Oui mais pas en simultané	+	+
Numéris	128 Kbit/s	128 Kbit/s	Non	Oui (3 lignes)	++	+++
ADSL**	18 Mbit/s	800 Kbit/s	Option selon éligibilité	Illimité en option	+	++
Fibre optique**	100 Mbit/s	50 Mbit/s	Oui	Oui	+	++
Câble**	100 Mbit/s	5 Mbit/s	Oui	Illimité en option	+	++
Satellite bidirectionnel**	2 Mbit/s	384 Kbit/s	Service distinct	Non	+++	+++
WiMAX	2 Mbit/s	512 Kbit/s	Service distinct	Oui	++	+++
GPRS (2,5G)	115 Kbit/s	30 Kbit/s	Non	Oui	++	+++
Edge (2,75G)	384 Kbit/s	128 Kbit/s	Oui (limité)	Oui	++	+++
UMTS (3G)	2,4 Mbit/s	153 Kbit/s	Oui	Oui	++	+++
HSDPA (3,5G)	14,4 Mbit/s	5,7 Mbit/s	Oui (HD)	Oui	+++	+++
LTE (4G**)**	320 Mbit/s	80 Mbit/s	Oui (HD)	Oui	+++	+++

* Tableau mis à jour le 15 novembre 2011.
** Offre commerciale de milieu de gamme dans les grandes villes uniquement.
*** Débit théorique souvent bien éloigné de la réalité.
**** LTE sera réellement considéré 4G dans sa version advanced en cours de développement.

Tableau 3.4 Avantages et inconvénients des techniques d'accès à Internet

	Avantage	Inconvénient	Application
RTC	– Pas d'investissement – Possibilité d'accès sur tout le territoire	– Vitesse très limitée – Bloque la ligne – Paiement à la durée	Messagerie et accès Web ponctuel
Numéris	– Vitesse plus élevée qu'en RTC – Numéros de téléphone et de fax	– Paiement à la durée – Réservé aux professionnels	Besoins professionnels dans les zones non couvertes par l'ADSL, la fibre ou le câble
ADSL	– Connexion permanente illimitée – Nombreux services associés (téléphonie illimitée, TV haute définition, etc.)	– Couverture partielle du territoire – Même dans les zones dégroupées, la qualité et l'étendue des services sont limitées par la distance entre la maison et le central téléphonique – Limite physique des débits à terme, contrairement au câble	– Haut débit Internet – Téléphonie illimitée – TV haute définition
Fibre optique	– Connexion permanente illimitée – Nombreux services très haut débit associés (TV HD multiposte, visioconférence, etc.)	– Couverture partielle du territoire – Coûts de déploiement de l'infrastructure élevés.	Applications nécessitant du très haut débit garanti et symétrique et une qualité de service élevée
Câble	– Connexion symétrique permanente illimitée – Nombreux services associés (téléphonie illimitée, TV haute définition, etc.)	Dans les grandes villes uniquement	Applications haut débit en ville, avec possibilité d'abonnement TV par câble
Satellite bidirectionnel	– Possibilité d'accès sur tout le territoire	Investissements lourds et coûts de connexion élevés et limités	Besoins de hauts débits dans les zones non couvertes par l'ADSL, le WiMax ou le câble
WiMAX	– Possibilité d'accès dans les zones couvertes	Investissements lourds et coûts de connexion élevés et limités	Besoins de hauts débits dans les zones non couvertes par l'ADSL ou le câble
GPRS	– Facturation à la donnée – Même abonnement à la maison et à l'extérieur	– Cher – Pas d'accès à Internet hors services WAP	– En déplacement – Résidence secondaire
Edge	– Accès Internet – Même abonnement à la maison et à l'extérieur	– Cher – Débits limités – Nécessite des terminaux adaptés	– En déplacement – Résidence secondaire – Gestion domotique
UMTS	– Accès Internet – Même abonnement à la maison et à l'extérieur	– Cher – Nécessite des terminaux adaptés	– En déplacement – Résidence secondaire – Gestion domotique
HSDPA	– Accès Internet à haut débit – Vitesse élevée – Nombreux services associés	– Cher – Nécessite des terminaux adaptés	– En déplacement – Résidence secondaire – Gestion domotique et services à distance (surveillance, supervision, etc.)

Au-delà du mode de connexion et des forfaits proposés, c'est l'offre de service qui devient de plus en plus cruciale. De la même façon que la qualité de service ou le niveau de support technique doivent être adaptés à nos compétences et à nos besoins, des applications et des services tels que la téléphonie et la télévision sur Internet ou la vidéo à la demande deviennent des critères de choix du mode de connexion à Internet.

Certains paramètres spécifiques sont à prendre en compte dans le cadre d'un projet de construction intelligente, car s'il est important de disposer d'un accès Internet de qualité, il ne l'est pas moins de considérer la qualité de la connexion en émission depuis la maison vers Internet pour des applications telles que la vidéosurveillance, la vidéoconférence, le partage de fichiers, les jeux en réseau, le télétravail, etc.

Un des atouts d'une maison intelligente est de pouvoir gérer à distance, par téléphone ou *via* Internet, les fonctions suivantes : pilotage de l'installation (simulation de présence, gestion du chauffage, activation de l'alarme, télémaintenance, etc.) ; visualisation de ce qui se passe dans la maison (webcam, réseau de vidéosurveillance, vidéoconférence, etc.) ; accès à distance aux ressources numériques de la maison (fichiers de travail, musique, vidéo, site Web familial, etc.).

Comme pour l'hébergement de site Web, le choix de l'abonnement Internet doit prendre en compte le débit de la liaison en émission et la possibilité de disposer d'une adresse IP fixe :

Débit de la liaison en émission. Doit garantir la qualité de transmission des données vers Internet. Les offres sont généralement asymétriques, c'est-à-dire que le débit en émission est quatre fois moins important qu'en réception, ce qui est mal adapté à l'hébergement d'applications, de données ou de pages Web.

Adresse IP fixe. En règle générale, le fournisseur d'accès attribue une adresse IP différente à chaque session ou par période de 24 h pour les connexions permanentes de type ADSL. Cela pose problème pour nous connecter à notre réseau depuis l'extérieur, puisque rien ne permet de distinguer ce réseau sur Internet. L'idéal est de disposer d'un service d'adresse IP fixe proposé par certains fournisseurs d'accès gratuitement ou à un prix raisonnable. Cela permet de nous connecter de l'extérieur *via* Internet à notre réseau personnel en saisissant sur un simple navigateur cette adresse IP ou le nom de domaine correspondant (URL de type *www.mavilla.fr*). Disposer d'une adresse IP fixe permet également d'héberger notre propre serveur DNS et donc de gérer nous-mêmes notre nom de domaine personnel, sans dépendre d'un prestataire extérieur. Si notre fournisseur d'accès ne propose pas de service d'IP fixe, il est possible d'utiliser un service gratuit d'attribution de DNS dynamique, comme *www.no-ip.org ou www.dyn.com*,

Hébergement et routeur

Les fournisseurs de services autorisent le partage de la connexion Internet par l'ensemble des ordinateurs d'un réseau local en filaire, CPL ou Wi-Fi. Pour en bénéficier, il faut disposer d'un routeur disposant de fonctions de translation d'adresses (NAT) permettant de faire la correspondance entre l'adresse IP privée de chaque ordinateur, de type 192.168.0.2, et l'adresse IP publique permettant d'identifier le réseau sur Internet.
De la même façon, si nous souhaitons autoriser l'accès d'une machine située sur notre réseau local depuis l'extérieur *via* Internet, notre routeur ou notre serveur proxy doivent disposer de la fonction NAT. Dans le cas où nous hébergeons plusieurs applications (site Web, serveur de caméra, serveur de fichiers, serveur domotique, serveur de vidéoconférence, etc.), ils doivent également être en mesure de gérer la translation de ports, ou PAT (Port Address Translation). Une adresse IP ne suffit pas pour désigner un ordinateur sur le réseau, car plusieurs applications peuvent être exécutées simultanément. C'est pourquoi il est nécessaire d'assigner un numéro de port à chaque type d'application (21 au transfert de fichiers, 25 à la messagerie, 80 au Web, etc.). L'accès distant permet la prise en main complète d'un ordinateur par l'intermédiaire de logiciels de type VNC (Virtual Networking Computing). Cela facilite notamment la maintenance de l'installation à distance.

qui permettent, en saisissant une URL de type *mavilla.dyndns.org*, d'accéder à notre réseau privé de l'extérieur.

En résumé, si nous souhaitons piloter certaines fonctions de notre maison, mettre à disposition des informations et accéder à certaines applications depuis l'extérieur, il nous faut idéalement disposer d'un accès haut débit en émission, d'une adresse IP fixe et d'un nom de domaine personnel. Si nous n'utilisons notre connexion que pour accéder à Internet, cela ne se justifie pas.

Dans tous les cas, et surtout si nous souhaitons accéder à notre réseau informatique depuis l'extérieur, cela signifie que tout le monde peut potentiellement le faire. Nous devons donc impérativement protéger cet accès en combinant tout ou partie des moyens suivants :

- Gestion de droits d'accès par mot de passe en prenant soin de choisir des combinaisons suffisamment longues de lettres et de chiffres.
- Translation d'adresses NAT.
- Activation du pare-feu du routeur.
- Protections logicielles spécifiques, telles que pare-feu, antivirus, filtre antiSpam, contrôle parental, etc. Un pare-feu permet en outre de prévenir d'éventuelles intrusions et de contrôler l'accès aux applications installées sur nos machines de façon à éviter toute prise en main à distance intempestive.
- Activation des protections fournies en amont par notre fournisseur d'accès (antivirus, filtre antiSpam, etc.).
- Fonction de réseau privé virtuel, ou VPN, pour sécuriser, par exemple, la connexion entre notre habitation principale, notre résidence secondaire et le réseau informatique de notre entreprise.

La mise en place de mesures de sécurité, de confidentialité et de protection des données personnelles est un élément essentiel dans la mise en place d'un réseau domestique connecté à Internet.

Disposer d'un accès Internet de qualité et sécurisé est un passage obligé vers la maison intelligente. Pour profiter de la forte concurrence et des offres promotionnelles et nous équiper à bon marché, il nous faut procéder à une analyse précise de nos besoins et des offres proposées par les différents fournisseurs d'accès Internet par câble, fibre, satellite et ADSL. Le prix des abonnements ne cesse de chuter, et de nouveaux services apparaissent, tels que la téléphonie ou la télévision par Internet.

Dans cette pluralité d'offres, l'ADSL reste la solution la plus courante. Elle ne constitue toutefois pas une fin en soi. Il y a dix ans, nous étions enchantés de pouvoir nous connecter à 9,6 Kbit/s. Il y a peu, nous nous contentions de 56 Kbit/s. Aujourd'hui, une connexion de qualité normale tourne autour de 8 Mbit/s. Cette progression ne va pas s'arrêter. Dans une dizaine d'années, une maison raccordée à 100 Mbit/s sera probablement courante. L'ADSL sera alors complètement obsolète, et le fil de cuivre, c'est-à-dire la ligne téléphonique classique, sera techniquement incapable de gérer de tels débits. D'autres solutions prendront alors le relais, probablement la fibre optique, LTE et/ou WiMAX.

Il est important à ce stade de bien comprendre ces évolutions et d'en prendre toute la mesure lors des choix d'infrastructure de la maison. Seuls un local technique, appelé gaine technique logement (GTL), regroupant toutes les arrivées et en particulier la connexion Internet, et un système de gaines en étoile, desservant toutes les pièces, sont susceptibles d'assurer la pérennité de l'installation.

Maintenant que nous avons fait le choix de notre infrastructure réseau et de notre connexion Internet, il est temps de nous pencher sur le choix du matériel informatique proprement dit.

Le matériel

Il y a peu, on imaginait la maison du futur comme un lieu entièrement régi par un ordinateur central capable de tout contrôler. En réalité, les faits montrent qu'une maison intelligente s'appuie sur la mise en réseau d'appareils domestiques et audiovisuels ainsi que d'organes de commandes, de détection et d'analyse. La figure 3.24 illustre un réseau informatique domestique.

La mise en réseau est rendue possible par les progrès foudroyants de l'informatique, de même que les fonctions de communication et de commande. La compatibilité des équipements avec UPnP ou Airplay favorise le développement des réseaux domestiques et facilite leur mise en œuvre. On distingue deux familles d'appareils informatiques à l'origine de cette évolution : les ordinateurs serveurs, qui assurent les fonctions de communication, de sécurité, de stockage et d'interface entre le réseau informatique et les appareils domestiques et audiovisuels, et les ordinateurs clients, dont le rôle est d'assurer le lien entre l'utilisateur final et les commandes du système et les applications disponibles.

Les serveurs

Un serveur est une machine mise à la disposition des autres ressources du réseau local. Dans l'habitat, on parle également de passerelle résidentielle. Le serveur peut être spécialisé dans un domaine, comme l'impression de document, le partage de connexion Internet, le stockage de fichiers bureautiques ou multimédias, la sauvegarde des données, l'enregistrement ou le décodage d'émissions TV/satellite, le jeu en réseau, l'hébergement de site Web familial, la gestion des fonctions domotiques, etc. Il est évident qu'un

Pour en savoir plus sur le Web

Consortium DLNA : www.dlna.org (anglais)
Forum Universal Plug-and-Play : www.upnp.org (anglais)
Technologie Airplay : www.apple.com/fr/itunes/airplay

UPnP (Universal Plug-and-Play)

En concurrence avec Airplay d'Apple, de nombreux constructeurs et éditeurs collaborent au sein du forum UPnP à la mise au point de protocoles réseau interopérables. La plupart des équipements numériques décrits au chapitre 2, « Les loisirs numériques », embarquent des fonctions UPnP qui leur permettent de mettre à disposition leur contenu aux autres équipements UPnP du réseau de façon dynamique. UPnP AV (*Audio-Video*) est un groupe à l'intérieur du standard UPnP proposant, avec une association de fabricants, le label « certifié DLNA » pour les équipements audiovisuels. En complément, la plate-forme OSGI (Open Services Gateway Initiative) permet à tous les fabricants de s'appuyer sur une plate-forme normalisée garantissant la commande et la maintenance de tous les équipements d'une manière simple et unique. En embarquant des serveurs Web répondant à ces spécifications dans leur matériel informatique, électronique et électroménager, les fabricants offrent aux utilisateurs des services à forte valeur ajoutée pour les consommateurs, tels que la supervision et le diagnostic avancé à distance.

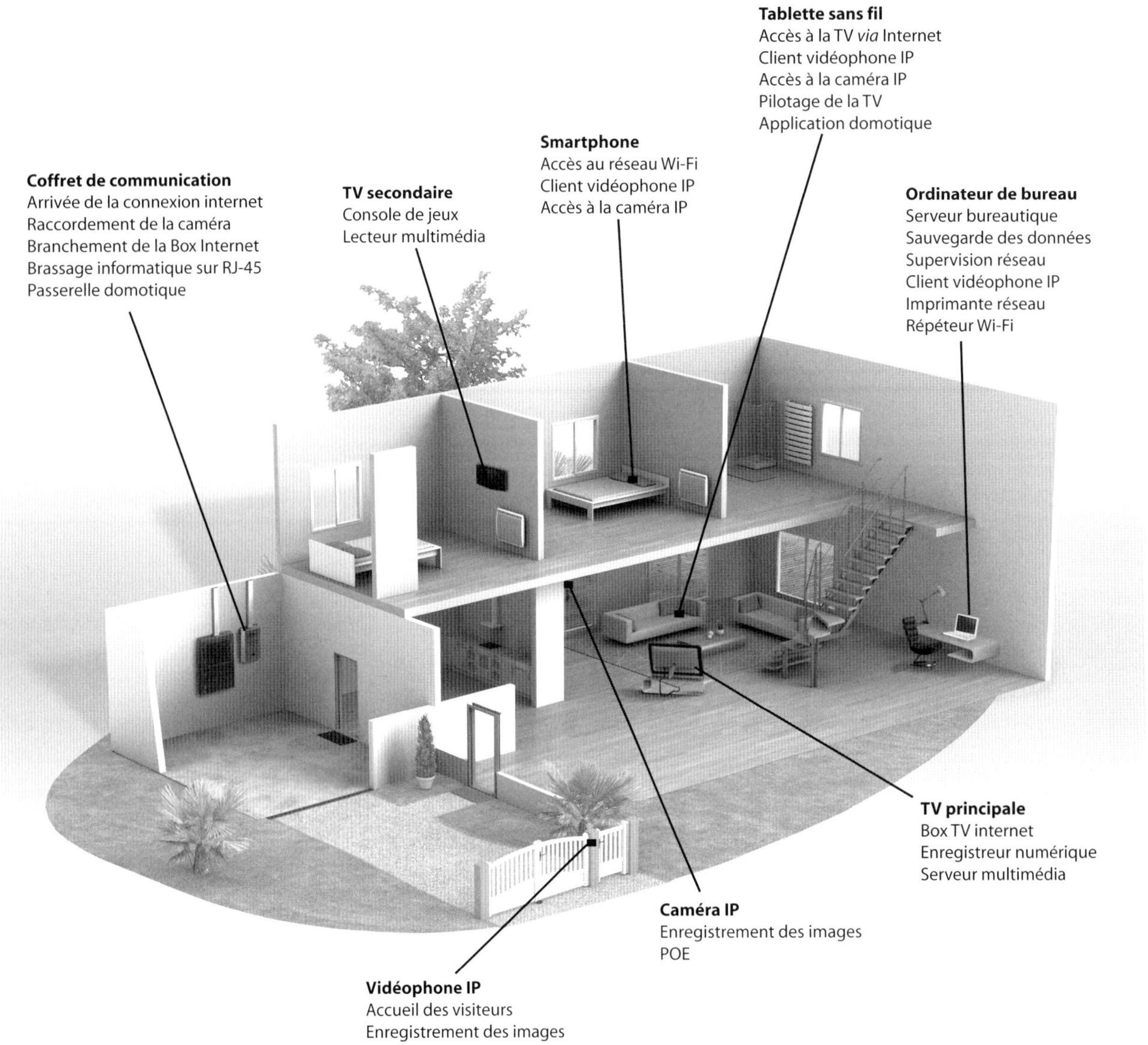

Figure 3.24
Installation d'un réseau informatique dans une maison raccordée à Internet. Le vidéophone, la caméra, les téléviseurs et les ordinateurs sont reliés au réseau *via* les RJ-45 sur l'infrastructure VDI. La tablette et le smartphone sont raccordés en Wi-Fi aux ressources réseau (Internet, imprimante, serveur multimédia, fonctions domotiques, etc.) et peuvent interagir avec les appareils audiovisuels en DLNA ou Airplay

serveur peut héberger plusieurs de ces applications simultanément. La spécificité du serveur est d'être disponible à tout moment pour tous les utilisateurs. Il est donc censé être allumé constamment ou capable de sortir du mode veille à toute requête venant du réseau.

Comme expliqué précédemment, il est possible de distinguer trois types de passerelles, selon leur localisation dans la maison, même si, dans les faits, une même machine est potentiellement en mesure de regrouper tous les services nécessaires : le serveur bureautique, dans le bureau ; le serveur domotique, dans le local technique ; le serveur multimédia, dans le salon.

Le serveur bureautique

Il s'agit en général d'un PC traditionnel équipé d'une carte réseau et de capacités de stockage importantes, fondé sur un logiciel de type Windows Home Server, conçu pour la sauvegarde et la restauration des ordinateurs familiaux, le stockage des données, la surveillance du réseau et l'accès à distance à ses données *via* Internet *(voir figure 3.25).*

Figure 3.25
Serveur bureautique *(source Hewlett Packard)*

Le serveur bureautique peut gérer les services suivants :

Impression de documents. Tous les utilisateurs peuvent imprimer des documents depuis toutes les machines du réseau, même si leur machine n'est pas directement raccordée à une imprimante. Ce type de serveur n'est pas nécessaire dans le cas d'imprimantes déjà équipées de carte réseau ou de fonctions Wi-Fi.

Services de fax. Un simple logiciel de télécopie installé sur ce serveur remplace une machine de fax dédiée. Le serveur doit être raccordé au réseau téléphonique analogique ou Numéris ou être paramétré sur un service de fax par Internet, ce qui présente l'avantage de limiter énormément les coûts d'émission et d'impression.

Stockage de fichiers bureautiques. Si nous travaillons à domicile ou si nous partageons des documents avec d'autres membres de la famille, comme les fichiers de comptabilité, il est conseillé de stocker tous les fichiers sur une seule et même machine afin de faciliter les sauvegardes, les recherches et surtout les accès, puisque nous pouvons l'exploiter sur toutes les machines du réseau.

Serveur d'applications. Sur le même principe, plutôt que d'installer le même logiciel sur plusieurs ordinateurs clients, il peut être plus judicieux de le centraliser sur le serveur bureautique.

Sauvegarde et restauration des données. Personne n'est à l'abri d'une mauvaise manipulation, d'un virus ou du dysfonctionnement d'un disque dur. Qu'il s'agisse des fichiers de bureautique, de musique, de vidéo, de photo ou de messagerie électronique, les données informatiques doivent faire l'objet de copies de sauvegarde régulières. La mise en réseau des ordinateurs et la centralisation des données sur un, deux ou trois serveurs facilitent cette opération. La sauvegarde peut-être manuelle ou automatique, totale ou incrémentale, cette dernière consistant à n'enregistrer que ce qui a été créé ou modifié depuis la sauvegarde précédente. Pour plus de sécurité, les fichiers sont gravés sur DVD ou disque dur externe ou stockés sur un site distant *via* Internet.

Le serveur domotique

Le serveur domotique, appelé également centrale domotique, est généralement situé dans le meuble audiovisuel ou dans le local technique. Ce dernier est une pièce dédiée, cellier ou garage, renfermant le tableau électrique et le coffret de communication. Le serveur assure les fonctions de passerelle entre l'extérieur (Internet) et la maison et d'interface entre l'informatique et les fonctions domotiques.

Voici une liste non exhaustive des services hébergés par un serveur domotique :

Passerelle proxy. On a vu précédemment qu'il était possible de raccorder plusieurs machines à Internet avec un seul abonnement en passant par un routeur. Le serveur domotique peut se charger de cette fonction de routeur mais aussi de l'hébergement de notre serveur DNS, permettant de gérer notre propre nom de domaine, de cache, pour la mémorisation des pages Web les plus consultées, de filtrage d'e-mails par mots-clés et de sites par liste ou type de requête, de gestion des accès, etc.

Sécurité du réseau. Un logiciel pare-feu protégeant le réseau local des risques liés aux virus ou aux tentatives d'intrusion peut compléter le pare-feu du routeur et gérer les mises à jour régulières des fonctions antivirus installées sur les autres machines. Un pare-feu permet de bloquer tout ou partie du trafic et de définir les applications et adresses IP des machines autorisées à se connecter à Internet. Un système pare-feu ne protège réellement le réseau que si le logiciel est régulièrement mis à jour. Toutes les connexions avec l'extérieur transitent par lui, et toutes les données introduites sur support de stockage externe tel que DVD, clé USB, etc., sont systématiquement vérifiées.

Hébergement du portail familial. En plus de sa fonction de sécurité vis-à-vis de l'extérieur, cette machine est en mesure de stocker les pages Internet mises à la disposition de l'extérieur (diaporamas, sites Web personnels, extranet familial, webcam, etc.) ou des membres de la famille (portail familial). Elle constitue le tableau de bord de la maison en affichant l'état des différents systèmes (météo, éclairages allumés ou éteints, volets roulants ouverts ou fermés, niveau du chauffage, consommations, etc.).

Personnalisation des données. Le serveur domotique centralise toutes les actions effectuées sur les machines clientes du réseau. Il donne accès aux fonctions disponibles selon le profil et les préférences des utilisateurs. Par exemple, il affiche sur l'écran tactile du salon utilisé par un enfant l'écran de commande de la TV personnalisé donnant accès aux chaînes autorisées aux heures autorisées.

Automatisation des fonctions domotiques. Le serveur domotique est parfois appelé automate, car il joue le rôle d'intermédiaire entre les machines clientes du réseau informatique et les fonctions domotiques. Il est équipé pour cela de cartes et de logiciels capables de traduire une requête

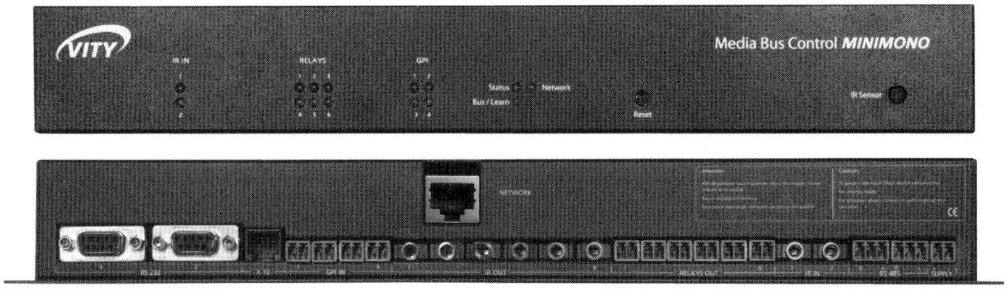

Figure 3.26.
Sur la face avant du serveur domotique, on distingue les LED indiquant l'état des circuits. À l'arrière, il est possible de brancher le réseau et de piloter les équipements en RS232, KNX, infrarouge, ZigBee, relais, etc. *(source Vity Technology)*

informatique en ordres infrarouges pour commander les appareils audiovisuels et en impulsions électriques pour actionner les volets roulants ou l'éclairage *(voir figure 3.26)*.

Il s'agit d'un ordinateur de type industriel, équipé de cartes réseau, d'un système d'exploitation évolué et de cartes spécialisées permettant l'interfaçage avec l'audiovisuel, l'éclairage, le chauffage, etc. À l'instar de Vity, certains constructeurs proposent pour les serveurs de ce type une approche totalement industrielle en supprimant le système d'exploitation au profit d'un micro-programme embarqué *(pour plus d'informations sur les différents serveurs domotiques, voir le chapitre 9, « La centralisation des commandes »)*.

Caractéristiques d'un serveur domotique

Idéalement, un serveur domotique doit être placé dans le local technique. Le format 19" permet de le fixer dans un rangement informatique standard ou modulaire pour une intégration dans le tableau électrique. La plupart du temps, néanmoins, le serveur est situé à proximité du meuble audiovisuel ou de l'écran tactile. Dans ce cas, il faut privilégier les appareils très silencieux, avec si possible une alimentation externe et une carte flash en lieu et place du disque dur.

Le serveur multimédia

Depuis des décennies, nous empilons un grand nombre d'appareils électroniques dans nos salons : magnétoscope, chaîne hi-fi, amplificateur, lecteur CD, Blu-Ray ou DVD, tuner, décodeur, démodulateur, console de jeux, etc. La convergence numérique des contenus et de leur mode de diffusion donne à l'informatique une place de choix pour remplacer une grande partie des appareils audiovisuels. Que ce soit pour l'enregistrement ou le décodage d'émissions TV, le jeu en réseau, la diffusion sonore ou la consultation des photos de vacances, il suffit d'un simple ordinateur multimédia situé dans le salon et raccordé à l'écran de télévision, aux enceintes et au réseau local. La figure 3.27 en illustre un exemple.

Ce serveur peut gérer les services suivants :

Lecture/enregistrement numérique. Le serveur multimédia est capable de lire CD, DVD et Blu-Ray, ainsi que les fichiers numériques de type DivX (cinéma), MP3 (musique), JPEG (photos), etc. Relié à l'antenne TV, au câble ou à une parabole, il peut en outre décoder et enregistrer n'importe quel programme, voire plusieurs en même temps s'il dispose de plusieurs cartes tuner TV. Combiné à un simple écran LCD, il peut même remplacer le téléviseur. Il peut aussi donner accès aux stations de radio retransmises sur Internet ou à toutes les stations de radio traditionnelles, s'il est équipé d'une carte tuner radio.

Figure 3.27
Serveur multimédia de salon idéal pour la convergence entre loisirs numériques, télévision, multimédia et domotique *(source Omwave)*

Jeux vidéo. Si ses performances graphiques et la puissance de son processeur le permettent, le serveur multimédia peut remplacer les traditionnelles consoles de jeux. Il suffit de brancher une manette de jeux pour profiter de l'écran TV ou de home cinéma et du système d'enceintes du salon.

Stockage multimédia. Même s'il est facile d'accéder à tous les fichiers multimédias stockés sur le réseau depuis le salon, il est encore plus pratique de les rassembler sur le serveur multimédia. Il est possible de consulter ces fichiers à distance grâce à Internet et d'en profiter depuis sa résidence secondaire, par exemple.

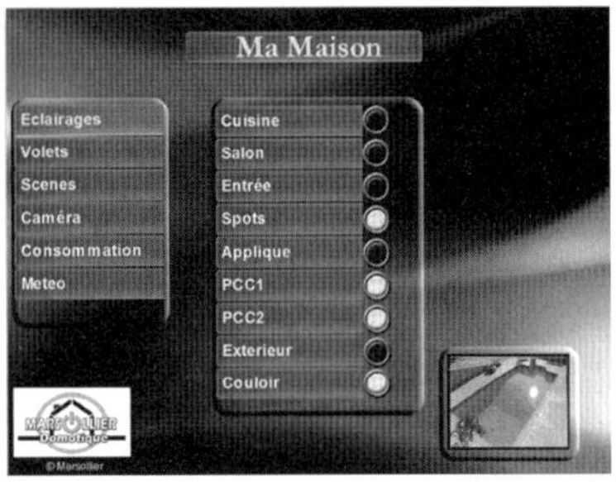

Figure 3.28
Au côté de « Ma musique » ou « Mes vidéos », nous pouvons sélectionner « Ma maison » et gérer depuis notre canapé l'ensemble de l'installation domotique tout en gardant un œil sur la piscine *(source Marsollier Domotique)*

Studio de retouche et de montage vidéo. Les connecteurs USB et FireWire, situés idéalement en façade de la machine, ou un dispositif sans fil facilitent le branchement des appareils photo et autres caméscopes pour visualiser directement les images sur le téléviseur ou transférer les données numériques sur le serveur. Il est alors possible de procéder à des retouches sur les photos ou au montage des séquences vidéo.

Interface domotique. Il est pratique d'utiliser l'écran du salon pour accéder aux fonctions domotiques. La télécommande ou le clavier sans fil du serveur multimédia donne accès au contrôle des volets roulants, du chauffage, du vidéophone, des caméras ou de l'éclairage *(voir figure 3.28)*.

Idéalement, le serveur multimédia est un ordinateur relativement puissant et silencieux, pilotable par télécommande, équipé de cartes réseau, vidéo, son et tuner. Sa capacité de stockage est très importante, et il est équipé d'entrées-sorties audio et vidéo de qualité. Le système d'exploitation installé est intuitif, à la manière de l'Apple TV ou du Windows Media Center. Il peut s'agir d'un mini-serveur de type shuttle ou d'un Media Center ou encore d'une plate-forme matérielle plus intégrée, comme celles de Pinnacle, Popcorn ou Kiss (Linksys).

En résumé

Même si toutes les fonctions évoquées dans les sections précédentes peuvent être dispensées par une seule machine, le fait de les traiter indépendamment sur des serveurs spécialisés, localisés au plus prêt des appareils à commander, permet d'optimiser l'installation et de gérer les évolutions de façon quasi permanente.

Le tableau 3.5 récapitule les fonctions et caractéristiques des serveurs bureautique, domotique et multimédia.

> **Serveurs spécialisés**
>
> Il est parfois difficile de centraliser toutes les fonctions sur une seule et même machine, car leur localisation, leurs caractéristiques techniques et leur connectique sont souvent spécifiques. Voici des exemples de serveurs dédiés : serveur NAS (Network Attached Storage) pour le stockage, serveur de caméras, serveur pour la téléphonie IP ou serveur pour centraliser le contrôle d'accès.

Les ordinateurs clients

Les serveurs bureautique, domotique et multimédia offrent la possibilité à tous les membres de la famille de s'approprier les services qui les concernent. Il faut pour cela disposer d'ordinateurs et d'écrans qui se connectent aux serveurs. En

Tableau 3.5 Fonctionnalités des principaux serveurs résidentiels

	Localisation	Fonction	Caractéristique
Serveur bureautique	Bureau	– Impression de documents – Services de fax – Stockage de fichiers bureautiques – Serveur d'applications – Sauvegarde et restauration des données	– PC traditionnel – Capacité de stockage importante – Système d'exploitation spécifique (Windows Home Server, par exemple)
Serveur domotique	– Local technique – Meuble audiovisuel – Cellier – Garage	– Passerelle proxy – Sécurité du réseau – Hébergement des sites Internet – Personnalisation des données – Automatisation des fonctions domestiques	– PC industriel – Cartes spécialisées permettant l'interfaçage avec l'audiovisuel, l'éclairage, le chauffage (infrarouge, relais, RS 232, Zigbee, KNX, Lutron, etc.)
Serveur multimédia	Salon	– Lecteur-enregistreur numérique – Console de jeux – Lecteur Blu-Ray – Stockage multimédia – Streaming des fichiers – Studio de retouche et de montage vidéo	– Silencieux – Interface intuitive – Télécommande – Prises HDMI, TV, USB, etc. – Cartes son, vidéo, tuner TV-radio – Capacité de stockage importante – Terminal numérique, Box Internet ou ordinateur sous Media Center ou Mac OS adapté (Apple TV, par exemple)

fonction du moment, du besoin et de l'emplacement, l'utilisateur peut employer indifféremment un ordinateur de bureau, un portable, un écran tactile, son téléphone portable, un assistant personnel, un écran de télévision, une console de jeux, etc.

L'ordinateur de bureau

Par définition, un ordinateur de bureau est fixe *(voir figure 3.29)*. Constitué d'un écran, d'une unité centrale, d'un clavier et d'une souris, on ne le change pas de place tous les jours. Son rôle dans la gestion de la maison se limite éventuellement à des commandes ponctuelles, telles que le passage en mode chauffage réduit, aux fonctions de supervision, comme le suivi des consommations, et à la programmation, par exemple pour le changement de séquence d'un scénario.

Un ordinateur de bureau est généralement plus puissant, mieux équipé en cartes d'entrées-sorties et en espace disque qu'un ordinateur portable, et son écran est plus grand. Il est donc bien adapté aux fonctions de retouche d'images, de montage vidéo, de télétravail, de jeu en réseau et de navigation sur Internet.

Le système d'exploitation

Pour schématiser, il est conseillé au néophyte d'opter pour un ordinateur de type Macintosh, dont l'interface demeure plus conviviale que celle d'un PC. L'utilisateur plus expérimenté peut opter pour un PC sous Windows, qui offre un plus large choix de logiciels. L'initié, qui souhaite faire lui-même du développement et utiliser des environnements plus ouverts, peut choisir de travailler sous UNIX ou Linux.
Le choix du système d'exploitation importe peu dans le cadre d'une maison intelligente. À partir du moment où la machine est équipée de fonctions réseau et d'un navigateur Internet, elle peut être utilisée comme un maillon à part entière de la chaîne numérique. Il est cependant évident qu'un réseau homogène de machines fonctionnant sous le même système d'exploitation est plus facile à mettre en œuvre, à utiliser et à maintenir.

Figure 3.29
Ordinateur de bureau *(source Sony)*

Figure 3.30
Ordinateur portable *(source Apple)*

L'ordinateur portable

L'intérêt d'un ordinateur portable *(voir figure 3.30)* réside dans sa mobilité. Son alimentation sur batterie associée à une fonction Wi-Fi en fait un compagnon domestique idéal : dans le bureau pour prolonger sa journée de travail, dans le canapé pour rédiger ses e-mails en regardant la TV, dans la cuisine pour suivre une recette trouvée sur Internet ou encore sur la terrasse pour montrer les dernières photos de vacances à ses amis.

Sa mobilité présente également un intérêt pour la gestion de la maison en local ou à distance puisque nous l'avons toujours sous la main pour lancer la centralisation des volets roulants ou sélectionner un morceau de musique dans la zone où nous nous trouvons.

Les applications qui nécessitent un écran de grande taille, la manipulation de gros fichiers ou des cartes d'acquisition vidéo perfectionnées ne lui conviennent pas.

Figure 3.31
Tablette tactile 10″ sous système d'exploitation Android. Comme l'iPad d'Apple, cette tablette constitue une interface idéale pour accéder aux ressources multimédias de la famille, piloter les équipements audiovisuels et centraliser les fonctions domotiques de la maison *(source Samsung)*

Les tablettes

Une tablette tactile *(voir figure 3.31)* est une nouvelle génération d'ordinateur qui combine la mobilité d'un ordinateur portable, la puissance d'un ordinateur de bureau et la souplesse d'un smartphone. Dépourvue de clavier et de souris, elle permet de centraliser les commandes à travers un simple écran tactile et de naviguer sur Internet, visualiser des vidéos ou accéder à de très nombreuses applications à télécharger.

Son maniement très intuitif permet à tous les membres de la famille d'utiliser la tablette comme bon lui semble : télécommande domotique universelle, navigateur Internet, lecteur MP3, écran de télévision ou encore jukebox vidéo *(voir figure 3.32)*.

La tablette peut être dédiée à la domotique et remplacer avantageusement les écrans tactiles spécifiques avec la possibilité de les poser sur une station d'accueil ou de les encastrer dans un boîtier mural *(voir figure 2.10)*.

Le smartphone

Les smartphones sont équipés d'un navigateur Internet, d'une multitude d'applications et sont capables de se connecter en Wi-Fi ou en Bluetooth à un périphérique ou à un réseau, comme illustré sur la figure 3.33. Un smartphone permet donc d'interagir à distance avec la maison, d'être prévenu de dysfonctionnements, comme une panne de congélateur, ou d'incidents tels que la détection d'intrusion ou d'incendie, et de se connecter au réseau local pour piloter les éclairages, les volets ou le chauffage, visualiser les images d'une caméra de surveillance ou gérer le chauffage à distance *(voir figure 3.34)*.

Les smartphones sont conçus pour se synchroniser avec différents systèmes de messagerie et donner la possibilité de recevoir et d'envoyer des messages électroniques. Cela permet, par exemple, de recevoir en temps réel les alertes issues du domicile.

Figure 3.32
Exemple d'application multimédia sur tablette. La navigation dans la vidéothèque se fait de façon très intuitive, et un simple clic sur la jaquette permet de lancer la lecture du film sur la tablette ou de l'envoyer vers l'écran de son choix *(source Kaleidescape)*

Figure 3.33
Véritable couteau suisse de la domotique, le smartphone simplifie notre relation à la technologie, que ce soit à la maison ou en déplacement. Ici, la technologie Airplay permet de transférer l'affichage sur l'écran de son choix *(source Smarta Technology)*

Figure 3.34
Application domotique sur téléphone mobile. L'interface est la même, que l'utilisateur soit à distance en 3G ou à la maison en Wi-Fi *(source Crestron)*

En résumé

Une grande diversité d'interfaces peuvent être utilisées dans un réseau domestique. Le tableau 3.6 récapitule les différentes catégories susceptibles de jouer un rôle dans une maison intelligente et communicante.

Un réseau informatique ouvert doit permettre à toutes ces machines d'accéder aux fonctions disponibles dans la maison. Il peut également accueillir facilement et sans développement supplémentaire de nouveaux ordinateurs ou, ponctuellement, le matériel de visiteurs qui souhaiteraient accéder à leur messagerie ou au Web. Nous verrons au chapitre 9 qu'il existe d'autres moyens pour centraliser les commandes. Il est possible d'utiliser des interfaces conviviales pour répondre aux besoins des utilisateurs encore réfractaires à l'ordinateur ou pour répondre à des besoins qui ne justifient pas le recours à l'informatique.

La diversité des ordinateurs clients impose une grande rigueur dans le développement de l'interface de contrôle. Comme nous l'avons vu, certaines machines ne peuvent accéder à tous les types de programmes. Pour s'adapter à de telles limitations, il est possible de limiter la complexité des pages ou de recourir à des serveurs capables de s'adapter à la taille de l'écran. De la sorte, si nous désirons baisser le chauffage au moyen de notre smartphone, le serveur peut nous proposer une page simple, avec quelques petites icônes seulement.

Tableau 3.6 Fonctionnalités des ordinateurs clients

	Fonction	**Avantage**	**Inconvénient**
Ordinateur de bureau	– Programmation – Supervision – Commandes ponctuelles	– Puissant – Nombreux périphériques – Convivial	– Installé à un endroit fixe – Utilisation restreinte
Ordinateur portable	Supervision de commandes ponctuelles partout dans la maison	– Mobile – Sans fil	– Écran peu confortable – Entrées-sorties limitées – Inadapté aux commandes domestiques régulières
Tablette tactile	– Supervision – Commande domotique – Télécommande universelle avec fonctions informatiques traditionnelles	– Puissante – Mobile – Sans fil – Intuitive – Applications nombreuses	– Onéreuse – Fragile
Smartphone	– Commandes et supervision à distance – Télécommande universelle en local – Messagerie	– Mobile – Sans fil – Maniable – Commandes *via* 3G ou Wi-Fi – Applications nombreuses – Toujours à portée de main	– Écran relativement petit – Pas de clavier

Conclusion

L'informatique occupe indéniablement une place fondamentale dans la conception d'une maison intelligente. Même si aucune fonction vitale ne doit dépendre de l'ordinateur, la mise en œuvre d'un réseau local est une des conditions indispensables à la réussite d'un projet en matière de confort, de gestion, de commande et de contrôle à distance.

Le réseau informatique constitue la colonne vertébrale de la maison *(voir figure 3.35)*. À lui seul, il est capable de rendre de nombreux services. Il pourra bientôt mettre en relation tous les objets domestiques. De nombreuses études prospectives montrent que, dans quelques années, la majorité des terminaux connectés au réseau ne seront pas des ordinateurs, mais des appareils électroménagers et des équipements électriques ou audiovisuels dotés de fonctions de communication. Ce concept sera rendu possible par l'amélioration des réseaux en termes tout à la fois de sécurité, de qualité de service et de débit, grâce au développement de passerelles avec les bus de commande et les courants porteurs ainsi qu'à la combinaison de Wi-Fi, d'Airplay, d'UPnP et de la prochaine version du protocole Internet, IPv6.

Figure 3.35
Nouvelle génération d'ordinateur multimédia bien adaptée aux fonctions domotiques grâce à un écran tactile et une interface extrêmement ergonomique *(source Hewlett Packard)*

Figure 3.36
L'assistance à domicile constitue une condition indispensable au développement des loisirs numériques pour tous. De nouveaux métiers apparaissent, que ce soit en phase de conception, d'installation, de maintenance ou d'assistance à la prise en main des équipements informatiques *(source British Telecom)*

Les réseaux actuels sont limités par le nombre d'adresses IP disponibles, si bien qu'il est impossible d'en attribuer une à tous les objets mis en réseau. IPv6 permettra aux appareils de s'attribuer automatiquement une adresse IP universelle. La mise en œuvre des futurs réseaux s'appuiera sur des technologies dites Airplay ou UPnP, qui rendront simples et intuitives l'installation et la maintenance du réseau local par un non-initié.

Une autre évolution attendue concerne les services offerts aux particuliers dans la phase de conception ou pour installer ce type de réseau, configurer les serveurs, former les utilisateurs ou encore assurer la maintenance du système *(voir figure 3.36)*. S'il n'est pas toujours simple de s'y retrouver avec une machine, les problèmes s'accroissent vite avec un réseau complet, comportant une Box Internet, un point d'accès Wi-Fi, plusieurs serveurs, un enregistreur numérique, plusieurs ordinateurs clients, un assistant personnel, un écran tactile, un téléphone mobile, plusieurs périphériques, un appareil photo numérique, un caméscope, une console de jeux, etc.

Si la gestion d'un réseau informatique est à la portée des passionnés, il n'en va pas de même de l'utilisateur qui ne s'intéresse qu'aux fonctions apportées par l'informatique. Heureusement, la convergence numérique et l'émergence de standards facilitent énormément les choses. De surcroît, il existe de plus en plus de spécialistes informatiques et d'intégrateurs capables, au besoin, de prendre en charge ce type d'installation, de faciliter son utilisation et d'assurer sa maintenance. Nous verrons en fin d'ouvrage à qui il est possible de s'adresser dans ce domaine.

4 La téléphonie

« Le téléphone est la pire des commodités et le plus pratique des fléaux. »

Robert S. Lynd, sociologue, se doutait-il en prononçant cette phrase au siècle dernier que le téléphone deviendrait notre plus fidèle compagnon et que, au-delà de sa fonction première, il deviendrait le « couteau suisse » de la maison communicante, à la fois capable d'ouvrir le portail, de signaler une fuite d'eau, de piloter la diffusion sonore ou de commander le chauffage à distance ?

Le monde de la téléphonie est en ébullition. Après quelques décennies de calme relatif, plusieurs phénomènes se conjuguent : dérégulation du marché des télécommunications et apparition de nouveaux opérateurs ; multiplication des services offerts ; explosion de la téléphonie mobile ; apparition des smartphones, véritables concentrés de technologie.

Ces évolutions conduisent à concevoir le réseau téléphonique interne d'une manière très différente du passé. Le traditionnel poste filaire est maintenant remplacé par un ensemble de combinés sans fil et de combinés fondés sur la technologie IP capables de communiquer à moindre coût. L'utilisateur a le choix entre plusieurs opérateurs et plusieurs offres de services, et il peut s'abonner à une multitude de formules groupant son fixe et son portable ou lui permettant de téléphoner en illimité à l'étranger voire même vers des numéros de téléphonie mobile.

Toutes ces innovations se font au bénéfice de l'usager, que ce soit pour le prix des communications que pour le nombre de fonctions disponibles. À l'heure de la téléphonie mobile, du sans fil et des offres couplées avec la télévision et le haut débit Internet, nous pouvons légitimement nous demander si l'abonnement au téléphone fixe a encore un intérêt et s'il est nécessaire de déployer un réseau téléphonique interne. L'objectif de ce chapitre est de répondre à ces interrogations en détaillant d'abord les besoins actuels dans ce domaine et en examinant comment les nouvelles technologies peuvent y répondre.

Les fonctions de téléphonie

Fonctions disponibles dans le combiné ou par abonnement

Certaines fonctions, comme le répondeur, le signal d'appel, le transfert d'appel ou le fait de disposer de plusieurs numéros directs, peuvent être couvertes par le système téléphonique retenu ou par l'opérateur lui-même à travers l'abonnement à différents services. D'autres fonctions, comme la présentation du numéro ou du nom du correspondant, nécessitent non seulement l'achat de matériel adéquat, mais également un abonnement spécifique auprès de l'opérateur.

Comme l'illustre la figure 4.1, de nouveaux usages et de nouvelles formes de communication apparaissent, dans lesquels la mobilité des personnes est le critère essentiel.

La figure 4.2 montre à quoi ressemble un réseau téléphonique contemporain. L'installation est constituée d'une base, de combinés DECT ou hybrides DECT/IP, d'une Box Internet offrant la téléphonie illimitée, d'un ordinateur pour la téléphonie Internet. Les combinés sont équipés de fonctions d'interphonie, de veille bébé et d'accueil des visiteurs qui sonnent au portier, avec ouverture de la porte depuis les combinés, et d'un transmetteur téléphonique permettant de signaler les intrusions. Les postes, qu'ils soient filaires ou non, peuvent à tout moment être déplacés dans les différentes pièces (câblage RJ-45 et couverture sans fil).

Afin de bien choisir son installation téléphonique, il importe de répertorier les besoins : combien de combinés (salon, cuisine, bureau, chambre, etc.) et de quel type (filaire, sans fil, mobile, etc.) ? combien de lignes distinctes (activité professionnelle, fax, famille, enfants, sécurité, etc.), autrement dit combien d'appels simultanés et combien de numéros directs ?

Figure 4.1
Mobilité de l'utilisateur *(source Siemens)*

Aujourd'hui, le téléphone est capable d'offrir des fonctions inédites, notamment les suivantes :

Surveillance de pièce. Il est possible d'être appelé sur un combiné quand un autre combiné détecte que le niveau sonore d'une pièce dépasse un seuil prédéfini. Ce type de fonction s'applique en particulier à la surveillance de nourrissons ou de personnes dépendantes.

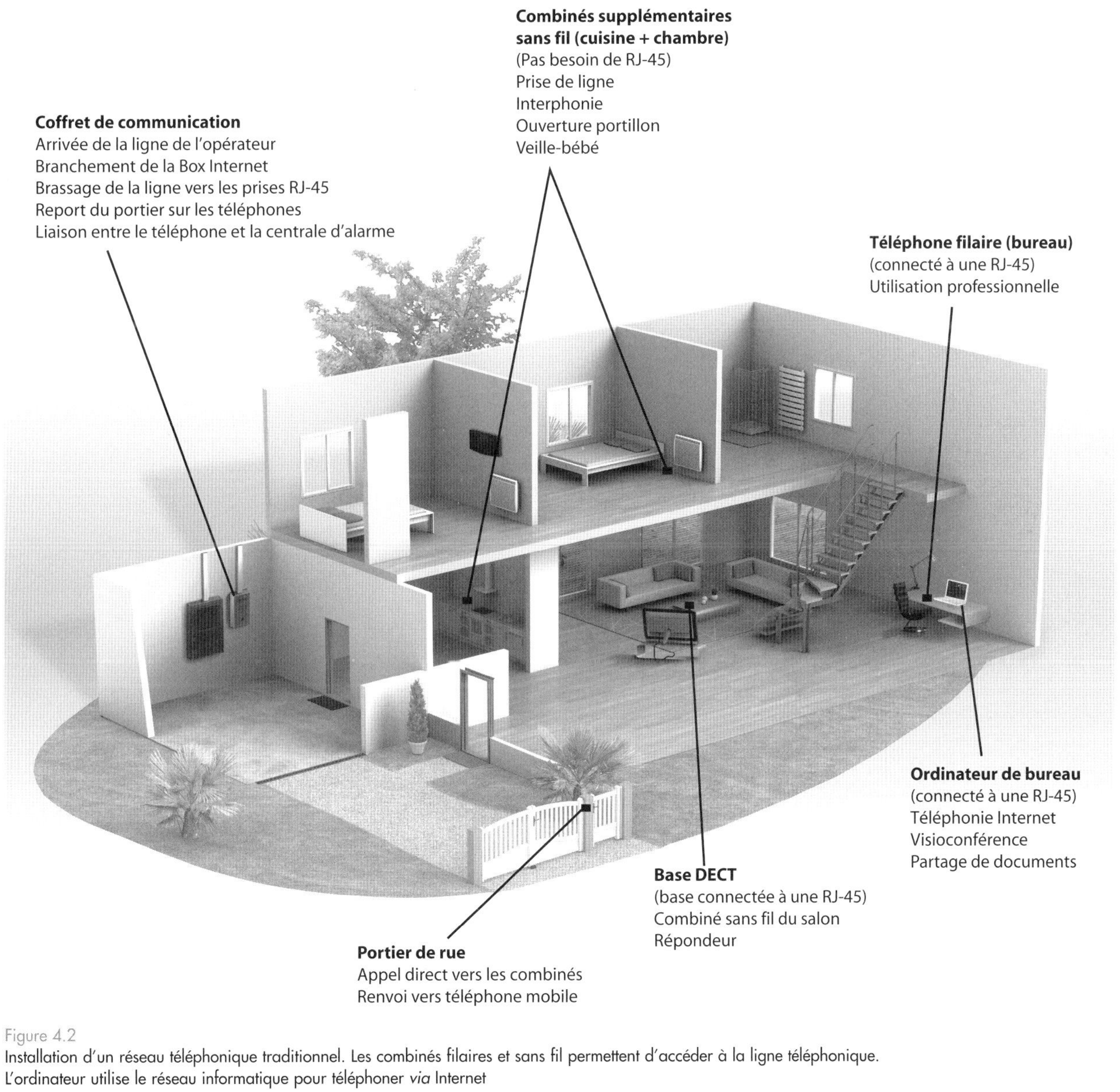

Figure 4.2
Installation d'un réseau téléphonique traditionnel. Les combinés filaires et sans fil permettent d'accéder à la ligne téléphonique. L'ordinateur utilise le réseau informatique pour téléphoner *via* Internet

Interphonie. Les différents combinés peuvent être utilisés comme système d'interphonie pour dialoguer d'une pièce à une autre ou faire un appel général. Il s'agit bien entendu d'appels internes gratuits.

Accueil des visiteurs. L'interphone situé à l'entrée de la propriété ou de l'immeuble peut être relié au système téléphonique. Il est plus simple de décrocher un téléphone quand un visiteur se présente et d'appuyer sur une touche du combiné pour ouvrir le portail ou la porte de l'immeuble plutôt que de se précipiter dans le hall d'entrée. Comme l'illustre la figure 4.3, le report téléphonique peut également se faire sur les téléphones mobiles pour être certain de ne pas rater une visite ou ne pas laisser croire à un éventuel cambrioleur que la maison est inoccupée.

Figure 4.3
Report de l'interphonie sur les téléphones *(source Siemens)*

Organe de sécurité. La ligne téléphonique constitue un organe de sécurité à part entière, puisqu'elle est utilisée par la plupart des systèmes d'alarme pour la télésurveillance, la levée de doute, la vidéosurveillance et les fonctions d'appel d'urgence par médaillon pour les personnes dépendantes *(voir le chapitre 5)*.

Fax et Internet. Les solutions de fax et d'accès Internet sont possibles sur mobile, sur le câble, la fibre ou par ADSL, mais la présence d'une ligne téléphonique reste nécessaire pour les accès à Internet par modem analogique, Numéris ou ADSL en zone non dégroupée, ainsi que pour la réception ou l'envoi de fax par télécopieur traditionnel.

Pilotage de la maison. Les combinés de téléphone, notamment ceux équipés d'un écran, deviennent de véritables interfaces de pilotage des fonctions domotiques, mais aussi des applications multimédias (pilotage de la diffusion sonore, télécommandes universelles, etc.).

Accès à distance. De nombreuses fonctions de maintenance et de commande à distance, comme la gestion du chauffage ou la mise en marche de l'alarme, fonctionnent grâce au téléphone.

Ce dernier point est particulièrement important dans la conception du système téléphonique. L'accès à distance et, plus globalement, l'intégration avec les autres systèmes de la maison doivent être pris en compte dans les critères de choix d'une installation téléphonique. On pourrait également citer le clignotement de l'éclairage ou la réduction du volume des éléments audiovisuels quand le téléphone sonne ou la mise en route automatique du répondeur lors de la mise en service de l'alarme.

Les solutions de téléphonie

Les différentes solutions de téléphonie disponibles sur le marché répondent à tout ou partie de ces besoins et présentent chacune des avantages et des inconvénients.

La téléphonie classique

Une installation téléphonique classique repose sur le raccordement filaire du logement au réseau de l'opérateur et sur le branchement d'un combiné téléphonique au minimum jusqu'à un ministandard multiligne, avec combinés sans fil DECT pour une grande maison. L'abonnement à l'opérateur historique est nécessaire, sauf dans les cas suivants :

- Zones en dégroupage total : il est possible de souscrire une offre de téléphonie illimitée couplée au haut débit, voire à la télévision, sans souscrire d'abonnement téléphonique à l'opérateur historique *(voir la section « La téléphonie par ADSL »).*
- Zones non dégroupées : les offres appelées « ADSL nu » permettent de ne disposer que de l'ADSL sur la ligne sans payer d'abonnement à la téléphonie fixe. La téléphonie classique n'est plus possible, et seule la voix sur IP fonctionne
- Zones à dégroupage partiel : nous pouvons choisir le fournisseur d'accès de notre choix, mais l'abonnement téléphonique subsiste.

Choix du type d'abonnement

Aujourd'hui, la notion même d'abonnement est menacée par la concurrence entre opérateurs et par la généralisation des solutions de téléphonie illimitée liées à la Box Internet. Les deux types principaux d'abonnement à la téléphonie fixe sont les suivants :

Abonnement de base analogique RTC (réseau téléphonique commuté). C'est l'abonnement le plus courant et le moins onéreux. Il permet de s'abonner à Internet (56K ou ADSL dans les zones éligibles). Il est possible de souscrire plusieurs abonnements afin de disposer de plusieurs numéros directs ou d'une ligne réservée aux fonctions techniques de la maison (sécurité, accès à distance, maintenance, etc.). Il existe également des abonnements spéciaux pour les résidences secondaires, que nous pouvons activer à la demande et coupler avec un abonnement Internet « à la carte ».

Numéris ou RNIS (réseau numérique à intégration de services). Offre de connexion numérique de bout en bout destinée en priorité aux professionnels ou aux indépendants qui travaillent à domicile et qui sont situés dans des zones non ou mal couvertes par l'ADSL.

Dans sa version de base, l'offre Numéris présente les avantages suivants :

- Transmission directe des données numériques (voix, données, textes, images, etc.). Ce type de transfert est beaucoup plus fiable que sur une ligne analogique, car il n'est pas nécessaire de moduler puis de démoduler le signal.
- Qualité audio et vidéo supérieure à celle du réseau analogique.
- Connexion à Internet jusqu'à 128 Kbit/s, ce qui apparaît aujourd'hui bien faible en comparaison de l'ADSL.
- Temps de connexion très court (4 à 6 secondes contre plusieurs dizaines de secondes en RTC).

Le dégroupage

Le dégroupage est une opération technique permettant à tous les opérateurs alternatifs d'accéder à la boucle locale appartenant à l'opérateur historique, ce qui leur permet d'offrir leurs propres services ADSL aux particuliers.
Dans certaines zones, les opérateurs ont l'autorisation d'accéder aux fréquences hautes des lignes et donc de superposer au trafic téléphonique classique les fonctions IP de haut débit et de téléphonie illimitée. C'est ce que l'on appelle le *dégroupage partiel.*
Dans d'autres centraux téléphoniques, les opérateurs ont le droit d'installer leur propre matériel et de gérer la totalité de notre ligne et donc de nous proposer un service complet incluant les communications téléphoniques, l'accès à Internet, éventuellement la télévision sur ADSL, ainsi que l'abonnement à la ligne téléphonique. C'est le *dégroupage total.*
Le dégroupage a rendu possible une concurrence réelle sur le marché de l'ADSL et a poussé les fournisseurs d'accès à proposer des services innovants à des coûts de plus en plus bas.

- Attribution de trois numéros de téléphone (avec possibilité d'acheter des numéros supplémentaires) : un pour la transmission des données et deux pour les appels téléphoniques et le fax. Il est donc possible de téléphoner et de passer un fax ou de se connecter à Internet en même temps ou encore d'avoir simultanément deux communications téléphoniques.
- Accès aux services numériques de l'opérateur, comme la restriction des appels à la zone locale ou nationale.
- Compatibilité avec les téléphones, fax et modems analogiques grâce au convertisseur fourni généralement par l'opérateur.
- Interfaçage possible avec tous les ministandards téléphoniques *(voir la section « Le réseau téléphonique interne »)*.

Les professionnels, professions libérales ou indépendantes peuvent souscrire un abonnement Numéris sans restriction sur tout le territoire car le support de communication, la paire de cuivre, est le même que pour l'abonnement analogique classique.

Quelle que soit la solution retenue, il est possible de réaliser d'importantes économies en sélectionnant consciencieusement son opérateur de téléphonie et son type d'accès. Il ne faut pas hésiter à comparer plusieurs offres en prenant en compte les horaires de fort trafic et le type de communication habituel.

Téléphonie filaire ou sans fil ?

Les combinés sans fil se généralisent dans nos maisons. Pour certaines applications, cependant, les téléphones filaires traditionnels sont moins chers et ne risquent pas de tomber en panne de batterie. Ils sont de plus davantage sécurisés (pas de risque d'interception du signal radio) et offrent généralement une meilleure qualité sonore.

Les téléphones sans fil peuvent être de plusieurs types :

Combinés analogiques. Bien qu'on en trouve encore dans le commerce, ils sont en train de disparaître. Ils sont reconnaissables à leur antenne et souffrent d'une autonomie relativement faible et d'une mauvaise qualité sonore (grésillement, atténuation du signal, faible portée, etc.).

Combinés numériques. Ils surpassent les modèles analogiques en termes de qualité sonore, d'autonomie de batterie et de compatibilité avec les services numériques des opérateurs. Les communications sont exemptes de souffle grâce au son numérique.

Combinés DECT. Il s'agit d'un type particulier de combiné numérique. Fondés sur une norme européenne, ils sont censés garantir l'interfonctionnement entre marques différentes grâce à la technologie GAP (Generic Access Profile). Ils offrent une portée de 50 m en intérieur et de 300 m à l'extérieur, avec possibilité de répéter le signal dans les grandes maisons. La

ÉCO DECT

Les bases DECT étant constamment en veille, elles consomment de l'énergie et émettent des ondes en permanence. Pour répondre à cette problématique, les constructeurs ont développé la technologie ÉCO DECT, qui réduit la consommation d'énergie d'environ 60 % et la puissance d'émission par les téléphones DECT d'environ 80 %. Ces combinés sont d'ores et déjà disponibles sur le marché et sont repérables grâce au label ÉCO DECT.

Figure 4.4
Combiné DECT à écran LCD couleur ÉCO DECT. Les combinés Siemens Home Control peuvent afficher des informations relatives au pilotage de l'éclairage ou à l'ouverture du portail lors de l'accueil de visiteurs *(source Siemens)*

figure 4.4 illustre un combiné DECT offrant un bon confort d'écoute et capable de piloter certaines fonctions domotiques.

Le choix d'un combiné sans fil doit tenir compte des éléments suivants :

Fonctions du combiné. Citons notamment le nombre d'entrées dans le répertoire, la compatibilité avec le répertoire de l'ordinateur, le support des fonctions SMS, le nombre de lignes de l'écran, la fonction mains libres, la synthèse vocale, les appels entre combinés sans passer par la base, la surveillance de pièce, l'identification d'appels, le répondeur, etc.

Possibilité d'utiliser un casque. Pour une qualité de communication optimale, la présence de prise casque peut être un élément important à considérer dans le choix des combinés. Il existe également des casques DECT qui se connectent à une base, comme les combinés supplémentaires.

Type de technologie. La norme DECT/GAP apporte une garantie en termes de qualité du signal, d'interopérabilité entre constructeurs et de pérennité de l'installation. Grâce à tous ces atouts, elle connaît un grand succès.

Portée du signal. Dans ce domaine, un combiné DECT est largement supérieur à un téléphone sans fil analogique. La possibilité d'ajouter un répéteur pour étendre la zone de couverture est une de ses spécificités.

Nombre de combinés supplémentaires supportés. Certains modèles sont monoblocs, c'est-à-dire que nous ne pouvons ajouter de combinés supplémentaires, tandis que d'autres peuvent raccorder à une base jusqu'à six combinés.

Fonctions IP supplémentaires. La norme DECT « CAT-iq » ajoute une prise réseau aux téléphones sans fil DECT. Cela leur offre l'accès au Web pour un certain nombre de fonctions, depuis la compatibilité avec la téléphonie par Internet jusqu'à l'affichage des flux de données RSS en passant par l'accès aux annuaires en ligne et au streaming audio. Les téléphones DECT CAT-iq sont équipés d'écrans LCD couleurs afin d'afficher ce surplus d'informations.

Pour en savoir plus sur le Web

Fournisseurs de solutions DECT

Alcatel/Lucent : www.alcatel-lucent.com/fr
Aastra : www.aastra.fr
Doro : www.doro.fr
Logicom : www.logicom-europe.com
Motorola : www.motorola.fr
Panasonic : www.panasonic.fr
Philips : www.philips.fr
Sagem : www.sagem.fr
Siemens : www.siemens.fr
Thomson : www.telephonedemaison.fr

Le réseau téléphonique interne

Dans la plupart des installations anciennes, la ligne de l'opérateur téléphonique arrive sur une réglette de raccordement, appelée tête de ligne, et est distribuée en parallèle sur plusieurs conjoncteurs téléphoniques, ou prises en T, situés dans l'habitation. Ce type d'installation n'autorise que des échanges à bas débit et n'offre aucune évolutivité ni possibilité de réorganisation.

En rénovation, il est toujours possible de changer les prises terminales et le câble, mais le fait que plusieurs prises sont raccordées sur un seul câble empêche toute évolution vers une structure en étoile. Dans une construction neuve, la norme NF C 15-100 prescrit la mise en œuvre d'un réseau de communication dit VDI (voix, données, images), qui permet notamment la distribution du signal téléphonique sur les prises RJ-45 réparties dans le logement *(voir le chapitre 8)*.

Dans cette configuration, chaque prise est raccordée directement au coffret de communication *(voir figure 4.5)* et peut évoluer indépendamment des autres. Par exemple, si nous souhaitons ajouter ou transformer le poste téléphonique du bureau en ligne professionnelle, il n'est pas nécessaire de retirer un câble, tout se faisant au niveau du coffret de communication. Le fait que l'installation repose sur un fil constitué de quatre paires autorise à connecter plusieurs lignes téléphoniques sur chaque prise.

Dans une configuration en étoile avec coffret de communication, le réseau de téléphonie interne peut évoluer en fonction des besoins :

Une ligne, un combiné. C'est la configuration de base. Le combiné peut être sans fil, mais il est obligatoirement raccordé à une base branchée sur un socle de communication.

Une ligne, plusieurs combinés. C'est le cas le plus courant. Nous pouvons disposer de combinés sans fil, mais un au minimum, la base, doit être raccordé au réseau filaire. La configuration classique est constituée d'une base et de combinés sans fil supplémentaires répartis dans l'habitation, qui n'ont besoin que d'un chargeur branché sur une prise de courant *(voir figure 4.6)*.

Deux lignes, plusieurs combinés. La deuxième ligne est disponible sur les prises RJ-45 sélectionnées, y compris sur les mêmes prises que celles utilisées pour la première ligne grâce à un cordon de raccordement ou à un dédoubleur *(voir figure 4.7)*.

RJ-11 et RJ-45

Les modèles très anciens de téléphones munis de conjoncteurs téléphoniques ne peuvent se brancher directement sur une prise RJ-45, mais il est possible de changer le câble de raccordement. Les modèles plus récents sont tous équipés de prises RJ-11 ou RJ-45, que l'on peut brancher indifféremment sur un conjoncteur dans les installations traditionnelles ou dans une prise RJ-45 dans le cas d'un réseau de communication domestique VDI. Il est aussi possible d'utiliser un dédoubleur RJ-45 pour connecter plusieurs appareils sur une même prise murale *(voir figure 4.7)*.

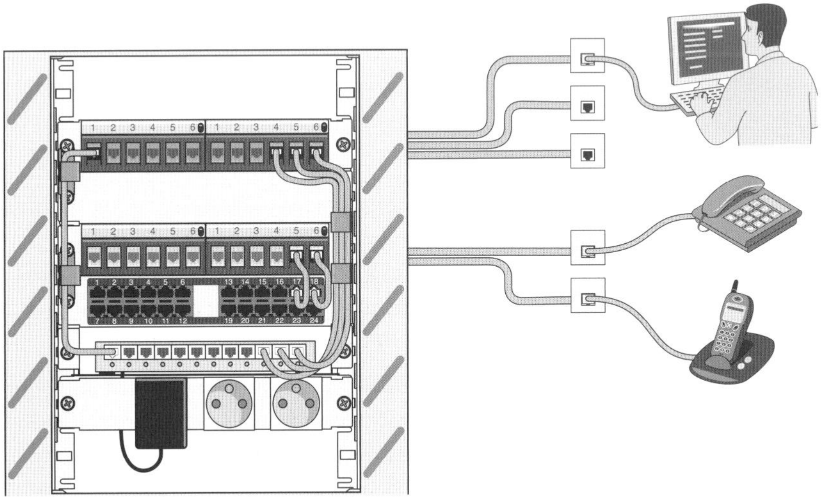

Figure 4.5
Câblage du téléphone sur un réseau de communication VDI. Un dispositif de terminaison intérieur (DTI) au format RJ-45 est relié à un répartiteur téléphonique capable de distribuer dans toute la maison une ligne fixe et une ligne IP *(source Casanova)*

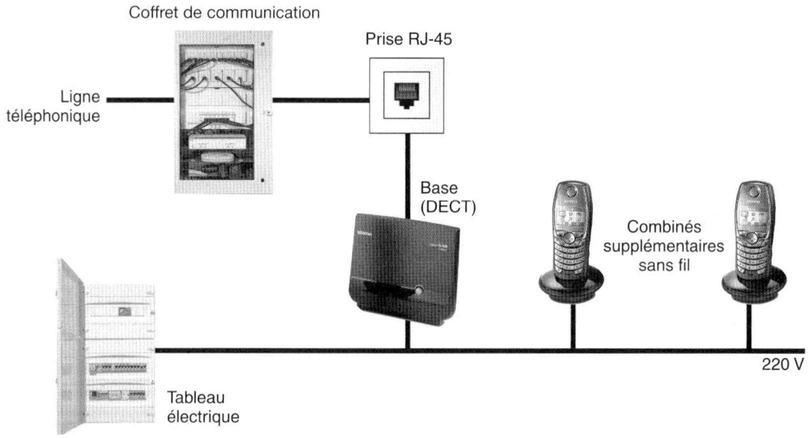

Figure 4.6
Principe d'une installation DECT avec une ligne téléphonique

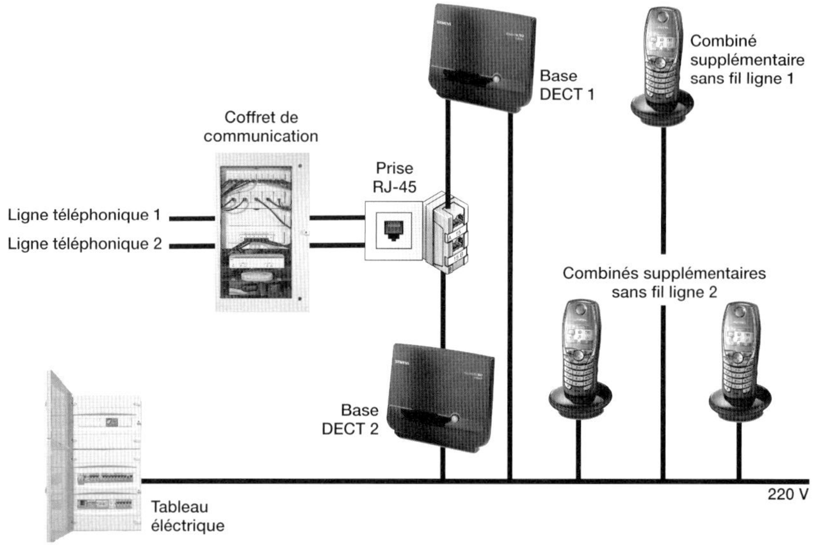

Figure 4.7
Principe d'une installation DECT avec deux lignes téléphoniques

Plusieurs lignes, plusieurs combinés. Pour les grandes maisons, les professions libérales ou les personnes qui travaillent régulièrement à domicile, il est possible de choisir entre une installation fondée sur un ensemble de combinés intelligents, qui communiquent les uns avec les autres, et un système centralisé, dans lequel tous les téléphones numériques ou analogiques communiquent avec un ministandard, également appelé microcommutateur téléphonique *(voir figure 4.8)*. Cet appareil se place entre l'arrivée des lignes et le coffret de communication. Il permet d'accéder à des fonctions avancées, telles que transfert d'appel de poste à poste, interphonie

Figure 4.8
Ministandard téléphonique compatible DECT, VoIP et Numéris. Il peut gérer jusqu'à 6 combinés DECT, 4 communications simultanées, 6 numéros SIP et 10 SDA *(source Siemens)*

ciblée sans nécessairement appeler le poste de la base, prise de ligne selon le numéro d'appel, multiplication des numéros directs sans avoir à multiplier les abonnements, ou à des fonctions d'accueil évoluées, telles que prédécroché automatique, musique d'attente, annonces personnalisées, etc. Toutes ces fonctions sont accessibles sur des postes spécialement conçus pour les services numériques.

La sélection d'un ministandard téléphonique doit prendre en compte les critères suivants :

Compatibilité analogique/numérique. Si certains ministandards peuvent s'installer sur une simple ligne analogique, la plupart d'entre eux nécessitent l'installation d'une ligne Numéris.

Nombre de numéros directs supportés. La mise en place d'un ministandard et d'un groupement de lignes avec SDA (sélection directe à l'arrivée) permet de multiplier le nombre de numéros directs sans avoir à souscrire plusieurs abonnements.

Compatibilité informatique. Synchronisation avec un répertoire informatique de messagerie électronique de type Outlook ou Outlook Express et mise à jour sur tous les combinés.

Évolutivité. Faculté à faire évoluer le logiciel interne (notion de firmware téléchargeable) afin d'éviter de devoir changer régulièrement de matériel.

Un réseau de communication VDI filaire, permettant de connecter une base DECT, un ministandard ou les combinés filaires associés à un réseau de combinés sans fil, offre un confort d'utilisation maximal, tout en garantis-

Pour en savoir plus sur le Web

Fournisseurs de ministandards DECT

Adept-Telecom : www.adept-telecom.com
Alcatel/Lucent : www.alcatel-lucent.com/fr
Motorola : www.motorola.fr
Siemens : www.siemens.com
Thomson : www.atlinks.fr/fra/index.asp

sant une certaine évolutivité quant à l'emplacement des éléments et au nombre de postes ou de lignes téléphoniques.

La téléphonie par le câble ou la fibre optique

Il est possible d'accéder à la téléphonie par l'intermédiaire des câblo-opérateurs *(voir chapitre 3)*. Les offres couplant téléphonie illimitée vers les postes fixes, haut débit et télévision par câble sont accessibles dans la plupart des grandes villes. Elles ne nécessitent pas d'abonnement téléphonique et nous permettent de conserver notre numéro de téléphone. Les services de renvoi d'appel, de messagerie vocale ou de conférence à trois sont disponibles.

La téléphonie par ADSL

La téléphonie par Internet a longtemps été réservée aux passionnés, car elle nécessitait l'usage d'un ordinateur. L'émergence de la téléphonie Internet de téléphone à téléphone sans que l'ordinateur appelant ni celui du correspondant soient allumés constitue une évolution très importante, qui touchera le monde entier d'ici à quelques années.

Il est d'ores et déjà possible en zone éligible de téléphoner gratuitement et de façon illimitée, en local comme en national, sur un combiné traditionnel. Seuls certains appels vers les mobiles, les appels internationaux ou les numéros spéciaux sont payants. La qualité de la ligne est équivalente à celle d'une ligne classique, même si quelques défauts de jeunesse sont encore perceptibles (temps de latence, parasites, etc.).

Sous certaines conditions, il est possible de conserver notre numéro de téléphone et d'accéder à des options avancées de messagerie unifiée (e-mail, SMS, répondeur téléphonique), de conférence à trois, de filtrage des appels, etc. Ce type de service est proposé dans le cadre d'un forfait Internet ADSL et ne nécessite pas d'abonnement à un opérateur traditionnel. Ces offres, dites Triple Play nécessitent l'installation d'une Box Internet capable de séparer les signaux et de les renvoyer vers notre ordinateur, notre téléphone ou même notre télévision. Des services d'accès aux chaînes de TV et à la vidéo à la demande sont proposés *(voir le chapitre 2)*. En complément, certains fournisseurs d'accès proposent le Quadruple Play, c'est-à-dire des services hybrides permettant d'utiliser sur un même combiné la technologie ADSL quand nous sommes à domicile et la téléphonie mobile à l'extérieur *(voir figures 4.10 et 4.13)*.

La figure 4.9 illustre le matériel proposé par l'opérateur Free pour accéder à Internet, téléphoner et recevoir la télévision par ADSL ou par la fibre optique.

Figure 4.9
La Freebox Révolution permet de téléphoner en illimité vers les numéros fixes du monde entier et vers les téléphones mobiles en France. Cette Box intègre les fonctions de base DECT, ce qui permet de faire des économies, de simplifier le câblage et de relier plus facilement des combinés DECT de marques différentes. Un service SIP est également inclus, qui permet de bénéficier des appels fixes illimités depuis un ordinateur ou un smartphone même à l'extérieur de votre domicile *(source Free)*

La téléphonie sur IP

Il est possible depuis de nombreuses années de téléphoner par Internet depuis un ordinateur. Malgré sa quasi-gratuité, quelle que soit la zone d'appel, ce type de solution a tardé à se démocratiser à cause d'un fonctionnement longtemps trop complexe et d'une qualité de communication inégale. Aujourd'hui, la généralisation du haut débit sur Internet et l'apparition d'offres grand public simples à utiliser, comme Skype ou Wengo, sont en train de démocratiser la téléphonie par Internet, voire de menacer à terme la téléphonie traditionnelle.

Il existe plusieurs types de téléphonie par Internet, dont la conversation téléphonique d'un ordinateur à un autre, la conversation téléphonique entre un ordinateur et un téléphone et la conversation de téléphone à téléphone.

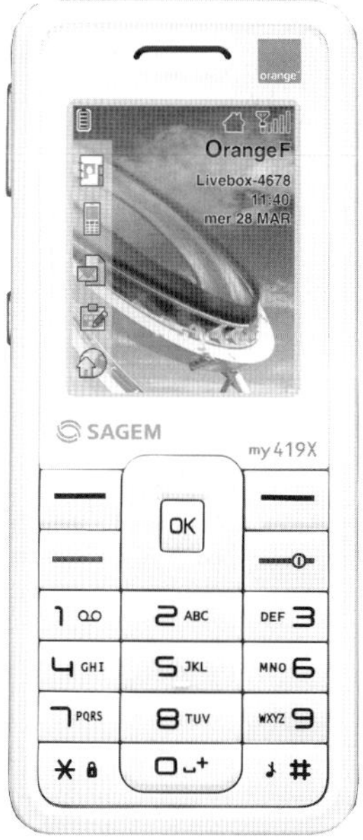

Figure 4.10
Combiné permettant de téléphoner en Wi-Fi à proximité de la Livebox ou en téléphonie mobile à l'extérieur *(source Orange/Sagem)*

Conversation téléphonique d'un ordinateur à un autre

Deux moyens permettent de téléphoner sur un ordinateur, dont l'un est fondé sur l'utilisation d'un logiciel de messagerie instantanée et l'autre sur l'utilisation de logiciels spécialisés dans la téléphonie sur ordinateur :

Messagerie instantanée. Les logiciels de messagerie instantanée, de types ICQ, AIM, MSN, Google Talk, Jabber ou Yahoo! Messenger, servent avant tout à dialoguer en temps réel par écrit sur Internet. Ils proposent tous désormais des fonctions d'échange vocal. Faute d'interopérabilité, les deux correspondants doivent toutefois utiliser le même logiciel. Pour joindre

Figure 4.11
Exemple de discussion sur Internet à l'aide du logiciel Google Talk *(source Archos)*

quelqu'un, il faut évidemment que les deux ordinateurs en communication soient allumés et connectés à Internet. La figure 4.11 illustre l'affichage écran d'une discussion sur Google Talk.

Figure 4.12
Exemple d'appel téléphonique en vidéo avec Skype

Logiciels spécialisés. Les logiciels de téléphonie, appelés également softphone, offrent d'avantage de souplesse et d'ergonomie. Net2phone, par exemple, permet d'appeler un autre ordinateur ou directement un poste téléphonique. Certains logiciels, comme Skype, s'appuient sur la technique P2P (peer-to-peer) pour optimiser la bande passante disponible et proposer un son de qualité irréprochable et des fonctions avancées, comme le cryptage des données ou la conférence téléphonique jusqu'à cinq utilisateurs. La figure 4.12 illustre un appel téléphonique en vidéo à l'aide de Skype.

La plupart des ordinateurs actuels sont équipés du matériel nécessaire à la téléphonie. Il faut simplement une carte son full-duplex, afin de pouvoir parler et écouter en même temps et d'éviter les conversations alternées de type talkie-walkie. Un microcasque est également requis, car les haut-parleurs génèrent un écho et un retour désagréables. Il est aussi possible de s'équiper d'un périphérique de type combiné téléphonique, qui fonctionne sans fil ou en USB.

La téléphonie entre ordinateurs par Internet n'est réellement intéressante que pour les gens qui passent beaucoup de temps devant leur machine et qui disposent du haut débit. Elle améliore en ce cas les conditions de travail collaboratif en proposant des fonctions de partage de fichiers ou de dessin en temps réel, ainsi que des fonctions de conférence téléphonique et de visioconférence, qui deviennent réellement exploitables avec le haut débit.

Pour en savoir plus sur le Web

Fournisseurs de solutions de téléphonie par Internet

AIM : aim.aol.fr
Google Talk : www.google.com/talk/intl/fr/
ICQ : web.icq.com
Jabber : www.jabberfr.org
MSN Messenger : download.live.com
Net2Phone : www.net2phone.com
Skype : www.skype.fr
Yahoo! Messenger : fr.messenger.yahoo.com

Conversation téléphonique entre un ordinateur et un téléphone

Prolongements du mode de téléphonie précédent, des logiciels tels que Net2phone s'appuient sur un réseau mondial de passerelles entre Internet et les réseaux téléphoniques locaux. Ils permettent de joindre n'importe qui dans le monde sur notre téléphone à travers Internet pour le prix d'une communication locale, voire moins en cas de forfait Internet illimité ou gratuit avec l'ADSL. À l'inverse, il est possible de joindre un correspondant sur notre ordinateur à partir d'un poste téléphonique classique.

Les téléphones IP

La téléphonie sur IP consiste à communiquer en utilisant exclusivement le réseau Internet *(voir figure 4.13)*. Cela signifie que le trafic téléphonique transite sous la même forme numérique depuis une prise RJ-45 jusqu'à notre correspondant en passant par Internet ou par des réseaux privés équivalents contrôlés par les opérateurs. Cette technologie apporte un maximum d'efficacité et de fonctionnalités à un coût minime.

Les téléphones IP peuvent être directement raccordés au réseau local informatique par le biais d'une prise RJ-45 ou en Wi-Fi et communiquent avec Internet par l'intermédiaire d'une Box Internet ou d'un ministandard IP (IPBX), comme illustré à la figure 4.14. Ils sont capables d'appeler un correspondant équipé du même type de matériel de façon totalement transparente pour l'utilisateur.

Fax par Internet

Sur le même principe, il est possible d'envoyer dans le monde entier et à très bas prix des télécopies par Internet à un correspondant équipé d'un fax traditionnel grâce à des services de type PC2fax *(www.net2phone.com)* ou de se passer de télécopieur en transférant les fax reçus vers son ordinateur (logiciel de fax) ou sa messagerie électronique (service en ligne).

Figure 4.13
Communication établie en IP avec un combiné mixte mobile/Wi-Fi *(source Neuf Telecom)*

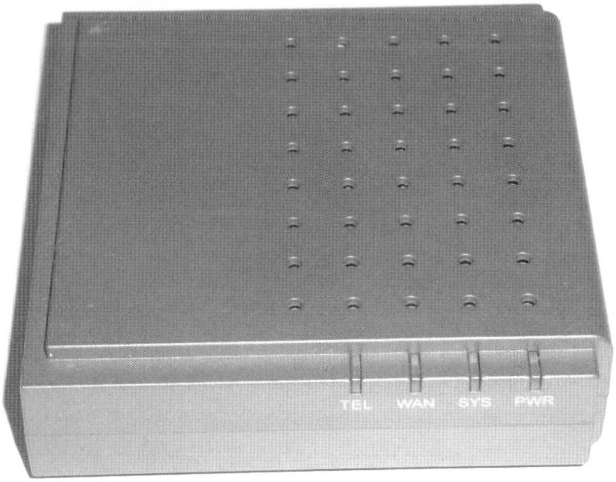

Figure 4.14
Ministandard IP Open Source basé sur le logiciel Asterisk capable de gérer plusieurs lignes SIP et deux lignes analogiques pour brancher un fax ou utiliser une ligne traditionnelle en cas de perte de connexion IP *(source Atcom)*

En termes de fiabilité et de pérennité, il n'y a pas de souci à se faire. Sans que nous nous en apercevions, toutes nos conversations téléphoniques passent déjà en réalité par les réseaux IP, tous les grands opérateurs ayant migré leurs réseaux traditionnels vers ce protocole.

Pour en savoir plus sur le Web

Les ministandards IP

Alcatel/Lucent : www.alcatel-lucent.com/fr
Amiritel : www.amiritel.fr
Asterisk : www.asterisk.org
Atcom : www.atcom.cn
Grandstream : www.grandstream.com
Linksys : www.linksys.fr
Nortel : www.nortel.fr
Thomson : www.thomson.fr

Les ministandards IP

Après le monde professionnel, c'est au tour du résidentiel de voir se développer les solutions de ministandard IP, appelé également IPBX. Qu'ils soient fondés sur des solutions logicielles ou sur des boîtiers dédiés, ils permettent, grâce au protocole normalisé SIP (Session Initiation Protocol), de multiplier le nombre de lignes, de limiter les coûts, de relier virtuellement plusieurs sites, de paramétrer les droits d'accès pour chaque combiné, de gérer les interphones compatibles, d'organiser des appels téléphoniques à plusieurs ou de visualiser son correspondant tout en conservant éventuellement une ligne téléphonique traditionnelle.

Choix du système téléphonique

Le tableau 4.1 propose une synthèse des différentes offres de téléphonie que nous venons de détailler.

Non seulement les modes d'accès à la téléphonie se diversifient, mais, en plus, les opérateurs proposent des offres de convergence alliant les technologies fixes et mobiles. La figure 4.15 montre un exemple de combiné hybride offrant la possibilité à l'abonné d'avoir un seul carnet d'adresses, un seul numéro et de téléphoner indifféremment vers les lignes fixes et VoIP.

À la maison ou en déplacement à proximité d'un réseau Wi-Fi compatible, le téléphone se connecte en Wi-Fi. Si nous quittons l'un de ces réseaux, le combiné bascule de façon transparente sans aucune coupure de ligne chez certains opérateurs. D'une manière générale, le confort d'appel est correct en Wi-Fi mais réduit fortement l'autonomie du combiné.

La téléphonie hybride facilite évidemment la mobilité, mais ne répond pas forcément aux besoins d'une famille, qui est d'avoir un numéro de téléphone unique lié à la maison et non à un membre de la famille en particulier.

Tableau 4.1 Comparatif des modes d'accès à la téléphonie*

Mode de téléphonie	Installation	Couverture	Télévision	Internet	Interopérabilité	Multiposte	Interactivité	Prix	Qualité de service[4]
Fixe	Ligne physique et combiné	Nationale	Non	+	–	Oui	–	–	+++
Mobile Edge	Téléphone portable	Nationale	Non	+	++	Non	+	+	+
Mobile 3G	Téléphone portable	Nationale[1]	Oui	++	++	Non	++	+	++
Mobile 4G	Téléphone portable	Nationale[1]	Oui	+++	++	Non	+++	++	++
Câble/fibre optique	Combiné	Grandes villes	Oui	++++	–	Limité	++	Forfait + illimité	+++
ADSL	Box Internet et combiné	Zone éligible	Oui[2]	+++	++	Limité	++	Forfait + illimité	++
Internet	Routeur, ordinateur[3] et softphone	Nationale	IP	oui	+++	Oui	+++	Illimité	+

* Tableau établi le 15 novembre 2011.
1 Hors zones d'ombre non couvertes par les opérateurs de téléphonie mobile.
2 Sous réserve d'éligibilité de la ligne téléphonique
3 Ordinateur au sens large : portable, smartphone, tablette…
4 La qualité de service est un critère d'ensemble tenant compte de la qualité de la ligne, de la continuité de service et de l'efficacité du support technique.

Figure 4.15
Base et combiné hybrides permettant de passer indifféremment d'une ligne fixe à une ligne VoIP *(source Siemens)*

Figure 4.16
Combiné téléphonique élémentaire adapté aux utilisateurs avides de simplicité *(source Doro)*

Figure 4.17
Boîtier Femtocell destiné à améliorer la couverture de la téléphonie mobile souvent perturbée à l'intérieur des logements *(source SFR)*

Il peut être tentant, pour ceux qui disposent d'un téléphone portable, de résilier l'abonnement à leur ligne fixe, d'autant que le prix de ce dernier est en constante augmentation depuis plusieurs années. Cela peut se justifier pour une personne seule, une résidence secondaire ou pour des familles qui ne téléphonent pas beaucoup.

Dans de nombreux cas, la ligne fixe s'avère encore nécessaire pour les raisons suivantes :

Prix des communications. Dans les zones non dégroupées, la différence de prix entre le fixe et le mobile est encore importante. Quand nous téléphonons régulièrement de chez nous, disposer d'une ligne fixe permet de limiter énormément les frais téléphoniques. Si, en zone dégroupée, nous passons beaucoup d'appels vers les mobiles, les offres de téléphonie par ADSL ne sont pas toutes compétitives.

Qualité du signal. Quand nous voulons passer une communication importante, nous choisissons un téléphone fixe plutôt qu'un portable ou un combiné sur IP, car nous sommes sûrs de la qualité de la ligne et de sa fiabilité. Les portables sont dépendants de la qualité du signal émis par les antennes, et la téléphonie sur IP est très sensible aux microcoupures et aux phénomènes d'écho. Un téléphone DECT est également plus fiable qu'un téléphone Wi-Fi parce que la fréquence DECT est dédiée à l'application de téléphonie. Il a également une meilleure portée et beaucoup plus d'autonomie, la technologie DECT nécessitant moins d'énergie que Wi-Fi.

Continuité de service. Le taux de disponibilité des réseaux mobiles et IP est inférieur à celui des lignes fixes, et des perturbations sur le réseau peuvent nous empêcher de recevoir ou de passer des appels. En cas de coupure d'électricité, les offres de téléphonie par ADSL ou sur IP ne fonctionnent plus, au contraire de la ligne fixe traditionnelle, qui est auto-alimentée.

Couverture du territoire. Quoi qu'en disent les opérateurs, l'ensemble du territoire est loin d'être entièrement accessible à la téléphonie mobile et aux offres de téléphonie illimitée. Certaines zones ne sont pas du tout couvertes, tandis que d'autres ne le sont que par une partie des opérateurs. Même dans les zones correctement couvertes, il est fréquent d'avoir un mauvais signal dans certaines pièces d'une maison. Les boîtiers Femtocell proposés par les opérateurs permettent d'améliorer la réception de la téléphonie 3G mais nécessitent dans tous les cas une Box Internet *(voir figure 4.17)*. Une ligne fixe reste donc souvent le seul moyen d'appeler et d'être appelé dans de bonnes conditions et à coup sûr.

Numéro familial. Un numéro de téléphone mobile ou hybride Wi-Fi/mobile est souvent individuel. À moins d'avoir un abonnement à un opérateur mobile pour chaque membre de la famille, il est pratique de garder un numéro fixe pour la famille. De plus, certaines prises téléphoniques traditionnelles sur lesquelles sont raccordés les combinés ne fonctionnent plus avec les Box Internet. Quand nous sommes équipés d'une installation de téléphonie filaire avec plusieurs combinés, cela oblige à passer en sans fil ou à intervenir sur le câblage.

Accès Internet. Même si nous avons vu qu'il était possible de nous connecter à Internet par câble, mobile, fibre optique ou satellite, l'accès par la ligne téléphonique reste la solution la plus répandue, surtout dans les zones couvertes par l'ADSL.

Télévision par satellite. Certains services de télévision payante ou de vidéo à la demande nécessitent encore de raccorder l'équipement à une ligne téléphonique *(voir le chapitre 2, « Les loisirs numériques »).*

Fax. Les personnes qui sont amenées à travailler à domicile peuvent avoir besoin d'utiliser un télécopieur ou des logiciels de fax sur ordinateur. Cela nécessite la présence d'une ligne téléphonique, dédiée ou non.

Sécurité et accès à distance. La plupart des systèmes d'alarme, des commandes à distance traditionnelles du chauffage ou des volets roulants ainsi que les services de télémaintenance et de télésurveillance exigent la présence d'une ligne téléphonique.

Il ne fait pas de doute que de plus en plus de fonctions passeront à l'avenir directement par Internet et que téléphonie fixe, Internet et mobile vont peu à peu converger *(voir figure 4.18)*. L'installation d'au moins une ligne fixe reste néanmoins souvent indispensable dans le cadre d'un projet de maison intelligente.

Figure 4.18
La voix sur IP devient aussi simple et fiable que la téléphonie traditionnelle *(source Philips)*

Recommandations concernant l'installation téléphonique

Voici quelques recommandations concernant la mise en place d'une installation téléphonique :

Emplacement des prises RJ-45. Prévoir une prise de courant à proximité de chaque RJ-45, même si la technologie PoE (Power over Ethernet) se développe *(voir chapitre 5)*, avec au minimum une prise RJ-45 dans les pièces principales et deux dans le séjour et le bureau. Si le coffret de communication est situé dans une pièce excentrée, prévoir une RJ-45 relativement centrale pour raccorder la base, le ministandard DECT ou le point d'accès Wi-Fi afin d'optimiser la couverture des combinés sans fil. Il est également conseillé de prévoir dans le coffret de communication le brassage de la ligne fixe et de la ligne liée à la Box Internet pour répartir au mieux les différents combinés, voire, à l'aide d'un dédoubleur, de disposer des deux lignes sur la même prise RJ-45. Si vous souhaitez placer la Box Internet en ambiance,

Les solutions VoIP (Voice Over IP)

Les fournisseurs d'accès proposent des offres avec téléphonie plus ou moins illimitée qui imposent l'utilisation de leurs Box Internet, onéreuses en location, souvent peu performantes et difficiles à reconfigurer. Il est possible de vous en affranchir en réalisant vous-même votre installation (routeur, IPBX, service SIP, etc.) ou en souscrivant à un service dédié, financièrement plus avantageux, surtout pour les appels à l'étranger (Ippi, Skype, Keyyo, OVH, etc.).

dans le salon par exemple, il vous faut prévoir deux prises RJ-45, l'une pour amener la ligne téléphonique, l'autre pour renvoyer le signal informatique au coffret de communication pour le brassage.

Topologie du réseau. Dans une construction neuve, exiger un réseau en étoile et une répartition sur coffret de communication. En rénovation, remplacer quand c'est possible le fil téléphonique par du quatre paires *(voir le chapitre 8)*, et privilégier la technologie sans fil pour les combinés supplémentaires.

Compatibilité Internet. Préférer les combinés et les ministandards capables de gérer les appels téléphoniques classiques, mais également la téléphonie IP *(voir plus loin)*.

Technologie sans fil DECT. Opter pour le DECT au détriment du sans fil analogique et du numérique non-DECT. Préférer aux monoblocs les modèles acceptant des combinés supplémentaires. Attention néanmoins aux promesses de la norme DECT, car l'interopérabilité entre les modèles des différentes marques reste malheureusement incertaine.

Figure 4.19
Solution de vidéophonie 100 % IP constituée d'une platine de rue vidéo SIP *(source Mobotix)* et d'un téléphone de nouvelle génération capable de traiter le son et le flux d'images en IP *(source Grandstream)*

Environnement multiposte. Si le choix de la téléphonie sur IP est tentant, sa mise en œuvre est encore prématurée pour peu que nous ayons besoin de plusieurs postes, car les ministandards IP (IPBX) et les combinés compatibles restent relativement rares et onéreux.

Les solutions tout en un. Éviter dans la mesure du possible les modèles tout en un, qui combinent les fonctions de routeur mixte ADSL/Numéris, serveur DHCP, ministandard, système pare-feu, switch Ethernet, répondeur téléphonique, point d'accès Wi-Fi, etc. Ils sont généralement délicats à mettre en œuvre, doublonnent éventuellement avec le matériel existant et surtout obligent à remplacer l'ensemble lorsque nous souhaitons améliorer une des fonctions.

Qualité de l'opérateur. La qualité de notre installation téléphonique dépend avant tout de celle de notre opérateur, surtout en ce qui concerne la fiabilité, les tarifs et les options proposées. Ne pas hésiter à comparer et à faire jouer la concurrence en demandant à plusieurs opérateurs une simulation sur la base d'anciennes factures.

Plus globalement, il est indispensable de préparer l'installation téléphonique à intégrer tous les changements qui se préparent dans le monde des télécommunications.

La mutation en cours des télécoms va avoir un impact considérable sur notre façon de téléphoner et de concevoir notre installation téléphonique. La téléphonie par Internet et la convergence entre téléphonie fixe, mobile et sans fil sont techniquement prêtes et sur le point de se généraliser dans nos maisons. Elles offrent des perspectives intéressantes pour la domotique en général et l'accueil des visiteurs en particulier *(voir figures 4.19 et 4.20)*.

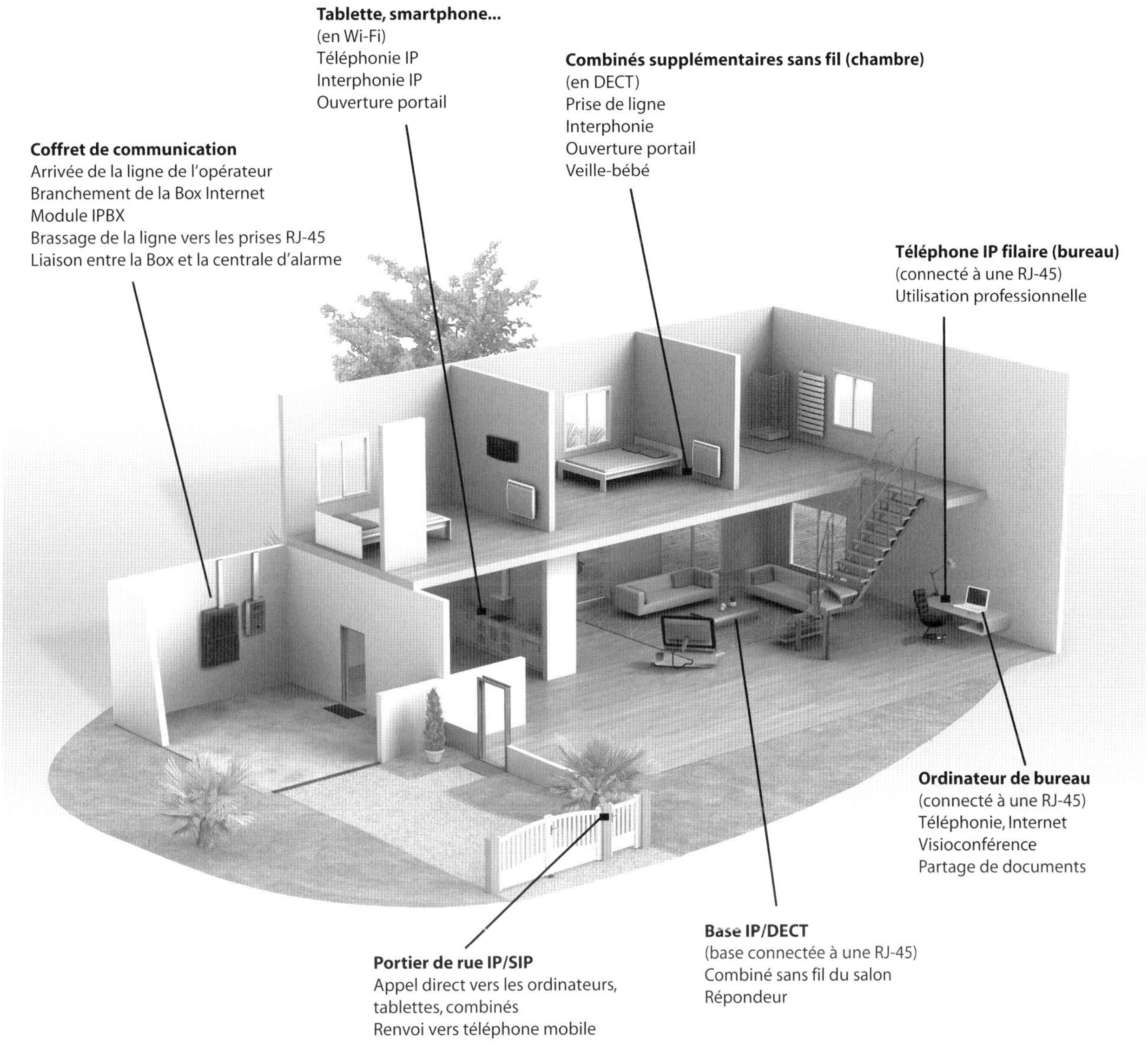

Figure 4.20
Installation d'un réseau téléphonique unifié sur IP. Tous les équipements sont en mesure de dialoguer entre eux, de répondre à l'interphone et de communiquer avec l'extérieur

Conclusion

Comme l'illustre la figure 4.20, les différents modes de téléphonie présentés dans ce chapitre, qu'ils soient fixes, mobiles, informatiques ou Internet, sont en train de converger vers une téléphonie unifiée. Lorsque cette intégration sera achevée, ce qui ne saurait tarder, nous disposerons de combinés universels, capables de se connecter aussi bien aux réseaux DECT ou Wi-Fi qu'aux réseaux de téléphonie filaires ou mobiles.

Les technologies IP et Femtocell constituent la base de cette convergence et rendent possible l'émergence de services de plus en plus fiables et transparents pour l'utilisateur où qu'il se trouve, le tout sur une seule facture et avec un seul prestataire.

Quelques modèles de téléphones universels apparaissent déjà, mais les constructeurs ne semblent pas pressés de vendre un seul combiné au lieu de deux. Ils seront toutefois contraints d'y venir, et il est probable que ces futurs combinés multiprotocoles seront également multifonctions et deviendront à terme l'interface privilégiée de communication mais aussi de commande.

Même si un smartphone n'est pas encore totalement universel, il permet déjà de se connecter aussi bien aux réseaux téléphoniques qu'à Internet. Comme l'illustre la figure 4.21, que nous soyons à la maison, au bureau, en déplacement, dans notre jardin ou n'importe où, nous l'avons toujours à portée de main, et il devient l'interface idéale pour superviser et commander les différentes fonctions intelligentes de nos maisons.

Figure 4.21
Le téléphone universel, interface idéale pour téléphoner en déplacement ou à domicile, accéder aux services en ligne et commander les équipements de la maison *(source Orange)*

5 La sécurité des biens et des personnes

> *« L'homme et sa sécurité doivent constituer la première préoccupation de toute aventure technologique. »*

Il n'est pas certain qu'en prononçant cette phrase Albert Einstein pensait à la domotique, mais, à l'évidence, se lancer dans un projet de maison communicante s'apparente à une aventure technologique dans laquelle le souci de la sécurité doit être permanent.

Disposer d'un logement sûr est devenu en effet un élément de confort à part entière. Malheureusement, la mise en place d'un système de sécurité est encore rarement prise en compte au stade de la construction. Les sources de motivation ne manquent pourtant pas. Il peut s'agir de nous prémunir d'effractions, de garder un œil sur une résidence secondaire, de nous protéger des risques domestiques ou de réduire nos frais d'assurance.

Aujourd'hui, la fiabilité des systèmes, la détection d'un très grand nombre de risques potentiels et l'intégration avec les autres systèmes intelligents de la maison donnent à la sécurité une nouvelle dimension. Les solutions disponibles vont des kits de base proposés par les grandes surfaces de bricolage jusqu'aux systèmes haut de gamme installés par des professionnels, en passant par des solutions souples et évolutives et des offres de services sous forme d'abonnement sans investissement initial.

La sécurité est souvent associée à la lutte contre les effractions, les cambriolages et la protection des objets de valeur. En réalité, ce qu'il y a de plus précieux dans nos maisons, ce sont les personnes qui y résident et les biens irremplaçables ayant une dimension sentimentale. Les risques liés aux incendies, à la foudre, aux surtensions, au dégagement de fumées toxiques ou aux inondations, par exemple, doivent être pris en compte.

Au même titre que la sécurisation des réseaux, évoquée au chapitre 3, nous verrons que le contrôle d'accès, la vidéosurveillance et l'accueil des visiteurs constituent également des fonctions susceptibles d'améliorer le niveau de sécurité global de la maison.

La sécurité anti-intrusion

Le préalable à la conception d'un système de sécurité anti-intrusion est d'étudier l'environnement de la maison, ses accès, ses points névralgiques, les passages obligés, les pièces et objets à protéger en priorité, la résistance

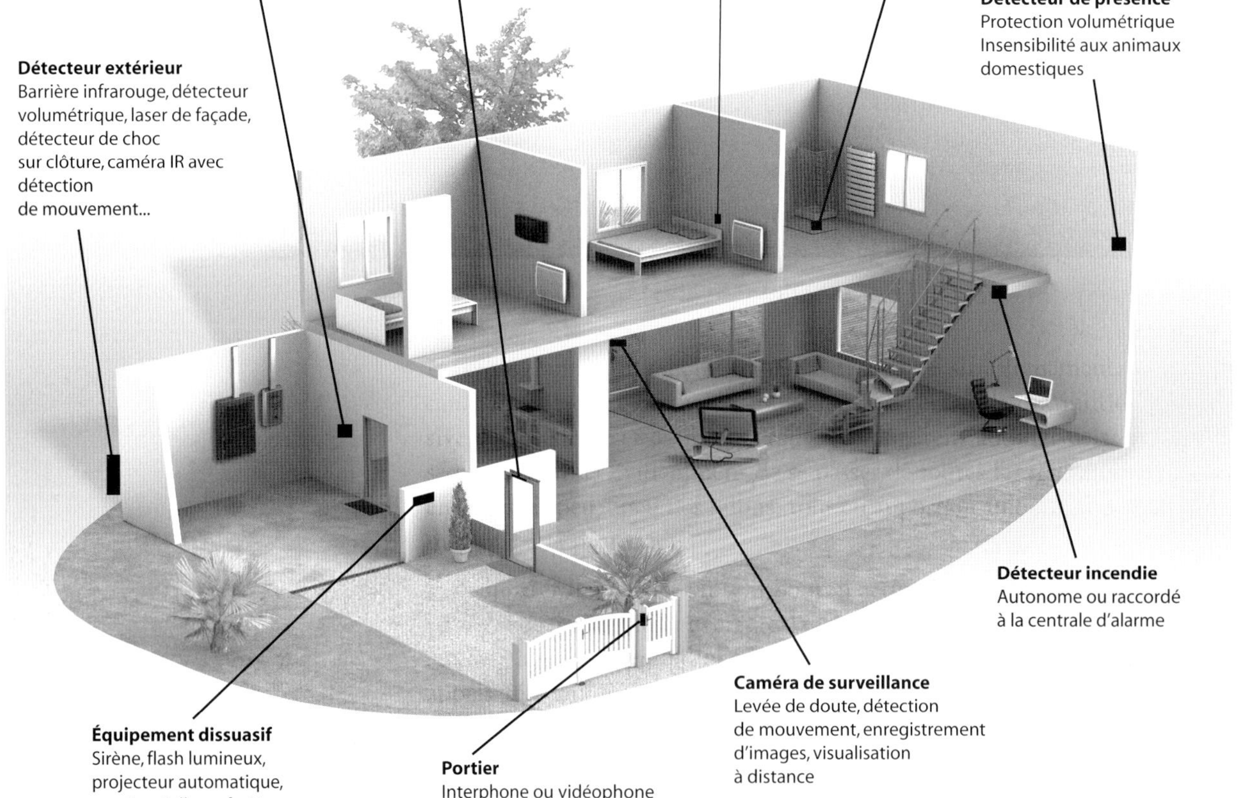

Figure 5.1
Implantation d'un système de sécurité domestique et anti-intrusion complet

des ouvertures (portes, fenêtres, baies vitrées, lucarnes, volets roulants, porte de garage, etc.), mais également les habitudes des personnes qui y résident de façon à mettre en place un système efficace et adapté à leur mode de vie.

La figure 5.1 montre un exemple d'installation d'un système de sécurité représentatif d'un projet résidentiel.

Les principes de la sécurité anti-intrusion

On ne protège pas une maison comme on protège une banque. C'est pourquoi l'approche de la plupart des professionnels de la sécurité est rarement adaptée aux projets des particuliers. L'objectif de ces derniers n'est pas d'empêcher à tout prix l'intrusion, mais de réduire les risques, de dissuader les importuns et de retarder l'effraction. La résistance des systèmes de fermeture des portes (serrure renforcée, blindage, trois points au minimum, etc.), ainsi que la qualité des matériaux constituant les fenêtres (vitrage retardateur d'effraction) et les volets roulants sont des critères déterminants. En règle générale, un cambrioleur perturbé par la résistance d'une porte ou d'une fenêtre, surpris par un projecteur extérieur automatique ou déstabilisé par le bruit d'une sirène n'insiste pas et quitte les lieux immédiatement.

Une chaîne de protection efficace est constituée des quatre maillons principaux suivants : détection, dissuasion, réaction et supervision.

La détection

Un détecteur est un dispositif capable de déceler un changement d'état de nature physique, magnétique, thermique ou chimique. Voici quelques exemples de détecteurs utilisés dans les habitations :

Détecteur d'ouverture. Sert à protéger le périmètre de la maison en signalant l'ouverture d'une porte d'entrée, d'une fenêtre *(voir figure 5.2)* ou d'une porte de garage. Posé en saillie, il est constitué d'une partie métallique, située sur la partie fixe (mur, encadrement, etc.), et d'un aimant fixé sur la partie mobile (porte, fenêtre, baie vitrée, etc.). Lors de l'ouverture, il réagit au champ magnétique induit par l'éloignement de ces deux éléments. On parle aussi de détection périmétrique.

Figure 5.2
Détecteur d'ouverture radio. Ce modèle présente la particularité de communiquer avec une centrale d'alarme domotique KNX *(source Gira)*

Détecteur de feuillure. Sert également à protéger les ouvertures, avec la particularité d'être facile à intégrer esthétiquement puisque les deux éléments sont encastrés dans la structure même de l'ouvrant. L'intégration technique des détecteurs de feuillure est délicate, car l'aimant et la partie métallique doivent être parfaitement alignés. Ce système n'est pas disponible en technologie radio, ce qui limite son intégration en rénovation. Il est toutefois possible de relier les détecteurs à un relais radio situé à proximité, à condition qu'il soit muni d'une entrée filaire.

Figure 5.3
Détecteur de présence infrarouge capable de détecter tout mouvement de chaleur. Assorti aux prises et aux boutons, il s'intègre facilement d'un point de vue esthétique. Ce détecteur est équipé d'une tête orientable et d'un champ de détection ajustable *(source Legrand)*

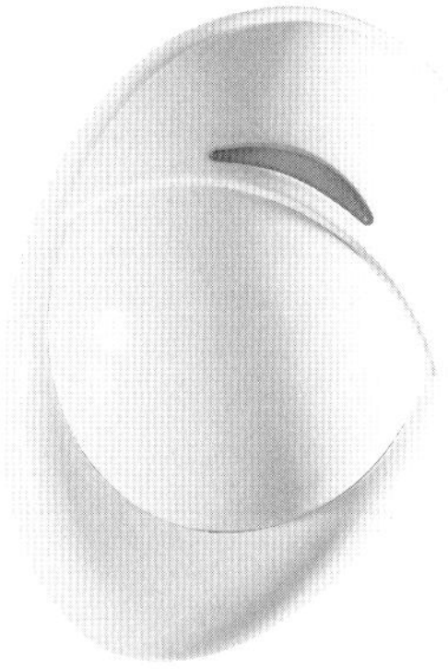

Figure 5.4
Détecteur de présence infrarouge *(source Visonic)*

Le tag, une nouvelle génération de détecteur

Il s'agit d'un capteur sans fil équipé d'un accéléromètre géré par des algorithmes très sophistiqués capables de différencier les phénomènes normaux, comme le vent, et ceux résultant d'une tentative d'effraction. Un tag peut se fixer à une ouverture mais aussi à un meuble précieux, un tiroir, un téléviseur ou un tableau.

Détecteur de présence. Existe en saillie ou en encastré *(voir figures 5.3 et 5.4)*. On le trouve en version infrarouge ou hyperfréquence. Dans le premier cas, le détecteur est sensible à la chaleur dégagée dans le spectre de la lumière infrarouge, tandis, que dans le second, il réagit aux hyperfréquences selon le principe des ondes radar. Dans les deux cas, le détecteur de présence est capable de signaler la présence d'un intrus dans une pièce. On parle alors de détection volumétrique. On trouve de plus en plus de modèles dits bivolumétriques, associant l'infrarouge et l'hyperfréquence. Des détecteurs tritechnologie, équipés d'un microprocesseur, apparaissent également. Ils sont capables d'analyser les mouvements et de réduire ainsi les risques de déclenchement intempestif. La figure 5.4 illustre un exemple de détecteur de présence infrarouge.

Détecteur de choc ou de bris de glace. Signale, comme son nom l'indique, une effraction par bris de vitre, de véranda ou de baie vitrée. Il se déclenche grâce aux ondes sonores produites par le verre qui se brise. Selon le modèle, il peut être placé sur la vitre elle-même ou sur un mur de la pièce.

Détecteur pour volet roulant. Placé dans le caisson du volet, il détecte tout mouvement anormal du mécanisme. Il offre une détection plus rapide qu'un détecteur d'ouverture et permet à l'utilisateur de laisser les fenêtres ouvertes pendant une nuit d'été, par exemple.

Barrière infrarouge. Permet de protéger le périmètre intérieur ou extérieur d'une maison ou les limites d'une propriété. La barrière déclenche une alarme dès qu'un ou plusieurs faisceaux sont coupés par le passage d'un intrus.

Émetteur de façade. Offre une fonction de protection d'ensemble. Il permet de sécuriser plusieurs portes ou fenêtres sans avoir à multiplier le nombre de détecteurs d'ouverture.

La phase d'analyse consiste à optimiser l'implantation des détecteurs, avec pour objectif de déceler un maximum d'événements suspects. Par exemple, dans la mesure où les cambrioleurs passent dans 90 % des cas par la porte d'entrée, on s'attache en priorité à sécuriser cette zone.

Un système de sécurité efficace doit détecter à coup sûr une tentative d'intrusion tout en minimisant le nombre d'alerte intempestive.

Voici quelques précautions à prendre à cet effet :

- Les faisceaux de détection des détecteurs infrarouges ne doivent pas se croiser.
- Les détecteurs infrarouges ne doivent pas être placés face à un point chaud (cheminée, baie vitrée, radiateur, etc.).
- Les détecteurs à double technologie associant l'hyperfréquence et l'infrarouge assurent une fiabilité maximale.

- Des détecteurs spéciaux sont nécessaires en cas de présence d'animaux domestiques. Ils sont capables de faire la distinction entre un déplacement humain et animal.
- Il existe des détecteurs adaptés au type de pièce à surveiller (rayon de 15 m pour un salon/séjour ou portée de 20 m pour un couloir, par exemple).
- Les détecteurs extérieurs doivent être placés avec beaucoup de soin afin d'éviter les alertes liées au mouvement des branches et du feuillage, par exemple.
- Il est possible de placer des caches sur les détecteurs lorsque nous souhaitons occulter certaines zones et les soustraire à la détection.
- Certains modèles permettent d'associer deux détecteurs afin de ne signaler un incident que si les deux le détectent.

Une sécurité efficace consiste à combiner plusieurs types de détecteurs sur plusieurs zones de programmation de façon à répondre aux différents modes d'occupation de la propriété.

L'association de plusieurs détecteurs périmétriques et volumétriques permet de disposer de plusieurs modes de surveillance :

Désactivé. Aucun détecteur n'est actif lorsque la maison est occupée et n'a pas besoin d'être sous alarme.

Partiel. Tous les détecteurs sont activés, à l'exception des détecteurs volumétriques d'étage. Ce mode permet de se déplacer normalement pendant la nuit à l'étage tout en protégeant la zone d'accès à la maison.

Total. Tous les détecteurs périmétriques et volumétriques sont activés lorsque la maison est inoccupée et a besoin d'être parfaitement sécurisée.

L'implantation des détecteurs se fait idéalement en mode étoile, de façon à identifier chaque détecteur comme un élément indépendant. Il est de la sorte facile de savoir quel détecteur est défectueux, quelle fenêtre est restée ouverte ou quel détecteur a déclenché une alerte au moyen d'un message de type « intrusion fenêtre cuisine ». Il est aussi possible de raccorder les détecteurs en boucle. Cela simplifie l'installation, mais au détriment de la précision des messages (message de type « alarme intrusion rez-de-chaussée »). La figure 5.5 illustre un exemple de message de ce type reçu sur un téléphone portable.

Figure 5.5
Message d'alerte reçu sur un téléphone portable *(source Legrand)*

L'objectif des moyens de détection est de donner l'alerte le plus tôt possible mais aussi de pousser l'intrus à renoncer à son projet par le déclenchement de systèmes de dissuasion.

La dissuasion

Avant même de détecter une tentative d'effraction, le moyen le plus sûr de se protéger est souvent de l'anticiper en dissuadant les voleurs d'entreprendre quoi que ce soit. Un moyen efficace de dissuasion consiste à simuler une présence quand l'habitation est inoccupée en déclenchant de façon aléatoire quelques éclairages, les volets roulants ou la musique. Une autre mesure utile est de signaler que la maison est sous surveillance en plaçant en évidence les autocollants fournis par le prestataire de sécurité et en positionnant la sirène extérieure ou une caméra de surveillance (factice ou non) en évidence sur la façade.

Si quelqu'un tente néanmoins de s'introduire dans la maison, il faut essayer de le dissuader le plus tôt possible. Sachant que les intrus apprécient le calme et l'obscurité, de simples détecteurs de présence couplés à l'éclairage extérieur peuvent surprendre et dissuader les plus résolus *(voir figure 5.6).*

La réaction active

En plus de la télétransmission et du déclenchement de la sirène il est possible de renforcer la réaction du système d'alarme par le déclenchement d'un diffuseur de fumée ou de gaz fumigène très opaque. Dans une maison communicante, il est également envisageable d'inverser la position des volets ou de faire clignoter tous les éclairages, avec pour effet certain de déstabiliser l'intrus.

Figure 5.6
Un système d'éclairage sur détection de présence est à la fois pratique au quotidien et relativement dissuasif *(source Cust Home)*

Il est possible de limiter les déclenchements intempestifs causés, par exemple, par le mouvement des branches d'un arbre en limitant la zone d'action du détecteur par un cache. Ce moyen simple de dissuasion peut en outre contribuer au confort quotidien en éclairant les abords de la maison.

Le troisième niveau de dissuasion consiste à mettre en service la sirène dès qu'une effraction est détectée. La puissance sonore des sirènes est limitée par la réglementation. On peut la compléter par un flash lumineux, des feux tournant à éclats ou le couplage avec l'éclairage total de la maison, qui signale au voisinage qu'une effraction est en cours. À l'intérieur de la maison, il est possible de déclencher une sirène de forte puissance, insupportable aux oreilles des intrus.

Si ces différents niveaux de dissuasion ne suffisent pas, la transmission d'une alerte à l'extérieur permet d'intervenir physiquement.

La réaction

Même si le déclenchement d'une sirène ou d'un flash permet, en plus de la dissuasion des intrus, d'avertir d'éventuels voisins ou passants, il est utile d'y associer un dispositif de transmission capable de nous alerter sur notre téléphone mobile ou de prévenir un centre de télésurveillance, notamment pour les maisons isolées :

Report d'incident vers une liste préenregistrée de numéros de téléphone. Le transmetteur téléphonique de la centrale de sécurité dispose d'une liste de numéros de téléphone fixe ou mobile préenregistrés. Il peut s'agir de notre propre numéro de mobile ou de celui de voisins ou de proches, qui peuvent évaluer la nature de l'incident et agir en conséquence en appelant les secours ou au minimum en faisant réparer les issues éventuellement forcées. Cette solution n'est pas sûre à 100 %, car les appels n'aboutissent pas si notre téléphone mobile n'est pas branché ou si nos voisins ou nos proches sont eux-mêmes absents.

Report d'incident vers un centre de télésurveillance. Il s'agit de la solution la plus efficace, puisque le report d'incident est forcément pris en compte. Une procédure précise se déclenche dès que l'incident est détecté. Le personnel du centre de télésurveillance commence par appeler à notre domicile pour vérifier qu'il ne s'agit pas d'une mauvaise manipulation de notre part. Il procède éventuellement à une levée de doute par l'intermédiaire de micros ou de caméras permettant d'écouter ou de voir ce qui se passe dans la maison avant de faire intervenir une société de gardiennage locale. Cette intervention n'a d'intérêt que si elle a lieu très rapidement. C'est pourquoi l'abonnement à ce type de service n'est efficace que dans les zones urbaines.

Le niveau de réaction est d'autant plus adapté que les informations transmises sont précises. Par exemple, certains systèmes se contentent de signaler un

Télésurveillance par ADSL

Il est possible de souscrire un service de télésurveillance auprès de son FAI. Une centrale d'alarme radio communique avec le centre de télésurveillance par la ligne ADSL et peut être complétée par une caméra IP pour la levée de doute par ADSL également. Le service peut renvoyer les messages vers notre téléphone portable et nous prévenir en cas d'incident ou de coupure de ligne.

Figure 5.7
Transmetteur téléphonique GSM/GPRS permettant de renforcer le niveau de sécurité, de pallier les coupures volontaires de la ligne fixe ou d'équiper une habitation non raccordée au réseau de téléphonie fixe. Le transmetteur doit être équipé d'une carte SIM associée à un mini-abonnement ou à une carte prépayée *(source Visonic)*

incident sans plus de précision alors que d'autres sont capables de donner des renseignements sur le type d'incident (intrusion, présence, alarme technique, etc.) et la zone concernée.

Un autre avantage du transmetteur téléphonique est qu'il permet de consulter le système à distance afin de connaître l'état de l'installation (en service, hors service, mode partiel, mode total, dysfonctionnement, etc.). Il permet en outre d'intervenir à distance pour activer l'alarme si nous avons oublié de le faire avant de partir ou la désactiver momentanément de façon à autoriser une entreprise, par exemple, à intervenir sans lui confier le code. Le transmetteur permet même de réagir manuellement à un incident en actionnant les volets roulants, en allumant les éclairages, en écoutant ce qui se passe ou même sur certains systèmes à dialoguer avec l'intrus ou une personne dépendante.

Cette liaison téléphonique peut néanmoins constituer le talon d'Achille de l'installation si certaines précautions ne sont pas prises. L'accès à la ligne doit être protégé à l'extérieur de façon qu'un intrus ne puisse couper facilement la ligne téléphonique. Les câbles sont fort heureusement de plus en plus souvent enterrés et les boîtiers extérieurs protégés.

Pour pallier le risque de coupure de la ligne téléphonique, nous pouvons opter pour un transmetteur téléphonique GSM/GPRS (sans fil) ou pour une option fournie par certains opérateurs permettant de diagnostiquer instantanément la coupure de la ligne et de réagir en conséquence *(voir figure 5.7)*. Le transmetteur téléphonique doit être directement raccordé au départ ligne et non sur une prise téléphonique afin d'éviter tout problème d'indisponibilité si un combiné a été mal raccroché, par exemple. Il est nécessaire d'être dans une zone parfaitement couverte par les opérateurs de téléphonie mobile, d'équiper le transmetteur d'une carte SIM et de souscrire à un forfait d'appels pour activer le transmetteur. Un transmetteur GSM/GPRS offre également des fonctions de transmission de message par SMS.

Pour les projets très sensibles, le transmetteur téléphonique peut être relié à une ligne téléphonique dédiée, fixe ou mobile, afin de garantir la meilleure disponibilité de l'installation.

Quelles que soient ses facultés de réaction, un système de surveillance doit être fiable. Nous devons donc nous assurer sans cesse de son efficacité. C'est l'objet de la supervision.

La supervision

Un système de sécurité performant doit pouvoir être supervisé de façon à identifier instantanément un dysfonctionnement d'un détecteur, de la centrale, du transmetteur téléphonique ou de la sirène. L'information doit être disponible sous forme de voyant, d'indication sur l'écran de la centrale, de message sur les téléphones ou d'alerte au centre de télésurveillance.

La panne la plus courante est la coupure d'électricité, qui doit être signalée comme un incident majeur. L'alimentation du système doit être secourue par une batterie autonome, capable de prendre le relais pendant quelques jours.

Un autre dysfonctionnement classique dans le cas de détecteurs radio sans fil est lié à l'usure des piles. L'idéal est de les changer systématiquement tous les ans ou tous les deux ans en fonction des caractéristiques du matériel.

La plupart des installations pour particuliers ne sont pas conçues pour signaler qu'un détecteur est défectueux. C'est pourquoi il est préférable de choisir des systèmes bidirectionnels, qui peuvent faire l'objet d'une supervision. Certains centres de télésurveillance effectuent des tests périodiques pour s'assurer que l'installation est en parfait état de marche.

Choix de la solution de sécurité

Maintenant que nous avons vu les principes de la sécurité anti-intrusion, attardons-nous sur les options disponibles lors de la conception d'une installation.

Filaire ou sans fil

On a longtemps opposé les systèmes de sécurité filaires, réservés aux installations haut de gamme, et sans fil, dédiés aux installations standards. Cette distinction n'est plus d'actualité, les deux systèmes ayant prouvé leur efficacité, voire une certaine complémentarité.

Figure 5.8
Détecteur d'ouverture filaire relié à un émetteur radio afin d'éviter le câblage complet jusqu'à la centrale *(source XDom)*

Pour les puristes, le fait de relier tous les détecteurs, les sirènes et le clavier à la centrale avec des câbles est le seul gage de qualité. Il s'agit là d'un héritage de la sécurité professionnelle, qui a fait ses preuves dans la surveillance des banques ou des locaux professionnels à l'heure où la technologie radio n'existait pas encore ou n'était pas encore au point.

Il est certes évident qu'une installation filaire est plus rassurante, qu'elle ne nécessite pas de changement de piles, qu'elle est plus facile à superviser et qu'elle coûte moins cher en termes de matériel. Mais, s'il se vend désormais en France plus de systèmes radio que de systèmes filaires, c'est parce que les premiers ont énormément gagné en fiabilité et qu'ils sont adaptés aux besoins des particuliers, surtout dans les projets de rénovation, où le passage de câbles est onéreux et fastidieux.

Un système sans fil peut être installé en quelques heures et ne nécessite pas forcément l'intervention de spécialistes. Chaque détecteur peut être déplacé autant de fois que nécessaire avec un simple tournevis. Surtout, le système est évolutif. Nous pouvons commencer par une configuration élémentaire et étoffer l'installation en fonction de notre budget et de nos besoins. Si, pour une raison ou pour une autre, nous souhaitons sécuriser une nouvelle

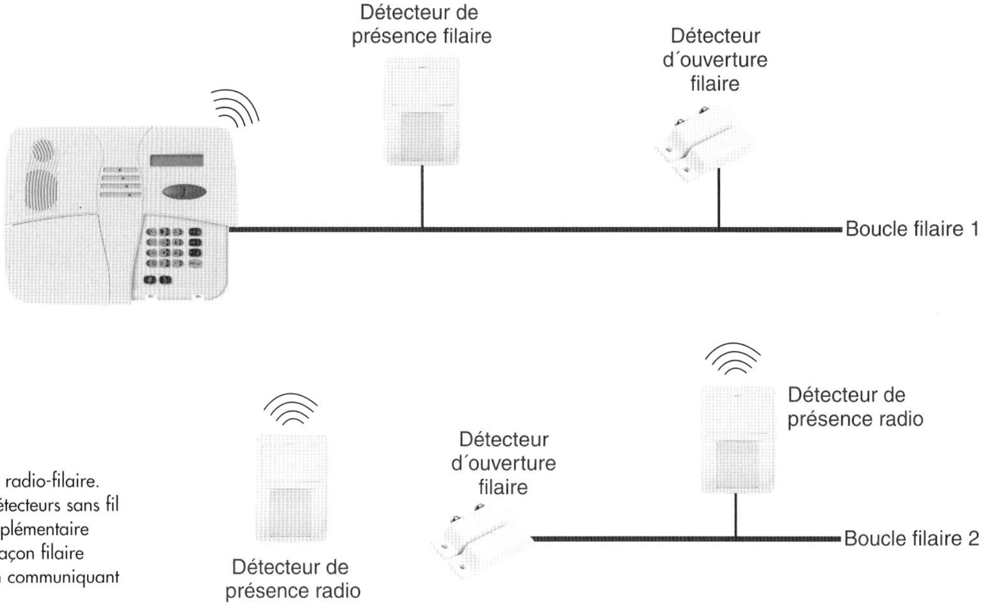

Figure 5.9
Exemple d'installation mixte radio-filaire. Remarquons que certains détecteurs sans fil sont munis d'une entrée supplémentaire permettant de les relier de façon filaire à un autre détecteur, tout en communiquant avec la centrale en radio

pièce, gérer les risques liés à l'incendie ou ajouter un clavier dans le garage, il nous suffit de nous procurer le périphérique correspondant et de le fixer au mur ou au plafond. Il sera reconnu instantanément par la centrale grâce au radiocodage automatique. Un système radio est par nature moins sensible aux risques de coupure de courant et de sectionnement accidentel ou intentionnel des câbles.

Certains constructeurs ont profité des points forts des deux technologies pour les associer et répondre au marché des particuliers. Dans un projet de construction neuve, une centrale de sécurité mixte peut rassembler, par exemple, la sirène et les détecteurs du rez-de-chaussée sur une boucle et les détecteurs de l'étage en radio *(voir figure 5.9)*. Cela minimise les coûts en simplifiant l'installation, tout en renforçant les possibilités d'évolution. Certains détecteurs sans fil sont munis d'une entrée supplémentaire permettant de les relier de façon filaire à un autre détecteur tout en communiquant avec la centrale en radio.

La centrale d'alarme

Figure 5.10
Centrale d'alarme adaptée au marché du résidentiel grâce à sa miniaturisation, son intégration en encastrement et sa finition assortie aux boutons et aux prises *(source Legrand)*

La centrale d'alarme *(voir figure 5.10)* est le cerveau du système de sécurité. Elle permet d'activer les différents modes de surveillance, d'analyser les informations issues des détecteurs, de les interpréter et de déclencher une série de réactions prédéfinies, telles que sirène, flash, renvoi téléphonique, déclenchement de scénario domotique, etc.

Le choix de l'emplacement de la centrale est déterminant. Même si elle est protégée contre l'arrachement, il est préférable de ne pas l'installer dans un endroit trop visible, comme l'entrée. Si elle est munie d'une sirène, il faut en outre qu'elle soit placée de façon à faire suffisamment de bruit pour prévenir les occupants et empêcher les intrus de poursuivre leur projet. Si elle est munie d'un micro, il faut qu'elle soit placée à un endroit relativement central afin que l'écoute à distance soit significative.

Si les fonctions d'activation ou de désactivation, à l'aide d'un clavier, par exemple, sont placées sur la centrale elle-même, il faut qu'elle soit placée dans un endroit de passage. Elle doit en outre se trouver à proximité du tableau électrique s'il est prévu d'interfacer la sécurité avec l'éclairage ou les automatismes et d'une ligne téléphonique pour le renvoi vers un téléphone mobile ou un centre de télésurveillance. En zone totalement dégroupée, il est possible d'utiliser un transmetteur téléphonique GSM/GPRS ou une centrale de nouvelle génération compatible IP *(voir figure 5.11)*. Tous ces critères doivent être pris en compte dès la phase de conception.

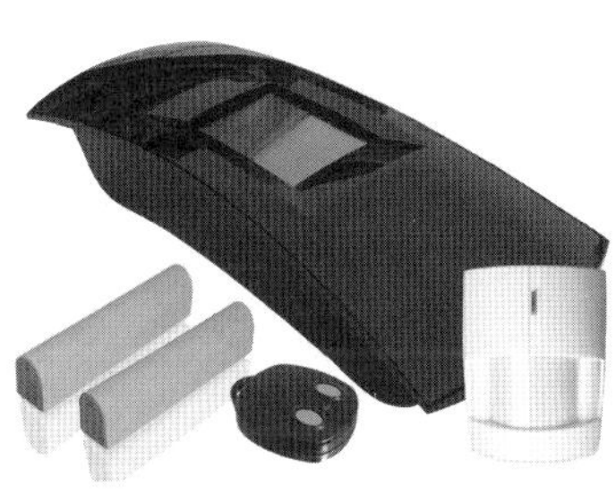

Figure 5.11
Centrale d'alarme conçue pour la connexion à une Box Internet avec transmetteur IP et GSM/GPRS, clavier tactile, sirène, radar, télécommande, reconnaissance automatique des détecteurs TAG, application Android et iOS pour contrôle et vidéosurveillance IP *(source Domotag)*

Les organes de commande

Le système de protection n'a d'intérêt que s'il est facile à utiliser au quotidien. Le choix du type de commande est donc important. Il est possible d'activer ou de désactiver le système des différentes manières suivantes :

Clavier. Peut être intégré à la centrale ou être indépendant et placé à l'entrée la plus utilisée, voire à plusieurs entrées si nécessaire. Le clavier déporté dans l'entrée étant souvent dans le champ d'un détecteur, il peut être utile d'y associer une temporisation afin de laisser le temps aux utilisateurs de saisir leur code. La figure 5.12 illustre un exemple de clavier déporté.

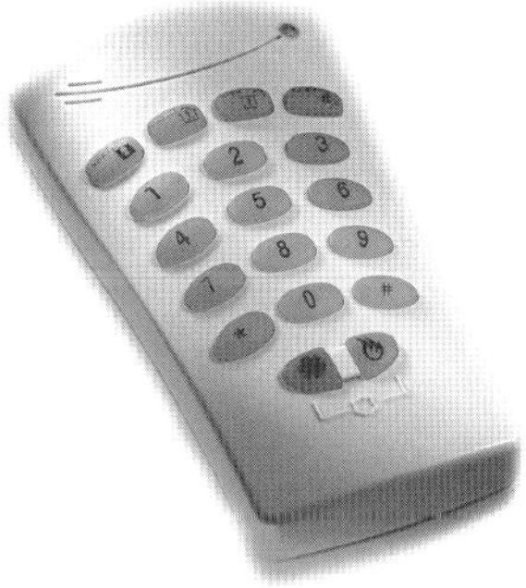

Figure 5.12
Clavier déporté sans fil *(source Visonic)*

Télécommande. Permet d'activer ou de désactiver facilement le système. Elle présente l'inconvénient de ne pas être toujours au même endroit et surtout d'être moins sécurisée, puisqu'elle ne nécessite pas la saisie d'un code. Disposer d'une télécommande dans la chambre, par exemple, permet d'activer le mode partiel en se couchant et de disposer d'un mode « panique » en cas de problème. Il existe également des systèmes d'alertes sous forme de bracelet ou de pendentif, qui permettent aux personnes âgées ou dépendantes d'alerter très facilement les voisins, la famille ou les secours en cas de problème *(voir la section « La sécurité des personnes », plus loin dans ce chapitre)*.

Scénario. Active ou désactive l'alarme en fonction de scénarios de vie programmés. La séquence « départ », par exemple, arme le système de sécurité, ferme les volets et coupe l'éclairage grâce à un bouton-poussoir, un clavier ou une télécommande.

Commande à distance. Permet de piloter le système par téléphone ou par Internet. Ce type de dispositif doit lui-même être sécurisé afin d'empêcher son utilisation par une personne mal intentionnée. Il est préférable de ne proposer que l'activation à distance, et pas la désactivation. Si nous souhaitons quand même désactiver le système à distance, afin de permettre à quelqu'un d'entrer chez nous sans lui communiquer le code, il est fortement recommandé d'ajouter au minimum un niveau d'authentification supplémentaire par mot de passe.

Quel que soit le type de commande, il est important de privilégier la facilité d'utilisation, tout en garantissant un certain niveau de sécurité, et de privilégier les dispositifs capables de signaler clairement l'état du système : en ou hors service, mode partiel, incident, défaut de pile, etc. Un écran LCD sur un clavier, un voyant sur une télécommande ou une icône sur un navigateur Internet peuvent permettre de visualiser instantanément ces informations. À l'opposé, les systèmes « tout ou rien » sans indication sont à bannir, car ils se contentent d'inverser l'état du système. Si, par exemple, nous sommes persuadés à tort d'avoir oublié d'activer l'alarme, la commande à distance par téléphone désactive la protection de la maison.

Critères de choix du système de sécurité

Le système doit être de technologie récente et combiner performance et convivialité. Dans une construction neuve, il faut privilégier les systèmes filaires. Si nous souhaitons une certaine évolutivité, un système mixte radio/filaire est envisageable. Ces centrales doivent pouvoir signaler immédiatement les incidents localement ou par le biais d'une alarme à distance.

Les critères importants à prendre en compte lors du choix d'un système de sécurité sont les suivants :

Facilité d'utilisation et convivialité des commandes. Une assistance à la mise en service par un système visuel ou vocal permet d'être informé de l'état du système, y compris en cas d'alarme ou d'urgence avec une assistance en langue française *(voir figure 5.13)*.

Mode de transmission. Il est important de connaitre les modes de communication disponibles dans le logement : ligne fixe, réseau mobile, réseau Internet. Le transmetteur téléphonique, qu'il soit RTC, GSM/GPRS ou IP, permet en cas d'alerte d'appeler plusieurs numéros de téléphone fixe ou mobile ou de s'abonner à une centrale de télésurveillance. Il peut être également utilisé pour commander certaines fonctions domotiques, comme le chauffage depuis l'extérieur. Certaines centrales sont conçues pour être reliées à une Box Internet, ce qui ouvre la voie à une nouvelle génération d'installations pilotables sur smartphone, avec support de la vidéosurveillance IP *(voir figure 5.11)*.

Nombre de zones et de modes. Le nombre de zones gérées par la centrale et la possibilité de mise en marche partielle sont primordiaux. Une centrale qui ne gère qu'une seule zone ne permet qu'une utilisation en tout ou rien.

Une réglementation ambiguë

Contrairement à ce qui se passe dans les pays anglo-saxons, où le système d'alarme est couramment interfacé avec la domotique, les professionnels français hésitent souvent à le proposer à leurs clients pour des raisons réglementaires. Il serait souhaitable que les pouvoirs publics éclaircissent la situation et incitent les assureurs à prendre leurs responsabilités en reconnaissant les bénéfices apportés par la domotique dans le niveau de sécurisation de nos maisons.

Figure 5.13
La facilité d'utilisation au quotidien est un critère essentiel de réussite d'un projet de sécurité *(source British Telecom)*

Ouverture du système. L'interfaçage avec l'éclairage et les automatismes de porte de garage ou de portail permettent la programmation de scénarios et les accès à distance. Le nombre de sorties et la compatibilité avec la domotique sont des critères importants à prendre en compte, comme dans les produits de marques Visonic, Gira, HAI, Jung ou Hestia.

Mixité des moyens de détection. Des radars infrarouges couplés aux éclairages extérieurs, complétés par des barrières infrarouges ou des détecteurs d'ouverture, garantissent l'efficacité de la dissuasion. La supervision des mouvements à l'intérieur de l'habitation passe par la mise en place de détecteurs infrarouges ou hyperfréquence. Il est également important de garantir la libre circulation des animaux domestiques.

Gestion multicode. Un code doit pouvoir être attribué de façon individuelle à chaque utilisateur, de façon tout à la fois à faciliter la mémorisation, disposer d'un historique nominatif et gérer l'accès par tranche horaire. Par exemple, nous devons pouvoir attribuer un code d'accès actif uniquement le jeudi matin pour la femme de ménage. Un code particulier peut également être enregistré pour prévenir le centre de télésurveillance en cas de saisie du code sous la contrainte.

Matériel agréé. La présence du sigle NF A2P garantit la qualité des matériels, leur conformité à la réglementation et la couverture par les assurances. Les produits agréés sont répartis en trois niveaux. Le premier rassemble les équipements destinés aux habitations difficilement accessibles (appartement à l'étage par exemple) ou sans objet de valeur. Le deuxième concerne les habitations plus facilement accessibles ou abritant des objets de valeur. Le troisième regroupe le matériel destiné aux sites très sensibles, exigeant un niveau de sécurité élevé pour protéger des œuvres d'art ou des bijoux.

Support multiprotocole. Les transmetteurs téléphoniques vocaux permettent de transmettre un ou plusieurs messages préalablement enregistrés et de recevoir un acquittement de la part du correspondant destiné à arrêter à distance le fonctionnement du transmetteur. Certaines centrales sont en mesure de gérer plusieurs protocoles numériques de transmission (Contact ID, SIA, 200Bds, etc.). Un transmetteur mixte vocal et digital multiprotocole permet de programmer la centrale aussi bien vers des téléphones portables que vers tous les centres de télésurveillance.

Interfaçage informatique. Possibilité de programmation à travers un PC pour sauvegarder les paramètres, permettre les évolutions et les mises à jour et assurer au besoin la maintenance à distance. La présence d'un port RS232 peut étendre les possibilités d'exploitation et les liens avec l'informatique.

L'offre en matière de sécurité anti-intrusion évolue vers des détecteurs plus petits et plus esthétiques, facilitant leur intégration dans les intérieurs. Une autre tendance de fond est la compatibilité de l'anti-intrusion avec la sécurité domestique, qui permet de mutualiser les fonctions d'analyse, d'alerte et de communication des centrales pour prévenir d'éventuels risques liés à la santé, aux piscines ou à la présence de fumées toxiques et de fuites de gaz ou d'eau.

Pour en savoir plus sur le Web

Fournisseurs de centrales de sécurité adaptées à l'habitat

ABB : www.abb.fr
ADI-Gardiner : www.adi-gardiner.fr
ADT Sécurité : www.adt-securite.fr
Avidsen : www.avidsen.com
Bosh : www.boschsecurity.fr
Daitem : www.daitem.fr
Delta Dore Talco : www.deltadore.fr
Diagral : www.diagral.fr
Domotag : www.domotag.com
Eden : www.tech-eden.com
Flash : www.flash.fr
Gira : www.gira.com/fr_BE
Hager : www.hager.fr
HAI : www.homeauto.com
Hestia : www.hestia-france.com
Honeywell : www.security.honeywell.com/fr
Jung : fr.jung.de
Legrand : www.legrand.fr
My Fox : www.myfox.fr
Myxyty : www.myxyty.com
Noxalarm : www.noxhom.fr
Paradox : www.paradox.ca
Schneider Electric : www.schneider-electric.fr
Septam : www.septam.fr
Siemens Alarmcom : www.siemens.com
Somfy : www.somfy.fr
Teleco : www.telecoautomation.com
Tyco : www.tyco.fr
Visonic Powermax : www.visonic.com

La sécurité domestique

En France, le marché de la sécurité s'adresse en priorité aux équipements de bureaux, d'usines ou de commerces, peu préoccupés par la sécurité domestique, à l'exception de la détection d'incendie, qui est traitée de façon spécifique. C'est la raison pour laquelle les centrales de sécurité installées chez les particuliers n'ont pas été conçues pour gérer ce type de risque.

Dans tout projet lié à la sécurité des biens et des personnes dans l'habitat, il convient de commencer par se poser la question suivante : qu'y a-t-il de précieux à protéger dans cette maison ? Les objets de valeur entrent évidemment en ligne de compte, mais loin derrière ce qui est par nature irremplaçable, c'est-à-dire les personnes et les biens ayant une dimension sentimentale. Dans ces domaines, la sécurité anti-intrusion ne constitue qu'une solution partielle, que nous pouvons aisément compléter avec un système de sécurité domestique capable de gérer les alarmes techniques.

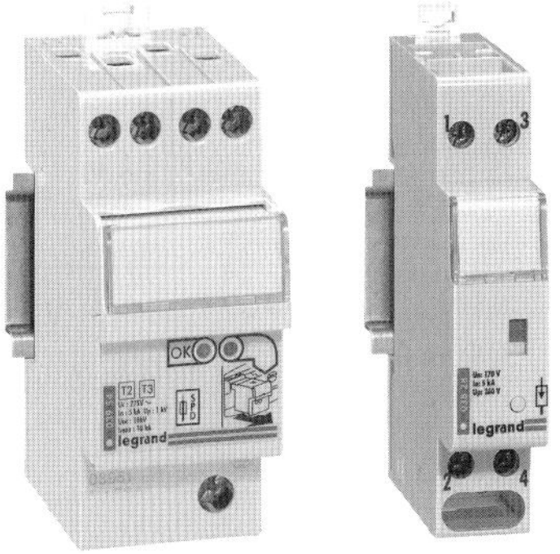

Figure 5.14
Modules de protection des installations électriques et téléphoniques contre les surtensions liées à la foudre, dont les effets peuvent être dévastateurs pour les équipements domestiques : téléviseurs, appareils électroménagers, ordinateurs, téléphones, alarmes, etc. *(source Legrand)*

Nous avons vu précédemment qu'une centrale d'alarme était capable d'analyser des informations issues de détecteurs et de réagir en conséquence, y compris en reportant l'incident vers l'extérieur. Pourquoi ne pas profiter de ce dispositif pour détecter de la même façon un certain nombre de risques domestiques, tels que dégagement toxique, incendie, fuite d'eau, fuite de gaz, noyade, etc. La sécurisation des personnes peut également être améliorée pour les enfants, les personnes âgées ou les personnes dépendantes.

Les alarmes techniques

Une maison intelligente doit être équipée d'un dispositif capable de gérer les alarmes techniques. À partir du moment où elle est déjà équipée d'une centrale anti-intrusion, il suffit d'ajouter les détecteurs nécessaires, avec ou sans fil, et d'effectuer la programmation. Cela revient à définir le niveau de sensibilité des détecteurs et la suite d'actions à mener en cas d'incident, notamment les suivantes :

Incendie. Un détecteur de fumée permet de réduire considérablement les risques. N'oublions pas qu'en cas d'incendie ce sont la plupart du temps les fumées, et non les flammes, qui entraînent le décès des victimes. Situé en hauteur, à un endroit stratégique (cage d'escalier, mezzanine, atelier, etc.), le détecteur est capable de donner l'alerte par l'intermédiaire de la centrale de sécurité en analysant des paramètres optiques, thermiques et chimiques *(voir figures 5.15 et 5.16)*. La sirène, le flash, la transmission vers les téléphones ou le centre de télésurveillance sont autant de moyens susceptibles d'alerter les voisins et les secours et de réduire le temps d'intervention des

Figure 5.15
Placer un détecteur incendie dans un séjour exige un compromis délicat entre efficacité et décoration *(source Bosch Security)*

Figure 5.16
Détecteur de fumée à cellule photoélectrique ou optique. Il s'agit de l'unique technologie autorisée en France, car c'est la plus adaptée aux incendies domestiques *(source Hager)*

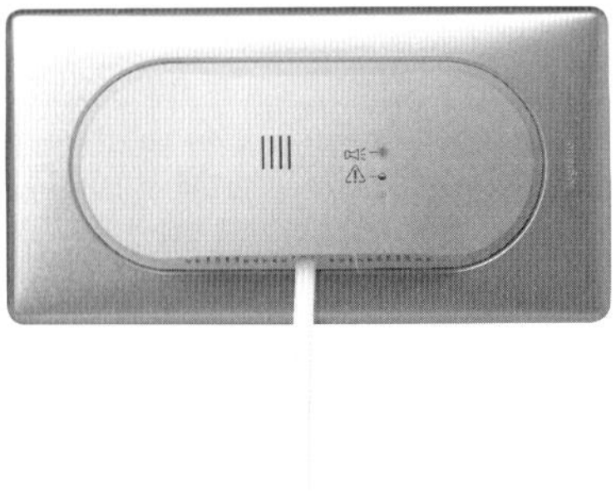

Figure 5.17
Détecteur de fuite d'eau à installer dans les lieux à risque, comme la buanderie, la cuisine ou la salle de bains. Il est équipé de voyants et doit pouvoir communiquer avec la centrale d'alarme, afin d'avertir plus efficacement, mais aussi avec l'installation domotique, afin, par exemple, de couper les circuits de prises électriques ou d'actionner l'électrovanne du circuit d'arrivée d'eau défaillant *(source Legrand)*

pompiers. Il est également possible de programmer la centrale pour qu'elle procède en cas d'alerte à la coupure générale des circuits électriques (hors balisage de sécurité) et des systèmes de ventilation ou de climatisation afin d'empêcher l'extension rapide du sinistre. Il s'agit là encore d'une illustration de l'utilité d'interconnecter les différents systèmes de la maison.

Gaz et fumées toxiques. Outre les risques liés à l'incendie, la détection de gaz et de fumées toxiques est primordiale. Il est donc justifié de disposer un certain nombre de détecteurs spécifiques dans certaines pièces sensibles. Par exemple, un détecteur de fumée dans la chaufferie, un détecteur de fuite de gaz butane ou propane dans la cuisine, un détecteur de monoxyde de carbone en cas de chauffage défaillant, etc. Il existe des modèles de détecteurs de fuite de gaz capables d'actionner une électrovalve de façon à bloquer instantanément la sortie de gaz dès qu'une fuite est détectée.

Dégâts des eaux. La présence anormale d'eau au sol peut être mesurée par une sonde placée dans une lingerie ou une arrière-cuisine, une électrovanne coupant automatiquement l'arrivée d'eau. Cela peut éviter les dégâts liés au dysfonctionnement de certains appareils ménagers, comme le lave-linge ou le lave-vaisselle. La figure 5.17 illustre un détecteur de fuite d'eau.

Panne de congélateur. Un détecteur de coupure sur la prise de courant ou un capteur d'élévation de température détectent un risque de décongélation en cas de panne de courant prolongé ou de dysfonctionnement du congélateur. Ce dispositif est également utile pour alerter de toute rupture de la chaîne du froid en cas de coupure de courant temporaire durant notre absence.

Panne d'électricité. Les centrales de sécurité munies de batterie ou certains systèmes domotiques peuvent nous alerter en cas de coupure d'électricité. Cela permet d'être averti que le système d'alarme n'est plus activé pour cause de batterie épuisée ou que le congélateur ou le réfrigérateur ne sont plus alimentés.

Panne de chaudière. Certaines chaudières sont capables de nous prévenir elles-mêmes de leur dysfonctionnement et de s'interfacer avec notre système d'alarme. Dans une installation électrique fondée sur un bus de commande, il est aisé de placer un capteur de température capable de détecter une température anormale. Un tel système est particulièrement utile dans une résidence secondaire, dans laquelle la bonne marche du chauffage en hors gel évite tout risque d'éclatement des canalisations.

À partir de 2015, la réglementation en France imposera la mise en place d'au moins un détecteur avertisseur autonome de fumée (DAAF) par habitation. À nous d'évaluer les risques d'incidents domestiques dans notre maison, d'anticiper la réglementation, voire d'aller au-delà. Un détecteur autonome est évidemment mieux que rien mais n'est pas très efficace en comparaison d'un détecteur relié à une centrale d'alarme capable de réagir efficacement par alerte sonore, transmetteur téléphonique, scénario domotique (clignotement des éclairages et ouverture des volets, par exemple), coupure de certains circuits, etc.

La sécurité des piscines

Une piscine constitue un risque domestique important, en particulier pour les jeunes enfants. Là encore, il peut être pertinent d'exploiter les moyens de détection et d'alerte que présente le système de sécurité, d'autant que la loi oblige désormais les propriétaires à équiper leur piscine d'un système de sécurité normalisé.

La réglementation française relative à la sécurité des piscines enterrées impose la mise en place de dispositifs homologués contre les risques de noyade par immersion involontaire et capables de prémunir les utilisateurs contre les risques de blessure, quel que soit le procédé utilisé, de rendre inaccessible l'eau du bassin à un enfant de moins de cinq ans, de déclencher une ou plusieurs sirènes et enfin d'empêcher tout accès aux commandes d'activation ou de désactivation des systèmes d'alarme ou de verrouillage des barrières.

Il est important de prévoir, par exemple, la mise en place d'une détection périmétrique constituée de deux faisceaux, un à 25 cm du sol et un autre à 40 cm, de disposer d'une centrale étanche, autoalimentée en cas de coupure secteur, capable de signaler clairement son mode de fonctionnement (marche/arrêt), de se réactiver automatiquement et de signaler tout désalignement des détecteurs. La mise en route du système doit être hors de portée d'un enfant (hauteur de 1,60 m au minimum). Elle doit mettre en jeu deux actions séparées mais simultanées agissant selon des principes différents ou faire appel à un code digital.

La protection périmétrique peut être renforcée par l'installation d'un rideau rigide de piscine, dont le fonctionnement est également réglementé, ou par des flotteurs-détecteurs équipés d'un dispositif sensible à l'onde de choc provoquée par la chute d'un corps dans l'eau. Il existe d'autres dispositifs autonomes, en particulier les colliers portés par les enfants, qui déclenchent une alerte dès qu'ils entrent en contact avec l'eau.

Un autre moyen de minimiser les risques de chute accidentelle consiste à sécuriser les abords de la piscine par des détecteurs volumétriques ou par un système de vidéosurveillance capable de détecter une présence.

Quel que soit le moyen de détection utilisé, la capacité du système à alerter efficacement est primordiale. Il est donc important de pouvoir exploiter les sirènes intérieures et extérieures ou les dispositifs lumineux déjà installés pour l'alarme anti-intrusion. Il est recommandé d'interfacer la sécurité de la piscine avec le plus de moyens d'alerte possible, comme le report sur les téléphones, le système de diffusion sonore ou encore la transmission des caméras sur les téléviseurs *(voir figure 5.18)*.

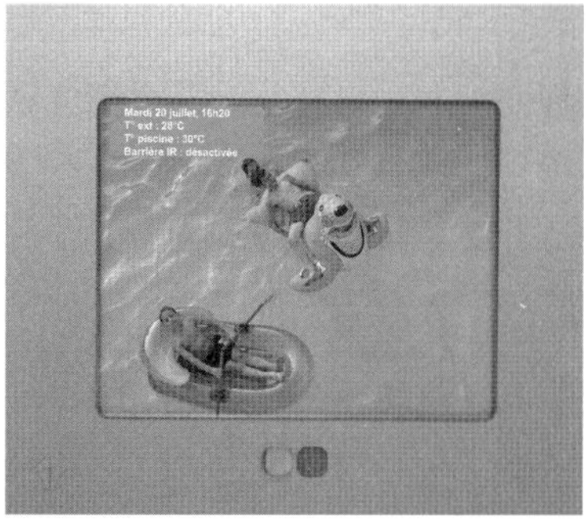

Figure 5.18
L'écran permet de garder un œil sur la piscine, d'accéder aux informations de température et de sécurité ainsi que d'être prévenu en cas de dysfonctionnement du filtre ou du système de chauffage *(source Vantage)*

La sécurité des personnes

La détection de certains paramètres et le déclenchement d'une série d'actions peuvent faciliter la vie quotidienne des personnes seules ou en situation de dépendance.

Voici quelques exemples de systèmes de sécurité des personnes :

Détection de température. En cas de température trop élevée, une commande déclenche la descente automatique des volets côté sud et alerte les proches.

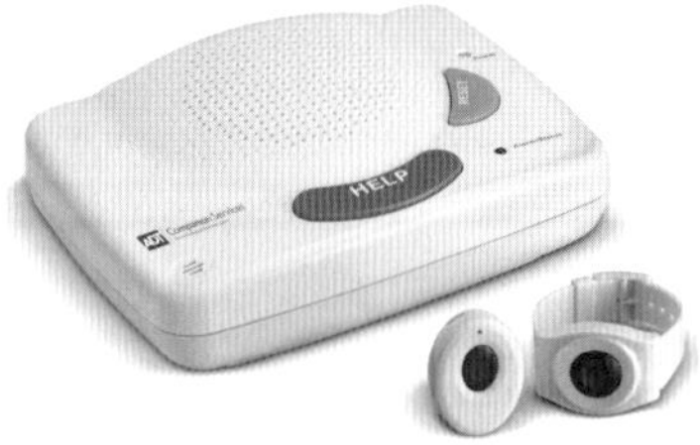

Figure 5.19
Dispositif d'alerte par bracelet ou médaillon pour personnes en situation de dépendance *(source ADT Sécurité)*

Médaillon d'appel. Une personne âgée peut disposer d'un médaillon ou d'un bracelet, qui, sur simple pression, permet d'appeler les secours ou la famille. Ce type de bouton « panique » ou « alerte » est souvent proposé sur les télécommandes des systèmes de sécurité. Il s'agit d'une fonction psychologiquement rassurante pour les personnes qui estiment ne pas pouvoir composer un numéro de téléphone en cas de stress ou de malaise *(voir figure 5.19)*.

Alerte d'inactivité. Il s'agit de mesurer la consommation d'eau, d'électricité ou la fréquence cardiaque de la personne. Lorsque la centrale ne détecte pas d'activité ou une activité anormale pendant un laps de temps défini, une alerte est automatiquement transmise vers les proches.

Dans tous les cas, l'efficacité du dispositif repose sur la mise en relation des différents systèmes domotiques avec le système de sécurité et son transmetteur téléphonique.

Le contrôle d'accès

Figure 5.20
Système autonome de contrôle d'accès fondé sur un clavier à code avec lecteur de carte intégré pour une double authentification *(source GE/Aritech)*

En complément du système de sécurité, le contrôle d'accès permet d'autoriser un certain nombre de personnes à accéder à l'habitation en actionnant une gâche électrique, une ventouse magnétique ou une serrure motorisée.

Les principaux modes de contrôle d'accès sont les suivants :

Clés. Il s'agit évidemment de la façon la plus classique de sécuriser les accès à une maison. Les clés permettent d'actionner mécaniquement les différentes portes.

Code. La saisie d'une combinaison de chiffres ou de lettres sur un clavier commande un automatisme de portail ou une gâche électrique. On rencontre couramment ce type de contrôle pour les accès aux immeubles ou pour l'ouverture des portails *(voir figure 5.20)*.

Badge de proximité. Un lecteur déclenche l'ouverture d'une porte dès qu'on y introduit une carte magnétique ou lorsqu'il détecte la présence d'un badge de proximité. Cette technologie se développe énormément pour sécuriser l'accès aux parties communes des immeubles. Elle est particulièrement intéressante, puisqu'elle permet une gestion des accès sans clé avec invalidation de la carte ou du badge en cas de perte et gestion des plages horaires. Elle peut être également utilisée pour faciliter les accès à une propriété, en particulier pour les voitures. La figure 5.21 illustre un contrôle d'accès par badge de proximité.

Biométrie. C'est la technologie de contrôle d'accès qui a probablement le plus grand avenir. Que ce soit par reconnaissance d'empreinte digitale, de voix, d'iris, de rétine ou de visage, c'est le seul moyen pour identifier une personne sur la base de caractères physiologiques automatiquement reconnaissables et vérifiables.

Protocole Wiegand

Le contrôle d'accès résidentiel bénéficie de l'expérience issue de la sécurisation des bâtiments tertiaires et industriels. Au côté de systèmes élémentaires ou propriétaires, s'est développé un protocole capable de fédérer la plupart des produits professionnels : le protocole Wiegand. Fondé sur une technologie filaire de bus, il apporte un niveau de sécurisation élevé et l'interopérabilité entre les lecteurs, les claviers et les centrales. Sur le marché du résidentiel français, on retrouve ce protocole dans les produits Varuna d'Hestia ou Sairbere de Saitec.

Protection de la vie privée

L'enregistrement des données personnelles est rigoureusement réglementé en France. Dans les applications collectives ou publiques, la biométrie ne peut être utilisée que pour comparer les caractéristiques physiques d'une personne avec un enregistrement uniquement stocké dans une carte à puce ou un badge. Le stockage autonome et sécurisé des données personnelles des membres d'une famille n'entre pas dans le cadre de cette loi.

Figure 5.21
Badge de proximité *(source Secant)*

Figure 5.22
Serrure biométrique dotée de trois points de fermeture homologuée par les assurances *(source Biometrix21)*

La biométrie par empreinte digitale a longtemps été freinée du fait de son coût élevé, lié à l'intégration de capteurs optiques et à la puissance de calcul nécessaire. De nombreux constructeurs proposent aujourd'hui des produits bon marché, fiables, fondés sur des capteurs en silicium beaucoup moins chers que les lecteurs optiques et plus faciles à intégrer. Ces systèmes peuvent être centralisés ou autonomes et intégrés à des portiers extérieurs.

Ce type de lecteur s'adresse à un nombre limité d'utilisateurs, une application domestique ne comportant généralement pas plus de vingt enregistrements d'utilisateurs.

La biométrie par empreinte digitale est parfaitement adaptée au marché des particuliers. Elle simplifie les accès en permettant des gestions horaires et la traçabilité des allées et venues, tout en authentifiant formellement les personnes. Elle ouvre de surcroît des perspectives prometteuses pour la maison intelligente en permettant, outre le contrôle d'accès, une personnalisation de l'environnement et une cohérence d'authentification avec les téléphones portables et les ordinateurs, qui commencent eux aussi à disposer de lecteurs d'empreintes.

La figure 5.22 illustre un contrôle d'accès par lecture d'empreintes digitales *(voir également un exemple détaillé au chapitre 13)*.

Tableau 5.1 Avantages et inconvénients des méthodes de contrôle d'accès

	Avantage	Inconvénient	Domaine d'application
Clé	– Peu onéreux – Fiable – Pas de problème en cas de panne secteur	– Risque de perte, de vol ou de duplication – Obligation de changer les serrures en cas de perte – Pas de gestion horaire ni d'historique	– Projet traditionnel
Code	– Pas de risque de perte ou de vol – Authentification et historique – Gestion horaire – Nombre d'utilisateurs illimité – Possibilité de désactiver un code	– Onéreux – Risque d'oubli du code – Nécessite un système de batterie ou de dérogation en cas de panne secteur – Obligation de changer régulièrement de code	– Automatisme de portail et de porte de garage
Badge de proximité	– Authentification et historique – Gestion horaire – Possibilité de désactiver un badge	– Onéreux – Risque de perte ou de vol – Nécessite un système de batterie ou de dérogation en cas de panne secteur	– Collectif
Biométrie (empreinte digitale)	– Pas de risque de perte ou de vol – Authentification et historique – Gestion horaire	– Onéreux – Nombre d'utilisateurs limité et enregistrement préalable – Nécessite un système de batterie ou de dérogation en cas de panne secteur	– Besoins élevés de sécurité – Solution résidentielle haut de gamme

Le tableau 5.1 compare les avantages et inconvénients des quatre méthodes de contrôle d'accès.

Les performances de ces systèmes ne sont pas comparables. Chaque technologie présente des avantages et des inconvénients, qui peuvent être acceptables ou non. Nous ne raisonnerons pas de la même façon s'il s'agit d'un besoin ponctuel couvert par un système autonome ou si l'objectif est de gérer les droits d'accès de nombreux utilisateurs et de sécuriser plusieurs issues. Dans ce dernier cas, nous nous orienterons plutôt vers une approche centralisée sur ordinateur avec des lecteurs répartis. Là encore, seule une analyse précise des besoins, de l'environnement et des budgets peut permettre de faire le bon choix.

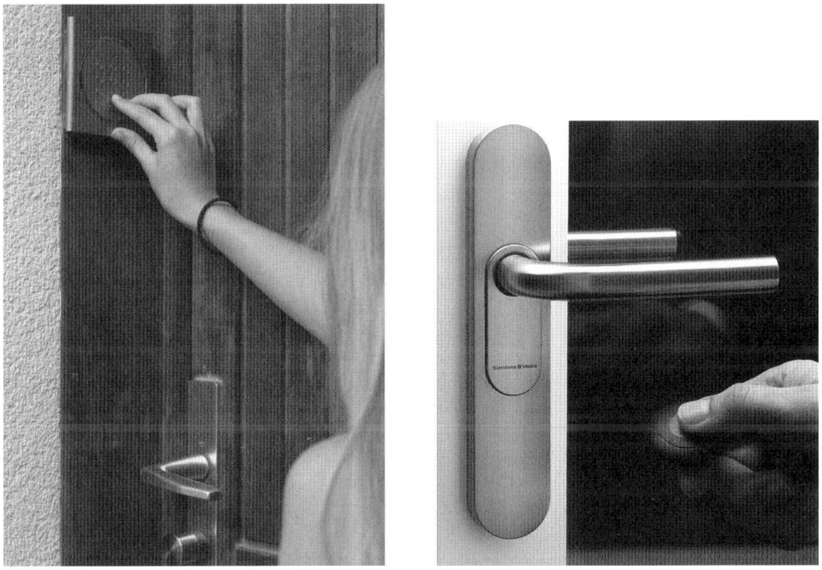

Figure 5.23
En rénovation notamment, il est possible, sans le moindre câblage, de remplacer un cylindre européen standard par un cylindre numérique capable de communiquer sans fil avec un badge, un lecteur biométrique ou un clavier à code. Cette technologie existe également en version intégrée à la poignée *(source Simons Voss)*

Pour en savoir plus sur le Web

Principaux fournisseurs de systèmes de contrôle d'accès

ADI-Gardiner : www.adi-gardiner.fr
Aiphone : www.aiphone.fr
Avidsen : www.avidsen.com
Biometrix21 : www.biometrix21.com
Bosch : www.boschsecurity.fr
Captive Urmet : www.urmet-captiv.fr
Castel : www.castel.fr
CDVI : www.cdvi.com
Cofrel Bticino : www.bticino.fr
Daitem : www.daitem.fr
Eden : www.tech-eden.com
Hestia : www.hestia-france.com
Paradox : www.paradox.ca
Paxton : www.paxton-access.co.uk (anglais)
Septam : www.septam.fr
Siedle : www.siedle.com
Siemens Alarmcom : www.siemens.com
Simons Voss : www.simons-voss.fr
Tonna : www.tonna.com

Bluetooth et RFID

De nouvelles solutions fondées sur les technologies Bluetooth ou RFID (Radio Frequency Identification) pourraient bouleverser le contrôle d'accès résidentiel. Une puce RFID ou la puce de notre téléphone portable permettraient de nous identifier de façon individuelle et transparente.

La vidéosurveillance

La vidéosurveillance constitue un bon complément d'une centrale d'alarme et d'un système de contrôle d'accès. L'installation de caméras à l'intérieur comme à l'extérieur devient de plus en plus courante. Les raisons à cela sont que les prix ont énormément baissé et que les technologies numériques permettent de mettre en œuvre des fonctions autrefois difficiles à déployer. De plus, une maison bien conçue dispose désormais de l'infrastructure de câblage nécessaire pour relier les différentes caméras et les consulter en local ou à distance à travers Internet grâce à un ordinateur ou un smartphone.

Les usages que nous pouvons faire d'un système de vidéosurveillance peuvent être très différents d'une maison à une autre. La fonction de surveillance à distance et de levée de doute est souvent complétée par une communication visuelle à distance ou des fonctions d'agrément permettant, par exemple, de vérifier que les enfants sont rentrés de l'école ou de voir le temps qu'il fait au-dessus de notre résidence secondaire.

Quelle que soit l'utilisation que nous souhaitions faire de la vidéosurveillance, les sections qui suivent détaillent tout ce qu'il faut savoir pour s'équiper dans les meilleures conditions.

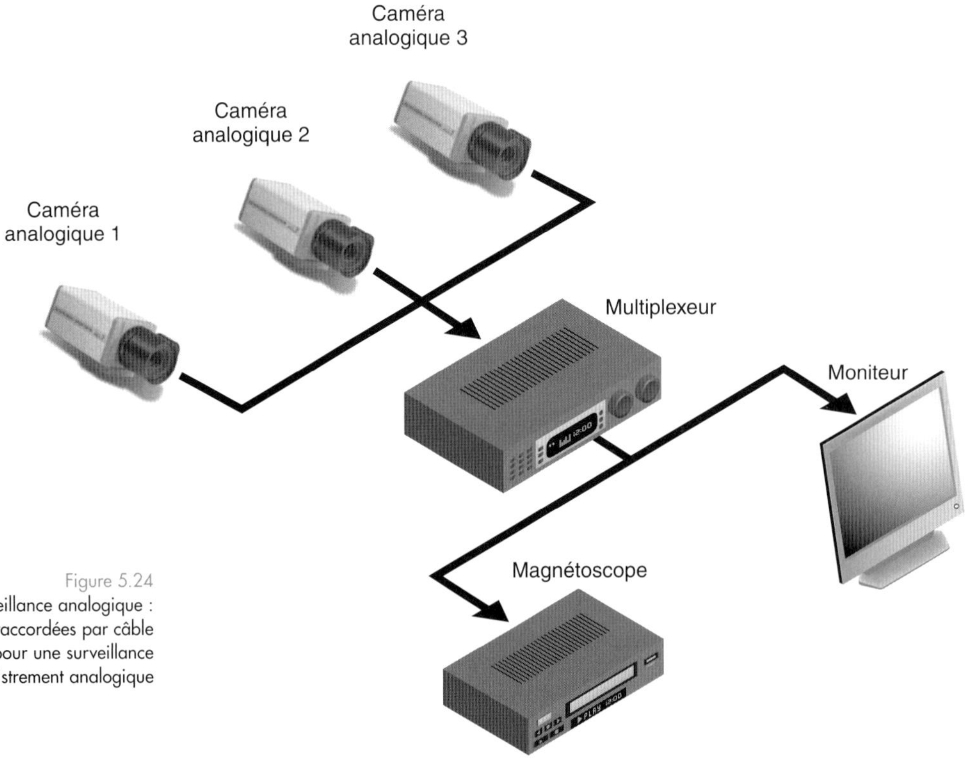

Figure 5.24
Principe de la vidéosurveillance analogique : les caméras traditionnelles sont raccordées par câble coaxial à un multiplexeur pour une surveillance sur moniteur et un enregistrement analogique

Les systèmes analogique, numérique et hybride

Selon la technologie utilisée, on peut distinguer trois types de vidéosurveillance :

Analogique. Au cours des vingt dernières années, le marché a été couvert par une technologie analogique appelée CCTV (Close Circuit TV), ou circuit de télévision fermé. Ce type de système, dit traditionnel, est fondé sur des technologies analogiques. Les caméras sont reliées à un multiplexeur, qui permet de visualiser les images en local sur un moniteur et d'enregistrer les sources vidéo sur bande. La figure 5.24 illustre le principe de fonctionnement d'un système de vidéosurveillance analogique.

Numérique. Un système de vidéosurveillance numérique s'appuie sur les technologies informatiques et Internet. Les caméras sont reliées au réseau local informatique, grâce auquel il est possible de visualiser les images sur tous les ordinateurs et d'enregistrer les sources vidéo en numérique. Une application de vidéosurveillance sur IP crée des flux de données vidéo numérisées, qui sont transférés sur un réseau IP câblé ou sans fil. Cela permet le contrôle et l'enregistrement vidéo de toute la zone couverte par le réseau. La figure 5.25 illustre le principe de fonctionnement d'un système de vidéosurveillance numérique.

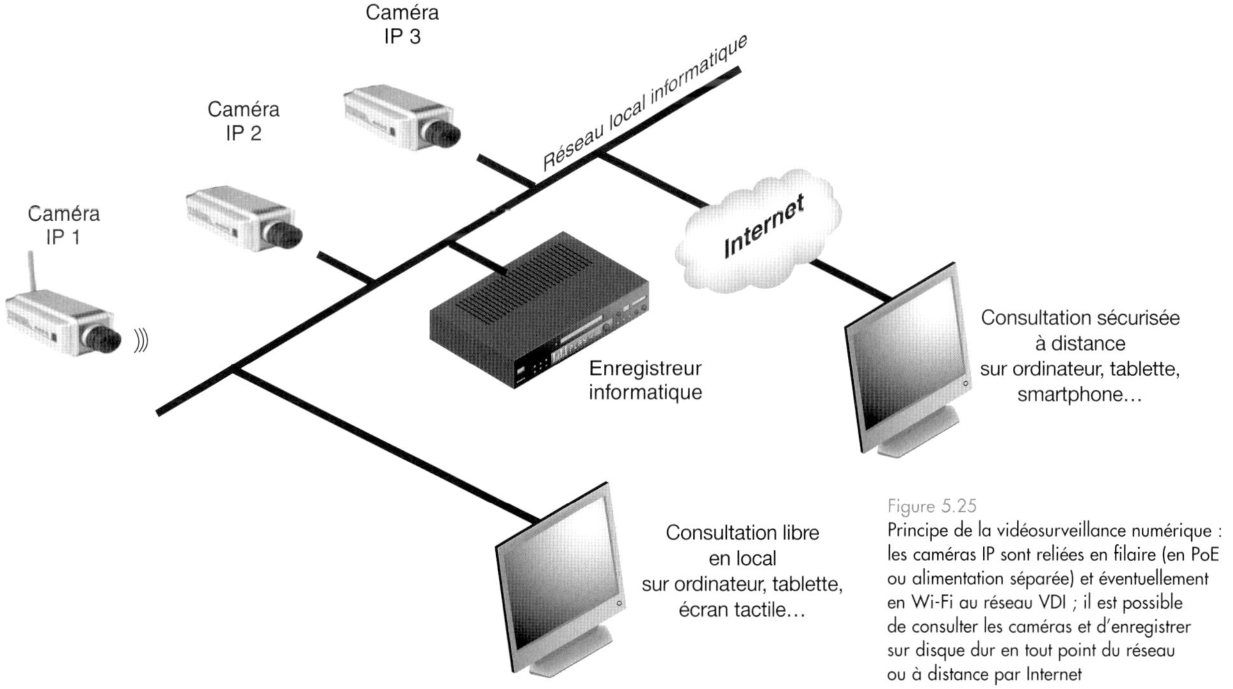

Figure 5.25
Principe de la vidéosurveillance numérique : les caméras IP sont reliées en filaire (en PoE ou alimentation séparée) et éventuellement en Wi-Fi au réseau VDI ; il est possible de consulter les caméras et d'enregistrer sur disque dur en tout point du réseau ou à distance par Internet

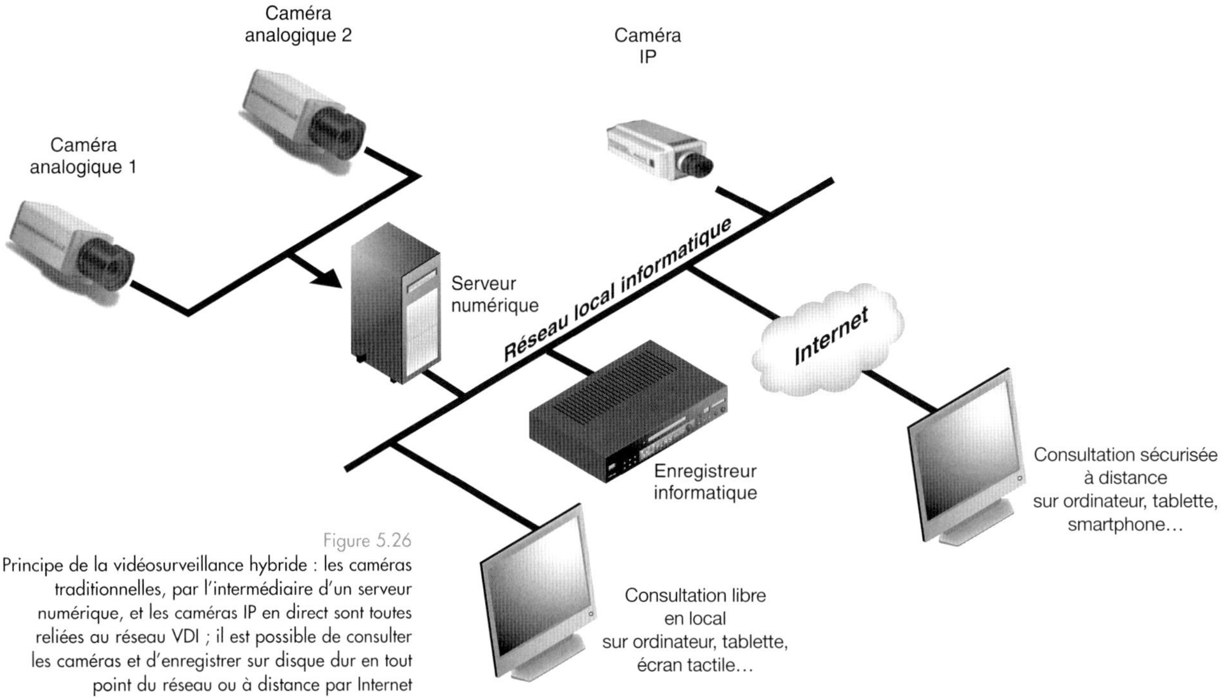

Figure 5.26
Principe de la vidéosurveillance hybride : les caméras traditionnelles, par l'intermédiaire d'un serveur numérique, et les caméras IP en direct sont toutes reliées au réseau VDI ; il est possible de consulter les caméras et d'enregistrer sur disque dur en tout point du réseau ou à distance par Internet

Hybride. Il s'agit en quelque sorte d'un couplage des deux technologies précédentes afin de bénéficier de leurs avantages respectifs. Des caméras traditionnelles ou IP sont mises en réseau et raccordées à un serveur vidéo numérique. Ce dernier est un boîtier constitué d'un certain nombre d'entrées vidéo, d'un port réseau Ethernet, d'un disque dur, d'un serveur Web embarqué et d'un logiciel de compression et de traitement d'images capable de transformer les flux analogiques en données informatiques consultables sur le réseau local de la maison ou à distance. La figure 5.26 illustre le principe de fonctionnement d'un système de vidéosurveillance hybride.

Le tableau 5.2 compare les avantages et inconvénients de ces trois technologies de vidéosurveillance.

La combinaison de l'informatique et des caméras traditionnelles constitue un compromis efficace en ce qu'elle permet de maîtriser les coûts et de simplifier la gestion du réseau informatique tout en profitant de fonctionnalités avancées. Citons notamment parmi ces dernières la détection de mouvement par analyse d'image, la mémoire tampon permettant de sauvegarder les images antérieures à l'incident, le comptage de personnes ou de véhicules ou encore la consultation des flux vidéo en tout point de la maison et depuis l'extérieur par Internet.

Tableau 5.2 Avantages et inconvénients des technologies de vidéosurveillance

	Avantage	Inconvénient	Domaine d'application
Analogique	– Technologie maîtrisée par de nombreux installateurs – Réseau dédié : aucune dépendance avec le réseau informatique – Qualité d'image constante – Large choix de caméras	– Câblage spécifique (manque de souplesse) – Pas de détection de mouvement – Pas d'accès ni de contrôle à distance – Câblage supplémentaire pour les fonctions motorisées – Stockage sur bande soumis à une détérioration dans le temps – Difficulté à retrouver et synchroniser un événement sur plusieurs caméras	Déconseillé : faire plutôt évoluer les installations existantes de ce type vers la vidéosurveillance hybride
Numérique	– Coût de mise en œuvre limité dans le cas où le LAN est déjà déployé. – Pas besoin de câblage spécifique pour les fonctions motorisées – Fonctions de détection de mouvement – Possibilité de stocker des images dans la caméra – Mémoire tampon permettant d'enregistrer des images antérieures à l'incident – Possibilité de s'interfacer facilement avec le LAN ou le système de contrôle d'accès – Consultation et stockage des images en tout point du réseau ou à distance – Sécurisation des transmissions grâce aux dispositifs de cryptage ou d'authentification	– Peu d'installateurs maîtrisent cette technologie (compétences vidéo, informatiques et réseau requises). – Qualité d'image dépendant de la qualité du réseau – Risque de saturation du réseau informatique surtout si l'enregistrement ne se fait pas dans la caméra – Choix limité de caméras et coût élevé des caméras réseau, qui incluent au minimum un objectif, un filtre optique, un capteur et un numériseur d'images, un serveur Web et une interface réseau. – Peu de modèles étanches. Il faut souvent prévoir un caisson thermostaté en extérieur.	Idéal pour déployer quelques caméras isolées en intérieur sur un réseau informatique existant ou mettre en œuvre un projet 100 % IP.
Hybride	– Large choix de caméras – Câblage analogique ou réseau avec adaptateurs – Mêmes fonctions avancées que dans le cas de la vidéosurveillance numérique – Moins de risque de saturation du réseau informatique	Peu d'installateurs maîtrisent cette technologie (compétences vidéo, informatiques et réseau requises).	Recommandé dans le résidentiel lorsqu'il y a plusieurs caméras de nature différente.

La figure 5.27 illustre ce type d'installation. Il s'agit d'un projet de surveillance d'une propriété qui se trouve dans une zone desservie par l'ADSL.

L'installation repose sur un ensemble de caméras analogiques extérieures reliées en étoile par du câble coaxial à un serveur numérique assurant la détection de présence sur une caméra, le stockage des images sur disque dur et la consultation sur le réseau local et à distance par ADSL. Dans la mesure où il s'est avéré impossible de relier la caméra du parc par un câble vidéo, un système dédié d'émission/réception radio a été utilisé.

Les caméras sont consultables en local sur les ordinateurs et les téléviseurs, car le signal vidéo issu du serveur numérique a été modulé comme une chaîne de

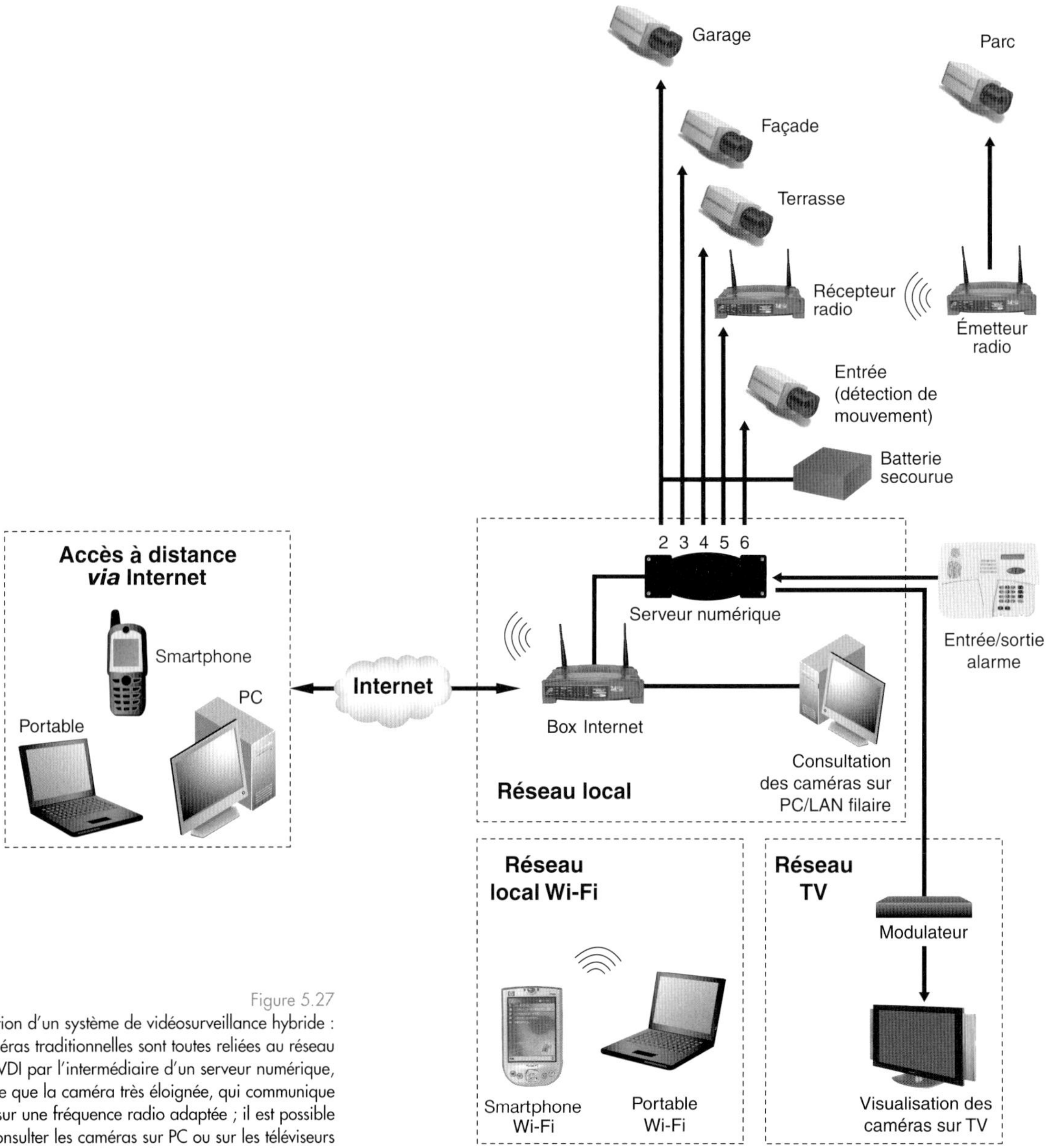

Figure 5.27
Installation d'un système de vidéosurveillance hybride : les caméras traditionnelles sont toutes reliées au réseau VDI par l'intermédiaire d'un serveur numérique, de même que la caméra très éloignée, qui communique sur une fréquence radio adaptée ; il est possible de consulter les caméras sur PC ou sur les téléviseurs et d'enregistrer sur disque dur en tout point du réseau ou à distance par Internet sur tout type de client Web ou application sur smartphone

TV supplémentaire. Il est également possible pour un centre de télésurveillance ou pour les propriétaires de surveiller la propriété par Internet sur ordinateur fixe ou portable ainsi que sur tout équipement équipé d'un navigateur Web ou d'une application sur smartphone ou tablette.

▶ Choix du matériel

Le choix des caméras, des serveurs et des câbles découle de la technologie retenue. Une combinaison de matériels analogiques et numériques est nécessaire dans le cas d'une solution mixte, alors que, pour une installation entièrement numérique, il faut se tourner vers du matériel de type informatique.

Les caméras

Le principal intérêt des solutions hybrides est de profiter du très large choix de caméras traditionnelles disponible sur le marché et éventuellement de mixer avec de petites caméras IP, et ce pour tous les budgets *(voir tableau 5.3)*. Il existe une multitude de modèles : caméras intérieures, extérieures, étanches, protégées par un caisson thermostaté, motorisées dans un dôme antivandale, couleur, noir et blanc, infrarouge pour la vision nocturne, avec zoom intégré ou séparé, à focale variable, à haute résolution pour l'observation de détails, à contre-jour pour compenser la forte luminosité tout en maintenant la clarté de l'image, équipées de micro, miniatures pour l'intégration dans les meubles ou les détecteurs de présence, etc.

Les conseils d'un spécialiste sont souvent nécessaires pour faire le bon choix. Un essai sur site est en outre indispensable pour le valider. Il est essentiel de choisir une caméra en fonction de l'application qui lui est destinée et de privilégier des modèles évolutifs (objectif et corps de la caméra séparés, par exemple).

Le choix des caméras numériques est plus limité que celui des caméras analogiques.

Webcams

L'optique et la distance focale des webcams USB ou Bluetooth utilisées pour dialoguer sur Internet ne sont pas réellement adaptées aux applications de vidéosurveillance. De plus, elles ne sont pas conçues pour être positionnées loin du PC et nécessitent évidemment que le PC soit en marche.

Caméras fixes ou motorisées ?

Que ce soit en analogique ou en numérique, il est tentant de s'équiper de caméras motorisées, mais leur coût d'acquisition et de maintenance est encore très élevé. Plusieurs caméras fixes permettent de visualiser et d'enregistrer des angles différents simultanément, ce qui est bien entendu impossible avec une seule camera motorisée. Certains fabricants proposent des caméras fixes capables de simuler les fonctions panorama, inclinaison et zoom (PTZ) sans la moindre motorisation, grâce aux performances d'un capteur d'image haute définition et d'un objectif grand-angle.

Tableau 5.3 Types de caméras

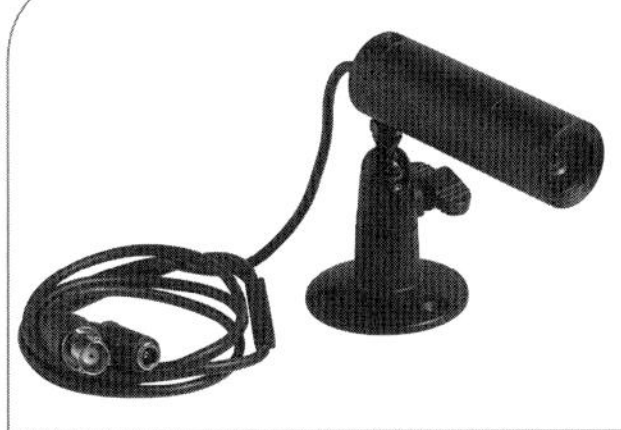

Caméra analogique tube pour l'intérieur ou l'extérieur *(source BTicino)*

Caméra analogique miniature fixe *(source Systal/Gardiner)*

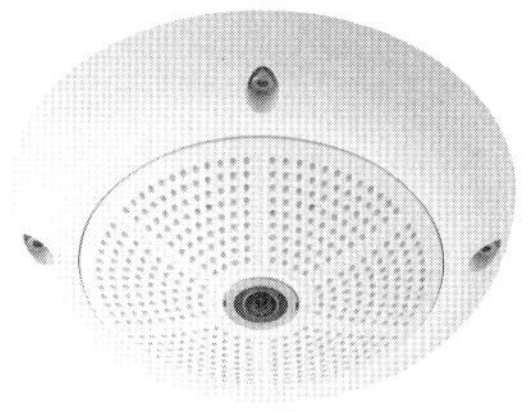

Caméra IP hémisphérique 360° *(source Mobotix)*

Caméra IP PoE PTZ *(source Axis)*

Pour en savoir plus sur le Web

Principaux fournisseurs de caméras analogiques ou numériques

ACTI : www.storvision.com
Axis : www.axis.com
Bosh : www.boschsecurity.fr
Canon : www.canon.fr
D-Link : www.dlink.fr
Ernitec : www.ernitec.fr
IQeye : www.iqeye.com (anglais)
JVC : pro.jvc.com (anglais)
Linksys : www.linksysbycisco.com/eu/fr
Mobotix : www.mobotix.fr
Optec : www.optec-developpement.fr
Panasonic : www.panasonic.fr
Sony : www.sonybiz.net
Toshiba : www.toshiba.fr
Vivotek : www.vivotek.com (anglais)

Une caméra IP est autonome et embarque au minimum un objectif, un filtre optique, un capteur, un numériseur d'images, un serveur Web et une interface réseau. La qualité numérique, surtout sur les modèles à balayage progressif, est souvent synonyme d'images plus nettes et de mouvements plus fluides qu'en analogique.

Là encore, il ne faut pas forcément opposer l'analogique au numérique, dans la mesure où un serveur de caméras est parfaitement capable de gérer des flux vidéo issus de caméras traditionnelles et de caméras IP. En fonction de la topologie des lieux ainsi que de la qualité et de la présence du réseau informatique, nous pouvons choisir l'une ou l'autre des technologies.

Le serveur vidéo numérique

Le serveur vidéo numérique constitue le cœur du système, surtout dans une installation mixte, où l'intelligence du système est centralisée et non distribuée au niveau de chaque caméra IP. La figure 5.28 en illustre un exemple.

Voici les critères importants à considérer dans le choix de ces serveurs :

- nombre de caméras à raccorder (4, 8, 12, 16, etc.) ;
- nombre d'images par seconde à l'enregistrement et par caméra ;
- mémoire physique totale pour le stockage ;
- type de compression utilisé (MPEG, MPEG-2, MPEG-4, wavelet, etc.) ;
- format de l'image enregistrée avec les paramètres précédents (320 × 240, 640 × 240, 640 × 480, 1 280 × 800 ou 2 048 × 1 536 pixels) ;

Figure 5.28
Façades avant et arrière d'un serveur numérique de vidéosurveillance. On distingue en façade les quatre connecteurs permettant de brancher les caméras analogiques et au dos la prise Ethernet et l'alimentation. Ce serveur gère la détection de mouvement et la mémorisation d'images pré/post-alarme, les fonctions panoramique/inclinaison/zoom (PTZ) et la surveillance audio bidirectionnelle *(source Axis)*

- possibilités d'évolution en nombre d'entrées et en mémoire physique ;
- présence de connecteurs pour brancher un écran, un clavier ou une souris ;
- possibilité de monitoring électrique (onduleur interne) ;
- présence d'un graveur pour transmission d'enregistrements, archivage et relecture sur PC ;
- fonctionnalités disponibles dans le logiciel d'exploitation : détection de mouvement (sensibilité, masques, etc.), mémorisation d'images avant et après la détection d'un événement, ainsi que fonctions panoramique/ inclinaison/zoom (PTZ).

Les images doivent être accessibles en consultation temps réel ou différée depuis un simple navigateur Internet, comme illustré à la figure 5.29.

Certaines fonctions avancées peuvent passer par le biais d'un logiciel spécifique permettant de visualiser, enregistrer, revoir et gérer les images vidéo et d'offrir au final un nombre de fonctionnalités beaucoup plus important qu'un système analogique traditionnel. Le traitement des images est centralisé et non distribué au niveau de chaque caméra, ce qui permet une gestion optimale des fonctions de détection de mouvements.

Un serveur de vidéosurveillance comme une caméra IP doivent pouvoir être programmés pour effectuer un certain nombre d'actions en cas d'alertes, notamment les suivantes :

Les services de vidéosurveillance par Internet

De nombreuses offres de services de vidéosurveillance apparaissent sur le marché. Elles sont en général issues de partenariats entre les opérateurs télécoms et les spécialistes de la sécurité. Elles fonctionnent grâce à un ordinateur ou directement à la Box Internet. Le système nous avertit par e-mail, SMS ou MMS en cas d'intrusion ou peut être consulté à tout moment pour visualiser la maison. Certaines offres utilisent également ou exclusivement les réseaux de téléphonie mobile pour les sites non raccordés au haut débit Internet ou pour pallier une panne de courant ou une coupure de la ligne fixe.

Pour en savoir plus sur le Web

Services de vidéosurveillance par Internet

Keep an Eye : www.keepaneye.tv
Kiwatch : www.kiwatch.com
Logitech : www.logitech.fr
MT Eye : www.mteye.fr
My Fox : www.myfox.fr
Myxyty : www.myxyty.com
visiotag : www.domotag.com

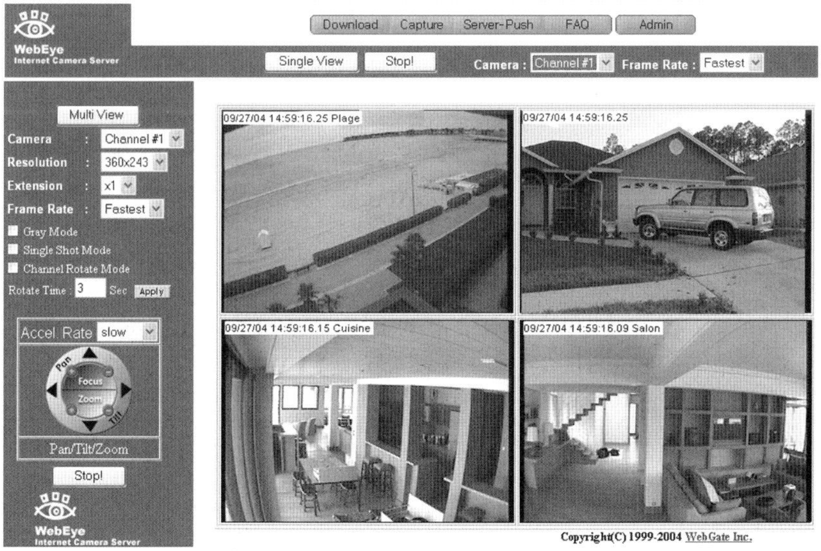

Figure 5.29
Consultation des caméras à distance sur Internet

Pour en savoir plus sur le Web

Principaux fournisseurs de serveurs de vidéosurveillance

ADI-Gardiner : www.adi-gardiner.fr
Arclan System : www.arclansys.com
Avermedia : www.avermedia.fr
Axis : www.axis.com
Bosh : www.boschsecurity.fr
Convision : www.convision.com (anglais/allemand)
Dedicated Micro : www.dedicatedmicros.fr
JVC : pro.jvc.com
Mobotix : www.mobotix.fr
Optec : www.optec-developpement.fr
Panasonic : www.panasonic.fr
Sony : www.sonybiz.net
Storvision : www.storvision.com
Toshiba : www.toshiba.fr

- transmettre l'incident à la centrale de sécurité en cas de détection de présence ;
- enregistrer l'incident en haute résolution ;
- conserver une trace des événements ayant eu lieu pendant les secondes précédant l'incident grâce à un système de mémoire tampon ;
- prévenir de l'incident par SMS, message vocal ou e-mail en joignant éventuellement quelques images.

Pour ne pas multiplier le nombre de machines, il est possible d'équiper le serveur domotique de cartes PCI ou de boîtiers externes de vidéosurveillance capables de simuler le fonctionnement d'un serveur dédié.

Le câblage

Une installation tout numérique s'appuie sur le réseau local informatique ou VDI de la maison.

Une installation hybride utilise le réseau informatique pour relier le serveur au réseau local et permettre la consultation en local ou à distance. Elle peut en outre relier les caméras entre elles par le biais d'un câble informatique doté d'un adaptateur BNC/câble informatique *(voir figure 5.30)*.

Lorsque les caméras sont raccordées à l'aide de câbles informatiques, il est possible d'utiliser une des paires disponibles pour l'alimentation de la caméra ou de bénéficier des fonctions PoE (Power over Ethernet) de certains modèles de caméra. En règle générale, les caméras sont reliées en étoile à l'aide d'un câble coaxial de type KX6 pour les liaisons inférieures à 200 m et KX8 au-delà.

PoE (Power over Ethernet)

La norme PoE est de plus en plus utilisée en informatique pour faire passer, en plus des données, une tension de 48 V sur un câblage VDI. Cela permet d'alimenter les équipements d'un réseau Ethernet, tels que des téléphones IP, des disques durs réseau, des imprimantes ou des caméras IP. Le PoE permet d'installer ces appareils dans des zones dépourvues de prise de courant ou d'éviter d'avoir à passer un câble d'alimentation supplémentaire. Il existe de nombreux modèles de caméras embarquant la technologie PoE compatibles avec des concentrateurs réseaux également PoE ou par l'intermédiaire d'un adaptateur PoE.

Il existe un câblage spécifique pour le raccordement de caméras combinant, dans une même enveloppe, le câble coaxial et les fils d'alimentation électrique.

Certains serveurs de vidéosurveillance permettent la connexion directe d'un écran d'ordinateur. Il s'agit d'une fonction pratique pour une visualisation plus directe des flux vidéo. Ce type de liaison est possible sur 15 m au maximum avec du câble S-VGA.

Lorsqu'il est impossible de passer les câbles vidéo ou réseau, nous pouvons opter pour des caméras Wi-Fi ou des caméras réseau équipées d'un émetteur Wi-Fi. Dans une installation où les distances sont importantes ou pour lesquelles la sécurité est déterminante, mieux vaut privilégier les caméras analogiques reliées à un système dédié d'émission/réception radio.

En résumé

Il existe un très grand nombre de solutions de vidéosurveillance disponibles, et l'offre ne cesse de s'étoffer. De nombreux constructeurs, comme Axis, Bosch, D-Link, Domotag, Hager, Linksys, Mobotix, Mteye, My Fox, Myxyty, Visonic ou Legrand, proposent des solutions résidentielles clés en main permettant de franchir facilement le premier pas vers la mise en œuvre de systèmes de vidéosurveillance *(voir figure 5.31)*.

Une installation réussie passe par des compétences informatiques et de prise de vue (choix de l'objectif, prise en compte de la lumière) et doit pouvoir évoluer facilement, notamment en ce qui concerne l'implantation et le modèle des caméras. Par exemple, le serveur doit être en mesure d'intégrer un jour le signal vidéo issu du portier vers l'application de vidéosurveillance et de le traiter comme les autres caméras, avec détection de présence et stockage des images des visiteurs.

Quelle que soit la solution retenue, il ne faut pas hésiter à utiliser le réseau VDI, car il permet dans un premier temps d'utiliser des caméras analogiques par l'intermédiaire d'adaptateurs puis de garder la possibilité d'évoluer à terme vers des solutions 100 % IP quand le marché sera arrivé à maturité.

Au-delà de l'aspect économique, la technologie numérique, éventuellement couplée à des caméras analogiques, apporte une plus grande flexibilité de mise en œuvre, une meilleure qualité de communication et une plus grande richesse applicative.

Figure 5.30
Adaptateur permettant de relier une caméra analogique à un câble informatique *(source Ernitec)*

Figure 5.31
Kit de vidéosurveillance utilisant le câblage existant de la maison (CPL) avec qualité de vidéo HD, détecteur de mouvements en temps réel et enregistrement sur carte interne.
La visualisation peut se faire en local ou à distance sur ordinateur, tablette ou smartphone *(source Logitech)*

L'accueil des visiteurs

La sécurité passe également par la qualité du contrôle d'accès et de l'accueil des visiteurs. Pouvoir maîtriser les accès de la propriété ou de l'immeuble et reconnaître le visiteur avant d'autoriser l'accès sans se déplacer est un gage de sécurité et de sérénité. Un carillon ou une sonnette permettent à un visiteur de s'annoncer, mais pas de savoir de qui il s'agit ni d'autoriser l'accès sans ouvrir la porte ou se rendre au portail. On les remplace de plus en plus couramment par des portiers.

Figure 5.32
Vidéo intérieur couleur. Ce type de combiné permet de répondre aux appels, de visualiser le visiteur, d'ouvrir la porte et de piloter l'éclairage. Dans le choix d'un système d'interphonie, il peut également être utile de sélectionner des combinés adaptés aux personnes malvoyantes ou malentendantes (boucle inductive, pictogrammes en relief ou voyant lumineux) ou d'interfacer l'interphone avec les éclairages du logement. Une fonction souvent appréciée est également la possibilité de baisser le niveau de son de la diffusion sonore en cas d'appel *(source Siedle)*

Il existe deux types de portiers :

Interphone, ou portier audio. Permet de dialoguer avec le visiteur avant de commander l'ouverture de la porte ou du portail.

Vidéophone, ou portier vidéo. Offre la possibilité de dialoguer avec le visiteur et de le voir grâce à une caméra à l'extérieur et à un moniteur à l'intérieur *(voir figures 5.32 et 5.33).*

Un portier est constitué au minimum d'une platine de rue, d'un poste intérieur et d'une alimentation :

Platine de rue. Encastrée ou intégrée en saillie dans le mur d'enceinte, dans le pilier du portail, directement en façade de la maison ou dans le hall d'un immeuble, elle est au minimum constituée d'un bouton-poussoir, d'un micro, d'un haut-parleur et éventuellement d'une caméra.

Poste intérieur. Placé généralement dans le hall d'entrée ou dans la cuisine, il peut être complété par d'autres postes si la taille de la maison ou de l'appartement le justifie. Il se compose d'un combiné fixe ou mobile, d'une sonnerie, d'un ou plusieurs boutons de commande et éventuellement d'un moniteur vidéo. Un bouton de commande déclenche l'ouverture de la porte, du portillon ou du portail par impulsion électrique. Des boutons supplémentaires permettent de commander une seconde porte, l'éclairage de l'allée, le niveau sonore ou le mode silencieux pour parler sans être entendu.

Outre les critères liés à l'esthétique des platines et à la robustesse du matériel (étanchéité, fixations antivandales, surface en aluminium, inox ou laiton), les fonctions suivantes permettent de choisir le système adapté à notre projet :

Modularité de la platine extérieure. Certains constructeurs proposent des produits modulaires *(voir figure 5.33)* combinant différentes fonctions et offrant certaines options parmi les différents modules disponibles : caméra, lecteur d'empreintes digitales, clavier à code, lecteur de carte, boîtier à clé ou lecteur de badge de type Vigik.

Qualité du son et de l'image. Les différents modèles du marché présentent une très grande disparité dans la qualité des signaux audio et vidéo. Il est évidemment essentiel d'entendre distinctement le visiteur et de disposer d'une image nette permettant de l'identifier et éventuellement de le visualiser sur un téléviseur dans de bonnes conditions. Il existe des modèles noir et blanc, couleur ou infrarouge pour une image parfaite, même dans l'obscurité, et des caméras orientables, permettant de cadrer l'image du visiteur ou de visualiser les alentours du portail à tout moment, au moindre bruit suspect. En matière de sécurité, il est important de pouvoir visualiser la personne qui se présente sans être obligé de décrocher le combiné et de manifester sa présence.

Figure 5.33
Portier vidéo modulaire de marque Siedle avec, à gauche, un module de caméra extérieure et un module de contrôle d'accès par empreinte digitale, au centre, le poste intérieur permettant de répondre au visiteur, de le voir, d'orienter éventuellement la caméra et de déclencher la gâche et, à droite, un simple combiné audio *(© P. Kozlowski)*

Interfaçage avec le téléphone. Cette fonction assure le renvoi de l'appel sur les téléphones afin de répondre au visiteur à partir de n'importe quel combiné et éventuellement de lui ouvrir en pressant une touche du téléphone. Certains modèles proposent directement cette option. La solution revient généralement à ajouter une interface téléphonique de type ministandard téléphonique *(voir le chapitre 4)*. Cette fonction oblige à prévoir une liaison entre l'arrivée du portier et le système téléphonique ou bien le raccordement du portier directement à proximité de l'arrivée de la ligne téléphonique au niveau de l'armoire courant faible. Il est utile de choisir une sonnerie différente pour la distinguer d'un véritable appel téléphonique et de choisir un système capable de gérer le double appel pour basculer de l'appel portier à une conversation téléphonique et *vice versa*. Les fonctions du ministandard téléphonique permettent bien sûr la mise en attente, le renvoi vers un autre combiné, l'intercommunication entre pièces, le report vers un téléphone mobile, l'enregistrement d'un message d'accueil signalant notre absence et la possibilité pour les visiteurs de nous laisser un message. Une autre solution est de choisir un interphone IP/SIP ou compatible DECT *(voir figure 5.34 et chapitre 4)*.

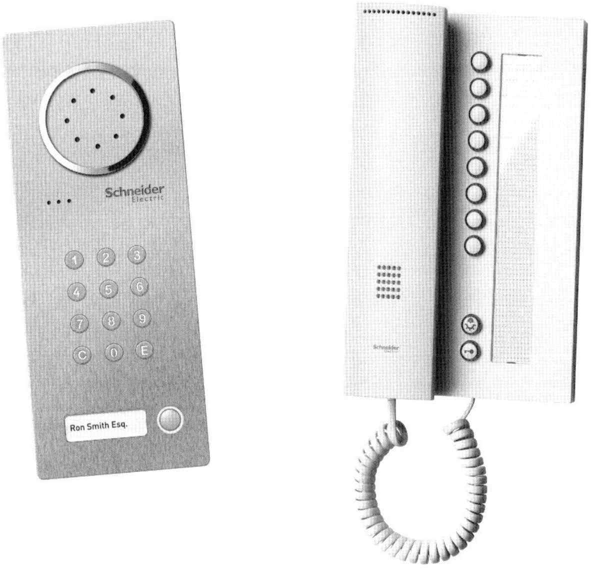

Figure 5.34
Système d'interphone DECT : la platine d'appel communique avec tous les combinés DECT de la maison par l'intermédiaire d'un combiné intérieur sur lequel il est possible d'affecter des zones d'appel ou de paramétrer le renvoi vers un téléphone mobile en cas d'absence *(source Schneider Electric)*

Interfaçage avec la télévision. Certains fabricants donnent la possibilité de visualiser le visiteur sur les téléviseurs et ordinateurs de la maison. Le signal vidéo du portier est modulé comme une chaîne de télévision supplémentaire. Il s'agit d'une fonction très utile en complément du renvoi vers les téléphones. Il est recommandé de conserver au moins un poste intérieur avec moniteur pour voir les visiteurs et éventuellement leur répondre si nous nous trouvons dans l'entrée ou si nous ne sommes pas en mesure d'allumer un téléviseur ou un ordinateur au moment de l'appel. Dans les installations collectives, le portier peut être directement raccordé sur l'antenne collective ou le réseau câblé de l'immeuble.

Portier multilogement. Il existe des portiers capables de distinguer plusieurs logements à l'intérieur d'un même bâtiment. C'est évidemment ce qui est utilisé dans les immeubles, mais également dans le cas de personnes travaillant à domicile ou pour les professions libérales dont le cabinet est attenant au lieu d'habitation, par exemple. La sélection du logement appelé par le visiteur se fait en appuyant sur un bouton portant le nom ou le numéro ou en faisant défiler les noms sur un mini-écran. Seul le poste appelé doit être en mesure d'ouvrir la porte ou de visualiser l'interlocuteur.

Platine intérieure mobile. Il est souvent intéressant de répondre au visiteur depuis d'autres pièces que le hall d'entrée. Outre l'installation de plusieurs platines intérieures ou le renvoi d'appel vers les combinés téléphoniques, il est possible de choisir des modèles mobiles. Ces modèles sans fil fonctionnant en radio peuvent très facilement être emmenés avec nous dans la chambre ou sur la terrasse. Une autre solution consiste à sélectionner un modèle de platine intérieure conçu pour se connecter à une prise murale RJ-45. Si le logement est équipé d'un réseau VDI, cela donne la possibilité de déplacer ponctuellement l'appareil vers une chambre en cas d'immobilisation ou de changer facilement son implantation en cas de besoin.

Gestion de l'éclairage et des automatismes. Le système d'accueil peut constituer l'organe de commande des systèmes intelligents du logement : gestion des automatismes, des éclairages et retour d'information pour s'assurer que le portail est bien refermé, par exemple. Certains constructeurs proposent des appareils compatibles avec les bus de commande, ce qui permet d'interfacer efficacement l'interphonie avec le contrôle d'accès, les automatismes et l'éclairage.

Le dernier critère important à prendre en compte est la facilité d'installation et le type de câblage nécessaire, surtout en rénovation. Chaque constructeur a sa propre technologie, et rares sont ceux qui offrent des solutions ouvertes.

Les différentes solutions disponibles sont les suivantes :

Systèmes à deux fils. Permettent de transformer facilement une sonnette, un carillon ou une installation audio en installation vidéo sans changer de câble. Sur le même modèle, on utilise un câblage 1 + *n* fils pour disposer de *n* platines intérieures.

Câblage à quatre ou cinq fils. Quoique plus lourd à mettre en œuvre, il offre davantage de souplesse et de possibilités d'évolution. On utilise 4 + *n* fils selon le nombre de postes intérieurs *(n)*.

Câblage en bus. Avec ou sans polarité, ce câblage est de plus en plus utilisé par les constructeurs. Il permet de faire passer l'audio et la vidéo en numérique et de réduire le nombre de câbles nécessaires dans les installations à plusieurs combinés intérieurs. Il présente le désavantage de compliquer, voire d'empêcher le renvoi vers les téléphones ou les téléviseurs, car la plupart des constructeurs utilisent un codage propriétaire.

Câble coaxial. Utilisé par certains fabricants pour faire transiter le signal vidéo, son principal intérêt est de faciliter le raccordement sur l'installation TV. Cela permet également de séparer les câblages audio et vidéo. Il est de la sorte facile de remplacer la mini-caméra du portier par une véritable caméra et d'injecter le signal dans le système de vidéosurveillance de la propriété.

Câblage VDI. Une nouvelle génération d'équipements apparaît sur le marché. Il s'agit de solutions exploitant les technologies IP, que ce soit pour l'image ou pour le son. Une caméra IP intégrée dans la platine de rue et un module de voix sur IP (VoIP) suffisent pour mettre en œuvre un système évolutif, facile à intégrer dans un projet de maison communicante.

Interphonie et vidéosurveillance

Que ce soit en neuf ou en rénovation, il existe une multitude de solutions d'accueil des visiteurs, d'autant qu'il est aussi envisageable de coupler l'interphonie avec la vidéosurveillance. En effet, intégrer une caméra dans un vidéophone n'est pas un gage de sécurité, car cela ne permet ni d'avoir une vue globale de l'entrée, ni même de voir le visage du visiteur s'il n'a pas envie d'être vu. Disposer une caméra en surplomb et utiliser le téléphone pour répondre au visiteur et si besoin visualiser l'entrée sur la télévision, l'ordinateur, une tablette ou un écran tactile est donc une solution particulièrement efficace, d'autant qu'elle est compatible avec les besoins d'accueil des visiteurs à distance sur téléphone mobile et sur IP.

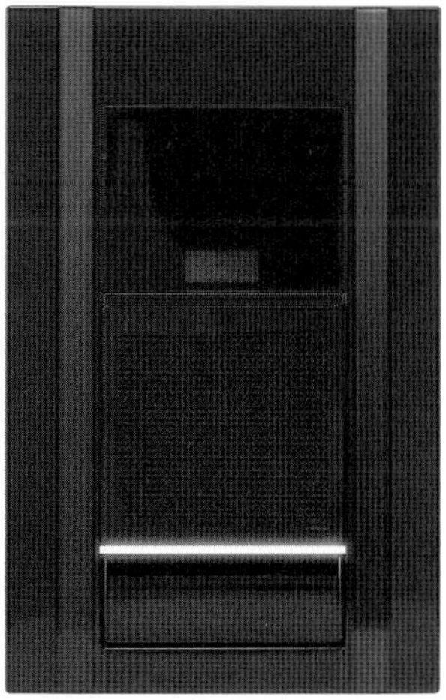

Figure 5.35
Platine de rue sur réseau VDI. Le son est traité en voix sur IP (VoIP) tandis que les images sont transmises sur le réseau informatique ou sur les dalles tactiles du fabricant *(source AMX)*

Pour en savoir plus sur le Web

Fournisseurs de portiers audio et vidéo

2n : www.2n.cz/fr
Aiphone : www.aiphone.fr
AMX : www.amx.com (anglais)
Arclan System : www.arclansys.com
Captive Urmet : www.urmet-captiv.fr
Castel : www.castel.fr
Cofrel Bticino : www.bticino.fr
Comelit : www.comelit.fr
Diese Telecom : www.diesetelecom.com
Gira : www.gira.com (anglais/allemand)
Legrand : www.legrand.fr
Linkcom : www.linkcom.net
Logisty : www.hager.fr
Mobotix : www.mobotix.fr
Schneider Electric : www.schneider-electric.fr
Siedle : www.siedle.com
Tonna : www.tonna.com

Système sans fil. Ne nécessite ni tranchée dans le jardin, ni saignée dans les murs, ni installation électrique spécifique puisqu'il fonctionne sur batterie. Les signaux audio et vidéo ainsi que les ordres de commande d'ouverture sont acheminés par onde radio, que ce soit en mode propriétaire, en Wi-Fi ou en DECT. Leur portée est de plusieurs centaines de mètres. Il s'agit évidemment d'une solution particulièrement adaptée aux projets de rénovation.

Une bonne conception du système d'accueil des visiteurs permet de renforcer la sécurité d'une habitation et le niveau de confort. Cette fonction est malheureusement trop souvent reportée à plus tard, traitée séparément des autres installations domestiques ou réduite à sa plus simple expression, sans aucune considération fonctionnelle ni esthétique. Il existe de si nombreuses solutions sur le marché qu'il serait dommage de ne pas en profiter.

Conclusion

Les recommandations suivantes permettent d'optimiser les chances de succès dans les projets de sécurité et de contrôle d'accès :

À qui s'adresser ? Il est possible de déployer tout seul un système de sécurité. Nous trouvons en grande surface des centrales d'alarme, des détecteurs radio ou des vidéophones simples à installer. Il s'agit toutefois d'un domaine sensible, dans lequel les approximations peuvent aboutir à certains désagréments, en particulier des alertes intempestives, voire à de grosses désillusions en cas d'incidents si le système n'est pas parfaitement au point. Au minimum, il est important de se faire conseiller dans la phase de conception afin de choisir le système réellement adapté à nos besoins et à notre maison et de déterminer l'implantation des différents éléments. Si nous lançons un appel d'offres, mieux vaut limiter au maximum le nombre d'entreprises consultées, que ce soit des électriciens ou des spécialistes de la sécurité, afin d'éviter que trop de personnes soient au courant de nos projets et que de nombreux plans circulent. Il ne faut pas hésiter à demander le niveau de certification des entreprises ainsi que leur couverture d'assurance.

Maintenance. Tout projet de sécurité nécessite une grande rigueur en termes de maintenance. Si nous optons pour un service de télésurveillance, il faut vérifier que le prestataire prend la maintenance en charge et s'occupe de vérifier régulièrement la bonne marche de l'installation. Le minimum est de changer à intervalle régulier toutes les piles des détecteurs sans fil.

Achat ou location ? Il existe de nombreuses offres de services en matière de télésurveillance et vidéosurveillance. En particulier, il est possible de souscrire un abonnement mensuel, incluant la mise à disposition et la pose du matériel ainsi que la télésurveillance de la maison et les interventions éventuelles. Il importe toutefois de vérifier au préalable que ces offres sont adaptées à nos besoins. Acheter un système et programmer le report d'incidents et la visualisation des caméras sur notre téléphone mobile revient souvent beaucoup moins cher sur quelques années. Il est aussi possible de ne souscrire que ponctuellement aux services de télésurveillance, un mois par an, par exemple, quand nous partons en vacances.

Figure 5.36
La facilité d'utilisation au quotidien est primordiale dans le choix d'un système de sécurité *(source Legrand)*

Facilité d'utilisation. Exiger une assistance à la prise en main et une documentation détaillée (synthèse d'utilisation, description de l'installation pour assurer la maintenance et l'évolution du système) n'est pas un luxe. En plus de la fiabilité, un système d'alarme, qu'il soit orienté anti-intrusion, sécurité domestique, vidéosurveillance ou protection de piscine, doit offrir une simplicité de mise en marche, faute de quoi il ne sera pas utilisé. Tous les utilisateurs potentiels doivent se sentir à l'aise avec lui et être capables de l'activer et de le désactiver seuls.

Facilité de gestion. En matière de sécurité, il est facile de dériver vers des installations trop complexes à utiliser au quotidien ou à maintenir. Encore une fois, une maison n'est pas une banque et s'y sentir en sécurité ne signifie pas multiplier les moyens de détection et de réaction. Le mieux est de faire simple et, contrairement aux autres dispositifs intelligents décrits dans cet ouvrage, de ne pas interfacer systématiquement les systèmes de sécurité avec les autres dispositifs domotiques. Par exemple, même si la vidéosurveillance est un complément très efficace au système de sécurité, les fonctions de détection de présence des caméras ne doivent pas être utilisées comme des détecteurs de présence infrarouge traditionnels afin d'éviter les risques de déclenchement intempestif.

Nous avons vu tout au long de ce chapitre les solutions disponibles permettant de disposer d'un système de sécurité efficace et fiable. Même si l'interfaçage avec les autres systèmes domotiques ne doit pas être systématique, il peut être judicieux de coupler la sécurité avec la gestion de l'éclairage, de la climatisation ou des automatismes. Par exemple, la mise en service de l'alarme éteint tous les éclairages puis les allume aléatoirement durant notre absence pour simuler une présence, tandis qu'une intrusion les fait

Figure 5.37
Rovio, mini-robot de surveillance conçu pour un usage résidentiel. Il est équipé d'un micro, d'une caméra et d'un système de navigation lui permettant de suivre un chemin prédéfini. Il est même capable de nous avertir si certains objets manquent ou ont été déplacés. Il est également pilotable *via* le réseau Wi-Fi par ordinateur ou par l'intermédiaire d'un SmartPhone *(source WowWee)*

clignoter sans qu'un intrus puisse les éteindre. Les détecteurs peuvent également être utilisés afin d'améliorer le confort au quotidien. Ainsi, un détecteur infrarouge dans un couloir peut commander l'éclairage et le détecteur d'ouverture de la porte d'entrée déclencher un carillon quand on l'ouvre. Pour l'anecdote et, qui sait, pour illustrer ce que pourrait devenir la sécurité dans nos maisons, la figure 5.37 montre un nouveau type d'équipement particulièrement efficace.

Même si la sécurité est une composante importante à prendre en compte dans la conception d'une maison intelligente, ce n'est pas toujours la priorité immédiate. Dans ce domaine également, il vaut souvent mieux privilégier la prédisposition de l'habitation que l'installation complète du système.

La généralisation du numérique, du haut débit et de la téléphonie mobile permet d'envisager le système de sécurité dans son ensemble et la vidéosurveillance en particulier comme autant de liens naturels entre notre maison et nous. L'image d'une muraille de Chine entre la sécurité anti-intrusion et la vidéosurveillance qui subsiste encore dans l'esprit de nombreux spécialistes en sécurité n'est plus du tout d'actualité dans le résidentiel. Sécurité anti-intrusion, sécurité domestique, sécurisation des réseaux, contrôle d'accès, accueil des visiteurs, télésurveillance ou vidéosurveillance constituent autant d'éléments de tranquillité, et donc de confort à part entière.

6 Le confort domestique

« Confort, nom masculin (angl. comfort *; de l'ancien français* confort, aide*). 1. Ensemble des commodités qui rendent la vie quotidienne plus agréable, plus facile » (dictionnaire* Larousse*).*

Construire ou rénover une maison consiste avant tout à optimiser la qualité de vie des personnes qui vont y habiter. Pour cela, la conception architecturale est bien évidemment essentielle, mais les préoccupations liées aux usages et les solutions domotiques susceptibles d'y répondre doivent aussi être prises en compte très en amont.

Les chapitres précédents ont montré à quel point l'informatique, la sécurité, la téléphonie ou l'audiovisuel étaient impliqués dans la réalisation d'une maison intelligente. Nous allons voir que d'autres domaines, plus traditionnels, comme l'éclairage, le chauffage, la ventilation ou les automatismes, peuvent également contribuer au confort de vie au quotidien.

Comment ces différents éléments de confort peuvent-ils concrètement nous simplifier l'existence, comment est-il possible de les combiner pour plus de performances, et quelles solutions innovantes sont désormais à notre disposition ? Ce chapitre s'efforce d'apporter des réponses à toutes ces questions, ainsi qu'à beaucoup d'autres.

Le confort d'éclairage

Figure 6.1
Le remplacement progressif des ampoules à incandescence par les fluocompactes ou les LED doit engendrer des économies d'énergie. Attention toutefois de choisir la solution la mieux adaptée au contexte sans trop altérer la qualité de l'éclairage *(source Legrand)*

La qualité de l'éclairage conditionne toutes nos activités à la maison. Disposer d'un niveau de lumière suffisant est évidemment un minimum. Le choix des sources, leur variété et la possibilité de les adapter à chaque type d'activité est également important. Au-delà, avoir la certitude que toutes les lampes sont éteintes quand nous quittons la maison, éviter qu'une lampe reste allumée quand une pièce est inoccupée, programmer les lumières de façon aléatoire quand nous sommes en vacances ou faire évoluer les commandes d'éclairage sans avoir à recâbler sont autant de fonctions intéressantes apportées par la domotique.

Quelles que soient les solutions retenues, le confort passe par la finesse de l'éclairage, la facilité de le commander et la mise en place d'ambiances permettant de mettre en valeur son intérieur et de créer de véritables mises en scène (dîner, TV, relaxation, ménage, chemins de lumière, etc.).

La conception de l'éclairage

La conception de l'éclairage passe par le choix des sources, des types de luminaires, de leur implantation et de leur scénarisation.

L'éclairage est un élément de confort à part entière et nécessite à ce titre une attention particulière dès le début de la conception du projet. Il s'agit de se pencher sur les différentes façons de l'améliorer pour assurer un certain niveau de confort. Les ampoules à incandescence étant bannies, il reste d'autres solutions classiques, comme les lampes à fluorescence, fluocompactes ou halogènes, mais il existe également des sources moins répandues, qui peuvent répondre à l'éclairage spécifique de certaines pièces, comme la fibre optique, les LED ou les lampes solaires *(voir le chapitre 10, « Les économies d'énergie »)*.

Nous pouvons nous contenter d'un plafonnier et d'une simple ampoule, mais ce type d'éclairage n'est guère confortable. Une lampe de bureau, une liseuse en tête de lit, des spots encastrés au plafond de la salle de bains, complétés par une applique au-dessus de la vasque, un éclairage indirect avec changement de couleur dans le salon *(voir figure 6.1)*, des câbles tendus en mezzanine sont autant de possibilités à considérer.

L'implantation des dispositifs d'éclairage doit tenir compte du type de pièce, de la puissance d'éclairage nécessaire à chaque activité et des contraintes liées à la construction. Par exemple, nous ne raisonnons pas de la même façon si une pièce est équipée d'un faux plafond ou si elle a une hauteur de 5 m sous plafond.

Figure 6.2
Un simple éclairage indirect derrière un téléviseur peut suffire à créer une ambiance tamisée quand nous recevons des amis et apporte un confort visuel apaisant quand nous regardons la télévision *(source Philips)*

En règle générale, il vaut mieux disposer de plusieurs éclairages de différentes natures de façon à les combiner pour coller au mieux aux besoins de chaque type d'activité, mais aussi aux goûts et à l'humeur de chacun. C'est là que la notion d'ambiance intervient. Dans un séjour, par exemple, nous pouvons imaginer un éclairage central à pleine puissance pour faire le ménage, une combinaison de plusieurs luminaires de faible puissance pour recevoir des amis et des suspensions sur variation au-dessus de la table. Autant de combinaisons qui ne sont pas interchangeables et qu'il faut avoir anticipées si nous ne voulons pas subir longtemps un éclairage inadapté à la plupart des situations.

Si l'achat et la mise en place de la lustrerie peuvent intervenir dans un second temps, le choix du type d'éclairage doit être fait en amont. Cela vaut surtout pour les éléments encastrés et les circuits en variation, pour lesquels la réservation des emplacements des transformateurs est essentielle. Si le choix n'est pas effectué dès le début, il est possible de limiter les risques en utilisant, au niveau du coffret électrique, des modules capables de s'adapter automatiquement au type de la charge raccordée.

Pour faire face à la multiplication des solutions techniques et à la grande variété des sources lumineuses, certains installateurs ou architectes d'intérieur ont pris l'habitude de faire appel à des éclairagistes ou des grossistes spécialisés afin d'optimiser l'implantation et le choix de la lustrerie.

Multiplier le nombre de points ne doit cependant pas être synonyme de complexité. La programmation de scénarios est importante, de même que l'ergonomie des commandes d'éclairage.

Éclairage naturel et artific

La plupart des activités nécessitent un niveau d'éclairage constant. Que nous soyons en train de lire, de travailler ou de faire la cuisine, l'idéal est de définir le niveau de luminosité idéal. La domotique prend le relais pour moduler la lumière artificielle en fonction des apports éventuels en lumière naturelle. La commande d'éclairage combine les composantes naturelle et artificielle de la lumière pour répondre parfaitement aux besoins exprimés. Ce type de commande peut également jouer sur les stores ou les volets pour plus d'efficacité. Outre les économies d'énergie générées, c'est le confort d'usage qui est intéressant dans ce type de scénario.

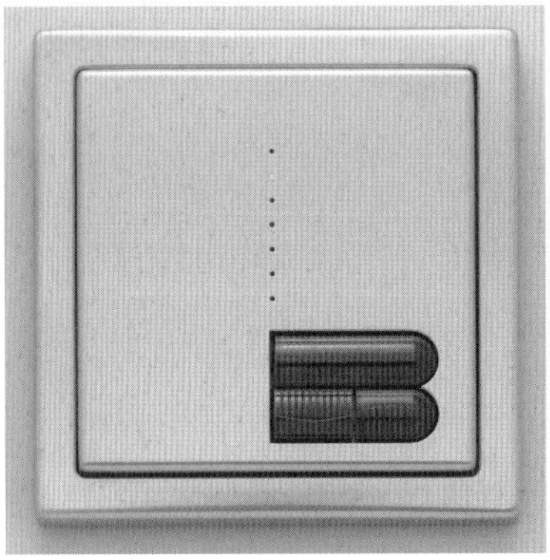

Figure 6.3
Commande d'éclairage en variation à adapter à un circuit existant *(source Lutron)*

▶ Les commandes d'éclairage

Le simple allumage, le va-et-vient (deux points de commande) et le télérupteur (plus de deux points de commande) traditionnels ne sont pas suffisants pour assurer des commandes d'éclairage fonctionnelles, ni d'ailleurs pour permettre à l'utilisateur d'accéder à des scénarios de vie ou de centralisation de volets roulants, par exemple. Les dispositifs suivants peuvent être installés selon les besoins :

Variateur. Sert à réguler l'intensité d'un circuit lumineux. Il est particulièrement conseillé pour les pièces de vie, dans lesquelles l'éclairage doit s'adapter à l'activité et à la luminosité extérieure. Cette régulation peut être manuelle ou automatique, grâce à un capteur de luminosité.

Il existe des dispositifs de variation à encastrer au niveau du point de commande (jusqu'à 500 W) ou à installer dans le tableau électrique. Il est possible de gérer en variation des transformateurs de spots très basse tension, des lampes halogènes, certaines LED, mais pas l'éclairage fluocompact.

L'intensité des tubes fluorescents peut cependant être modulée en utilisant des variateurs et des ballasts électroniques (les ballasts ferromagnétiques étant progressivement interdits) ou des télévariateurs 1-10 V, qui éliminent le scintillement à faible intensité.

Un système de variation peut facilement remplacer un simple interrupteur en rénovation. Certaines solutions utilisent les ondes radio, le courant porteur ou même le câblage d'origine. Une commande Telume de Lutron, par exemple, offre en rénovation, sans le moindre recâblage, une solution de variation précise, sans bourdonnement, avec des transitions douces entre différentes scènes d'éclairage *(voir figure 6.3)*.

Interrupteur automatique. Intègre une cellule infrarouge et un capteur de luminosité. L'éclairage s'allume au passage d'une personne si la luminosité n'est pas suffisante et s'éteint automatiquement au bout d'un laps de temps prédéfini. L'interrupteur automatique est conseillé pour les couloirs, le dressing, les W.-C. et les pièces de service (cave, garage, buanderie, etc.). Il existe des modèles à encastrer au plafond ou à hauteur d'interrupteur. Ces derniers présentent l'intérêt de pouvoir être remplacés facilement par un simple allumage si nécessaire. La détection automatique est également utile en extérieur pour commander des projecteurs et dissuader d'éventuels rôdeurs.

Interrupteur temporisé. Se déclenche manuellement et s'éteint après une durée réglable sur minuterie. On les trouve dans les mêmes pièces que les interrupteurs automatiques. L'objectif de ce dispositif est avant tout d'éviter l'éclairage inutile d'une pièce. Il est possible de trouver des interrupteurs temporisés capables de clignoter ou de diminuer progressivement d'intensité quelques instants avant l'extinction.

Interrupteur à voyant lumineux. Dans un couloir, un garage ou une chambre d'enfant, le voyant est éclairé par une petite lumière lorsque le circuit est éteint de façon à être facilement repérable dans l'obscurité. À l'inverse, le voyant est allumé pour signaler que l'éclairage est resté allumé dans une cave, une terrasse ou un grenier, par exemple.

Interrupteur crépusculaire. Constitué d'une cellule photoélectrique capable de détecter que la luminosité a atteint un seuil prédéfini et de déclencher un circuit d'éclairage, ce dispositif peut être intégré à un lampadaire ou relié au tableau électrique pour commander un ou plusieurs circuits. L'interrupteur crépusculaire est utilisé en extérieur pour l'éclairage de jardin et en intérieur pour assurer une luminosité constante.

Interrupteur horaire. Permet de commander un ou plusieurs circuits ponctuellement ou par programmation hebdomadaire ou annuelle. Comme pour l'interrupteur crépusculaire, on trouve des modèles déportés, permettant de commander un appareil électroménager, par exemple, ou intégré au tableau pour commander une prise spécialisée, un chauffe-eau ou une installation de chauffage électrique.

Même si l'éclairage peut être géré par télécommande, sur écran tactile, un smartphone ou à la voix, installer des interrupteurs semble encore indispensable, car beaucoup d'utilisateurs pourraient être déconcertés par leur absence. Nous pouvons en prévoir au sol afin de commander certains circuits, au pied ou en mural, à une hauteur adaptée aux utilisateurs, entre 80 et 130 cm.

Il est important de prévoir un conducteur neutre à chaque point de commande, sinon l'interrupteur ne pourra jamais être remplacé par un détecteur automatique, un variateur ou un dispositif courant porteur. Les lampadaires ou les abat-jour branchés sur des prises commandées peuvent aussi être gérés par des interrupteurs. Il est donc important d'associer systématiquement une prise normale à chaque prise commandée pour éventuellement raccorder d'autres appareils.

Une fois le mode de commande d'éclairage sélectionné, il reste à préciser la finition des boutons, c'est-à-dire leur taille, leur design, leur matériau et leur couleur.

L'offre d'appareillage de commande

La plupart des installateurs se contentent de proposer l'appareillage de base, sans même évoquer la possibilité de monter en gamme ou de consulter d'autres fournisseurs.

Comme pour l'éclairage, il ne faut pas hésiter à sortir de l'équipement traditionnel en ce qui concerne les commandes d'éclairage, en particulier

Commandes radio

Les commandes murales sans fil sont particulièrement intéressantes pour équiper les emplacements difficiles à câbler, comme les murs équipés de portes à galandage, les parois vitrées *(voir figure 6.3)* ou les portes de placard. C'est aussi une innovation intéressante pour les chambres, afin d'éviter que les enfants ne touchent aux boutons quand ils sont petits ou au contraire qu'ils soient à la bonne hauteur à mesure qu'ils grandissent. De la même façon, en tête de lit, on ne sait jamais à quel endroit il faut câbler. Les boutons radio règlent la question et s'adaptent au fil du temps à la largeur et à la hauteur des lits ainsi qu'aux changements de destination de la pièce si elle devient un bureau, par exemple.

Figure 6.4
Commande radio collée sur une paroi vitrée *(source Hager)*

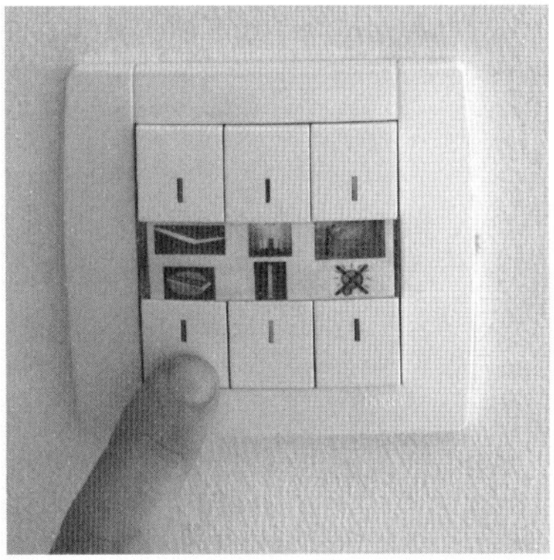

Figure 6.5
Sur cette platine de commandes, la fonction de chaque bouton est illustrée par une photo du luminaire permettant de savoir instantanément ce qui va être commandé *(source Hager)*

celles des pièces principales. L'esthétique des interrupteurs de la buanderie ou des prises de courant derrière le réfrigérateur, par exemple, est évidemment moins importante.

L'esthétique des interrupteurs se décline dans de très nombreuses finitions et offre des solutions permettant d'assurer une certaine cohérence avec la décoration de la maison. Chaque fabricant propose des gammes complètes, associant toutes sortes de styles, de coloris et de matières, comme la porcelaine, le bois, le verre ou le métal. Pourquoi, par exemple, ne pas équiper le salon de commandes d'éclairage design et les chambres d'enfant d'interrupteurs de couleurs vives. Le choix de l'appareillage devient d'autant plus crucial que les commandes permettent aussi bien de gérer l'éclairage, les ambiances, la régulation du chauffage, la diffusion sonore et la centralisation des volets roulants. Dans ces conditions, plutôt que d'avoir des batteries de boutons inesthétiques et peu fonctionnelles, mieux vaut privilégier les platines universelles sur lesquelles nous pouvons piloter l'ensemble des équipements et spécifier la fonction de chaque commande, comme l'illustre la figure 6.5.

Historiquement, quelques fabricants, comme Alombard, Arnould, CJC Systems, Lutron, Niko ou Meljac, se partageaient le marché de l'appareillage haut de gamme. Aujourd'hui, la plupart des industriels se sont positionnés (gammes Céliane de Legrand, Kallysta de Hager, etc.) ou renforcés (gammes Axolute d'Arnould, Artec et M-Plan de Schneider Electric, etc.), avec des produits non seulement design et diversifiés en termes de finition, mais aussi à la pointe de la technologie.

Le tableau 6.1 donne quelques exemples d'appareillages à la fois design et communicants.

Tableau 6.1 Exemples d'appareillages communicants

	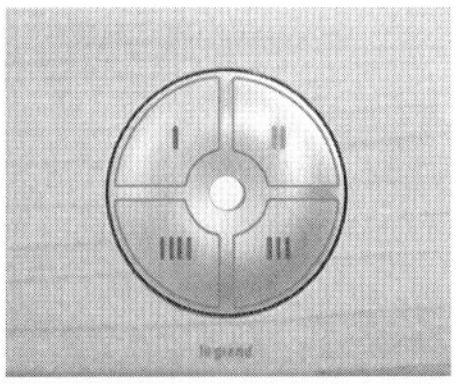	
Sentido quatre fonctions *(source Basalte)*	Céliane quatre fonctions *(source Legrand)*	Artec quatre fonctions et affichage LCD pour la gestion du chauffage *(source Schneider Electric)*

Tableau 6.2 Comparatif des offres d'appareillages communicants

	Domotique	Fabricant
Traditionnel (mécanique)	Non compatible mais adaptable si le fil neutre est présent derrière l'interrupteur	Tous
Traditionnel (bouton-poussoir)	Compatible par adjonction d'interfaces ou d'équipements pilotables en CPL, par exemple	Tous
Communicant en mode propriétaire	Gestion sans aucune interface supplémentaire, mais avec les modules domotiques de la marque exclusivement ou en utilisant des passerelles spécifiques	BTicino, Crestron, Delta Dore, Legrand, Lutron, Niko, Simon, Vantage, etc.
Communicant en mode standardisé	Gestion sans interface supplémentaire et en liaison avec tous les équipements fonctionnant sur le même standard (Lonworks, KNX, IP, ZigBee, EnOcean, etc.)	ABB, Arcus, Basalte, Gewiss, Busch-Jaeger, Gira, Hager, Intensia, Jung, Schneider Electric, Siemens, Vimar, Wieland, etc.

Toutes ces gammes proposent les compléments nécessaires à une installation communicante : variantes sans fil ou traditionnelles, prises de courant, prises RJ-45, détecteurs de passage, commandes de son, etc.

La différence se situe aux plans esthétique, financier mais aussi technologique, certains fabricants restant fidèles à leur mode de communication « maison », d'autres rendant leurs produits compatibles avec les protocoles normalisés de type Lonworks ou KNX *(voir le chapitre 7 « L'installation domotique »).* Le tableau 6.2 compare les différentes offres d'appareillage.

En résumé

La domotique et son appareillage changent la façon de concevoir l'installation d'éclairage en favorisant la programmation de scénarios, d'automatismes, de commandes sans fil et la centralisation. La logique traditionnelle, qui consiste à positionner un ou plusieurs boutons par circuit, n'est plus des mise. Quelques points d'éclairage, placés à des endroits stratégiques (passage, tête de lit, entrée, etc.) et regroupant de façon esthétique et concentrée l'ensemble des scénarios de la zone, suffisent.

Les différentes solutions liées à l'éclairage et aux économies d'énergie sont détaillées au chapitre 10 « Les économies d'énergie ».

Pour en savoir plus sur le Web

Fournisseurs d'appareillage de commande d'éclairage

ABB : www.abb.fr
Arcus-eds : www.arcus-eds.de (allemand)
Basalte : www.basalte.be
Busch-Jaeger : www.busch-jaeger.com (anglais, allemand)
CJC System : www.cjcsystems.be
Cofrel BTicino : www.axolute.fr
Conson : www.conson.com (anglais)
Crestron : www.crestron.com (anglais)
Denro : www.denro.com (anglais, allemand)
Futronix : www.futronix.com (anglais)
Gewiss : www.gewiss.fr
Gira : www.gira.com/fr_BE
Hager : www.hagerpourvous.fr/Kallysta
Intensia : www.intensia.be
Jung : fr.jung.de
Legrand : www.legrand-celiane.fr
Lithos : www.lithos-sb.be
Lutron : www.lutron.com (anglais)
Meljac : www.meljac.fr
Niko : www.niko.fr
Parisgang : www.parisgang.fr
Schneider Electric : www.schneider-electric.fr
Siemens : www.siemens.fr
Simon : www.simon.es
Vantage : www.vantageinc.com (anglais)
Vimar : fr.vimar.eu
Zennio : www.zennio.com

Le confort thermique

Si la qualité de l'éclairage contribue à notre confort, il en va de même de l'installation de chauffage, de rafraîchissement et de climatisation. Dans ce domaine, l'objectif est d'assurer une température constante dans le logement, été comme hiver, sans induire de lourds investissements ni engendrer des consommations d'énergie excessives.

Sous nos climats, le confort thermique est une des fonctions les plus importantes de la maison. Garder la bonne température est cependant tout sauf simple. La température extérieure change sans cesse. Les habitudes et les désirs personnels varient également. Le confort thermique étant une notion toute relative, qui diffère d'un individu à l'autre, la difficulté est de prendre en compte les sensations de chacun. Pour l'un, le confort commence à une température ambiante de 22 °C, tandis que pour un autre ce sera 18 °C. De surcroît, nous ne pouvons raisonner de la même façon pour une chambre, une cuisine, un salon ou une salle de bains. Enfin, il nous faut tenir compte de considérations esthétiques. Un poêle à bois ou un sèche-serviette sont des objets que nous n'hésitons plus à montrer, par exemple.

Pour toutes ces raisons, la conception de l'installation aboutit souvent à une combinaison de plusieurs sources de chaleur et de plusieurs types d'émetteurs. Le tableau 6.3 illustre les différents types d'émetteurs de chauffage

Tableau 6.3 Les différents types d'émetteurs de chauffage de la Maison A *(© P. Kozlowski)*

Poêle à bois en appoint dans le séjour	Plancher chauffant basse température	Radiateur traditionnel au deuxième étage	Sèche-serviettes dans les salles de bains

mis en œuvre dans la Maison A *(voir l'étude de cas du chapitre 13)*. L'analyse des besoins a abouti à une installation reposant sur trois niveaux de planchers chauffants basse température, un poêle d'appoint et de confort dans le séjour, des radiateurs à l'étage et des sèche-serviettes dans les salles de bains.

Réussir une installation de chauffage ou de climatisation requiert analyse et réflexion, ainsi qu'une vision à long terme intégrant les notions de confort thermique, d'économies d'énergie et de simplicité d'utilisation, en privilégiant si possible les systèmes fondés sur les énergies renouvelables.

Le confort apporté par les émetteurs intégrés à la structure du bâtiment, comme les planchers ou plafonds chauffants, rend ces systèmes extrêmement attrayants. Précisons toutefois qu'ils ne sont pas toujours intéressants pour un projet de maison intelligente. Leur inertie n'autorise pas de changement rapide de température, par exemple, ce qui limite l'intérêt des modes confort ou réduit.

Figure 6.6
Le confort thermique *(source Viessmann)*

Le contrôle à distance présente beaucoup plus d'intérêt puisque, lors d'absences prolongées, il est possible, par exemple, de faire remonter la température la veille de son retour. L'interfaçage entre le système de chauffage et les systèmes de régulation ou de contrôle à distance est plus simple à réaliser avec le chauffage électrique qu'avec les pompes à chaleur ou les chaudières à gaz, qui ne disposent pas toutes des entrées-sorties nécessaires. En rénovation, il est même parfois nécessaire d'ajouter des électrovannes à certaines chaudières ou des robinets thermostatiques communicants aux radiateurs.

Même si ce n'est pas l'énergie la plus économique, surtout en ville, le chauffage électrique avec convecteurs, panneaux rayonnants et sèche-serviettes est facile à réguler et à intégrer à la centralisation et aux autres systèmes domotiques. Associé à une bonne isolation, il a l'avantage de limiter l'investissement initial, de bénéficier de tarifs adaptés et de faciliter la régulation en fonction de la présence ou de la programmation horaire.

La climatisation des maisons individuelles et des appartements est encore peu répandue. Elle se justifie rarement pour peu que la répartition des pièces tienne compte de l'orientation de l'habitation, que les matériaux d'ouverture et d'isolation soient correctement sélectionnés et que la structure de la maison et la végétation soient pensées pour ombrager certaines ouvertures. Dans certains cas, il est cependant raisonnable de prévoir un système de chauffage réversible, de climatiser au moins une chambre ou de prédisposer une pièce à l'installation future d'un climatiseur. Attention à ne pas être obnubilé par les performances de la maison en hiver au détriment du confort d'été, qui est parfois déplorable, y compris dans des maisons BBC (bâtiment basse consommation).

Il est aujourd'hui réaliste de concevoir une maison à très faible consommation d'énergie tout en maîtrisant les investissements. Grâce à la précision des réglages apportée par le numérique et à la simplicité de la programmation, un excellent niveau de confort est possible tout au long de l'année. C'est encore plus vrai quand on associe la régulation thermique au pilotage de la ventilation et des occultants.

Les différentes solutions de chauffage, de climatisation et de rafraîchissement sont détaillées au chapitre 10.

Les automatismes

L'éclairage et le chauffage sont évidemment des éléments de confort prépondérants. À un degré moindre, la motorisation de certains systèmes peut également contribuer au niveau de confort d'une habitation en automatisant certains gestes quotidiens ou en contribuant à l'optimisation des

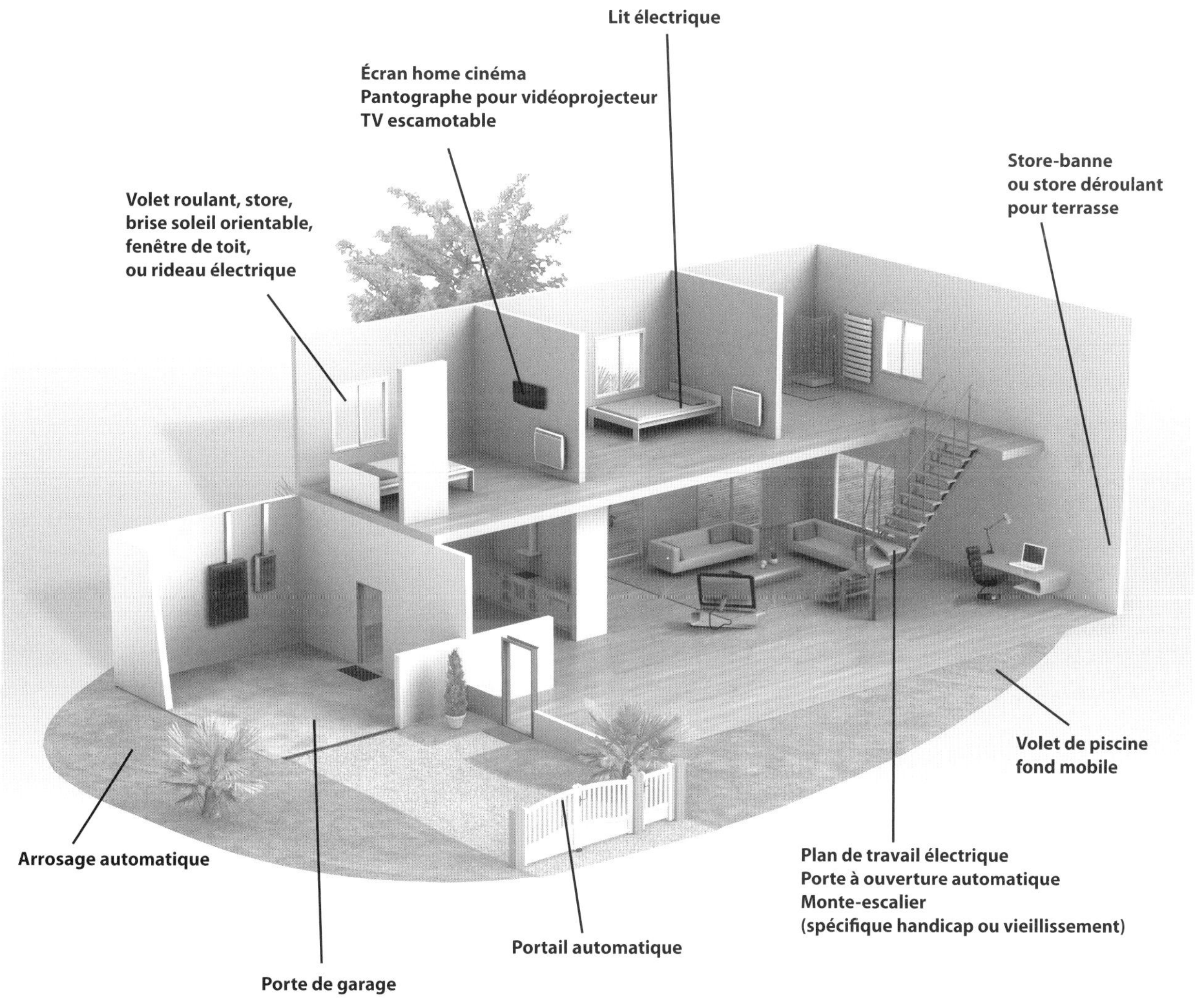

Figure 6.7
Les automatismes dans la maison

apports de lumière ou de chaleur, par exemple. Nous détaillons dans cette section chacun des automatismes illustrés à la figure 6.8.

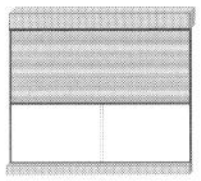

Volets. Il est aberrant aujourd'hui d'installer des volets roulants ou des stores sans, au minimum, prévoir leur motorisation ultérieure par une alimentation électrique ou une gaine aiguillée en attente. Quel que soit le type de fenêtre ou de porte-fenêtre considéré, un coffre abrite l'axe et le moteur. En neuf, le coffre intégré est généralement prévu lors de la construction des murs. En rénovation, on l'ajoute souvent à l'extérieur. Les volets battants peuvent également être automatisés avec un système de bras articulés ou de gonds motorisés.

Stores bannes. Outre le confort qu'ils apportent, leur motorisation renforce la sécurité, puisqu'il suffit d'ajouter un détecteur adapté pour qu'ils se replient automatiquement en cas de coup de vent ou un détecteur de soleil pour protéger une terrasse ou diminuer l'impact de la chaleur sur une baie vitrée. De la même façon, les stores intérieurs, brise-soleil orientables et rideaux peuvent être automatisés.

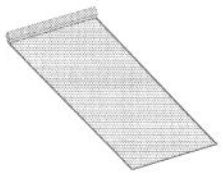

Fenêtres de toit. Leur motorisation présente surtout un intérêt quand elles sont difficilement accessibles ou que nous souhaitions pouvoir les fermer automatiquement en cas de pluie ou selon le scénario « je quitte la maison ». Les fenêtres de toit peuvent également être équipées de stores intérieurs ou de volets roulants extérieurs électriques, beaucoup plus effi-

Figure 6.8
Verrière constituée de plusieurs fenêtres de toit motorisées asservies à des détecteurs de pluie et équipées de stores électriques *(© P. Kozlowski)*

caces pour l'isolation thermique, l'atténuation du bruit de la pluie ou simplement pour obtenir le noir complet dans une chambre *(voir figure 6.9)*.

Portes de garage. De plus en plus souvent motorisés, que ce soit en immeuble ou en maison individuelle, ces mécanismes sont adaptés à la plupart des portes déroulantes, dites « sectionnelles », ainsi qu'aux portes basculantes et battantes. Il est plus difficile d'automatiser les portes pliantes ou celles en accordéon. C'est presque impossible pour les portes coulissantes. En rénovation, il est souvent plus avantageux d'acheter une porte motorisée que d'essayer d'adapter un moteur à la porte en place.

Portails. Qu'il s'agisse de portail coulissant ou pivotant, à un vantail ou deux vantaux, tous les portails peuvent être actionnés grâce à des bras articulés, des roues, des vérins électromécaniques, des crémaillères, des vis sans fin ou des bras à glissières. Les dispositifs semi-enterrés sont recommandés pour des raisons esthétiques et de durée de vie. Comme pour les portes de garage, l'intérêt est de pouvoir les actionner depuis son véhicule. La commande à distance pour ouvrir le portail ou actionner la serrure du portillon depuis le portier de la maison peut également s'avérer utile. Même si nous ne souhaitons pas nous équiper lors de la construction de la maison, il est bon de prévoir une gaine d'alimentation électrique entre la maison et l'entrée de la propriété. Les systèmes 12 ou 24 V sont généralement plus intéressants que ceux en 230 V, pour les raisons suivantes :

- Une batterie alimentée par un panneau solaire peut prendre le relais en cas de panne d'électricité.
- La motorisation peut être reliée à la sonnette ou à l'interphone sans alimentation spécifique.
- Leur faible puissance permet l'inversement du mécanisme en cas d'obstacle et ne nécessite donc pas de photocellule de sécurité.

Écrans d'ordinateur ou de home cinéma. Leur motorisation permet d'adapter automatiquement la taille de l'écran aux dimensions de l'image de la source (16/9, 4/3, informatique, etc.). Certains mécanismes sont capables de cacher un vidéoprojecteur dans un plafond ou un écran d'ordinateur dans un meuble *(voir figure 6.9)*.

Volets de piscine. Éléments de sécurité à part entière, ils jouent également un rôle dans le maintien de la température et la propreté de l'eau. Le dispositif est comparable à celui d'un volet roulant. La commande s'effectue généralement à partir d'un boîtier à clé pour des raisons de sécurité. Une autre solution consiste à équiper la structure de la piscine d'un fond mobile que l'on peut remonter totalement à la fin de la baignade ou ajuster en fonction de la taille des enfants, par exemple.

Figure 6.9
Mécanisme permettant d'escamoter un écran plat dans son meuble lorsqu'il n'est pas utilisé *(© P. Kozlowski)*

Arrosage. Installé dans le jardin ou sur une terrasse, l'arrosage automatique permet d'apporter aux végétaux la quantité d'eau nécessaire au bon endroit et au bon moment, même en notre absence. Une bonne installation assure une économie d'eau d'environ 30 % grâce aux dispositifs suivants :

- Un détecteur de pluie évite d'arroser quand ce n'est pas nécessaire.
- Un détecteur d'humidité placé dans le sol peut optimiser l'heure de début d'arrosage et sa durée.
- Un programmateur permet d'arroser la nuit, ce qui limite les pertes dues au vent ou à l'évaporation. Un programmateur commande une série d'électrovannes, qui alimentent des tuyères, des turbines, des goutte-à-goutte, des asperseurs ou des arroseurs escamotables.

Ce type de réseau nécessite idéalement l'enfouissement des tuyaux et des câbles d'alimentation. Des systèmes sans fil peuvent relier le programmateur aux électrovannes. L'arrosage par programmation horaire peut être complété par des mises en service forcées localement ou à distance. Pour éviter tout risque d'inondation, l'idéal est d'installer le système à l'extérieur. Une sortie d'eau doit être prévue à cet effet dans le jardin, avec alimentation 230 V étanche, ou être raccordée à un système de récupération d'eau de pluie *(voir les chapitres 10 « Les économies d'énergie » et 13 « Étude de cas »)*. La centrale de programmation doit en outre être conçue pour l'extérieur. Ce type d'installation est de plus en plus complété par de véritables stations météo *(voir figure 6.10)*, capables d'optimiser l'efficacité de l'arrosage et la consommation d'eau. Les différents capteurs de ces stations météo peuvent communiquer sans fil ou sur un bus de commande et être utilisés également pour commander les volets ou les stores bannes.

Dans le monde du handicap, les motorisations jouent un rôle clé pour l'ouverture des portes et des fenêtres. Leurs commandes peuvent être adaptées à la nature du handicap par l'utilisation de télécommandes de type téléthèse, de manettes et de capteurs de souffle ou de clignotement de paupières.

Loin du caractère vital des automatismes pour les personnes en situation de handicap, certains appareils, parfois considérés comme des gadgets, voient leur fiabilité s'améliorer et leur prix diminuer. Certains d'entre eux trouvent peu à peu leur place dans l'habitat. En voici des exemples :

Robot de piscine. Se déplace automatiquement au fond du bassin et aspire les salissures.

Tondeuse automatique. Coupe le gazon de façon autonome.

Robot aspirateur. Se charge du ménage à votre place.

Figure 6.10
Station météo de marque Theben équipée d'un anémomètre, d'un détecteur de pluie, d'une sonde de température et d'un capteur de luminosité *(© P. Kozlowski)*

Robot de sécurité. Surveille une zone de l'habitation grâce à des détecteurs de présence ou une caméra.

En matière de motorisation, la sécurité est un critère essentiel, et les accidents sont nombreux. Il est donc indispensable de respecter scrupuleusement les consignes d'installation, d'utilisation et de maintenance fournies par les constructeurs. La norme NF P 25-362 régit les spécificités techniques et les règles de sécurité en la matière. Cette norme oblige notamment à prévoir un dispositif d'arrêt de l'automatisme en cas d'obstacle (personne, objet, etc.).

Plus il y a d'automatismes dans une maison, plus forte est la dépendance vis-à-vis de l'installation électrique. Il ne faut donc pas hésiter à prévoir, par exemple, un circuit secouru capable d'alimenter provisoirement quelques équipements vitaux (serrure électrique, congélateur, serveur informatique, etc.), ou au moins un volet roulant, une porte de garage et le portail débrayables et actionnables à la main, avec batterie de secours, ou munis d'un dispositif de déverrouillage manuel en cas de panne d'électricité prolongée.

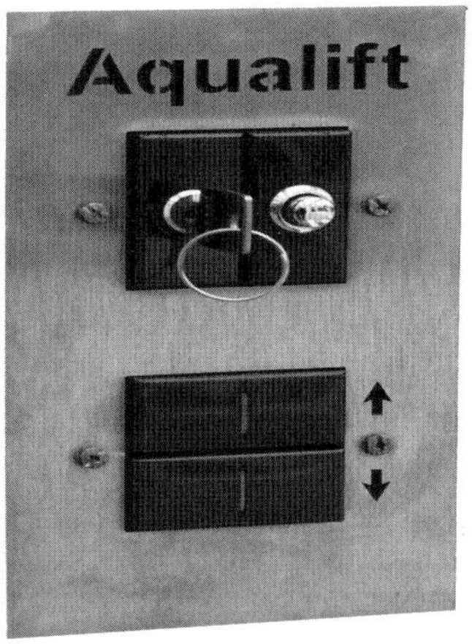

Figure 6.11
Boîtier à clé et inverseur pour commande d'un fond mobile de piscine *(source Aqualift)*

Vu le nombre d'automatismes potentiels dans une maison et sachant que chaque système dispose de sa propre télécommande, il est important de choisir des mécanismes d'un même constructeur ou ceux capables de communiquer avec des produits d'autres marques. L'objectif étant de se simplifier la vie, il importe de pouvoir regrouper les commandes du portail, de la porte de garage, de la sécurité et de l'éclairage extérieur sur une même télécommande. La cohérence de tous ces systèmes permet en outre de mettre en place des scénarios pour la simulation de présence, l'arrivée ou le départ en voiture ou une séance de home cinéma.

La télécommande n'est pas le seul dispositif capable d'actionner les automatismes. Les solutions suivantes peuvent se combiner pour plus d'efficacité ou de confort :

Bouton inverseur (montée/descente). La liaison avec le moteur peut être filaire (traditionnel ou bus de commande), sans fil (radio ou infrarouge) ou sans nouveau fil (courant porteur).

Boîtier à clé. Fonctionne sur le principe de l'inverseur, mais avec un niveau de sécurité renforcé. On l'utilise généralement pour commander un portail ou une porte de garage à la place ou en complément d'une télécommande. C'est aussi le moyen retenu pour sécuriser les commandes de volets ou de fond mobile de piscine (*voir figure* 6.11).

Déclencheur (trigger). De plus en plus implémenté dans les appareils audiovisuels, il permet, lors de la mise sous tension d'un amplificateur, de commander la descente des volets roulants, des haut-parleurs escamotables ou de l'écran électrique, avec possibilité de délai ou de mise en marche sous condition.

Relais. Permet de commander des automatismes à partir d'un changement d'état provoqué par une centrale de sécurité, un ordinateur ou un gestionnaire d'énergie.

Détecteur. Enclenche un moteur dès qu'un seuil prédéfini de soleil, de pluie, de vent, de gaz, de luminosité ou de présence est atteint. Les commandes d'arrosage ou de stores bannes fonctionnent couramment sur ce principe.

Horloge. Permet de programmer une commande ou des séquences de commandes dans les domaines de l'arrosage, des volets roulants et de la simulation de présence.

Ordinateur. Que ce soit au travers d'écrans tactiles ou d'Internet, l'ordinateur est devenu un organe de commande à part entière. L'ordre se fait en direct ou à travers un automate. L'interface graphique facilite l'utilisation et apporte beaucoup de souplesse en termes d'évolutivité et de programmation. La figure 6.12 montre un exemple de contrôle de volets roulants et de rideaux électriques sur écran tactile.

Figure 6.12
Exemple d'interface sur écran tactile, ordinateur ou télévision permettant de commander de façon intuitive un ensemble de stores avec retour d'état *(source DomoConsulting)*

En permettant de pallier des handicaps, d'éliminer certaines tâches répétitives et fastidieuses, de limiter les efforts, de gagner du temps, de renforcer la sécurité et d'optimiser les consommations d'énergie, les automatismes occupent une place prépondérante dans la conception d'une maison communicante.

Conclusion

Comme nous venons de le voir, il est possible de réaliser des économies d'énergie tout en bénéficiant de davantage de confort, que ce soit dans les domaines de l'interphonie, de l'éclairage, du chauffage, des automatismes ou de l'arrosage.

La notion de confort domestique est difficile à définir tant elle est propre à chacun. Quelques recommandations sont toutefois à garder à l'esprit pour effectuer les bons choix.

- Ne retenir que les fonctions qui présentent une réelle source de confort pour nous et nos proches. Celles qui nous paraissent superflues risquent de compliquer inutilement le projet. Celles qui nous semblent intéressantes mais qui n'entrent pas dans notre budget peuvent faire l'objet de travaux de prédisposition permettant de les mettre en place ultérieurement.
- Dans la plupart des cas, les choix initiaux d'infrastructure sont presque irréversibles, ce qui justifie une réflexion préliminaire approfondie et une vision globale de notre projet afin d'assurer une cohérence à la maintenance et à l'utilisation de ces systèmes.
- Privilégier les solutions ouvertes et interopérables, capables de communiquer avec le reste de l'installation et d'être commandées de façon centralisée avec les autres systèmes.
- Rompre avec la conception conventionnelle qui consiste à associer un bouton à un circuit (éclairage, volets, etc.). Trop de projets, y compris ceux qui intègrent des équipements domotiques, se contentent de reproduire ce qui est fait en électricité traditionnelle depuis quarante ans sans tirer réellement profit des possibilités de programmation : éclairage automatique variable tenant compte des apports naturels, ambiances d'éclairage, centralisation par pièce, scénarios de vie associant automatismes, lumières, chauffage, sécurité, etc.

La domotique ouvre de nouvelles voies dans le domaine de l'automatisation, de l'éclairage et du confort thermique, mais constitue aussi un moyen de mieux gérer son environnement. Nous l'avons vu dans cette première partie, c'est aussi un moyen de sécuriser le logement et de faire entrer de plain-pied les loisirs numériques, l'informatique et les moyens de communication les plus modernes dans notre quotidien.

Même si les équipements sont eux-mêmes de plus en plus sophistiqués, la véritable intelligence d'un logement réside dans leur intégration, c'est-à-dire leur mise en réseau. Après avoir vu l'étendue des fonctions envisageables, il est temps de revenir sur terre et d'étudier l'infrastructure nécessaire à leur mise en œuvre dans une maison communicante.

II

L'infrastructure

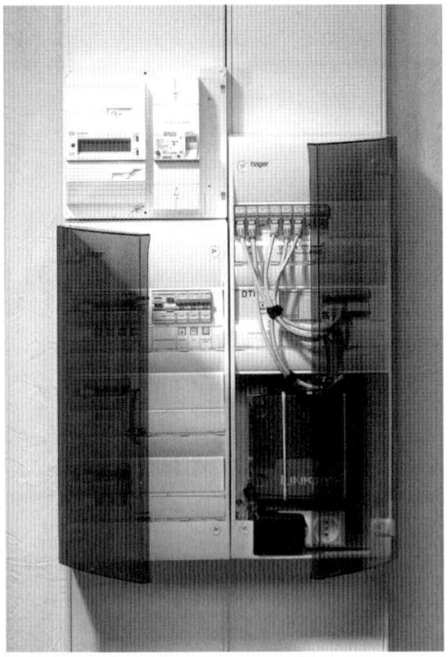

Gaine technique située à l'entrée d'un appartement récent. Sur la gauche, la partie électrique, avec le compteur d'abonné et le tableau de protection ; sur la droite, la partie VDI (voix, données, images), avec le routeur Internet placé verticalement dans le coffret de communication *(source Hager)*

Comment procéder si certaines des fonctions que nous venons de passer en revue nous paraissent intéressantes ? que faut-il prévoir pour les mettre en œuvre ou au moins les intégrer à terme au gré de nos envies et de nos besoins ? Une grande partie de la réponse à ces questions réside dans l'infrastructure technique retenue.

L'infrastructure des réseaux constitue la colonne vertébrale d'un logement. Dans une maison classique, c'est elle qui permet de déployer l'électricité, le téléphone et la télévision. Dans les logements récents, s'y ajoute de plus en plus un câblage spécifique pour la sécurité, l'informatique, la diffusion sonore et l'interphonie.

Comme l'illustre la figure ci-contre, cette tendance à l'accroissement du nombre de réseaux s'accélère depuis quelques années du fait de l'apparition de réseaux dédiés au home cinéma ou à la diffusion sonore, par exemple.

Il est aujourd'hui possible de gérer l'ensemble des fonctions de la maison par le biais de seulement deux infrastructures réseau : le réseau domotique, qui permet de rationaliser toute l'installation électrique, et le réseau multimédia, ou réseau VDI (voix, données, images), qui unifie tous les besoins relatifs au transport de la voix (téléphonie, interphonie, diffusion sonore), des données (informatique) et des images (TV).

L'objectif de cette partie est de fournir les clés permettant d'optimiser ces deux infrastructures, sachant qu'elles conditionnent la réussite et la pérennité de l'installation, ainsi que le bon fonctionnement de tous les équipements de la maison.

Sans fil à la patte ?

Pourquoi continuer à câbler nos maisons puisque tout ou presque peut se faire sans fil ? à quoi bon installer des interrupteurs, alors qu'une simple télécommande peut faire l'affaire ? pour quelle raison investir dans le câblage d'un réseau local informatique alors que les réseaux Wi-Fi ou Bluetooth se répandent partout, comme nous l'avons vu au chapitre 3 ?

Il est incontestable que le sans fil apporte des services nouveaux, comme la mobilité, et un confort d'utilisation dans les domaines informatique et électrique, de la hi-fi et des télécoms, etc. Cependant, il convient de rester prudent et de n'utiliser les technologies sans fil que lorsqu'elles sont indispensables ou qu'elles présentent un réel avantage par rapport aux solutions filaires. Gardons en outre à l'esprit qu'à tout faire sans fil, les interférences entre les différents systèmes risquent de perturber le fonctionnement de tous les équipements. Principe de précaution oblige, mieux vaut en outre limiter au maximum les risques de pollutions électromagnétiques induites par les technologies sans fil. Même si aucune étude ne les met formellement en évidence, il paraît raisonnable de les limiter au strict minimum, surtout dans les chambres et les logements abritant des personnes souffrant de troubles liés à l'électro-hypersensibilité.

Le débat n'est pas de savoir si le sans fil peut remplacer le câblage, mais plutôt de trouver leur complémentarité. En règle générale, un simple câble revient moins cher et est plus fiable, toutes choses égales par ailleurs, qu'un dispositif fondé sur l'utilisation des fréquences radio ou infrarouges. Dans certaines conditions néanmoins, en rénovation par exemple, le sans fil se révèle plus compétitif puisqu'il ne nécessite pas de main-d'œuvre pour le passage des câbles.

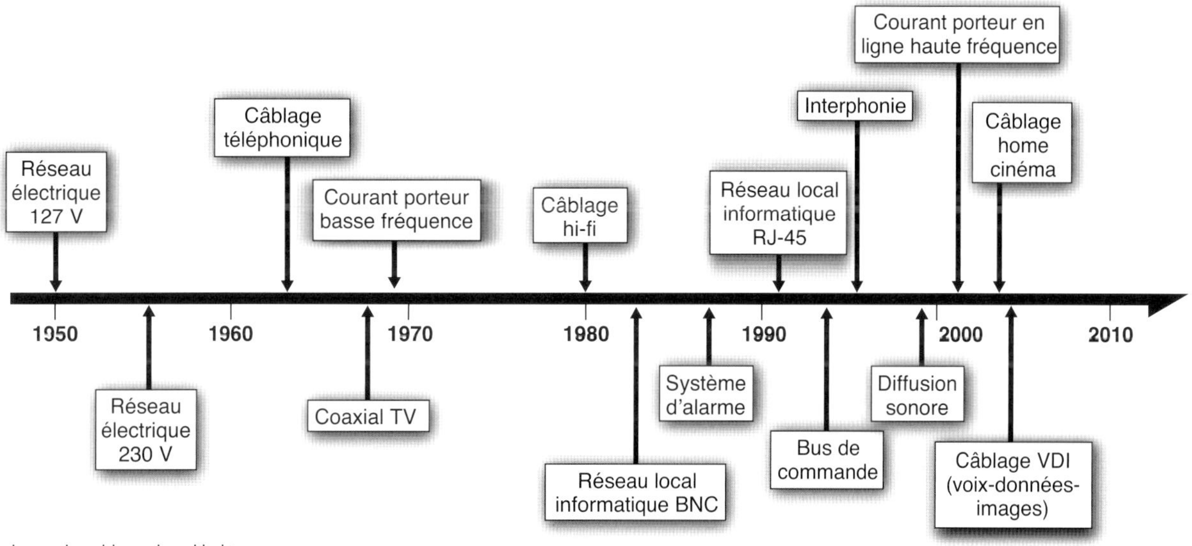

Évolution du câblage dans l'habitat

7 L'installation domotique

« Comme les générations ne se succèdent qu'environ tous les trente ans, il faut énormément de temps pour comprendre les tenants et les aboutissants de la moindre innovation. »

Cette phrase de Clayton M. Christensen s'applique parfaitement au domaine de la domotique. Dans son livre, *The Innovator's Dilemma*[1], l'auteur démontre d'ailleurs que nombre de multinationales ont perdu leur avance ou ont carrément disparu à cause de la résistance au changement.

L'installation domotique constitue traditionnellement la colonne vertébrale du câblage d'une maison, permettant de distribuer la puissance (éclairage, prises, volets roulants, etc.) et les commandes (interrupteurs, télérupteurs, boutons-poussoir, détecteurs, etc.).

L'installation électrique traditionnelle n'est plus incontournable, et l'ère de la nouvelle électricité s'ouvre avec les solutions sur bus de commande, courant porteur ou sans fil. Pour bien comprendre l'intérêt de ces nouvelles technologies, penchons-nous d'abord sur le principe de fonctionnement d'une installation traditionnelle.

1. Réédité par Harvard Business School Press en 2003.

L'installation électrique traditionnelle

C'est le type d'installation que nous retrouvons dans la très grande majorité des habitations. La figure 7.1 illustre le câblage électrique d'une chambre équipée d'un plafonnier, d'un circuit de prises de courant, de deux prises commandées par interrupteur (PCC), de plusieurs interrupteurs ◇ et d'un volet roulant (V).

Ce type d'installation est parfaitement maîtrisé par les électriciens et constitue la solution la plus économique, surtout dans le collectif et le pavillon, où l'ensemble du câblage est souvent préparé en atelier puis mis en œuvre dans le logement en un minimum de temps.

Le câblage électrique traditionnel présente toutefois de nombreux inconvénients. Il oblige à mélanger le circuit de puissance, c'est-à-dire l'alimentation des prises, des éclairages et des volets dans notre exemple, avec le circuit de commandes, constitué ici des interrupteurs et des inverseurs de volets roulants. Autrement dit, le lien entre les interrupteurs et les circuits à commander est câblé une fois pour toutes dans le mur, sans aucune possibilité d'évolution, à moins d'engager des travaux de recâblage, avec ce que cela implique de coût de main-d'œuvre, de délai et de désagrément (travaux, saignées, peinture, etc.).

Ce type d'installation requiert l'installation d'un grand nombre de boîtes de dérivation, gourmandes en main-d'œuvre. Le fait qu'elles soient répar-

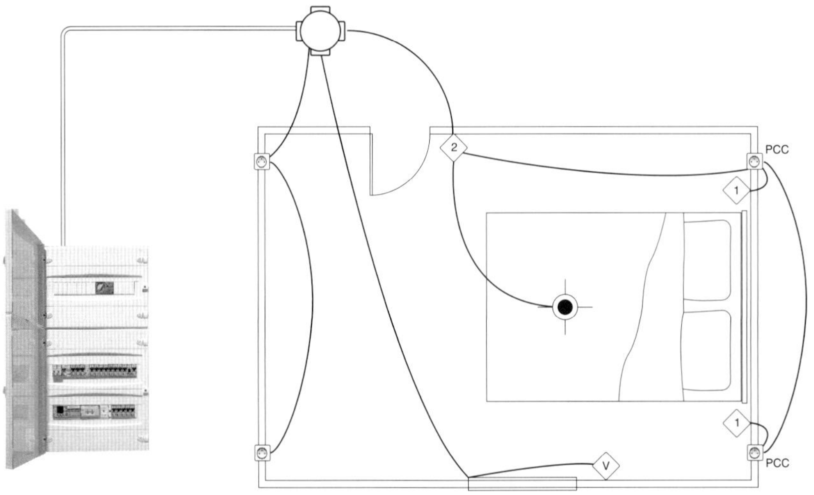

Figure 7.1
Dans une installation électrique traditionnelle les circuits d'éclairage, les volets ou les prises sont alimentés globalement à partir d'une boîte de dérivation et sont raccordés une fois pour toutes aux points de commande (simple allumage, va-et-vient ou inverseur pour les volets), sans aucune possibilité d'évolution

ties dans la maison complique de surcroît la maintenance et l'évolutivité de l'installation. Les commandes d'extinction générale de l'éclairage ou de centralisation des volets par zone ou par étage, par exemple, sont lourdes à mettre en œuvre et à maintenir.

Un interrupteur est avant tout un dispositif mécanique incapable de dialoguer avec une installation numérique. Pour cette raison, les fonctions de régulation, de commande à distance et de couplage avec les autres systèmes de la maison sont difficiles, pour ne pas dire impossibles à mettre en œuvre.

Les réseaux électriques traditionnels engendrent la prolifération du 230 V dans toute la maison, même quand les circuits ne sont pas utilisés, ce qui peut augmenter les risques domestiques (électrocution, surtension, court-circuit, etc.) et sanitaires (exposition aux champs électromagnétiques).

L'approche traditionnelle peut se justifier pour des raisons économiques à court terme dans certains types de projets d'entrée de gamme, mais n'est plus du tout adaptée aux besoins d'aujourd'hui. Une particularité française profondément ancrée dans le secteur du bâtiment veut que les donneurs d'ordre persistent à se reposer sur les entreprises d'électricité sans leur donner les moyens d'évoluer ni leur demander de solutions de câblage plus souples et plus évolutives. La technologie du bus de commande, par exemple, est capable tout à la fois de répondre à l'apparition de nouveaux usages, à la prolifération des équipements et des réseaux ainsi qu'à l'augmentation des besoins de modularité et d'interopérabilité.

Le bus de commande

Le bus de commande est apparu il y a une quinzaine d'années dans l'industrie et la construction d'immeubles de bureaux. Il s'est ensuite implanté dans les logements de très haut standing ou pour répondre à des besoins liés au handicap.

Certaines entreprises d'électricité plébiscitent aujourd'hui ces produits pour leur fiabilité et leur simplicité de mise en œuvre dans le résidentiel.

La figure 7.2 illustre un bus de commande parmi les plus répandus : le bus KNX. Il s'agit d'un simple câble de type paire torsadée.

Figure 7.2
Bus de commande KNX *(source Hager)*

Le bus de commande

Simple câble alimenté en très basse tension de sécurité et équipé de deux fils au minimum, le bus de commande assure la communication entre tous les éléments de contrôle de la maison : boutons-poussoir, interrupteurs, détecteurs, centrales, actionneurs, etc. Il peut être installé en ligne, étoile, anneau, arborescence ou toute autre combinaison selon la configuration des pièces. Relié au tableau électrique, il assure la commande des appareils du réseau 230 V.

La figure 7.3 illustre le principe de fonctionnement du bus de commande. Les ordres émis sont relayés auprès des équipements par l'intermédiaire du bus de commande.

La figure 7.4 donne un exemple d'une installation sur bus de commande à l'échelle d'une pièce.

Tous les circuits d'éclairage, de prises de courant commandées et d'alimentation de volets roulants sont individuellement ramenés au tableau électrique (M1, M2, M3).

Sur la figure 7.4, tous les boutons-poussoir sont reliés entre eux par un seul câble, le bus de commande. Les modules M1, M2 et M3 sont programmés au niveau du tableau électrique et reliés au bus de commande pour répondre aux ordres émis par les boutons-poussoir ou la télécommande.

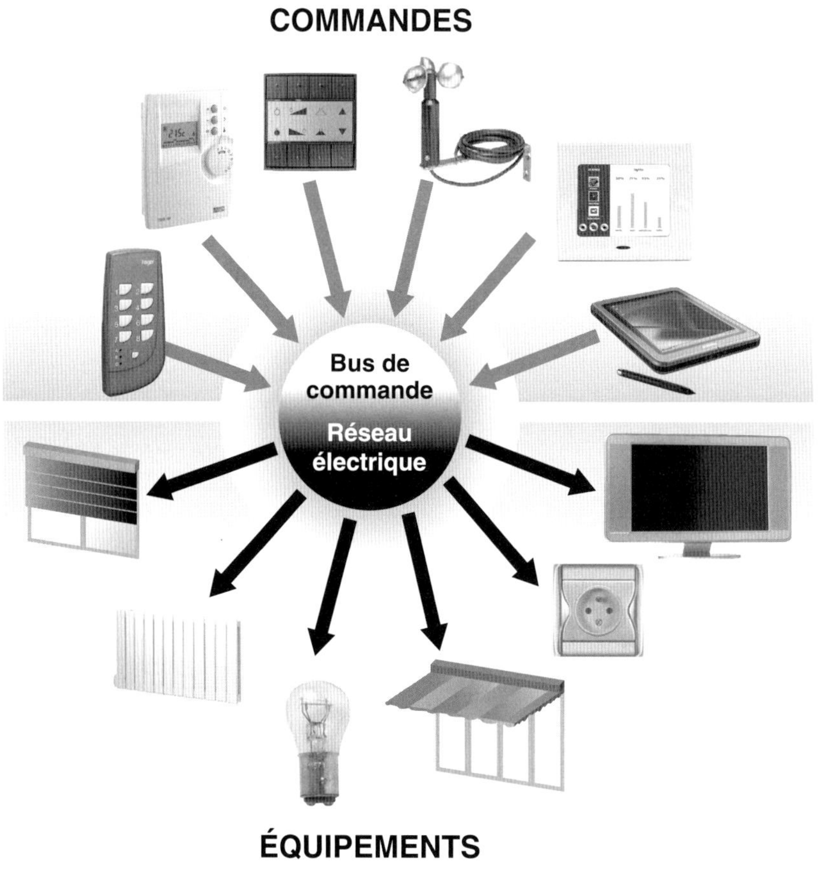

Figure 7.3
Principe d'une installation sur bus de commande

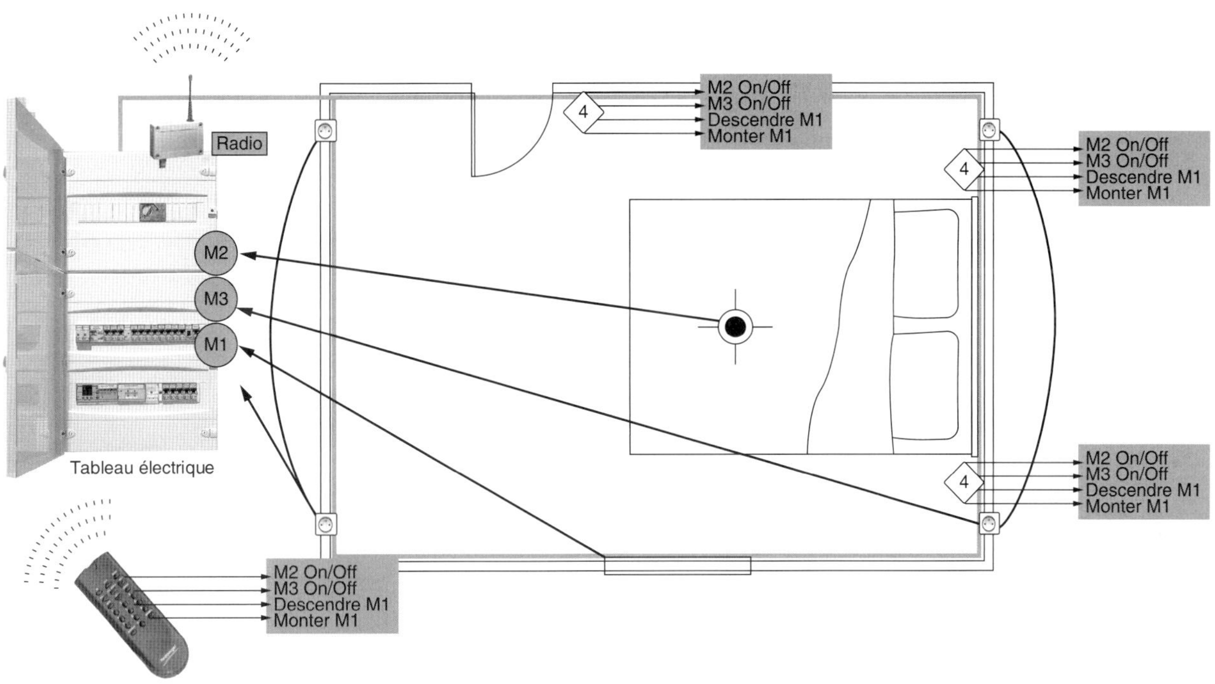

Figure 7.4
Dans une installation électrique sur bus de commande, tous les circuits d'éclairage, de prises de courant commandées et d'alimentation de volets roulants sont individuellement ramenés au tableau électrique (M1, M2, M3). Les commandes sont reliées ensemble au tableau électrique par le bus et sont programmées pour commander les circuits souhaités. Remarquons que les commandes de volets roulants sont placées à l'entrée de la pièce et en tête de lit. La télécommande est également programmable et communique sans fil avec le tableau électrique

La figure 7.5 montre le tableau électrique d'une installation sur bus de commande avec, sur la première rangée, les circuits de protection, sur la deuxième les modules de gestion de volets roulants et sur la troisième les circuits de gestion d'éclairage.

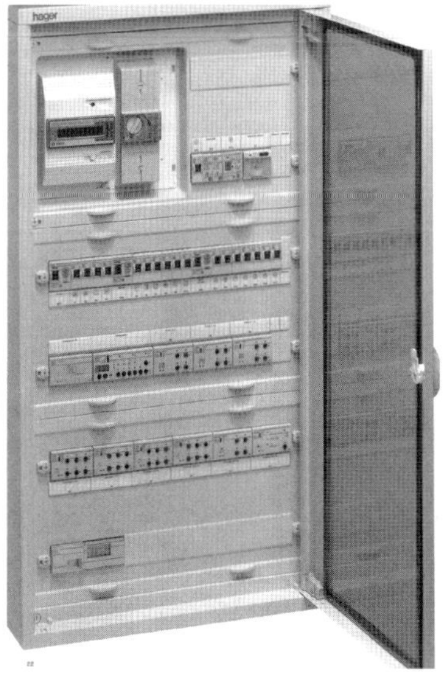

Figure 7.5
Tableau électrique d'une installation sur bus de commande *(source Hager)*

Ce système permet de commander différentes applications (éclairage, volets roulants, stores, chauffage, climatisation, sécurité, etc.) à travers différents types d'interfaces (bouton-poussoir, platine de boutons, télécommande, écran tactile, commande à distance, etc.). Il offre la possibilité d'associer à n'importe laquelle de ces entrées des commandes de marche/arrêt, de temporisation ou de variation, aussi bien en commande individuelle que groupée ou générale.

La régulation sur bus de commande génère d'importantes économies d'exploitation par coupure du chauffage quand une fenêtre est ouverte, subordination de la climatisation ou de l'éclairage à l'occupation des pièces, asservissement de l'intensité d'éclairage à la luminosité extérieure, etc.

En séparant les circuits de commande des circuits de puissance, cette approche simplifie considérablement l'installation électrique, tout en limitant la prolifération du 230 V. Elle permet en outre d'adapter facilement les commandes des différents circuits (éclairage, volets, scénarios, etc.) en fonction de l'utilisation réelle du logement, en particulier dans les premiers mois d'utilisation.

Comme illustré à la figure 7.6, si nous décidons de changer le lit de place dans la chambre, il suffit de reprogrammer la télécommande, d'ajouter des boutons radio ou de déplacer les boutons-poussoir sur le bus qui ceinture la pièce et de les réaffecter au nouveau module d'éclairage (M4).

La première condition pour tirer bénéfice de tels systèmes est de sélectionner les constructeurs ayant choisi de rendre leurs produits compatibles avec les standards du marché. Cela permet d'intégrer dans le projet les meilleurs produits de chaque fabricant et offre une garantie de pérennité de l'installation. À titre d'exemple, une télécommande ou une platine de boutons du constructeur X peut agir sur la régulation de chauffage du constructeur Y et l'éclairage du constructeur Z.

Les bus de commande KNX et Lonworks sont considérés comme des standards :

KNX (Konnex). Ce protocole normalisé a été choisi par ABB, Gira, Hager, Jung, Schneider Electric, Siemens et plus de cent cinquante

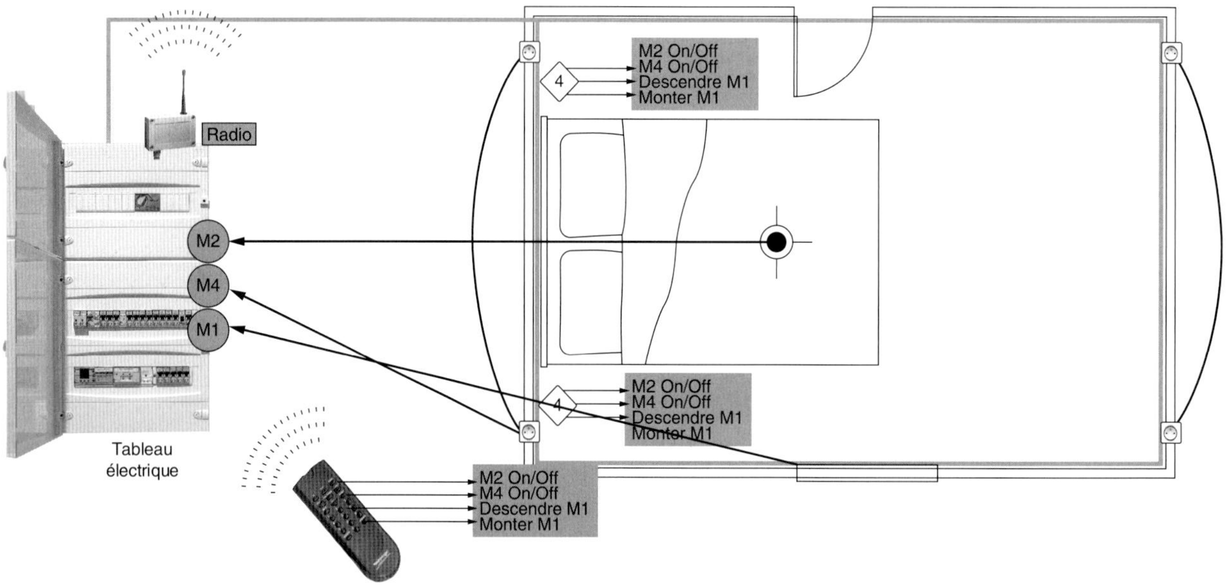

Figure 7.6
En cas de réaménagement, il suffit de reprogrammer la télécommande ou d'ajouter des boutons-poussoir sans fil ou sur le bus qui ceinture la pièce et de les réaffecter au nouveau circuit de prises commandées (M4)

constructeurs, qui représentent à eux seuls 90 % de la construction électrique en Europe. À ce jour, quelque cinq millions de points de commande ont été installés à travers le monde, et plus de sept mille produits sont compatibles entre eux. Il s'agit avant tout de matériels électriques, mais il existe aussi des équipements KNX dans les domaines de l'électroménager, de la sécurité, de la diffusion sonore, des écrans tactiles, de la vidéophonie, du chauffage, de la climatisation et du traitement de l'air.

Le tableau 7.1 donne des exemples de matériels compatibles KNX.

Tableau 7.1 Exemples de matériels compatibles KNX

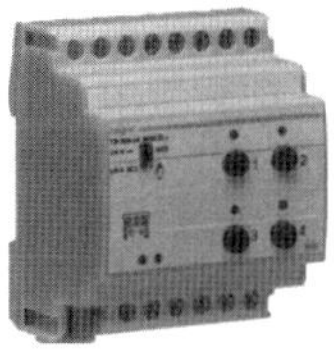	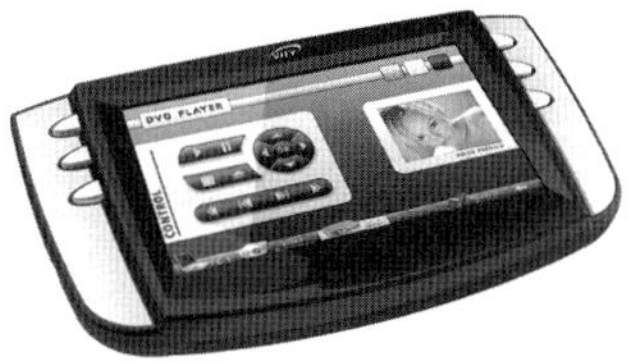	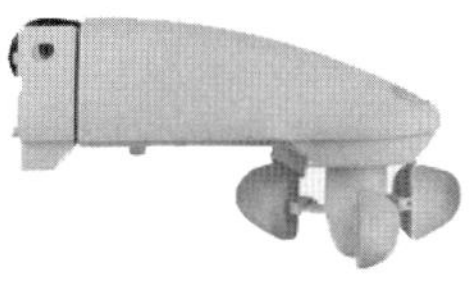
Module de sortie pour quatre volets roulants *(source Hager)*	Écran tactile sans fil ZigBee *(source Vity Technology)*	Station météo *(source Theben)*

Lonworks. Très répandue aux États-Unis, cette norme s'appuie sur un protocole proche d'IP (Internet Protocol) pour permettre la circulation de petits paquets d'information de type contact ouvert/contact fermé, lampe éclairée/lampe éteinte. L'avantage de la norme Lonworks est qu'elle garantit l'interopérabilité de produits de constructeurs différents et surtout de domaines techniques distincts, tels que les contrôles d'éclairage, de chauffage, de ventilation, de climatisation, de sécurité, de gestion d'accès, d'alarme, etc. Son principe de fonctionnement est encore plus intéressant que celui des bus traditionnels tels que KNX, car tous les produits reliés au réseau Lonworks peuvent échanger non seulement avec le centre mais également entre eux. Ce protocole n'est pour l'instant présent en Europe que dans le tertiaire et dans le résidentiel haut de gamme avec les produits Intensia. La figure 7.7 donne un exemple de matériel compatible Lonworks.

De nombreux constructeurs ont développé sur le même principe leurs propres technologies de bus, malheureusement sans compatibilité entre elles. Par exemple, les produits de BTicino, Niko ou Lutron, références historiques dans le domaine de la domotique, sont fondés sur des protocoles non standards, qui obligent à recourir à des passerelles spécifiques pour les faire dialoguer avec les autres systèmes. Cependant, de plus en plus de constructeurs tendent à adapter leur technologie à KNX ou à Lonworks.

KNX, un protocole normalisé au niveau international

Depuis novembre 2006, le protocole KNX est normalisé au niveau international, que ce soit sur bus de commande ou sur d'autres modes de communication, comme le courant porteur, les réseaux radio ou Ethernet.

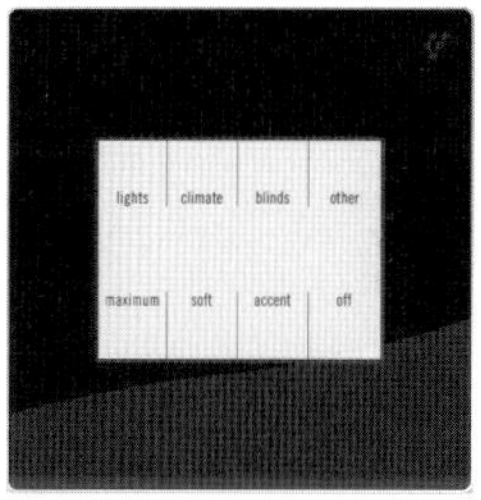

Figure 7.7
Exemple de matériel compatible Lonworks *(source Intensia)*

Normalisation et interopérabilité

L'utilisation de technologies normalisées est évidemment rassurante, mais ce n'est pas toujours un gage de réussite, puisque les équipements d'une maison ne fonctionneront jamais tous sous le même protocole. Ce qui est crucial, c'est de rechercher l'interopérabilité et de choisir des solutions qui répondent à un besoin fonctionnel, à des compétences de mise en œuvre et à des contraintes budgétaires. Cela signifie qu'il faut être pragmatique et qu'il est préférable de déployer un système non standardisé s'il répond au cahier des charges plutôt que de choisir par défaut une installation traditionnelle élémentaire.

> **Pour en savoir plus sur le Web**
>
> Solutions sur bus de commande standardisés
>
> Konnex : www.knx.fr
> LonMark : www.lonmark.fr

Même si ce type d'installation est encore relativement peu répandu en France, le bus de commande devrait supplanter peu à peu le câblage traditionnel et se généraliser dans les constructions et réhabilitations de maisons dans lesquelles le confort et l'évolutivité priment sur les contraintes de coût de construction.

L'installation courant porteur

La technologie de bus de commande est peu adaptée aux projets de rénovation dans lesquels le passage de nouveaux câbles est difficile à mettre en œuvre. Elle est également souvent considérée comme trop onéreuse pour les installations ponctuelles consistant à ne commander que quelques éclairages et quelques automatismes. La solution dans ces deux cas consiste à utiliser la technologie courant porteur, appelée également « sans nouveaux fils », puisque ce type de transmission consiste à utiliser le courant traditionnel comme vecteur d'un autre signal. Les deux types d'information peuvent cohabiter sur un même câble, car ils sont émis à des fréquences et à des tensions différentes. Pour renforcer la fiabilité de la transmission, le signal est envoyé plusieurs fois à quelques millisecondes d'intervalle.

La figure 7.8 illustre le principe du courant porteur. Les ordres émis sont relayés auprès des équipements à travers le réseau électrique.

La figure 7.9 donne un exemple d'installation courant porteur à l'échelle d'une pièce.

La figure 7.10 montre le tableau électrique d'une installation courant porteur, avec, sur la gauche, les circuits de protection et, sur la droite, les modules de gestion d'éclairage.

Les limitations du courant porteur sont d'ordre purement technique :

- L'intégration de modules courant porteur à une installation électrique traditionnelle peut se montrer décevante si nous ne maîtrisons pas la qualité du réseau existant. Par exemple, le branchement d'un récepteur mural nécessite la présence du neutre, ce qui n'est pas toujours le cas dans les installations existantes.
- En cas de courant triphasé ou sur de longues distances, il faut ajouter un module coupleur amplificateur spécifique pour permettre à l'installation de fonctionner correctement.

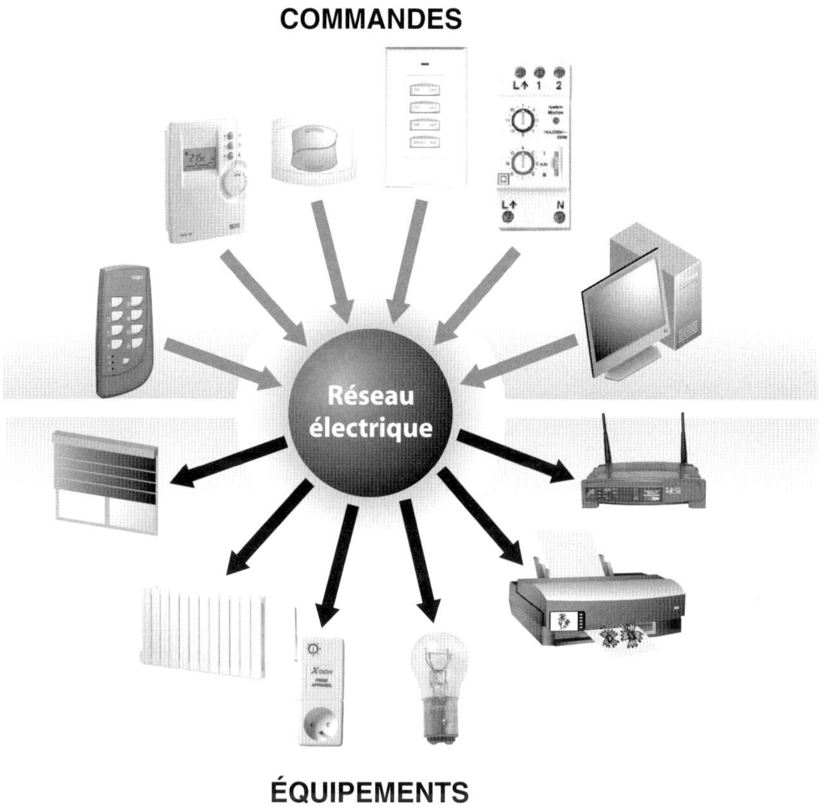

Figure 7.8
Principe d'une installation courant porteur

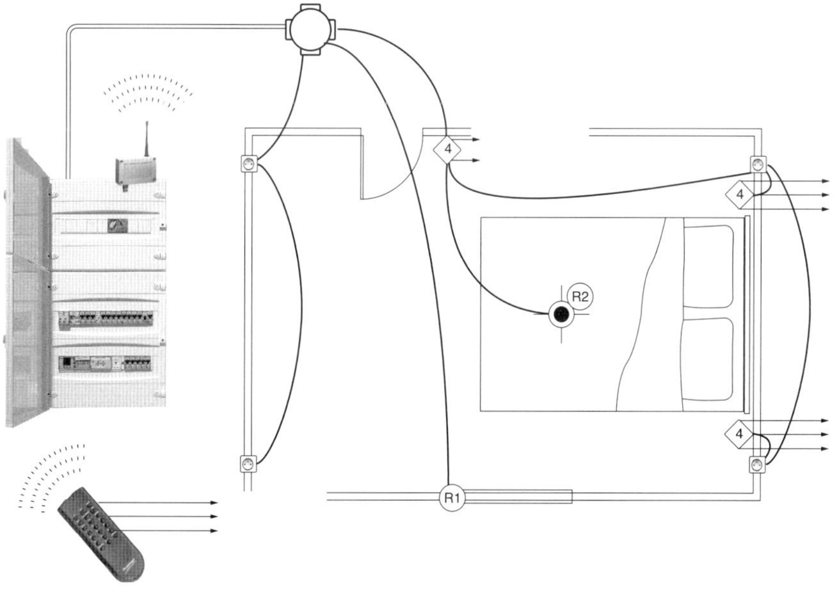

Figure 7.9
Dans une installation électrique courant porteur, les commandes issues des modules émetteurs situés dans les boutons-poussoir sont acheminées sur le câblage électrique existant vers les modules récepteurs (R1, R2) situés au niveau du tableau électrique ou des appareils à commander. Les ordres peuvent également êtres émis sur le réseau électrique par le biais de télécommandes radio

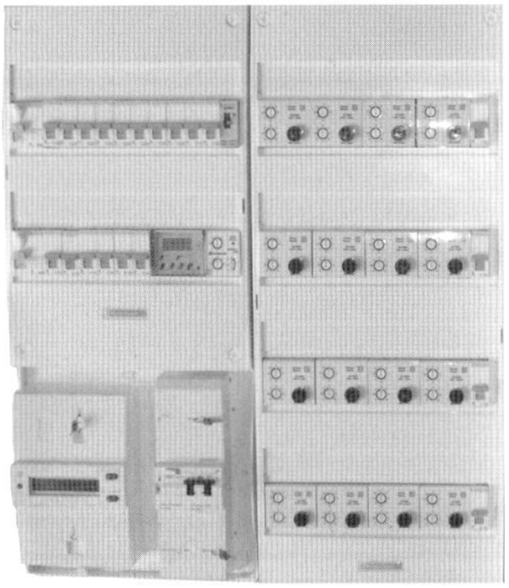

Figure 7.10
Tableau électrique d'une installation courant porteur. Nous distinguons à gauche le compteur et les protections traditionnelles et à droite les modules de commandes courant porteur *(source XDom)*

Les différents types de courant porteur

La technologie du courant porteur s'applique aussi bien au transport de commandes qu'à celui des flux de données de type Internet ou vidéo, même si les fréquences utilisées ne sont pas les mêmes selon le type d'informations à transporter. Le courant porteur en ligne à haute fréquence (CPL), par son débit plus important, est mieux adapté au transport de données informatiques que le courant porteur basse fréquence étudié ici.

La répartition des bandes de fréquences des CPL est la suivante :

Bandes de fréquences CPL bas débit :

3-9 kHz : opérateurs de réseaux électriques (télérelève, etc.)
9-95 kHz : opérateurs de réseaux électriques
95-125 kHz : usage domestique (babyphone, etc.)
125-140 kHz : usage domotique
140-148 kHz : usage domotique

Bandes de fréquences CPL haut débit :

1-20 MHz : CPL intérieur à usage domestique
2-30 MHz : CPL extérieur à usage public
4,49-20,7 MHz : HomePlug 1.0

- Certains types de lampes halogènes ne fonctionnent pas sur ce type d'installation, car les signaux sont bloqués par les transformateurs.
- Il est fréquent de constater qu'un module ne fonctionne pas parfaitement, alors que tout est correctement installé, simplement parce que certains appareils électroménagers ou téléphones perturbent le réseau électrique. Quoi de plus frustrant que d'avoir neuf volets roulants qui fonctionnent parfaitement et le dixième seulement une fois sur deux ? Il faut alors auditer l'installation pour trouver la source de l'interférence ou ajouter un filtre supplémentaire au niveau du tableau électrique pour filtrer les machines perturbatrices et supprimer les sources de parasites.
- Les signaux courant porteur sont en théorie arrêtés par le disjoncteur d'une installation, ce qui évite d'émettre des instructions chez le voisin. En pratique, on constate que certains signaux sortent de l'installation. Par sécurité, il est conseillé d'insérer un module de filtrage en tête d'installation.

Le principal handicap du courant porteur réside dans le manque de standardisation actuel, qui empêche toute interopérabilité entre les solutions des constructeurs. On peut penser qu'à l'instar de ce qui se passe actuellement dans le domaine du courant porteur en ligne haute fréquence pour le transport des données, certaines initiatives apparaîtront dans les prochaines années.

HomePlug, par exemple, est une norme en cours de standardisation retenue par de nombreux constructeurs, qui pourrait être utilisée également pour le transport des ordres de commande. Elle utilise une fréquence plus élevée que le courant porteur traditionnel et évite de nombreux problèmes de fiabilité liés aux interférences sur le réseau électrique, mais ses composants sont plus onéreux que ceux utilisés actuellement en courant porteur basse fréquence.

Les principales solutions de courant porteur s'appuient sur les protocoles suivants :

In One By Legrand. Ce nouveau protocole propriétaire développé par Legrand est le successeur du CAD, qui était délicat à mettre en œuvre et souffrait de problèmes de fiabilité. In One By Legrand permet de fédérer l'ensemble de l'installation d'éclairage, d'automatisme et de sécurité de la maison. L'Axiophone IP, compatible avec ce protocole, apporte une ouverture intéressante vers le contrôle à distance de la maison. La figure 7.11 illustre une commande murale In One By Legrand.

KNX (Konnex). Si la technologie KNX est standardisée sur bus de commande comme en courant porteur *(voir la section « Le bus de commande »)*, on trouve peu de produits sur le marché. En rénovation, la solution consiste plutôt à utiliser la technologie KNX radio.

Lonworks. Il s'agit d'une technologie avant tout répandue dans le tertiaire, essentiellement sur bus de commande. Il existe également des équipements Lonworks en courant porteur.

X10. Ce protocole permet en quelques minutes, et sans recourir à des professionnels ni au moindre tournevis, de mettre en place des ambiances d'éclairage en variation avec gestion sur télécommande. Il existe une gamme très étendue d'émetteurs, de récepteurs et de centrales permettant de gérer l'éclairage, les volets roulants, le chauffage ou la sécurité *(voir le chapitre 9)*. Leur inconvénient majeur est un temps de réponse un peu lent et une fiabilité parfois aléatoire. De plus, ce protocole, en fin de vie, n'est pas standardisé. Sujet aux interférences, il est en outre monodirectionnel, et l'appareillage n'est pas très esthétique. X10 répond à des besoins ponctuels de rénovation et constitue une solution pour s'initier à la domotique en privilégiant, si possible, les modules à installer dans le tableau électrique *(voir figure 7.10)* au détriment des modules externes, de façon à limiter au maximum les inconvénients d'intégration et de fiabilité. Le tableau 7.2 donne des exemples de matériels X10.

X2D. Développé par Delta Dore, X2D est un protocole propriétaire fiable destiné au départ à la régulation du chauffage puis étendu aux fonctions d'automatisme, d'éclairage et de sécurité. Il s'agit d'un protocole numérique permettant à l'ensemble des gammes du constructeur de communiquer entre elles ainsi qu'avec le matériel de plusieurs partenaires industriels,

Protocoles et modes de transmission

Un protocole est un ensemble de règles utilisées par les équipements pour communiquer entre eux (mode de connexion, contrôle des erreurs, etc.). Les protocoles de type Insteon, In One By Legrand, Lonworks et X2D sont utilisés pour la transmission courant porteur, mais également en commande radio ou infrarouge, voire sur bus filaire.

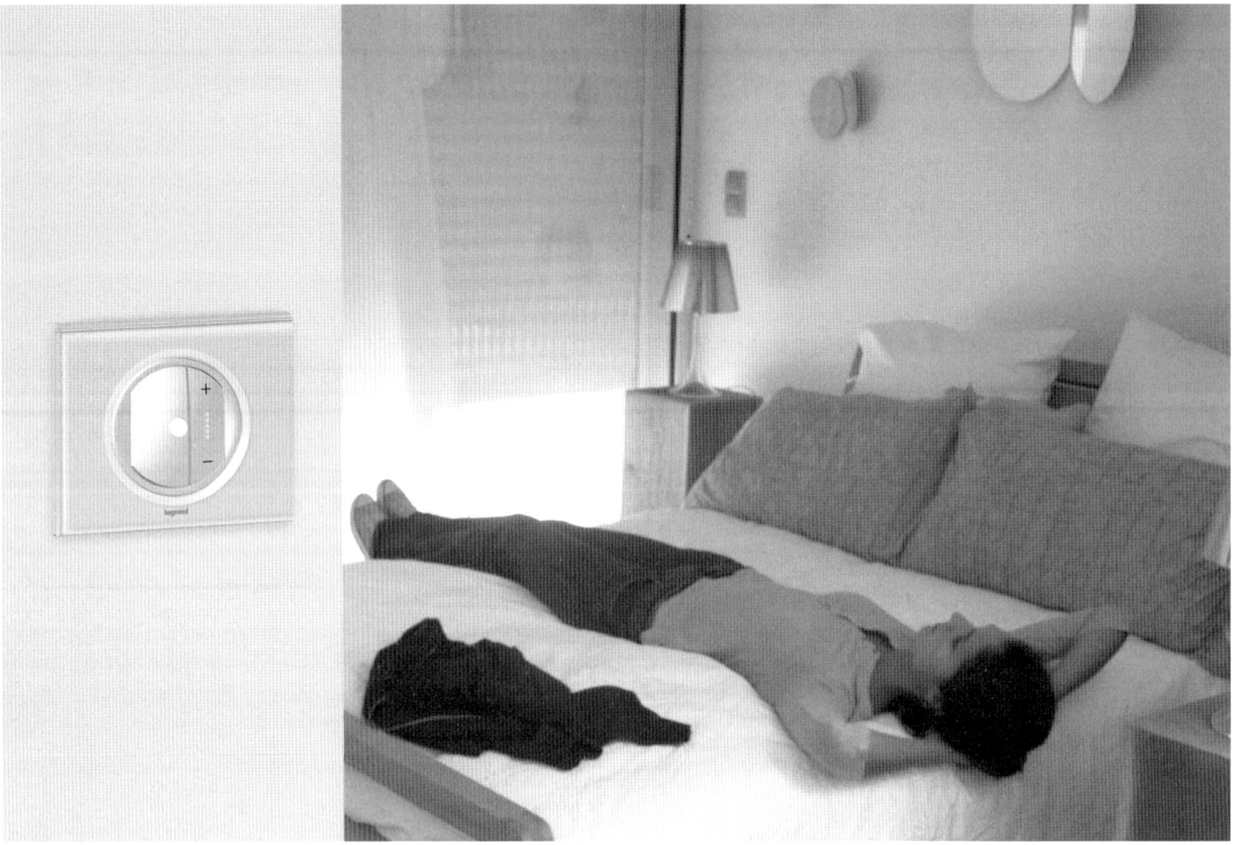

Figure 7.11
Commande murale In One By Legrand fonctionnant en courant porteur *(source Legrand)*

comme Thermor ou Acova. L'utilisateur pilote toutes les fonctions au moyen d'une seule télécommande multifonction Tydom. Le tableau 7.3 donne des exemples de matériels X2D.

Tableau 7.2 Exemples de matériels courant porteur *(source XDom)*

		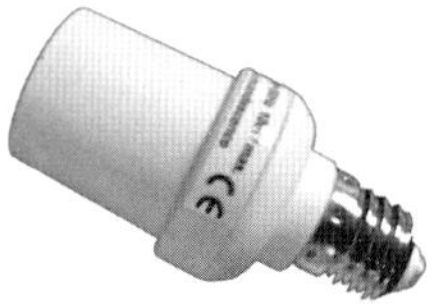		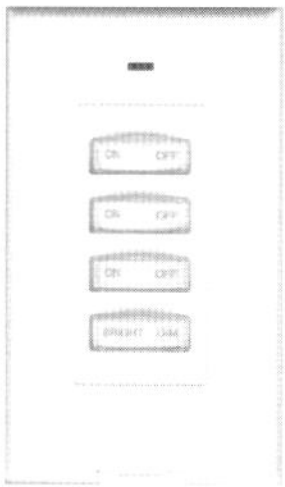
Récepteur tableau électrique	Centralisation de commande	Douille marche/arrêt	Récepteur mural pour commande de volet roulant	Interrupteur mural trois adresses + variateur

Tableau 7.3 Exemples de matériels X2D *(source Delta Dore)*

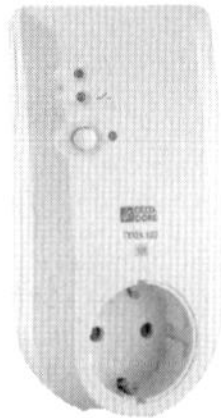		
Prise marche/arrêt	Gestionnaire d'énergie	Télécommande

Pour en savoir plus sur le Web

Fournisseurs de solutions en courant porteur

Delta Dore : www.deltadore.com

In One by Legrand : www.legrand.fr

Insteon : www.insteon.net (anglais)

L'installation sans fil

De très nombreux systèmes domotiques reposent sur les technologies sans fil. Ces dernières répondent parfaitement au marché de la rénovation ou aux besoins spécifiques de projets plus ambitieux. Nous verrons dans l'une des études de cas détaillée au chapitre 13 que les technologies radio KNX ont permis d'optimiser l'installation et de mettre en œuvre des commandes à des endroits impossibles à câbler (parois vitrées, porte de placard, porte à galandage, etc.).

La figure 7.12 illustre la diversité des réseaux sans fil qu'il est possible de mettre en œuvre dans une maison.

Figure 7.12
Installations sans fil

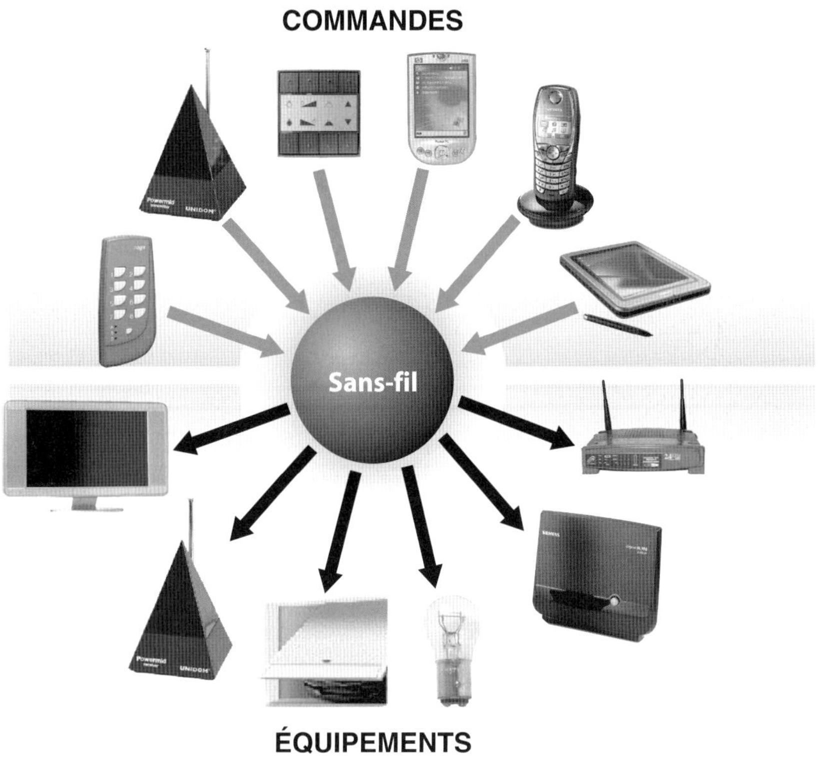

La plupart des systèmes de sécurité, de motorisation, de chauffage ou de climatisation disposent de leurs propres solutions de commandes sans fil, souvent propriétaires. En plus des technologies déjà citées, comme In One By Legrand, Insteon, KNX, Lonworks et X2D, qui existent également en versions sans fil, citons trois initiatives susceptibles de fédérer des produits issus de plusieurs fabricants :

EnOcean. La technologie EnOcean est utilisée dans la conception de nombreux capteurs et actionneurs (température, luminosité, présence, CO_2, hygrométrie, bouton-poussoir, ouverture de fenêtre, etc.). Il s'agit d'une solution très modulaire, autonome et économe en énergie, en coût d'installation et en coût de maintenance, car sans fil et sans piles. L'autonomie de ces produits est assurée par l'énergie produite par un capteur photovoltaïque, une différence de température ou une simple pression mécanique sur un interrupteur (*voir figure 7.13*). L'alliance EnOcean regroupe déjà deux cents fabricants et encourage le développement de passerelles vers les autres protocoles.

HomeEasy. La technologie sans fil monodirectionnelle HomeEasy est plébiscitée par les fabricants de modules domotiques d'entrée de gamme,

Figure 7.13
Le simple mouvement d'un interrupteur génère l'envoi d'un message radio par effet piézoélectrique et ouvre la voie à une domotique sans fil et sans piles *(source EnOcean)*

comme Chacon, ainsi que par les communautés de développeurs de passerelles domotiques, comme Zibase, My Fox, Domotag ou RFXCOM.

IO Homecontrol. Cette technologie radio permet la communication entre des produits de différentes marques, tels que les systèmes de contrôle de température Honeywell, les volets roulants et battants motorisés Somfy, les portes automatiques de garage Hörmann, les serrures électroniques Assa Abloy ou les fenêtres de toit Velux *(voir figure 7.14)*. L'un des atouts de la technologie IO Homecontrol est d'être bidirectionnelle, c'est-à-dire capable de confirmer à l'utilisateur qu'une action a bien été effectuée.

Z-Wave. De nombreux produits Z-Wave sont apparus ces dernières années aux États-Unis, mais leur pénétration en France reste lente, car leur fréquence doit être modifiée pour fonctionner. Même si cette technologie bidirectionnelle propriétaire est soutenue par de grands industriels, elle aura du mal à s'imposer à long terme face à son concurrent ZigBee.

ZigBee. Ce mode de transmission de données standardisé, bidirectionnel, capable de fédérer les produits informatiques et domotiques, présente la particularité de consommer très peu d'énergie et d'être bon marché *(voir le chapitre 3 « L'informatique »)*. De nombreux industriels développent aujourd'hui des produits domotiques ZigBee *(voir figure 7.15)*, mais l'interopérabilité entre eux tarde à se concrétiser.

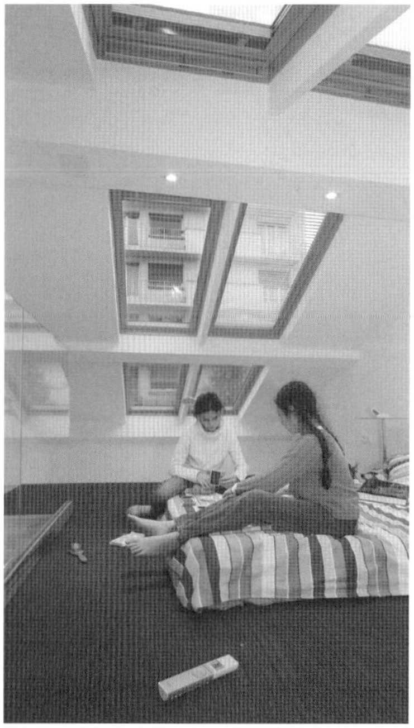

Figure 7.14
Commande de fenêtres de toit fonctionnant en technologie radio IO Homecontrol *(© P. Kozlowski)*

Pour en savoir plus sur le Web

Fournisseurs de solutions radio

Alliance ZigBee : www.zigbee.org (anglais)
Alliance Z-Wave : www.z-wavealliance.com (anglais)
Delta Dore : www.deltadore.com
EnOcean : www.enocean-alliance.org (anglais)
IO Homecontrol : www.io-homecontrol.com/fr.htmlfr.
KNX : www.knx.fr

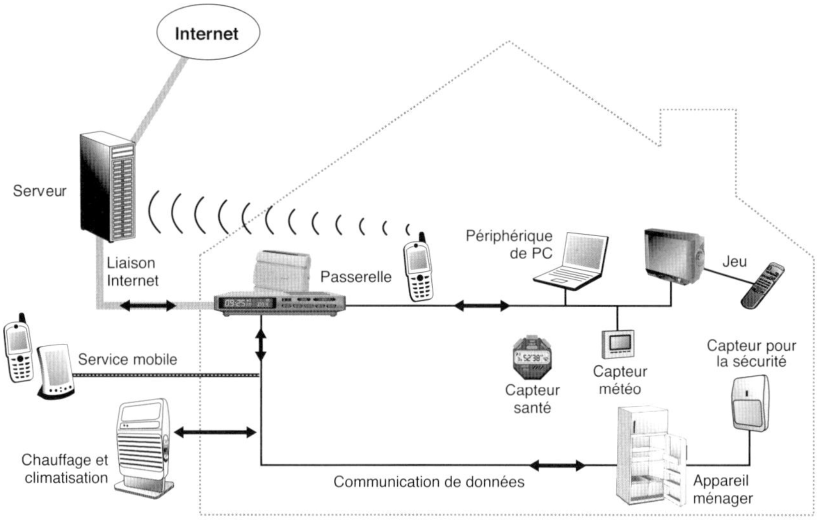

Figure 7.15
Réseau domestique ZigBee
(source Guy Pujolle, Les Réseaux*)*

Conclusion

Même si elles doivent encore gagner en fiabilité et surtout converger vers un réel standard pour s'imposer, les technologies radio et courant porteur ont de beaux jours devant elles. Ce type de transmission constitue une solution efficace pour centraliser les commandes quand il n'est pas possible de repasser des câbles, notamment dans les projets de rénovation. Dans le neuf, en revanche, il est souvent préférable d'opter pour la technologie en bus de commande.

Quelle que soit la solution retenue, la facilité d'utilisation doit rester la priorité. Pour cette raison, les télécommandes et autres écrans tactiles ne doivent pas remplacer complètement les habituels boutons-poussoir, qui présentent l'avantage de ne jamais manquer de pile, d'être facilement localisables et d'être utilisables intuitivement par tous.

Dans les faits, la solution ne se résume pas à trancher entre installation traditionnelle, courant porteur ou bus de commande. Les contraintes techniques et budgétaires obligent souvent à combiner plusieurs technologies et à compléter l'installation par des commandes sans fil radio ou infrarouge, comme nous le verrons au chapitre 9.

8 L'installation multimédia

« *Un logement mal câblé est obsolète dès sa commercialisation* » (Jacques Nozick, 2008).

Les chapitres précédents ont illustré la révolution que nous vivons à l'intérieur de nos maisons avec l'arrivée du très haut débit et du numérique. Il est certain que ces tendances vont encore s'accélérer et que, plus que jamais, nous devrons reconsidérer la manière dont sont câblés nos logements. Les prises de téléphone (en T) sont retirées de la vente et les prises de télévision (coaxiales) ne sont plus toujours adaptées aux technologies numériques et sont souvent en nombre insuffisant et mal placées dans les pièces.

Historiquement, le nombre de câbles n'a cessé d'augmenter dans nos maisons. Après le câble coaxial pour acheminer la télévision, puis le câble téléphonique et les prises spécifiques correspondantes, nous assistons à l'émergence de nouveaux types de câblages pour de nombreux systèmes, tels qu'alarmes, hi-fi, vidéo, micro-informatique, Internet, home cinéma, etc.

Au fil du temps, nous avons dû faire cohabiter tant bien que mal tous ces câbles, et la plupart des pièces ont vu se multiplier rallonges, adaptateurs, dédoubleurs, câbles collés et autres goulottes cache-fil. Ce désastre décoratif et fonctionnel n'est heureusement pas une fatalité, surtout pour une construction ou une rénovation.

Il est désormais possible de fédérer tous ces réseaux et de tendre vers un câblage unique, capable de véhiculer à la fois la voix, les données et les images. Ce n'est toutefois possible que si les câbles et les connecteurs sont d'un niveau de performance suffisant, ce qui rend le choix du vecteur de ces informations d'autant plus crucial. Devons-nous privilégier le câble informatique, le câble électrique, la fibre optique ? Les sections suivantes apportent des éléments de réponse à ces questions essentielles.

Fibre optique ou fil de cuivre ?

Appareils et réseaux utilisent depuis longtemps l'électron et le fil de cuivre pour transporter l'information. Les solutions fondées sur le photon et donc sur la fibre de verre, et bientôt de plastique, ne sont pas encore généralisées dans l'habitat *(voir figure 8.1)*.

Très peu d'appareils domestiques sont conçus pour être connectés à un réseau en fibre optique. Seuls certains équipements informatiques et quelques appareils hi-fi et de home cinéma haut de gamme le permettent, mais il faut un autre réseau pour le reste de l'installation (domotique, téléphonie, TV satellite/câble, etc.).

Un réseau en fibre optique est adapté aux liaisons longue distance (supérieures à 100 m) mais n'a pas encore sa place dans l'habitat, sauf dans le cas

Figure 8.1
Exemple de fibre optique *(source AT&T)*

de grands bâtiments ou d'ensembles de bâtiments. Un tel réseau offre de très hauts débits, mais il ne comporte aujourd'hui aucun élément actif que ne sache transporter un câblage cuivre. Les débits nécessaires dans la maison sont actuellement de l'ordre du mégabit par seconde (abonnement ADSL 8 Mbit/s, par exemple) quand le câblage cuivre est capable de gérer le gigabit par seconde (1 000 Mbit/s).

Non seulement le prix de revient de la fibre est presque dix fois supérieur à celui du câble informatique haut de gamme, mais sa mise en œuvre est contraignante et onéreuse. La grande majorité des équipements (ordinateur, téléphone ou TV) exige de surcroît un adaptateur à chaque prise.

Pour toutes ces raisons, il n'est pas encore réaliste d'installer un réseau en fibre optique à l'échelle d'une maison ou d'un appartement. Le précâblage en fibre optique d'une pièce dédiée à la hi-fi ou au home cinéma peut se concevoir pour préparer l'avenir ou si nous disposons de matériel haut de gamme, de même que le raccordement de différentes zones dans une très grande maison ou celui de plusieurs bâtiments distants. Une liaison fibre optique peut également se justifier pour relier en HDMI deux appareils très éloignés (100 m contre 20 m au maximum avec un câble HDMI classique).

Le déploiement progressif de la fibre optique par les opérateurs et l'apparition de nouveaux usages, comme la visiophonie ou la possibilité de regarder plusieurs chaînes de télévision en haute définition ou en 3D, invitent néanmoins à en tenir compte dans la conception de nos réseaux. En particulier, le câblage doit pouvoir être remplacé facilement en évitant, par exemple, des gaines trop étroites ou à angle droit.

Les limites du cuivre

On assimile trop souvent les limites du cuivre à celles de l'ADSL. Cette technologie souffre de sa conception asymétrique, qui offre un débit montant, partant de l'internaute, beaucoup plus faible que le débit descendant, arrivant chez l'internaute. Cette caractéristique ne posait pas de problème pour le Web, mais devient très handicapant pour les nouveaux usages, tels que la visioconférence, la télésurveillance, la télémédecine, le travail collaboratif ou l'interactivité du Web 3.0. Par contre, les limites physiques du cuivre à l'intérieur de nos maisons ne sont pas encore atteintes et répondront encore très longtemps aux besoins des utilisateurs, même quand le câble ou la fibre amène du très haut débit à l'entrée du logement.

Le câblage multimédia traditionnel

Le câblage multimédia, par opposition au câblage électrique, désigne l'infrastructure des réseaux téléphonique, TV, informatique, etc.

Dans la grande majorité des cas, nous nous contentons d'équiper quelques pièces de la maison de prises TV et de les relier à l'antenne ou à la parabole par un câble coaxial. De la même façon, nous installons quelques prises en T, reliées ensembles au réseau téléphonique par un câble spécifique.

La figure 8.2 illustre ce type d'installation.

Si nous souhaitons ajouter d'autres fonctions, comme la hi-fi, le home cinéma ou l'informatique, il faut ajouter un autre câblage ou mettre en

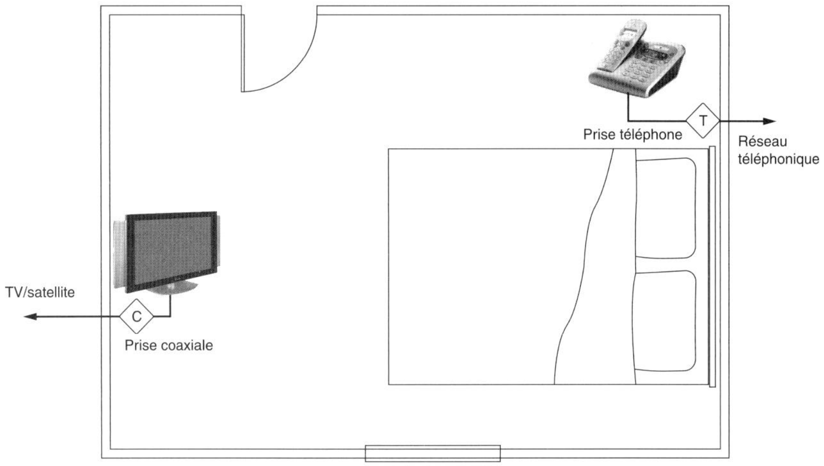

Figure 8.2
En traditionnel, la maison est équipée de prises TV reliées à l'antenne ou à la parabole par un câble coaxial et de prises téléphone en T, reliées ensemble au réseau téléphonique par un câble dédié. Chaque prise est spécifique et le changement d'implantation nécessite l'utilisation de rallonges

place des solutions sans fil. Aucune évolution des prises traditionnelles ne peut répondre à ces nouveaux besoins, la prise TV et la prise téléphone étant dédiées une fois pour toute à une seule application. Le fait que ces prises soient souvent associées sur un seul et même circuit et non reliées individuellement rend le remplacement du câble impossible.

Le câblage normalisé

Distinction entre « grade » et « catégorie »

La notion de « grade » s'applique dans le résidentiel, alors que les « catégories » sont utilisées pour qualifier une installation tertiaire. Cette distinction a été faite pour tenir compte des particularités propres à chaque secteur : les exigences de performances sont considérées sur 50 mètres dans le résidentiel, contre 90 mètres dans le tertiaire, tandis que l'accent est porté sur la fonction TV dans le résidentiel et sur le réseau informatique dans le tertiaire.

Il existe aujourd'hui des solutions capables de transporter à la fois le signal téléphonique, la télévision et les données informatiques. Elles correspondent aux nouvelles normes en vigueur préconisant une rationalisation du câblage ainsi que la généralisation de « socles de communication » homogènes.

La solution la plus adaptée à ces recommandations repose sur l'utilisation du câblage résidentiel, découpé en trois grades :

Grade 1 : téléphonie et services de données ;

Grade 2 : téléphonie, services de données haut débit.

Grade 3 : services télécoms et informatique, TV hertzienne et satellite.

Si le premier grade ne présente aucun intérêt, le second est insuffisant pour remplacer le câblage TV. Le grade 3, en revanche, comporte quatre paires de fils isolées afin d'assurer le transport simultané de tous les signaux. Une prise RJ-45 de cette qualité peut rendre toutes les prises de l'habitation réellement universelles. Les solutions de ce type sont appelées VDI (voix, données, images).

Le tableau 3.1 détaille les différences entre les grades et le tableau 8.1 donne quelques exemples de câblage normalisé.

Un coffret de communication situé à côté du tableau électrique permet de rassembler en un même endroit tous les modules actifs, tels que arrivée téléphone et Internet, Box Internet, centrale d'alarme, vidéophone, switch informatique, TV satellite/câble, etc., ainsi que les câbles reliant les prises multimédias réparties dans la maison.

La pièce câblée de façon traditionnelle de la figure 8.2 ressemblerait à celle illustrée à la figure 8.3 en câblage normalisé.

Tableau 8.1 Câblage normalisé

		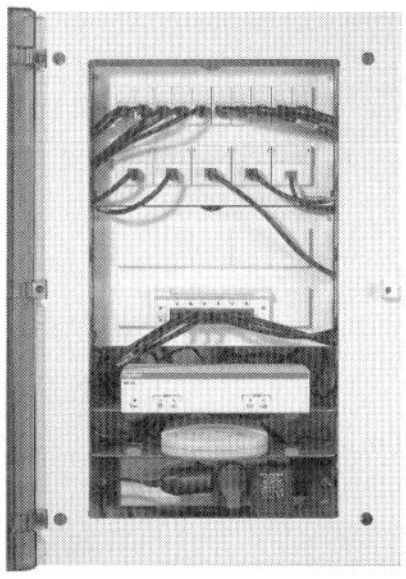
Câblage résidentiel grade 3. Toutes les paires sont blindées	Prise RJ-45 *(source Hager)*	Coffret de communication *(source Legrand)*

Les prises téléphoniques en « T » interdites

Les nouvelles normes NF C 15-100 et UTE C 90-483 tendent vers un câblage structuré pour tous les logements depuis le 1er juin 2003, de façon à les rendre compatibles avec les NTIC (nouvelles technologies de l'information et de la communication). Ces normes prévoient l'installation des prises de communication RJ-45 dans toutes les pièces et interdisent définitivement la prise en « T ».

ADSL et transmetteur téléphonique

La mise en place de filtres ADSL, indispensable au bon fonctionnement de l'installation, peut rendre le transmetteur téléphonique de l'alarme inopérant. Il est indispensable de placer le transmetteur téléphonique en aval de la prise de test de l'opérateur et le filtre entre cette prise et le transmetteur. Si l'installation comporte un parafoudre adapté à la protection des équipements multimédias, il doit être positionné en aval de la prise de test et avant le filtre ADSL. Dans une installation en dégroupage total, il n'y a pas de problème de filtrage mais plutôt d'absence de ligne traditionnelle. Un transmetteur téléphonique n'étant pas compatible avec les Box Internet, il est possible de souscrire un abonnement de télésurveillance par ADSL.

Cas particulier du signal satellite

Les signaux de TV par satellite sont émis sur de très hautes fréquences. Leur transport est possible sur grade 3 à condition d'utiliser un câble dont au moins une des paires est de qualité suffisante pour offrir une bande passante jusqu'à 2 150 MHz sur une longueur comprise entre 5 et 40 m.
Dans ce cas, il n'est plus possible de véhiculer d'autres signaux simultanément. Un câble spécifique, appelé grade 3S, a été introduit sur le marché pour améliorer la cohabitation de plusieurs signaux.

Figure 8.3
Dans une installation VDI, toutes les pièces sont équipées de prises RJ-45 permettant de brancher indifféremment un téléviseur, un téléphone ou tout autre équipement multimédia à l'aide de cordons adaptateurs RJ-11/RJ-45 pour le téléphone ou coaxial/RJ-45 pour la télévision

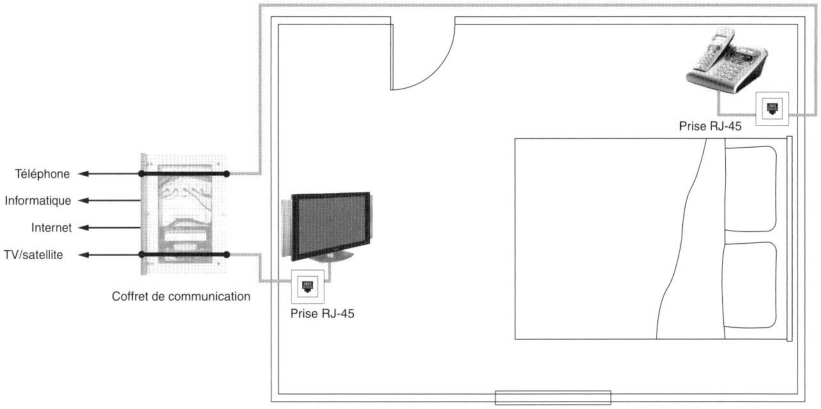

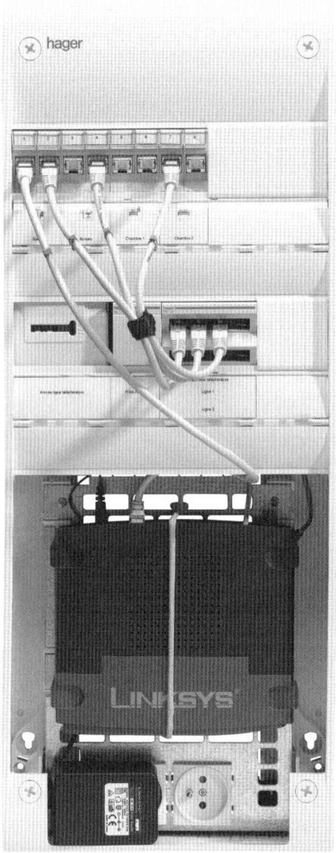

Figure 8.4
Coffret de communication destiné à une maison équipée de huit prises RJ-45 terminales.
Le réseau VDI permet de centraliser la Box Internet et de diffuser dans toutes les pièces de façon optimale toutes les fonctions TV, Internet et téléphone de l'abonnement Triple Play *(source Hager)*

Au-delà de l'aspect normatif, il est légitime d'envisager la mise en place de ce type d'infrastructure, ne serait-ce que pour des raisons fonctionnelles. Ce système de câblage, qui a fait ses preuves dans le tertiaire, tend à se démocratiser dans le logement du fait des améliorations qu'il apporte au confort, à l'évolutivité et à la flexibilité des habitations. La figure 8.4 illustre un coffret de communication.

Avec un tel système, le client peut brancher ce qu'il veut où il veut et ajouter quand bon lui semble des fonctions « à la carte », notamment les suivantes :

Simple : ajout ou déplacement de postes TV, de combinés téléphoniques ou d'interfaces d'accès à Internet dans n'importe quelle pièce. Prendre garde toutefois de ne pas tomber dans le syndrome « spaghettis », inhérent à l'accumulation des câbles et rallonges.

Peu complexe : ajout d'alarme anti-intrusion ou de détecteurs de fumée, mise en place de webcams, installation d'un réseau informatique filaire ou sans fil, distribution du vidéophone sur les téléphones, téléviseurs et ordinateurs.

Complexe ou interactive : distribution vidéo ou sonore dans différentes pièces, mise en place d'une passerelle d'accès à Internet pour commander l'installation à distance ou encore centralisation des commandes de la maison sur un seul écran tactile.

En reprenant l'exemple de la chambre des figures 8.2 et 8.3, il suffit, pour changer le lit de place, de modifier l'attribution des prises au niveau du coffret de communication en inversant deux câbles, comme l'illustre la figure 8.5.

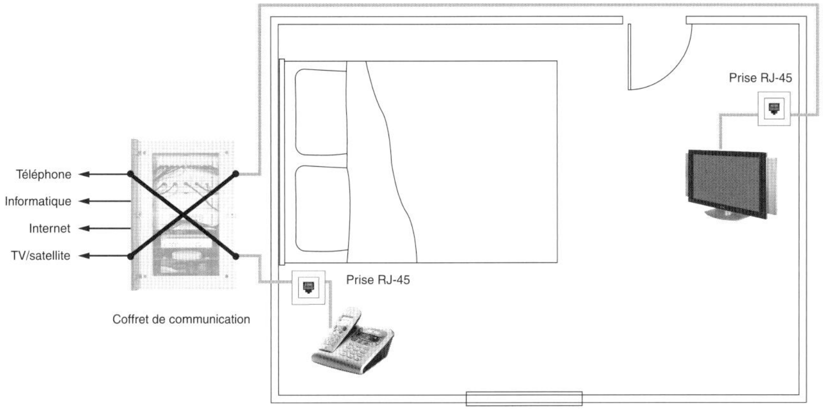

Figure 8.5
En cas de réaménagement, une simple manipulation au niveau du coffret de communication suffit pour inverser les positions du téléphone et de la télévision

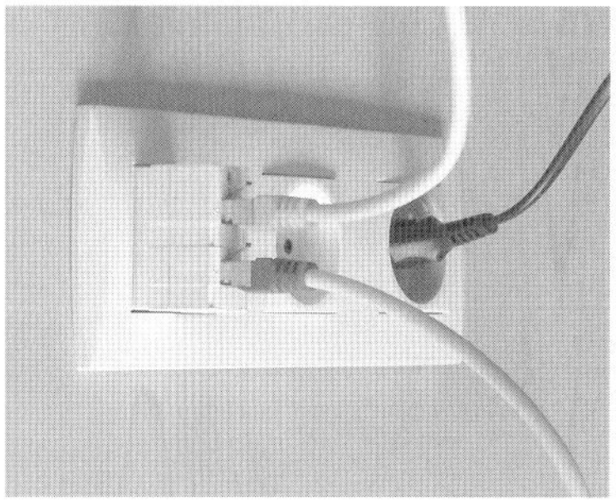

Figure 8.6
Dédoubleur permettant de disposer de deux fonctions sur un même socle RJ-45.
La possibilité de visser le dédoubleur assure la solidité de l'ensemble *(source Casanova)*

Si nous souhaitons transformer la chambre en bureau, une simple manipulation au niveau du coffret de communication suffit. Si le nombre de prises RJ-45 est insuffisant, l'adjonction de dédoubleurs spécifiques à chaque extrémité permet, sans perte de qualité, de multiplier par deux le nombre d'appareils. La figure 8.6 illustre un tel dédoubleur de marque Casanova qui a la particularité de pouvoir être vissé à la prise pour plus de fiabilité. L'autre extrémité du câble, au niveau du coffret de communication, doit être équipée du même type de dédoubleur.

La figure 8.7 illustre la même chambre transformée en bureau, avec téléphone, fax, ordinateur et imprimante, sans rallonge ni pose de câble supplémentaire.

Actif TV

De nombreux fabricants ne gèrent pas réellement la distribution du signal TV sur les prises RJ-45. Soit ils préconisent de déployer en parallèle un réseau coaxial, soit ils proposent des actifs TV élémentaires, incapables de gérer correctement le niveau de signal. La conséquence est que la qualité du signal TV est rendue aléatoire et qu'il est difficile de détecter les prises non raccordées, lesquelles induisent un rayonnement à la prise inutile, pénalisant pour la qualité du réseau et peut-être nuisible pour la santé. À l'utilisateur d'exiger un actif TV performant.

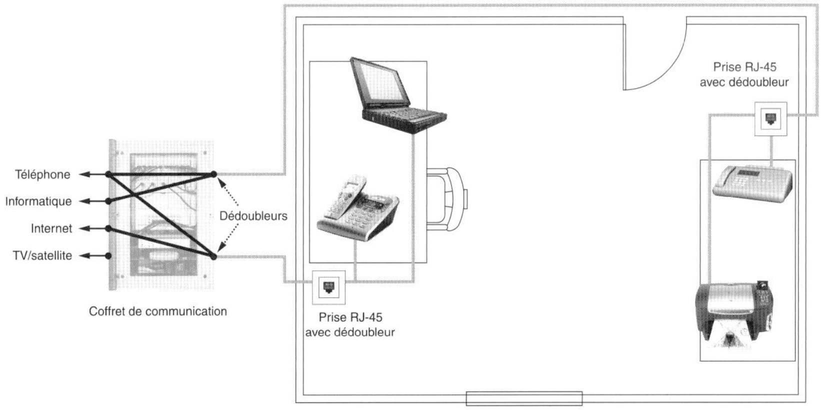

Figure 8.7
L'adjonction de dédoubleurs spécifiques aux deux extrémités de la ligne permet, sans perte de qualité, de raccorder deux appareils sur chaque prise RJ-45. La chambre étant transformée en bureau, il est possible de raccorder au total quatre appareils sans rallonge ni travaux de recâblage

La plupart des coffrets de communication sont à câblage manuel mais il existe également des systèmes dynamiques permettant, au sein du coffret de communication, d'attribuer automatiquement la bonne fonction à n'importe quel appareil relié à une prise RJ-45.

Brassage automatique ou manuel ?

Certains fabricants proposent des solutions de brassage automatique, appelées également coffrets à « reconnaissance automatique des médias ». Avec ce type d'actif, il n'est plus nécessaire de changer manuellement l'affectation d'une prise à un média, la reconnaissance se faisant automatiquement. Ce type de dispositif n'est paradoxalement pas réellement adapté à une maison communicante, car il fige l'installation et limite le nombre de prises et de fonctions. Il n'est plus possible de dédoubler des fonctions ni d'affecter librement une prise à la sonorisation, à un interphone ou à un report de télécommande, par exemple. Les solutions automatiques répondent, par contre, à des utilisateurs qui ne souhaitent absolument pas intervenir au niveau du brassage.

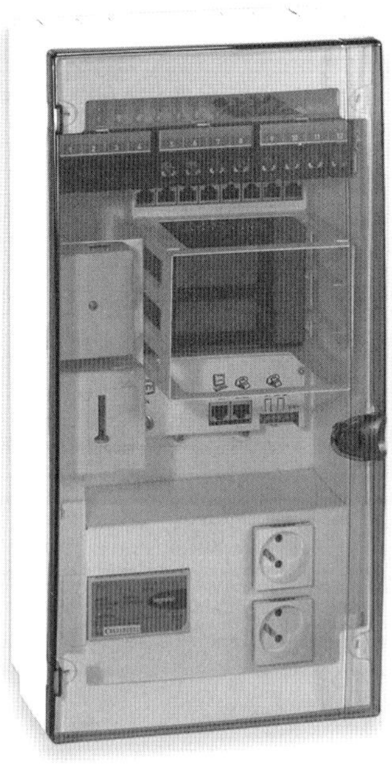

Figure 8.8
Système de brassage automatique *(source Legrand)*

En résumé

Pour en savoir plus sur le Web

Fournisseurs de solutions VDI (voix, données, images)

3M/Pouyer : www.3m.fr
CAE Groupe : www.cae-groupe.fr
Casanova : www.casanova-sas.fr
Conectis : www.conectis.com
Hager : www.hagerpourvous.fr
Legrand : www.legrand.fr
Michaud : www.michaud.fr
Omelcom : www.omelcom.com
Schneider Electric : www.schneider-electric.fr
Sofim : www.reseauxvdisofim.com

Construire ou réhabiliter une maison à l'heure du numérique, des offres regroupant Internet, téléphone et télévision haute définition, du travail à domicile, de l'omniprésence des loisirs et des médias en s'appuyant sur des solutions dépassées est évidemment une aberration. La norme NF C 15-100 oblige peu à peu les constructeurs et autres promoteurs à réviser leurs programmes.

Pour le particulier, l'intérêt fonctionnel d'une installation normalisée est évident. La norme ne doit toutefois pas être respectée à la lettre, car elle stipule un nombre de prises RJ-45 insuffisant. Comme l'indique Jacques Nozick dans son livre *Le Guide du câblage universel* (Eyrolles, 2009), c'est surtout la qualité du cahier des charges et non la référence à une norme qui garantit la qualité d'une installation.

Le tableau 8.2 récapitule pièce par pièce le nombre minimal de prises à prévoir.

Tableau 8.2 Nombre de prises minimal par pièce

Pièce	Nombre de prises RJ-45
Entrée	1
Séjour	4 + 1 prise coaxiale éventuellement
Cuisine	1
Bureau	2
Chambre	2

Si la norme NF C 15-100 est maintenant bien appliquée, le réseau VDI est parfois peu ou mal exploité. Sont souvent en cause un défaut de câblage, le manque d'explication de la part de l'installateur ou un déficit de formation du côté des opérateurs qui conseillent systématiquement les solutions sans fil et courant porteur, y compris dans les logements neufs.

Même si ce n'est pas spécifié par la norme, il est indispensable d'exiger des tests de continuité du cuivre, d'appairage des connecteurs et de mise à la terre. Ils s'effectuent à l'aide d'un appareil branché à une extrémité du lien et d'un bouchon posé à l'autre extrémité. Certains installateurs sont même équipés de matériels de tests dynamiques, qui permettent de simuler le passage de signaux informatiques dans le câble et d'en mesurer le comportement exact (atténuation, perturbation, etc.).

Comme pour le reste de l'installation domotique, l'installateur doit expliquer le fonctionnement du coffret de communication, numéroter toutes les prises et accompagner l'utilisateur dans la mise en service de l'installation et notamment dans le branchement de la Box Internet et de ses périphériques (switch informatique, boîtier TV, combiné téléphonique, etc.).

Cas particulier de la TNT

L'explosion de la TNT (télévision numérique terrestre) et la généralisation des écrans embarquant directement l'adaptateur TNT a changé la donne concernant le nombre de prises coaxiales à prévoir dans les logements concernés par la TNT. L'idéal est de prévoir une prise coaxiale derrière tous les téléviseurs afin de bénéficier de la haute définition et de limiter les besoins en actif TV. La distribution sur les RJ-45 est réservée aux écrans de petites tailles, aux ajouts ultérieurs d'écrans et aux déplacements ponctuels.

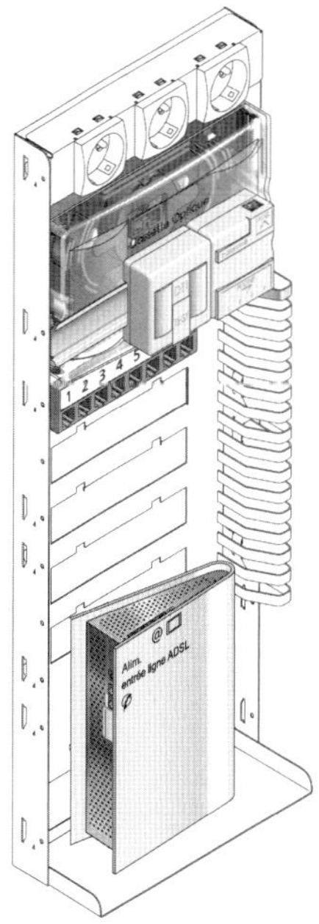

Figure 8.9
Coffret VDI de nouvelle génération conçu pour recevoir l'arrivée fibre optique de l'opérateur *(source Casanova)*

Conclusion

Un réseau de communication valorise tellement une maison qu'il est aujourd'hui pris en compte dans l'estimation d'un bien. Un tel réseau apporte surtout une réponse à l'évolution de nos modes de vie et des nouveaux besoins en matière de communication, qu'il s'agisse de travailler à domicile, d'accéder à Internet en simultané depuis plusieurs postes, de partager une imprimante ou de diffuser la télévision haute définition sur plusieurs écrans.

L'adaptation à l'habitat résidentiel de systèmes électriques sophistiqués issus du tertiaire, comme les technologies courant porteur, radio ou en bus de commande, ajoutée à l'apparition de produits capables de fédérer tous les câbles multimédias de la maison offrent à l'installation de l'infrastructure des perspectives prometteuses. De telles solutions permettent tout à la fois de rationaliser les installations, de centraliser les commandes et de distribuer les ressources informatiques et audiovisuelles. Cela se traduit par une amélioration sensible du confort au quotidien, ainsi que de l'évolutivité, de la flexibilité et de la sécurité de nos maisons.

Comme nous le verrons au chapitre 13, l'impact de ces technologies sur les coûts de construction n'est pas négligeable. L'investissement reste toutefois relatif, dans la mesure où une approche progressive donne la possibilité d'ajouter modules, câbles et actifs au fil du temps, sans engager de lourds travaux.

L'utilisation systématique de technologies standardisées et ouvertes garantit la pérennité de l'installation et sa compatibilité avec les nouvelles solutions qui ne manqueront pas d'apparaître. Il est tout à fait envisageable de se contenter dans un premier temps de piloter les différents systèmes par de simples boutons-poussoir et d'ajouter plus tard les télécommandes et, pourquoi pas, de les commander en local par le biais d'un écran tactile sans fil ou même à distance au moyen d'un simple navigateur Web.

Nous sommes aujourd'hui les témoins de la convergence entre les réseaux domotiques et les applications multimédias, qui permet d'envisager une réelle centralisation des fonctions. C'est l'objet du chapitre suivant.

9 La centralisation des commandes

« *La simplicité est la sophistication suprême* » (Léonard de Vinci).

Pour assurer notre confort et notre sécurité ou pour permettre à tous les membres de la famille de se divertir ou de travailler, nos maisons contiennent de plus en plus d'équipements audiovisuels, informatiques et domotiques. Leur mise en réseau permet de distribuer les fonctions correspondantes dans toute la maison ainsi que de mettre en œuvre des scénarios susceptibles de faciliter la vie au quotidien. Le développement de technologies standardisées et la généralisation du numérique permettent aujourd'hui de déployer facilement ce type d'installation et d'offrir aux utilisateurs des moyens simples pour l'utiliser.

La centralisation des commandes constitue le cœur d'une maison numérique. Elle est rendue possible tout à la fois par la mise en réseau des équipements et par la mise à disposition d'organes de commande intuitifs.

Longtemps, l'ergonomie des systèmes domotiques a été dissuasive. Aujourd'hui, grâce aux progrès de l'informatique et à l'interopérabilité des équipements, il est possible d'améliorer les interfaces, de simplifier leur mise en œuvre et de satisfaire les utilisateurs. La facilité d'installation, d'utilisation et de mise à jour est unanimement plébiscitée.

Comment choisir entre les différentes solutions d'infrastructure introduites dans les deux chapitres précédents ? quel type d'interface sélectionner ? quelle passerelle résidentielle est-elle la plus adaptée à nos besoins ? Voici quelques-unes des questions auxquelles ce chapitre s'efforce de répondre.

Mise en réseau des équipements

Centralisation de contenu

Ce chapitre porte sur la centralisation des commandes et non sur la centralisation des données, qui a déjà été abordée dans les chapitres précédents, notamment les chapitres 2 et 3, consacrés aux loisirs numériques et à l'informatique. Les deux thèmes sont évidemment liés dans un projet de maison communicante, mais la notion de centralisation de commandes est rendue possible par l'interopérabilité domotique alors que la centralisation des données repose sur les réseaux multimédias, les serveurs de contenu et les technologies IP, UPnP, Airplay, etc.

Courant porteur et pollution électromagnétique

La technologie CPL génère une pollution électromagnétique non négligeable, mais comme pour le Wi-Fi, aucune étude indépendante ne démontre à ce jour le moindre risque pour la santé. Arroseur arrosé, le CPL est lui-même fortement perturbé par la pollution électromagnétique générée par différents équipements, notamment les ampoules fluocompactes qui sont en train de se généraliser. En cas de problème, les fabricants conseillent de placer des filtres dans le tableau, au niveau des prises ou en faux-plafond au plus près de la source de pollution.

Les infrastructures de câblage ou les dispositifs sans fil évoqués précédemment permettent la mise en réseau des systèmes de chauffage, d'éclairage et de sécurité, ainsi que des automatismes et du matériel informatique et audiovisuel.

Pour comprendre comment il est possible d'assurer la cohérence technique et fonctionnelle d'une telle installation, il est important de revenir sur les différents moyens de mise en réseau existants.

Le courant porteur

Il est possible d'assurer la centralisation des commandes sans déployer d'infrastructure de câblage sophistiquée. Que ce soit en rénovation, du fait de contraintes techniques, ou dans le neuf, par souci d'économie, le raccordement à l'installation électrique d'émetteurs et de récepteurs courant porteur permet de faire le lien entre les systèmes à piloter, les organes de commande, le matériel informatique et l'audiovisuel.

On distingue généralement trois grands types de courant porteur :

Courant porteur domotique. Les technologies décrites au chapitre 7, telles que In One By Legrand, Insteon, Lonworks ou X2D, sont conçues pour piloter l'éclairage, le chauffage, les automatismes, les prises de courant et la sécurité.

Courant porteur informatique. Le courant porteur en ligne évoqué au chapitre 3 autorise le transport des données informatiques, permettant de constituer un véritable réseau local reliant ordinateurs, imprimantes, accès à Internet, serveur multimédia, écran tactile, point d'accès Wi-Fi, etc.

Courant porteur audiovisuel. Un troisième type de courant porteur, le courant porteur audiovisuel, est apparu ces dernières années. Il s'appuie sur le standard HomePlug AV pour distribuer le son et l'image dans toute la maison par le biais du réseau électrique.

Les courants porteurs domotique, informatique et audiovisuel utilisent des fréquences différentes, ce qui leur permet de cohabiter parfaitement dans une même installation électrique *(voir le chapitre 7)*. La figure 9.1 illustre un réseau de ce type permettant de centraliser l'éclairage, les volets roulants, les prises commandées sur le réseau informatique, une télécommande et une platine de boutons.

Si le courant porteur est une solution puissante en rénovation, il souffre toutefois de quelques handicaps. Le courant porteur domotique manque

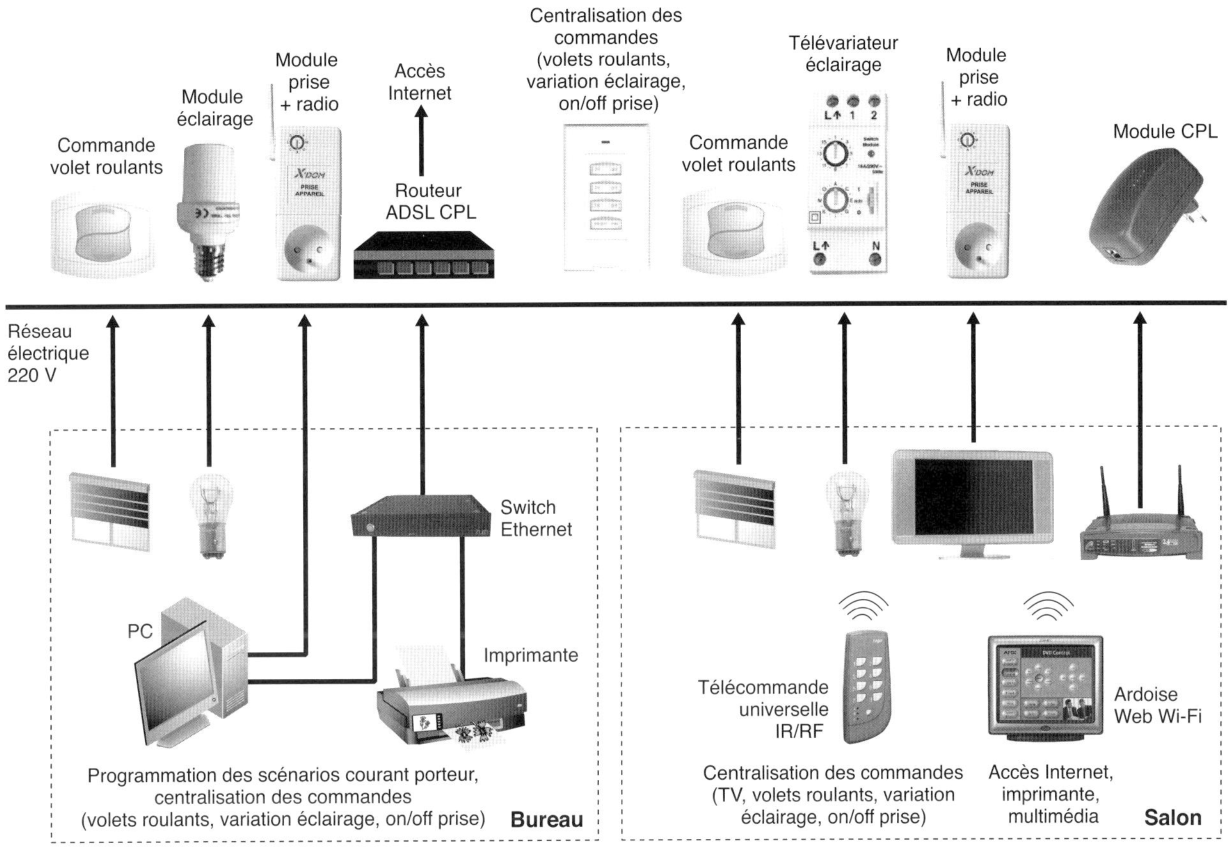

Figure 9.1
Réseau domestique par courant porteur permettant de centraliser l'éclairage, les volets roulants, les prises commandées et de déployer un réseau informatique

parfois de fiabilité. Suivre les recommandations des fabricants et privilégier les modules à installer dans le tableau électrique plutôt que dans les pièces ne garantissent pas une fiabilité à cent pour cent ne serait-ce qu'à cause d'un défaut ponctuel de l'installation électrique ou d'un transformateur ou d'une pollution générée par une ampoule fluo-compacte, un aspirateur, un ordinateur ou une perceuse.

L'absence de retour d'information des commandes est pénalisante. Quand nous éteignons une lampe depuis une autre pièce ou à distance, par exemple, rien ne nous indique que l'ordre est passé. Il nous faut donc être bien conscient que le courant porteur est une solution de contrôle/commande, et non une solution de supervision.

Le manque de standardisation actuel empêche toute interopérabilité entre les solutions des différents constructeurs. Il n'est pas possible, par exemple, de faire communiquer entre eux des équipements X2D et des modules In

One By Legrand ni un bouton-poussoir d'une autre marque, ce qui limite énormément l'intérêt de ces technologies.

Trop de constructeurs continuent de privilégier leur propre technologie courant porteur développée en interne sans s'ouvrir aux protocoles plus ouverts et plus fiables. Cette situation devrait toutefois évoluer rapidement, du fait que les prix des composants ne cessent de chuter et que l'exigence d'interopérabilité et de fiabilité est chaque jour plus importante.

Figure 9.2
Télécommande tactile infrarouge et radio double fréquence (433 MHz et 2,4 GHz ZigBee). Certains fabricants de matériels audiovisuels remplacent même les télécommandes infrarouge par des télécommandes ZigBee bidirectionnelles, dotées d'une meilleure portée et moins gourmandes en énergie *(source RTI)*

Les solutions sans fil

La mise en réseau des équipements peut aussi se faire sans le moindre câble en infrarouge ou en radio. Nous avons vu à de nombreuses reprises au cours des chapitres précédents que la centralisation par télécommande ou la mise en réseau d'équipements informatiques était couramment fondée sur le sans fil *(voir figure 7.12)*. Nous retrouvons également ce dernier dans les installations électriques ou audiovisuelles.

Voici la liste des réseaux sans fil les plus courants dans l'habitat :

Commandes sans fil. Toutes les maisons sont déjà équipées de télécommandes radio ou infrarouge permettant de piloter les volets roulants, la porte de garage, le système de sécurité, la chaîne hi-fi ou la télévision. Leur multiplication impose bien souvent de les remplacer par des télécommandes universelles. Certains modèles mixtes sont capables de piloter aussi bien des équipements audiovisuels en infrarouge que du matériel domotique en radio *(voir figure 9.2)*.

Réseau informatique sans fil. Comme expliqué au chapitre 3, les technologies Bluetooth ou UWB permettent de créer de mini-réseaux sans fil pour remplacer le câblage entre appareils informatiques ou électroniques. Wi-Fi, quant à lui, permet d'étendre un réseau local à l'ensemble de la maison.

Réseau téléphonique sans fil. La téléphonie sans fil s'est généralisée avec la technologie DECT. Une base reliée au réseau téléphonique permet de téléphoner sans fil dans toute la maison *(voir le chapitre 4)*.

Réseau audiovisuel sans fil. Un émetteur radio placé dans le salon à proximité de la télévision principale renvoie le signal TV, satellite, câble ou DVD vers un ou plusieurs autres récepteurs situés dans la maison à proximité d'écrans secondaires. Le signal infrarouge permettant de piloter l'installation à distance peut également être transmis sans fil *(voir le chapitre 2)*.

Réseau électrique sans fil. Il est possible de rénover une installation électrique en ajoutant des commandes murales radio ou infrarouge. De même, la plupart des solutions courant porteur ou sur bus de commande peuvent être pilotées par le biais de télécommandes ou de platines de boutons sans fil à encastrer dans les murs. Les technologies EnOcean, Z-Wave ou ZigBee ont été conçues pour faciliter ce type de déploiement *(voir le chapitre 7)*.

Du fait du grand nombre de solutions sans fil disponibles, un problème d'interférences peut se poser. Pour l'éviter, mieux vaut ne s'équiper que d'équipements utilisant des fréquences standardisées.

La portée d'une solution sans fil peut constituer une autre limitation. Les rayons infrarouges, par exemple, ne peuvent être utilisés que sur quelques mètres et en ligne directe. Il est possible de faire des reports de pièce à pièce, mais l'infrarouge est avant tout une solution de commande locale *(voir figure 9.3)*. Quant aux technologies radio, elles sont soumises aux interférences électromagnétiques et peuvent être perturbées, en particulier par les obstacles métalliques. Par ailleurs, il ne faut pas se fier aux portées théoriques indiquées par les fabricants. Seuls des tests sur site permettent de valider le bon fonctionnement d'une installation sans fil.

La centralisation de fonctions sans fil est difficile à réaliser lorsque les fabricants recourent à des protocoles radio et infrarouge propriétaires.

Pour toutes ces raisons, nous recommandons de n'utiliser le sans fil que s'il n'existe pas de meilleure solution, en rénovation par exemple, ou s'il apporte une valeur ajoutée fonctionnelle, telle que télécommande audiovisuelle, nomadisme Wi-Fi, commande de portail depuis la voiture, etc.

Attention au sans fil

Il est évidemment tentant de vouloir remplacer toutes ses télécommandes par une télécommande universelle ou un écran tactile, mais la mise en œuvre peut s'avérer délicate à cause de la diversité des modes de communication sans fil utilisés par les fabricants de matériels audiovisuels :

- Infrarouge (IR RC5, RC6, SIRCS, IrDA, etc.) ;
- Radiofréquence (RF 433 MHz, 868 MHz, 1 GHz et 2,4 GHz, etc.) ;
- IP (Wi-Fi 802.11b, g, n, etc.).

À titre d'exemples, la XBox fonctionne en Wi-Fi, la Freebox Révolution en RF ZigBee, la PS3 en Bluetooth, tandis que la Wii associe IR et Bluetooth !

Figure 9.3
Les smartphones peuvent facilement remplacer plusieurs télécommandes infrarouge en commande locale. Une simple application à télécharger récupère les codes et les émet en Bluetooth vers un boîtier autonome capable de transmettre les ordres infrarouge vers le matériel audiovisuel *(source Griffin Beacon)*

Les solutions filaires

Outre les solutions sans fil et sans nouveau fil, la centralisation des commandes peut utiliser une infrastructure de câblage dédiée. Le passage de bus en paire torsadée ou de câbles réseau, par exemple, permet de relier les systèmes à piloter, les organes de commande, le matériel informatique et l'audiovisuel *(voir figure 7.3)*.

Un bus est constitué au minimum d'une paire torsadée. Il assure la communication entre tous les éléments de contrôle de la maison (boutons-poussoir, interrupteurs, détecteurs, centrales, etc.). Comme expliqué au chapitre 7, il peut être installé en ligne, en étoile, en anneau, en arborescence ou suivant toute autre combinaison liée à la configuration de la maison. Relié au tableau électrique, il assure la commande des appareils du réseau 220 V.

Il existe des bus totalement propriétaires, tels ceux de MyHome by Legrand, Lutron, Niko ou Vantage, et des bus ouverts.

On distingue deux grandes catégories de bus ouverts, les bus de terrain et les bus audiovisuels :

Bus de commande. Bus à une paire torsadée lié à l'infrastructure de câblage de la maison, assurant toutes les fonctions de contrôle, de commande, de régulation et de supervision de l'installation technique (éclairage, volets roulants, stores, chauffage, climatisation, sécurité, etc.). Les deux types de bus de commande standards de cette catégorie sont les suivants :

- **KNX.** Ce protocole a été retenu par plus de cent cinquante constructeurs et s'implante peu à peu dans l'habitat résidentiel.
- **Lonworks.** Très sophistiqué, il est essentiellement utilisé dans les projets d'immeubles de bureaux ou d'hôpitaux et dans quelques solutions résidentielles haut de gamme. Contrairement à KNX, qui est relativement centralisé, Lonworks permet à tous les produits reliés au réseau de communiquer directement entre eux.

La figure 9.4 illustre une installation sur bus de commande.

Les bus de commande ne sont pas conçus pour gérer les fonctions audiovisuelles de la maison.

Bus audiovisuel. Utilise généralement un câble de type informatique à quatre paires torsadées pour répondre avant tout aux besoins audiovisuels. Il peut toutefois participer à la gestion technique de la maison. Ce type de bus est en cohérence avec un réseau VDI, puisque les deux infrastructures utilisent le même type de câblage, ce qui facilite d'autant les évolutions ultérieures.

Passerelles

Même si l'idéal est de n'utiliser qu'un seul et même système, il n'est pas rare de devoir faire cohabiter plusieurs protocoles sur une même installation, certains équipements étant pilotés de façon spécifique. En voici des exemples :

- DALI pour la gestion technique de l'éclairage ;
- DMX512 pour la scénarisation d'éclairage ;
- BACNET pour la gestion technique globale des bâtiments ;
- OpenTherm pour la régulation du chauffage ;
- M-Bus pour le comptage (eau, gaz, énergie, électricité, etc.) ;
- SMI pour les motorisations ;
- IP pour le transport des données sur réseau Ethernet/Internet.

Leur intégration dans les projets domotiques est facilitée par l'existence de nombreuses passerelles ou de fichiers de traduction (mapping).

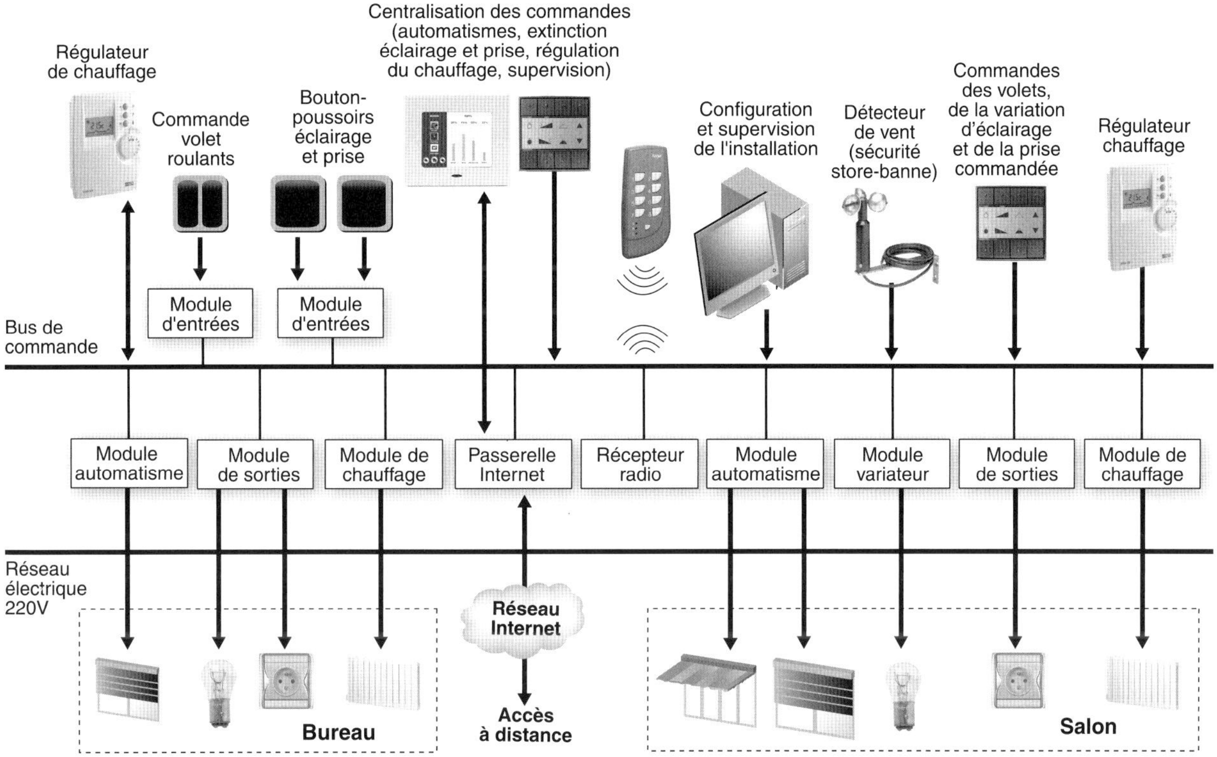

Figure 9.4
Réseau domotique sur bus de commande

Le choix entre les deux catégories se fait généralement en fonction des priorités fonctionnelles du projet et, bien entendu, des aspects financiers, car le coût du matériel et de la main-d'œuvre nécessaires à une centralisation technique et audiovisuelle complète d'une maison peut se révéler dissuasif.

La nature filaire d'une installation sur bus suffit à garantir son bon fonctionnement. Une fois raccordé et correctement paramétré, chaque circuit fonctionne de la même façon, sans risque de perturbation extérieure. La centralisation de différents circuits et la programmation des scénarios sont également rendues plus fiables par l'utilisation d'une infrastructure filaire dédiée. Nous revenons sur ce type d'installation en fin de chapitre, à la section consacrée aux passerelles résidentielles.

Recommandations

Pour schématiser, il est recommandé d'associer courant porteur à rénovation, sans fil à mobilité et câblage dédié au neuf et à la réhabilitation, avec à la clé un maximum de fiabilité.

Sur le terrain, les contraintes techniques et budgétaires obligent souvent à combiner ces technologies entre elles pour optimiser l'installation, comme le montre le tableau 9.1.

Tableau 9.1 Technologies à privilégier selon le besoin et le type de projet

Exemple d'application	Technologie à privilégier	
	Neuf	**Rénovation**
Réseau local informatique dans plusieurs pièces	Câblage VDI ou Wi-Fi	CPL ou Wi-Fi
Accès Internet sur plusieurs postes	Câblage VDI ou Wi-Fi	CPL ou Wi-Fi
Remplacement des câbles entre ordinateur, clavier, souris, téléphone, appareil photo numérique, etc.	Radio (Bluetooth)	Radio (Bluetooth)
Système de sécurité domestique et anti-intrusion	Filaire ou radio	Radio
Réseau téléphonique multicombiné	Câblage VDI et réseau radio DECT	Réseau radio DECT
Carillon ou portier entre le portail et l'habitation	Câblage	Radio
Ajout ou modification de points de commande sans refaire le câblage	–	Infrarouge
Télécommande du portail depuis l'intérieur et depuis la voiture	Bus de commande ou radio	Radio
Commande à distance, par téléphone, du chauffage, de l'eau chaude et des volets roulants	Bus de commande ou bus audiovisuel	Radio, courant porteur ou câblage spécifique dans le coffret électrique
Commande des éclairages et des volets roulants dans une pièce	–	Infrarouge ou courant porteur
Centralisation des fonctions d'automatisme, de volet roulant ou d'éclairage	Bus de commande	Courant porteur
Centralisation des fonctions audiovisuelles dans une pièce (home cinéma)	Bus audiovisuel	Infrarouge ou radio
Distribution des sources audiovisuelles dans plusieurs pièces	Câblage VDI ou bus audiovisuel	Émetteur-récepteur radio ou courant porteur

Il est important de comprendre que la centralisation des commandes est toujours plus performante et plus fiable par câble. La règle à faire prévaloir dans l'habitat est de privilégier le câblage quand c'est possible et de ne pas hésiter à en faire passer plus que nécessaire, car les besoins ne manqueront pas d'évoluer.

Les organes de commande

Ce qui est important, ce n'est pas la façon dont sont reliés entre eux les différents systèmes, mais plutôt la façon dont nous allons pouvoir les utiliser. Il s'agit d'un critère essentiel dans la sélection d'un système domotique tant les fabricants se différencient sur ce point.

Entre l'interrupteur traditionnel, le téléphone mobile, l'écran tactile et le téléviseur, de nombreux dispositifs sont capables de commander les équipements de la maison. Le tableau 9.2 récapitule les avantages et inconvénients des principaux dispositifs disponibles sur le marché.

Tableau 9.2 Les organes de commande

	Dispositif	Fonction	Avantage	Inconvénient
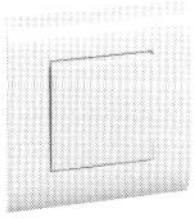	Interrupteur	Commande d'un point d'éclairage ou d'une prise de courant	– Peu onéreux Facile à installer	Aucune intelligence
	Bouton-poussoir	Commande, variation, sonnette, carillon, etc.	Commande d'un même circuit à partir de plusieurs points	Doit être relié à des modules intelligents de type télérupteur, télévariateur, etc.
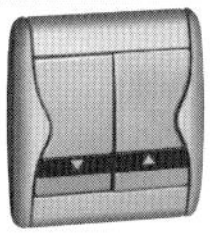	Bouton inverseur	Commande d'automatisme (montée/descente de volets, par exemple)	– Peu onéreux – Facile à installer	Fonction définie par câblage et non par programmation
	Bouton variateur	Gradation de l'intensité d'un éclairage ou d'une source sonore	Confortable	Nécessite un modèle électronique pour la centralisation et la gestion de scénarios

Tableau 9.2 Les organes de commande *(suite)*

	Dispositif	Fonction	Avantage	Inconvénient
	Télécommande universelle infrarouge	Contrôle d'équipements audiovisuels par infrarouge	– Pas de fil – Remplace toutes les télécommandes IR	– Portée limitée – Alimentation par piles – Limitée à la centralisation audiovisuelle
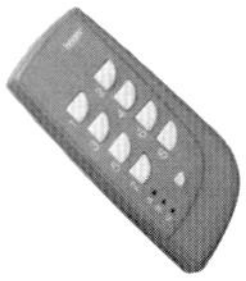	Télécommande radio	Contrôle d'équipements électriques par fréquence radio (portail, éclairage, sécurité, etc.)	– Pas de fil – Meilleure portée que l'infrarouge – Possibilité de communication bidirectionnelle – Possibilité de variation d'éclairage	– Alimentation par piles – Limitée à la centralisation d'appareils électriques – Pas de fréquence radio standard
	Télécommande infrarouge/ radio	Contrôle d'équipements à distance (TV, portail, éclairage, sécurité, etc.)	– Pas de fil – Possibilité de centralisation audiovisuelle et domotique	– Portée limitée – Alimentation par piles
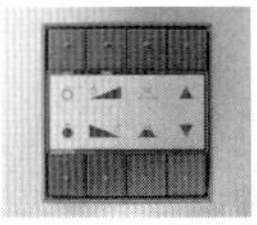	Platine de boutons poussoirs	Rassemblement de fonctions	Facilité d'intégration et d'utilisation	Nécessite une programmation
	Boîtier à clé	Commande de volet de piscine, de portail, etc.	Commande sécurisée	Risque de perte de clé
	Clavier à code	Commande de portail, de porte, de central d'alarme, etc.	– Commande sécurisée – Possibilité de personnalisation	Risque d'oubli du code
	Relais	Commande à partir d'une impulsion électrique	Gestion électrique	Complexité de mise en œuvre
	Détecteur	Commande d'équipement selon un seuil (luminosité, mouvement, etc.)	Automatique	– Difficulté de réglage – Intrusif
	Horloge	Commande d'équipement par programmation horaire	Automatique	– Nécessite un réglage – Gestion de dérogation
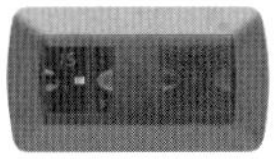	Synthèse vocale	Commande d'équipement par la voix	Commande directe mains libres	Très peu d'équipements disponibles

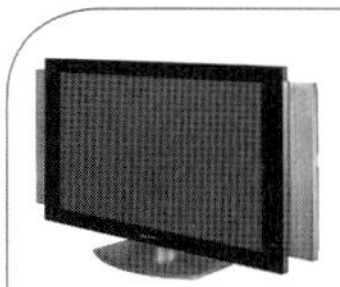	Téléviseur	Commande d'équipements sur l'écran de télévision *via* la télécommande (TVLink de Teleco ou PC Media Center, par exemple)	– Présent dans presque tous les foyers – Très intuitif – Pas de barrière technologique	– Interface limitée par les contraintes graphiques du téléviseur – Oblige à laisser le téléviseur allumé en permanence
	Ordinateur de bureau	– Programmation – Supervision – Commandes ponctuelles – Contrôle à distance	– Puissant – Nombreux périphériques – Convivial	– Installé à un endroit fixe – Utilisation contraignante
	Ordinateur portable	– Supervision de commandes ponctuelles partout dans la maison – Contrôle à distance	– Mobile – Sans fil	– Écran peu confortable – Entrées-sorties limitées – Inadapté aux commandes domotiques régulières
	Tablette	– Supervision – Télécommande universelle – Commande domotique – Accès au réseau local, à Internet et à toutes les applications informatiques	– Mobile – Sans fil – Convivialité – Nombreuses applications – Approche centralisée	– Entrées-sorties limitées – Pas de port infrarouge – Pas de bouton physique – Fragile
	Télécommande tactile IR/radio	Commande tactile d'appareils audiovisuels et domotiques	– Convivialité – Facilité d'utilisation – Programmation de scénarios – Retour d'informations	– Nécessite une programmation – Écran de petite taille – Fragile
	Écran tactile IR/radio/IP	Commande tactile d'appareils audiovisuels et accès au réseau local et à Internet	– Convivialité – Scénarios – Infrarouge en direct – Approche centralisée – Accès au Web	– Nécessite une programmation. – Onéreux – Fragile – Puissance limitée
	Netbook	– Commande tactile d'appareils audiovisuels et domotiques – Accès au réseau local et à Internet	– Convivialité – Programmation de scénarios – Approche centralisée	– Nécessite la mise en place d'un serveur – Fragile
	Écran tactile propriétaire	Commande tactile d'appareils audiovisuels et domotiques	– Convivialité – Scénarios – Approche centralisée – Fiabilité – Encastrement possible	– Nécessite la mise en place d'une passerelle – Très onéreux – Non standard en général
	Téléphone fixe	Commande à distance d'équipements domotiques (chauffage, sécurité, etc.)	– Pratique – Peu onéreux	– Nécessite la mise en place d'un module de communication – Peu convivial – Fonctions limitées
	Smartphone	Commande et supervision en local et à distance (caméras, chauffage, sécurité, audiovisuel, etc.)	– Pratique – Convivial – Nombreuses applications	– Nécessite la mise en place d'une passerelle résidentielle – Petit écran – Onéreux

Ces dispositifs doivent être combinés entre eux pour répondre à nos attentes. La règle en la matière est d'aller au plus simple. Un écran tactile dans chaque pièce ne présente pas beaucoup d'intérêt quand des détecteurs ou de simples boutons-poussoir permettent d'accéder aux fonctions essentielles. Par contre, un écran tactile encastré dans la cuisine, par exemple, permet d'accéder aux fonctions plus sophistiquées, comme les scénarios et les commandes groupées ou la supervision de l'installation *(voir figure 9.5)*.

De la même façon, un écran tactile sans fil dans une pièce home cinéma simplifie considérablement les commandes audiovisuelles et l'utilisation de l'éclairage ou des automatismes.

Le tableau 9.2 montre à quel point les organes de commande de type informatique se multiplient.

On distingue deux grandes familles de commandes, les commandes directes et les commandes réseau *(voir figure 9.6)* :

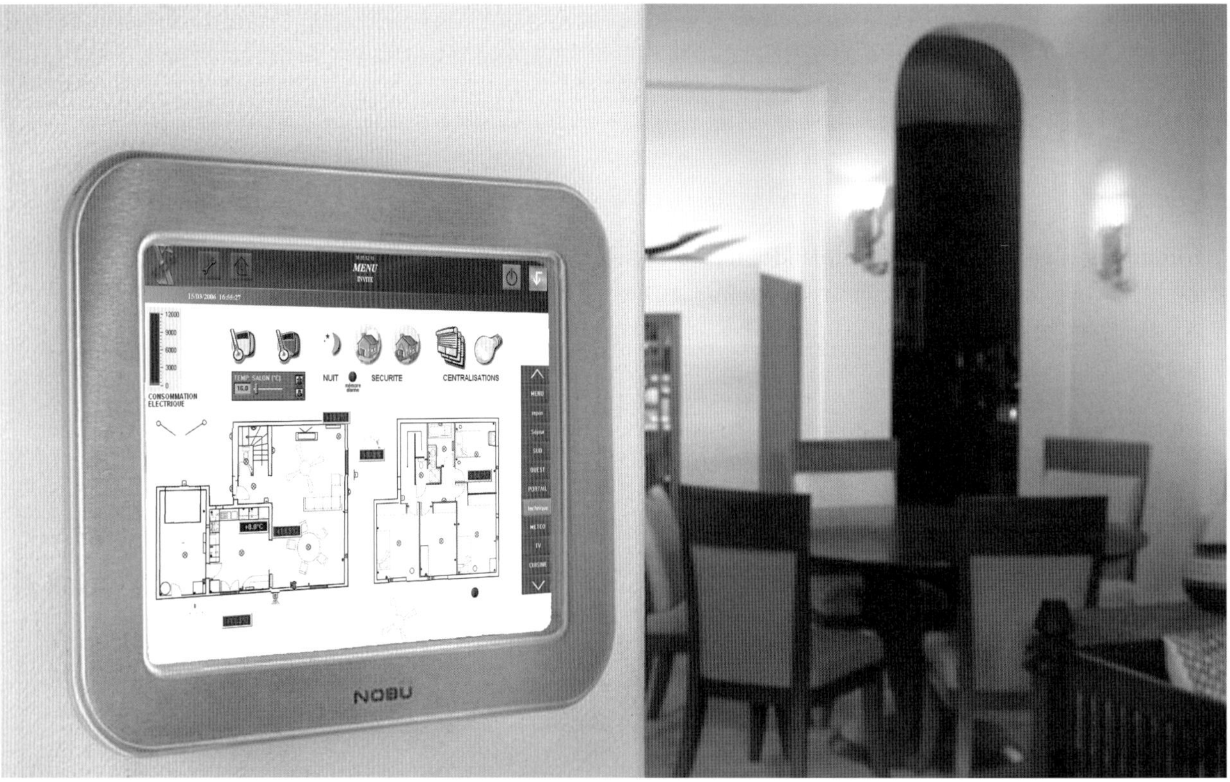

Figure 9.5
Tableau de bord sur écran tactile *(source Saitec)*

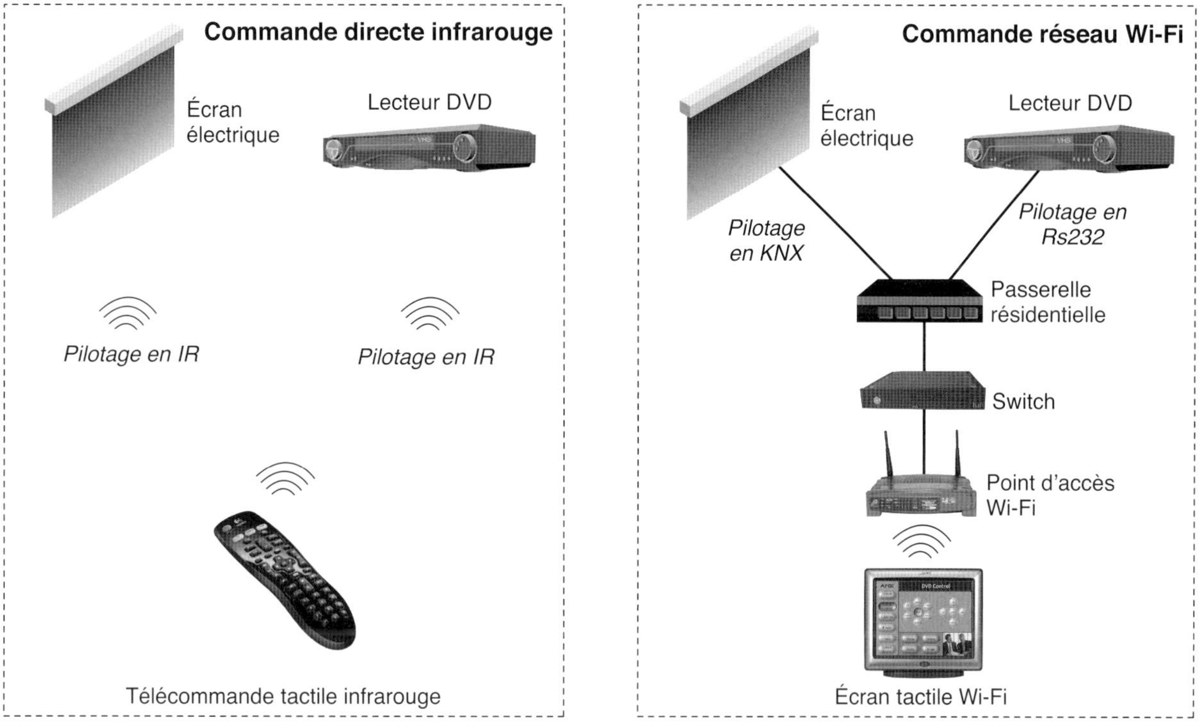

Figure 9.6
Principe de fonctionnement des commandes directes et réseau

Commandes directes. Les télécommandes ou les écrans tactiles peuvent fonctionner indépendamment du réseau informatique ou d'un quelconque serveur. Ils fonctionnent généralement en infrarouge ou par fréquence radio et stockent eux-mêmes les informations de commande (code des appareils, interface utilisateur graphique, etc.). Ces appareils qui combinent interface tactile et boutons traditionnels, sont généralement destinés à gérer les équipements d'une seule pièce *(voir figures 9.2 et 9.7)*.

Commandes réseau. Ces dispositifs beaucoup plus complexes à mettre en œuvre permettent de développer des installations sophistiquées à l'échelle de la maison. Ils fonctionnent généralement sur un bus de communication et nécessitent la mise en place d'une passerelle capable d'aiguiller les commandes vers les appareils qui lui sont connectés (audiovisuel, éclairage, automatisme, climatisation, sécurité, etc.). Ce marché est dominé par des systèmes haut de gamme très performants, comme AMX, Control4, Crestron, RTI ou Vity. Outre leur prix très élevé, l'inconvénient des écrans propriétaires de type Crestron *(voir figure 9.8)* est qu'ils deviennent techniquement rapidement obsolètes. Le développement d'écrans dédiés se fait

Figure 9.7
Télécommande tactile couleur
(source Vity Technology)

sur plusieurs années alors que les fabricants d'équipements informatiques peuvent sortir de nouveaux modèles à une fréquence beaucoup plus rapide. Les industriels de la domotique se sont naturellement adaptés et proposent systématiquement des applications compatibles avec tous les écrans tactiles, smartphones et tablettes du marché.

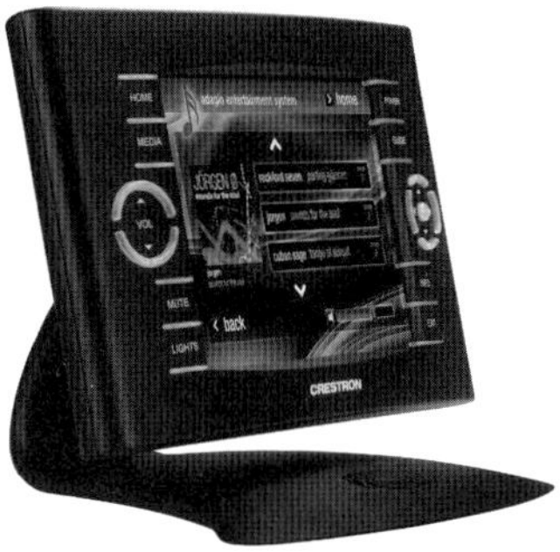

Figure 9.8
Écran tactile portable *(source Crestron)*

Contrairement aux équipements autonomes, les écrans tactiles en réseau n'ont pas besoin de disposer de disque dur ni de stocker d'information puisqu'ils se contentent d'afficher des pages générées à distance par la passerelle résidentielle.

Les écrans tactiles offrent une souplesse sans égale en matière d'affichage ainsi que de nombreuses possibilités de personnalisation des interfaces graphiques (couleur, taille des boutons, langue, etc.) et fonctionnelles (accès à certaines fonctions selon les utilisateurs). Paradoxalement, plus le serveur est sophistiqué, plus l'interface est simple à utiliser. L'installation et la programmation sont relativement longues, mais le résultat est optimal puisque tout est paramétrable et personnalisable selon les besoins et les goûts de chacun.

Si un détecteur de passage peut se révéler pratique pour allumer une lumière automatiquement en entrant dans une pièce, il peut devenir gênant la nuit quand, par exemple, nous ne souhaitons pas autant de lumière ou lorsque le seuil programmé n'est pas adapté à certains utilisateurs. L'automatisme devient dans ce cas trop intrusif, et les systèmes permettant une dérogation simple de la part de l'utilisateur sont préférables.

La règle d'or dans le choix du dispositif de commande est la fiabilité et le fait de donner à l'utilisateur le sentiment de maîtriser plutôt que de subir une technologie.

Commandes vocales

La maison intelligente est souvent associée à la notion de commande vocale. Il s'agit d'une solution idéale pour certaines personnes en situation de handicap, mais, en règle générale, les solutions ne sont pas encore suffisamment mûres pour répondre aux besoins d'une famille. À part les solutions de synthèse vocale de proximité en langage naturel embarquées sur les smartphones ou les tablettes, il est difficile de gérer plusieurs voix différentes provenant de divers emplacements dans la pièce ou dans des conditions différentes (fenêtre ouverte, bruit de fond, musique, etc.). Une solution de rechange pourrait venir du contrôle par la pensée, qui fait déjà l'objet d'expérimentations intéressantes dans le monde du handicap.

La passerelle résidentielle

La passerelle résidentielle rend possible le contrôle des équipements connectés aux réseaux électriques et VDI par les organes de commande listés précédemment et permet de faire le lien entre la maison et le monde extérieur. Qu'elle soit issue des mondes de la domotique, de l'informatique ou de l'audiovisuel, la passerelle résidentielle constitue le cœur de la centralisation des commandes.

Une passerelle résidentielle peut communiquer sur un bus de commande ou audiovisuel, par fréquence radio ou en courant porteur. Elle se présente sous la forme d'un serveur informatique, d'un boîtier électronique ou d'un module de tableau électrique, comme l'illustre le tableau 9.3.

Tableau 9.3 Exemples de passerelles résidentielles

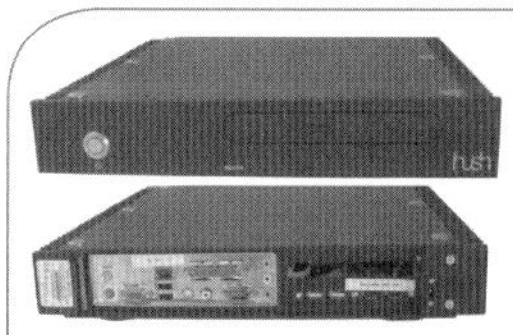		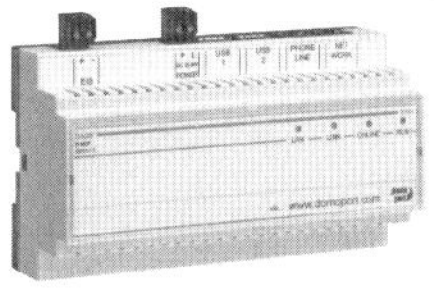
Serveur informatique *(source DomoConsulting)*	Boîtier électronique *(source Crestron)*	Module de tableau électrique *(source Hager)*

La passerelle exécute des scénarios prédéfinis ou réagit aux ordres envoyés par l'utilisateur en aiguillant les commandes vers les appareils qui lui sont connectés (circuit d'éclairage, volets roulants, climatiseur, centrale d'alarme, lecteur Blu-Ray, etc.).

Les passerelles ont souvent été conçues pour un domaine précis (éclairage, audiovisuel, etc.) avant de s'étendre peu à peu à d'autres fonctions. Elles sont donc difficilement comparables tant elles s'adressent à des marchés différents.

Voici quelques critères de choix :

- Si nous souhaitons faire évoluer notre installation électrique petit à petit sans investir beaucoup, les solutions sans fil ou à base de courant porteur sont les plus adaptées.
- Si nous souhaitons être autonome aussi bien dans l'installation que dans la programmation, orientons-nous vers des solutions radio ou courant porteur « plug and play » compatibles avec les Box Internet et les applications dédiées sur smartphone et tablette.

Pour en savoir plus sur le Web

Fournisseurs de passerelles résidentielles

ABB : www.abb.fr
AMX : www.amx.com (anglais)
ayControl : www.aycontrol.com (anglais)
Bitwise : www.bitwisecontrols.com (anglais)
CD Innovation : www.cdinnovation.com (anglais)
CommandFusion : www.commandfusion.com (anglais)
Control4 : www.control4.com (anglais)
Crestron : www.crestron.com (anglais)
Domotag : www.domotag.com
Elan : www.elanhomesystems.com (anglais)
GCE Electronics : www.gce-electronics.com
Gira : www.gira.com/fr_BE
Globalcache : www.globalcache.com (anglais)
Hager : www.hager.fr
HAI : international.homeauto.com/french
Hestia Varuna Easy : www.hestia-france.com
Homeseer : www.homeseer.com (anglais)
Homevision : http://www.csi3.com/homevis2.htm (anglais)
Homezoom : www.homezoom.fr
Jung : fr.jung.de
Legrand : www.legrand.fr
Lifedomus : www.www.e-lifedomus.com
Lutron : www.lutron.com (anglais)
mControl : www.embeddedautomation.com (anglais)
My Fox : www.myfox.fr
Niko : www.niko.be
On-Q : www.onqhome.com
ProKNX : www.proknx.com
RFXCOM : www.rfxcom.com (anglais)
RTI : www.rticorp.com
Secant Cardio : www.secant.ca/fr
Serbaire : www.saitec-net.com
Teleco TV Link : www.telecofrance.com
URC : www.universalremote.com (anglais)
Vantage : www.vantageinc.com (anglais)
Vera : micasaverde.com (anglais)
Vity : www.vity.com
Webdyn : www.webdyn.fr
Zibase : www.zodianet.com

- Si nous avons un projet dans le neuf et que nos besoins concernent essentiellement la gestion de l'éclairage, des automatismes et du chauffage, privilégions les centrales sur bus de commande de type KNX. Nous pourrons ultérieurement ajouter des écrans tactiles, des fonctions de comptage énergétique ou un module de caméras, par exemple. Les solutions de MyHome by Legrand, Lutron, Niko ou Vantage, même si elles sont moins ouvertes, présentent également beaucoup d'intérêt, surtout pour la qualité de leur appareillage et de leur gestion de l'éclairage. Seuls des professionnels pourront mettre en œuvre ce type d'installation mais, en ce qui concerne les évolutions, il est possible de sélectionner des solutions facilement reconfigurables pour être autonome dans le changement de la programmation des scénarios par exemple.
- Si notre projet s'appuie sur une infrastructure VDI et que nos besoins concernent essentiellement les loisirs numériques, la distribution de sources audiovisuelles ou la gestion de contenus multimédias, nous pouvons opter pour les solutions à base de Media Center sous Windows, iOS ou Linux.
- Si nous recherchons une ergonomie cent pour cent personnalisable, parfaitement intégrée et des fonctions audiovisuelles sophistiquées à l'échelle de la maison ou à celle d'une pièce dédiée au home cinéma et

Figure 9.9
Interface tactile sur tablette permettant de piloter l'installation audiovisuelle et domotique. Le contenu de l'interface est entièrement personnalisable et offre la possibilité de reconfigurer nous-mêmes le contenu des scénarios : après avoir sélectionné la chaine de TV, le volume sonore, le niveau d'éclairage et la position du volet, un appui long sur le bouton « watch TV » enregistre les changements et synchronise éventuellement avec la programmation du bouton correspondant à l'entrée de la pièce *(source Bitwise Controls)*

que notre budget le permette, AMX, Control4 ou Crestron sont faits pour nous. Ils sont relativement onéreux, car ils utilisent du matériel extrêmement robuste et une architecture capable de répondre à tous les besoins. À titre d'exemple, les produits AMX sont livrés avec une base de pilotes permettant de s'interfacer avec quinze mille équipements différents.

Le dimensionnement de la passerelle se fait en fonction du nombre de circuits et d'équipements à centraliser. La plupart des produits du marché sont modulables et peuvent s'adapter en fonction du nombre d'entrées (émetteurs) et de sorties (récepteurs) nécessaires.

Conclusion

La centralisation des commandes constitue la clé de voûte d'un projet domotique. Si elle est inadaptée à nos habitudes de vie ou trop complexe à utiliser et à faire évoluer, c'est l'ensemble de l'installation qui manquera de cohérence. Si, à l'inverse, nous réussissons cette intégration et que l'infrastructure, les organes de commande et la passerelle résidentielle sont harmonieusement sélectionnés et mis en œuvre, le confort, la sécurité et la simplicité d'utilisation seront au rendez-vous, et nous pourrons capitaliser sur cette installation pour la faire évoluer au fil du temps.

Privilégions le câblage par rapport aux technologies sans fil ou sans nouveau fil quand c'est possible, et n'hésitons pas à faire passer plus de câbles que nécessaire. À budget et fonctionnalités comparables, optons pour la solution la plus ouverte. Cela facilitera l'intégration initiale, mais également les évolutions futures. Ne compliquons pas le projet à l'extrême. Faisons simple, et découpons au besoin le projet en plusieurs phases en privilégiant dans un premier temps l'infrastructure réseau. Le choix et la mise en place des commandes et de la passerelle résidentielle peuvent être effectués ultérieurement. L'essentiel est de concevoir globalement l'installation, d'arrêter un calendrier et de ne pas modifier les spécifications une fois que l'installation a démarré.

Il est essentiel de nous faire accompagner dans notre réflexion. De nombreux professionnels indépendants sont capables de nous écouter, de comprendre nos besoins fonctionnels et de nous proposer des solutions adéquates *(voir le chapitre 17)*.

10 Les économies d'énergie

« Les constructions neuves devront atteindre une performance énergétique de 50 kWh/m²/an dès 2012 et le parc de bâtiments existants devra réduire ses consommations d'énergie d'au moins 38 % d'ici à 2020 » (Engagement du Grenelle Environnement).

Il est loin le temps où se préoccuper de consommation énergétique lors de la conception d'une maison était considéré comme une « lubie d'écologiste ». Aujourd'hui, le coût des matières premières, lié à une explosion de la demande mondiale de gaz et de pétrole, l'épuisement annoncé des réserves et, bien entendu, la prise de conscience quasi universelle de la réalité du réchauffement climatique et de l'urgence de réduire les émissions de gaz à effet de serre nous obligent à intégrer des considérations environnementales à tous les niveaux de la conception et de l'utilisation de nos maisons.

Le secteur du bâtiment représentant 30 à 40 % de la consommation mondiale d'énergie, les experts estiment que l'amélioration des techniques de construction de l'habitat et d'économies d'énergie serait plus efficace dans la lutte contre le réchauffement climatique que l'ensemble des réductions d'émission de gaz à effet de serre décidées par le protocole de Kyoto.

Mieux construire et mieux consommer devient donc une nécessité, doublée d'une responsabilité individuelle. La libéralisation du marché de l'énergie n'a pas été accompagnée de la moindre baisse des prix, bien au contraire. Certains foyers ont de plus en plus de mal à régler leurs factures d'énergie, surtout quand les logements sont mal conçus, mal isolés et mal équipés, notamment en matière de chauffage. Il devient évident que chaque maison doit progressivement tendre vers l'autonomie et, pourquoi pas, générer elle-même plus d'énergie qu'elle n'en consomme grâce au soleil, au vent, à l'eau ou à la biomasse.

Le présent chapitre analyse cette nouvelle donne et montre que les considérations environnementales ne sont pas contradictoires avec le progrès technologique, bien au contraire.

Les sources d'économie possibles

Unité de mesure de la consommation

La consommation énergétique d'une maison est exprimée dans le livre en kWh/m^2/an. Il s'agit de la consommation en énergie primaire, c'est-à-dire la quantité d'énergie réellement consommée additionnée à la quantité d'énergie nécessaire à la production de cette énergie. La surface prise en compte est la surface SHON (surface hors œuvre nette). La consommation est pondérée en fonction de la situation géographique et de l'altitude du bâtiment.

Sous l'effet des politiques d'énergie impulsées par les pouvoirs publics et des efforts de maîtrise de l'énergie réalisés par les ménages, la consommation de chauffage par unité de surface de logements a baissé de 43 % depuis 1973, malgré l'élévation du niveau de confort (audiovisuel, appareils électroménagers, etc.) et l'apparition de nouveaux besoins (climatisation, informatique, etc.). Mais, en dépit d'une baisse de la consommation unitaire totale d'énergie, passée de 372 kWh/m^2/an en 1973 à 245 kWh en 2003, la marge de progression reste considérable pour atteindre la basse consommation, définie à moins de 50 kWh/m^2/an (80 kWh/m^2/an en rénovation), ou, mieux encore, « l'énergie zéro », voire positive.

Dans nos maisons, la première utilisation de l'énergie reste le chauffage (69 %), suivie par l'eau chaude sanitaire et de cuisson (20 %) et les équipements électriques (11 %).

L'énergie coûte cher, et nous en consommons de plus en plus, du fait de la multiplication des appareils électroménagers, audiovisuels et autres. Nous pouvons économiser près de la moitié de notre consommation, sans que notre confort en pâtisse, en optimisant notre mode de chauffage et en nous équipant de lampes fluocompactes, de réducteurs de débit d'eau, d'appareils électroménagers performants, etc.

Chauffage, rafraîchissement et eau chaude sanitaire

La qualité de l'installation de chauffage, de rafraîchissement ou de climatisation constitue une source d'économie d'énergie importante, tout en contribuant directement à notre confort. Il existe dans ce domaine des

Diagnostic de performance énergétique

Depuis 2007, le DPE (diagnostic de performance énergétique) est obligatoire en France pour toutes les ventes et locations de logements. Réalisé par un professionnel, il donne des recommandations sur les travaux les plus efficaces à réaliser pour économiser l'énergie. Il comporte une étiquette affichant un indicateur de consommation d'énergie du logement et une autre indiquant l'impact de ces consommations sur les émissions de gaz à effet de serre *(voir figure 13.31)*.
Ce document devant être produit en cas de vente du logement, il est crucial d'être plus prêt du A (bâti économe) que du G (bâti énergivore). Le fait d'être conforme à la réglementation thermique en vigueur n'est pas suffisant. Par exemple, un logement chauffé au fuel est étiqueté C, alors qu'un logement chauffé à l'électricité est classé D. Certains équipements permettent d'améliorer ce classement et contribuent à décrocher les labels haute performance énergétique prévus par la réglementation thermique.

solutions performantes, capables d'assurer une température constante dans le logement été comme hiver, sans pour autant induire de lourds investissements ni engendrer de consommations d'énergie excessives.

Les sections qui suivent présentent ces solutions et indiquent les dispositions à prendre pour optimiser leurs performances.

Un système de chauffage peut comporter trois parties distinctes : la source, l'interface de commande et l'émetteur.

Les sources de chauffage

Les installations de chauffage électrique, au fuel, au bois, au gaz propane ou au gaz naturel ne sont pas les seules possibles. En voici d'autres, particulièrement propres et économiques, à l'exception des systèmes de climatisation, indispensables dans certains cas :

Aérothermie. Dispositif thermodynamique de production d'eau chaude ou d'air chaud dans lequel la pompe à chaleur la plus répandue dans l'habitat résidentiel est dite « air-eau ». Elle tire les calories de l'air et les transmet, par l'intermédiaire d'un échangeur, à de l'eau, ou plus exactement à un liquide caloporteur, qui chauffe la maison en circulant dans les radiateurs ou les planchers chauffants *(voir figure 10.1)*. Selon la nature des sources utilisées, la pompe à chaleur peut être « air-air », « eau-air » ou « eau-eau ». Il existe également des solutions « gaz-gaz » relativement économiques, mais peu évolutives. Une pompe à chaleur aérothermique peut être réversible pour un usage hiver/été. Les problèmes d'esthétique, liés à la présence d'une unité à l'extérieur de la maison, et de pollution sonore étant maintenant atténués, le chauffage par pompe à chaleur à air constitue une solution particulièrement séduisante. Elle peut néanmoins nécessiter un chauffage d'appoint selon la technologie utilisée ou dans certaines régions au climat rigoureux. Une pompe à chaleur réduit environ de moitié la facture de chauffage par rapport à une installation électrique conventionnelle.

Géothermie. Une pompe à chaleur géothermique fonctionne sur le même principe que la pompe à chaleur aérothermique, si ce n'est que l'énergie calorifique est captée dans le sol.

Label haute performance énergétique

Dans le cadre de la politique environnementale, les pouvoirs publics ont mis en place un certain nombre de labels, appelés HPE (haute performance énergétique), HPE EnR (haute performance énergétique énergies renouvelables), THPE (très haute performance énergétique), THPE EnR, ou BBC-Effinergie (bâtiment basse consommation).

Les vérifications portent sur le respect de dispositions concernant la performance énergétique des logements en intégrant les caractéristiques du bâti et les équipements de chauffage et de production d'eau chaude sanitaire sans discrimination d'énergie. Ce label valorise tout particulièrement les équipements et solutions techniques qui contribuent à la réduction des gaz à effet de serre. Outre la valorisation du logement, ces labels donnent droit à des aides fiscales ou à des avantages, comme la possibilité de bénéficier d'un dépassement de coefficient d'occupation des sols pour les projets de construction ou d'extension.

Pompe à chaleur, une énergie renouvelable ?

Une pompe à chaleur aérothermique ou géothermique ne constitue pas à proprement parler une énergie renouvelable puisqu'elle a besoin d'électricité pour fonctionner. Néanmoins, ce mode de production bénéficie d'aides de l'État, car il génère trois à quatre fois moins de CO_2 qu'une chaudière à énergie fossile traditionnelle et présente un excellent rendement : 1 kW/h d'électricité peut restituer 3 à 4 kW/h de chaleur.

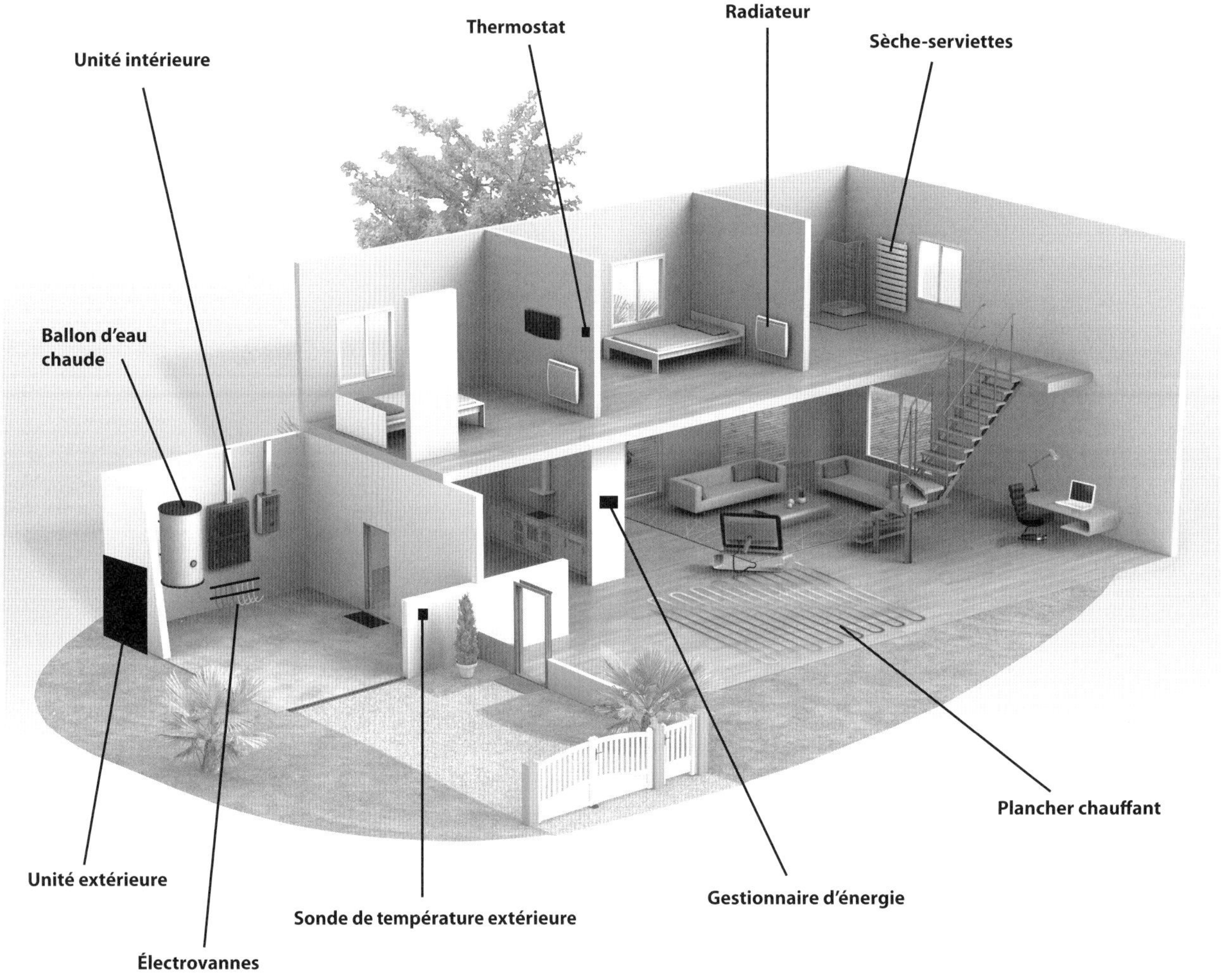

Figure 10.1
Installation d'une pompe à chaleur aérothermique air-eau assurant le chauffage et la production d'eau chaude de la maison.
L'unité extérieure récupère les calories de l'air et les transmet à un liquide caloporteur qui chauffe la maison en circulant dans le plancher chauffant au rez-de-chaussée et les radiateurs à l'étage. Dans cet exemple, la régulation est assurée par la domotique qui pilote le débit des électrovannes en fonction de la température extérieure et des températures de consigne définies dans chaque pièce

Les performances thermiques de cette technologie sont supérieures à celles des pompes à chaleur à air. La géothermie présente l'avantage de rester efficace dans les zones à climat rigoureux, la température du sol n'étant jamais très basse, et de ne faire aucun bruit. L'implantation du réseau de capteurs *(voir figure 10.2)* nécessite en contrepartie une surface de terrain relativement importante, qui ne peut être utilisée pour planter de grands arbres ou creuser une piscine. Le captage de l'énergie peut cependant se faire de façon

Figure 10.2
Exemples d'installation de géothermie. À gauche, réseau de captage horizontal ; à droite, mise en place d'un captage vertical *(source Viessmann)*

verticale, entre 70 et 100 m de profondeur, mais à un coût important. Dans son principe, la géothermie est réversible et peut produire du froid en été.

Chauffage solaire. Les panneaux de chauffage solaire sont constitués de canalisations, dans lesquelles un liquide est réchauffé au contact des capteurs *(voir figure 10.3)*. L'énergie récupérée est transférée selon les besoins au plancher chauffant, au préparateur d'eau chaude sanitaire ou au circuit de chauffage de la piscine, par exemple. Lorsque la production d'énergie solaire devient insuffisante, un chauffage d'appoint externe ou intégré à la chaudière solaire prend le relais. L'efficacité de ce type d'installation est liée à la masse et à l'inertie du mode de diffusion, qui permet d'emmagasiner la chaleur le jour pour la restituer la nuit. C'est pourquoi le chauffage solaire est le plus souvent utilisé avec un plancher chauffant plutôt qu'avec des radiateurs, dont l'inertie n'est pas suffisante. Ce système s'intègre parfaitement à une installation existante, notamment s'il est prévu de refaire la toiture. Certains fabricants commencent à proposer des systèmes réversibles, capables de produire du froid en été. Une telle installation fournit de 40 à 70 % des besoins en eau chaude selon les régions. Il est souvent possible de bénéficier d'aides financières des régions et de l'État.

Climatisation. Le principe de la climatisation est de capter la chaleur, de la rafraîchir au moyen d'un évaporateur et de propulser l'air rafraîchi directement dans la pièce ou dans un système de diffusion. Ce dernier peut être intégré dans les cloisons, les fausses poutres, les corniches ou les faux plafonds *(voir figure 10.4)*. Cette diffusion peut engendrer une certaine pollution sonore. Ces appareils requièrent l'installation d'une unité frigorifique

Figure 10.3
Chauffe-eau solaire individuel alimenté par l'eau chaude produite par le capteur solaire *(source De Dietrich)*

Inverter

Intégrée dans la plupart des systèmes de climatisation et dans certaines pompes à chaleur, la technologie Inverter constitue un réel progrès en matière de régulation. Ces appareils sont capables d'adapter leur puissance aux besoins réels, ce qui évite des démarrages à répétition du compresseur et permet de réaliser d'importantes économies.

à l'extérieur sur un balcon, une terrasse, dans le jardin ou dans une dépendance. Ce dispositif n'est pas très esthétique et peut même être interdit dans les copropriétés ou les sites classés. Dans ce dernier cas, la seule solution de climatisation envisageable est un système à refroidissement alimenté par de l'eau captée par forage.

Comme expliqué précédemment, certains systèmes de pompe à chaleur équipés d'inverseurs peuvent assurer le rafraîchissement en été. La température du plancher chauffant ne doit cependant pas descendre trop bas par rapport à celle de l'air ambiant afin de ne pas engendrer de condensation de l'humidité de l'air sur le plancher. Une régulation appropriée doit être prévue pour éviter ce phénomène.

Figure 10.4
Unité de climatisation réversible parfaitement encastrée au plafond *(source Daikin)*

La climatisation est-elle nécessaire ?

La RT 2012, nouvelle réglementation thermique en vigueur en France, insiste sur la nécessité de répondre aux besoins de chauffage en hiver et de rafraîchissement en été. Les canicules récentes ont contribué à pousser de plus en plus de familles à s'équiper de climatiseurs ou de systèmes de chauffage réversibles. La climatisation est ainsi de moins en moins réservée aux projets haut de gamme pour climats chauds. La climatisation centralisée permet de rafraîchir l'ensemble d'un bâtiment, voire, pour certains modèles, de le chauffer.

Cependant, il s'agit en général de systèmes relativement onéreux, polluants et gourmands en énergie. Si la maison est conçue en fonction de son lieu d'implantation, du climat et de la végétation alentour, si elle est bien ventilée, si les apports solaires sont optimisés en fonction des saisons et si le choix des matériaux et de l'isolation est cohérent, la climatisation est rarement utile. Au besoin, la gestion des ouvrants, un mode de chauffage réversible ou la mise en œuvre d'un puits provençal, couplé ou non à un système double flux, suffisent à rafraîchir suffisamment le logement, quelle que soit la température extérieure.

Parfois l'intégration d'un système de climatisation n'est pas possible à cause de la présence d'unités extérieures non conseillées dans le cas des maisons en bois. Le rafraîchissement constitue alors un bon compromis.

Que ce soit en neuf ou en rénovation, une bonne conception ou un bon diagnostic suffisent généralement à trouver des solutions plus subtiles. Par précaution, il est toujours possible de limiter la climatisation à une seule pièce ou de prévoir une alimentation en attente.

Les émetteurs

Une fois le type de chauffage sélectionné, il faut choisir le mode d'émission de la chaleur. Voici les solutions qui s'offrent à nous si nous désirons aller plus loin que le radiateur traditionnel ou le convecteur électrique à thermostat mécanique :

Radiateur à inertie. Constitué d'une masse de matériaux à forte inertie thermique, le radiateur à accumulation peut stocker l'énergie calorifique pendant les heures creuses et la restituer progressivement. Il existe des radiateurs à inertie fluide (bain d'huile en général) et à inertie sèche (céramique ou stéatite).

Radiateur à chaleur douce (ou à inertie maîtrisée). Constitué d'une masse de matériaux à forte inertie thermique, le radiateur à accumulation peut stocker l'énergie calorifique pendant les heures creuses et la restituer progressivement. Ce type d'appareil reste relativement encombrant et difficile à intégrer esthétiquement.

Radiateur à inertie maîtrisée (ou chaleur douce). Ces appareils de dernière génération permettent d'assurer un confort équivalent à celui d'un chauffage central. Gardant la chaleur, chaud sur toute la surface et chauffant en basse température, ils diffusent la chaleur en assurant un confort optimum. Leurs dernières évolutions, à inertie maîtrisée, permettent de bénéficier, à confort équivalent, de la souplesse de fonctionnement de l'électricité et proposent une grande diversité esthétique (*voir figure 10.5*).

Panneau rayonnant. Ressemble à un convecteur, mais avec la particularité de diffuser la chaleur à la fois par rayonnement, ce qui donne une impression de confort, et par convection, ce qui permet de chauffer l'intégralité de

Figure 10.5
Radiateur à Inertie maîtrisée basse température *(source Thermor)*

la pièce. Le panneau rayonnant apporte une meilleure homogénéité du chauffage dans la pièce. Il se reconnaît facilement à sa grille alvéolée et s'intègre esthétiquement assez bien dans nos intérieurs *(voir figure 10.6).*

Plancher chauffant. Cette solution libère totalement l'espace à aménager et procure une chaleur douce et homogène, sans brassage de l'air ni de poussières. Le système de diffusion, constitué d'un câble chauffant électrique ou d'un tube contenant un fluide caloporteur préalablement réchauffé par un système thermodynamique ou une chaudière basse température (gaz, fuel), est incorporé dans la chape de la maison ou de l'appartement. La chape est agrémentée d'une protection mécanique et électrique et peut être recouverte de tout type de revêtement de sol, à l'exception des parquets épais et des moquettes. Sa mise en œuvre n'est possible que dans le neuf ou la réhabilitation totale. Il est cependant possible de la limiter à la rénovation d'une pièce, une salle de bains, par exemple. Un plancher chauffant nécessite plusieurs heures pour réchauffer une pièce et impose une régulation sophistiquée au moyen d'une sonde thermique placée à

Figure 10.6
Panneau rayonnant *(source Atlantic)*

l'extérieur. Une nouvelle génération de planchers chauffants à faible inertie commence à apparaître sur le marché. La chape étant moins épaisse, les inconvénients liés à l'inertie du plancher chauffant sont minimisés.

Plafond rayonnant. Offre les mêmes avantages que le plancher chauffant, avec une excellente sensation de confort, sans désagréments esthétiques. Particulièrement intéressant dans le cas de pièces hautes de plafond, ce système fonctionne uniquement à l'électricité et requiert la pose d'un faux plafond, d'un plafond tendu ou de plaques de plâtres spéciales, ainsi que le respect scrupuleux de règles de sécurité. Contrairement au plancher chauffant, ce type d'installation présente l'avantage d'avoir peu d'inertie thermique.

Monobloc. Ce système de climatisation peut être fixe ou mobile. Il oblige à faire passer une gaine vers l'extérieur pour évacuer l'air chaud. Il ne nécessite pas d'installation mais s'avère peu performant, bruyant et très énergivore.

Split. Comme le monobloc, il peut être fixe ou mobile. Il est généralement plus supportable, car la partie bruyante est à l'extérieur. Il nécessite le passage d'un tube de liaison vers l'extérieur pour relier les deux unités. Comme le monobloc, il est bien adapté à la rénovation.

Ventilo-convecteur. Ce système de diffusion d'air adapté à la climatisation peut être doté d'une fonction de chauffage par l'ajout de résistances électriques ou par inversion manuelle du système de rafraîchissement. Un ventilo-convecteur est également efficace associé à une pompe à chaleur.

Système de climatisation centralisé. Multisplit, réseau de ventilo-convecteurs ou réseau de gaines peuvent assurer le chauffage, la climatisation ainsi que la ventilation et le renouvellement d'air de la totalité d'un logement. Ils représentent toutefois un investissement lourd et nécessitent l'intervention de spécialistes compétents.

Sèche-serviette. Limité à certaines pièces, comme la salle de bains ou la cuisine, il s'agit d'un élément de confort thermique à part entière, mais également d'un appareil pratique, voire esthétique *(voir figure 10.7).* Il

Figure 10.7
Sèche-serviette *(source Acova)*

existe des modèles mixtes eau chaude/électricité pouvant être utilisés toute l'année, même quand la chaudière est éteinte. Certains modèles sont programmables localement afin d'élever la température d'une pièce à l'heure souhaitée ou équipés d'un module thermosoufflant permettant d'accélérer la montée en température de la salle de bains.

Dans le neuf, la tendance est à mêler plancher chauffant, pour diffuser discrètement une douce chaleur dans la zone jour, sèche-serviette dans les salles d'eau et panneaux rayonnants ou radiateurs à inertie maîtrisée pour assurer un chauffage homogène, réactif et confortable dans la zone nuit, où les besoins en chaleur sont plus faibles.

Les progrès réalisés ces dernières années dans le domaine des pompes à chaleur permettent de gérer plusieurs circuits sur une seule pompe pour alimenter, par exemple, un plancher chauffant basse température avec des radiateurs basse température ou des ventilo-convecteurs à l'étage, qui nécessitent une température d'eau plus élevée. Les performances des pompes à chaleur qui sont désormais capables de chauffer l'eau jusqu'à 65 °C leur ouvrent également les portes du marché de la rénovation puisqu'elles peuvent remplacer ou assister les vieilles chaudières au fuel sans nécessiter de changer ni le circuit de chauffage ni les radiateurs.

Les interfaces de commande

Dans la plupart des installations de chauffage et de climatisation, le lien entre la source et les émetteurs est assuré par une interface de commande qui réagit en fonction d'une programmation horaire, d'ordres manuels donnés par l'utilisateur ou des données qu'elle reçoit en permanence des capteurs de température placés à l'intérieur et à l'extérieur. En voici quelques exemples.

Gestionnaire d'énergie. Ce type de boîtier permet de commander une installation de chauffage : modes éco, hors gel, arrêt, confort, – 1 °C et – 2 °C, programmation hebdomadaire, régulation manuelle ou automatique, etc. *(voir figure 10.8).*

La liaison entre le gestionnaire d'énergie et le reste de l'installation peut se faire de différentes façons :

- Fil pilote : dans une installation électrique, convecteurs, panneaux rayonnants et sèche-serviette sont reliés au tableau par des lignes indépendantes. On se sert des fils disponibles dans le câble électrique pour piloter les modes confort et réduit.
- Courant porteur : en rénovation, les commandes de gestion de chauffage transitent directement sur le câblage électrique.
- Liaison radio : les informations sont transmises sans fil entre les appareils et le gestionnaire d'énergie.

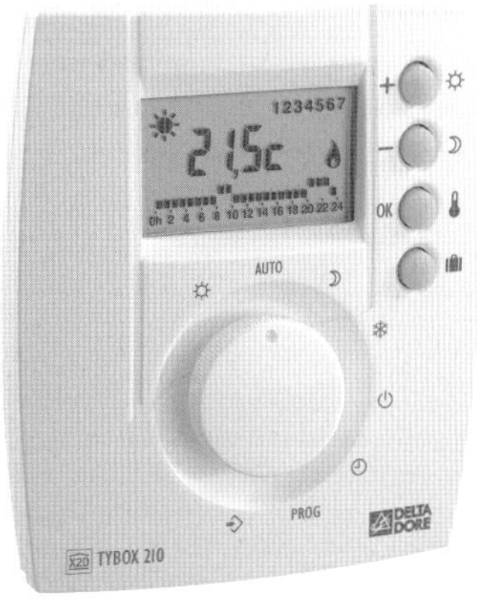

Figure 10.8
Gestionnaire d'énergie
(source Delta Dore)

Figure 10.9
Boîtier de commande KNX pour la gestion du chauffage et accessoirement la commande des éclairages ou des volets roulants *(source Schneider Electric)*

Boîtier de commande domotique équipé d'une sonde d'ambiance intégrée. Comme les commandes traditionnelles par fil pilote, courant porteur ou radio, un boîtier de commande sur bus permet de piloter l'installation de chauffage, qu'il s'agisse d'émetteurs électriques, de chaudière ou d'électrovannes communicantes. Sur ce type d'appareil, il est généralement possible de commander le reste de l'installation domotique, ce qui évite la multiplication des équipements *(voir figure 10.9).*

Centrale de climatisation. Une installation centralisée de climatisation offre généralement des fonctions de régulation au degré près pièce par pièce. Les ajustements se font par télécommande ou à partir de commandes encastrées.

Pour en savoir plus sur le Web

Sources d'informations sur la maîtrise de l'énergie

Agence de l'environnement et de la maîtrise de l'énergie : www.ademe.fr
Agence nationale de l'habitat : www.anah.fr
Portail de l'installation électrique : www.voltimum.fr
Promotelec : www.promotelec.com
Quelle énergie : www.quelleenergie.fr

Chaudière à condensation

Remplacer une vieille chaudière au gaz ou au fioul par une chaudière à condensation permet d'économiser jusqu'à 30 % sur notre facture énergétique si la maison est bien isolée grâce à la technique de la condensation qui permet de récupérer la chaleur présente dans la fumée de combustion.

En résumé

Le choix du mode de chauffage doit tenir compte des besoins de la famille en eau chaude sanitaire et éventuellement de la présence d'une piscine. Certaines solutions, comme les pompes à chaleur, peuvent couvrir l'ensemble de ces besoins à condition de dimensionner très précisément le matériel. Faire appel à un professionnel compétent, et parfois à un bureau d'étude thermique, est une condition *sine qua non* pour réussir ce type d'installation.

L'installation du chauffage ou de la climatisation représente une part importante du budget de construction. Mal conçue ou mal exploitée, elle peut constituer un gouffre financier et un élément d'inconfort au quotidien. Il faut donc être extrêmement vigilant dans le choix des technologies employées et sur l'ergonomie des thermostats *(voir figure 10.10).*

Le tableau 10.1 compare les différentes solutions de chauffage, de rafraîchissement, de climatisation, de production d'eau chaude sanitaire et de chauffage de piscines.

Figure 10.10
Le thermostat fourni par le chauffagiste n'est pas toujours très esthétique. Comme il doit idéalement se trouver à une hauteur de 1,50 m et au cœur de la zone de vie, autant exiger un modèle harmonieux et pratique. Ici, il suffit d'appuyer sur la touche éco pour activer ce mode. L'éclairage et les prises de courant commandées sont désactivés, tandis que le chauffage et la ventilation diminuent. Un simple coup d'œil à l'écran permet de voir immédiatement ce que la maison consomme *(source Niko)*

Tableau 10.1 Comparatif des solutions de chauffage/rafraîchissement*

Source d'énergie	Chauffage	Système autonome[1]	Rafraîchissement	Climatisation	Production ECS[2]	Chauffage piscine	Réactivité	Rendement	Niveau de confort	Type d'émetteur[3]										Multizone	Régulation	Interfaçage domotique	Commande à distance	Coût d'investissement	Coût de fonctionnement	Coût de maintenance	Crédit d'impôt/aides	Bilan économique	Bilan écologique
										PC	C	PR	R	SS	RI	MB	SP	VC	CC										
Électricité							++	−	−											++	++	++	++	−	++	−	−	−	−
Gaz de ville							+	+	+											+	−	−	−	+	+	+	−	+	+
Gaz propane							+	+	+											+	−	−	−	+	+	+	−	−	+
Fuel							+	+	+											+	−	−	−	+	++	+	−	−−	−−
Géothermie							−	++	+											+	−	−	−	+++	−−	+	++	++	++
Aérothermie		4					−	++	+											+	−	−	−	++	−−	+	++	++	++
Solaire thermique							−−	++	+											−	−	−	−−	++	−−−	−−	+++	+++	+++
Climatisation							+++	−	++											+++	+++	+++	+++	++++	+++	++	+	−−	−−
Poêle à bois							+	++	+											−	−−	−−−	−−	−	−	+	+	++	++
Chaudière à bois							+	++	+											+	−	−	−	+	−	+	+	++	++
Cheminée/insert							+	+	+											−	−−	−−−	−−−	−	−	−	−	+	+

* Tableau établi le 15 novembre 2011.
1 Source d'énergie ne nécessitant pas de système d'appoint
2 ECS : eau chaude sanitaire
3 Émetteurs : PC (plancher chauffant), C (convecteur), PR (plafond rayonnant), R (panneau rayonnant), SS (sèche-serviette), RI (radiateur à inertie), MB (monobloc), SP (split), VC (ventilo-convecteur), CC (systèmes centralisés)
4 Sauf dans les régions à climat rigoureux, où un appoint est nécessaire.

L'éclairage

> **La fin programmée de l'incandescence**
>
> Une directive européenne établit un calendrier de retrait progressif des ampoules à incandescence et halogènes les moins efficaces (classe énergétique C à G) qui s'échelonne jusqu'en 2016 en fonction de leur puissance.
> Il marque la fin de l'incandescence et des produits d'éclairage qui consomment trop d'énergie. Au cours de cette phase de transition, nous disposerons d'un large éventail de solutions de rechange, le futur appartenant désormais aux ampoules halogènes à économie d'énergie, aux ampoules fluocompactes et aux LED.
> La fin programmée des ampoules à incandescence pose un problème pour la domotique, parce que l'éclairage fluocompact perturbe le courant-porteur *(voir chapitre 9)* et que la plupart des systèmes de gradation ont été conçus à l'origine pour l'incandescence. Il faut donc être très vigilant, lors de la conception d'une installation, dans le choix des sources de lumière (il existe des ampoules basse consommation et des LED adaptées à la variation), mais aussi des modules de variation de l'intensité lumineuse. Les technologies de pilotage direct, comme DALI ou DMX512, sont des gages de pérennité dans ce domaine en attendant le développement de dispositifs intrinsèquement conçus pour la gestion de la fluorescence et des LED.

Une gestion rigoureuse de l'éclairage permet de limiter les besoins énergétiques de la maison. Comme nous l'avons vu en début d'ouvrage, l'éclairage est un élément de confort à part entière. Il nécessite à ce titre une attention toute particulière dès le début de la conception du projet, en neuf comme en rénovation. Il s'agit ici non pas de revenir sur l'intérêt d'un câblage sur bus de commande ou sur celui du courant porteur mais de se pencher sur les différentes façons d'améliorer l'éclairage pour assurer un certain niveau de confort sans pour autant alourdir la facture d'électricité.

Il est possible d'optimiser la conception d'une installation d'éclairage en choisissant correctement les sources d'éclairage et en sélectionnant le mode de commande approprié.

Choix des sources d'éclairage

Il est déterminant de connaître les différentes solutions d'éclairage disponibles sur le marché pour sélectionner la source adaptée à chaque utilisation et éventuellement les combiner.

Pour optimiser la composition de la lumière et adapter le niveau d'éclairement à chaque activité sans avoir de sensation d'éblouissement, il est possible de s'appuyer sur des solutions traditionnelles ou de profiter de certaines innovations :

Lampes à incandescence à filament de tungstène. Très répandues dans l'habitat depuis des décennies, leur rendement catastrophique (95 % de chaleur pour seulement 5 % de lumière) et leur espérance de vie relativement courte (environ 1 000 h) les ont condamnées à disparaître d'ici à 2016.

Lampes halogènes à économie d'énergie. Elles produisent une lumière plus blanche et plus froide que les lampes à incandescence et sont bien adaptées à l'éclairage indirect. On les trouve de plus en plus souvent suspendues sur des fils tendus ou encastrées dans le plafond. En version encastrée, on utilise des modèles très basse tension, qui nécessitent un transformateur par spot ou par circuit de spots. Il existe des modèles de transformateurs dits ferromagnétiques et électroniques, à la fois plus petits, plus performants et surtout parfaitement silencieux. Ce type d'installation suppose une étude préalable pour optimiser l'implantation, l'écartement, la puissance et l'alimentation des spots. La durée de vie d'une lampe halogène est d'environ 3 000 h. Un variateur d'intensité permet de limiter leur consommation et leur espérance de vie.

Lampes à fluorescence. Également appelées tubes à néon, ces lampes se sont énormément améliorées ces dernières années. Leur allumage est désormais instantané, et leur lumière dure, blanche et vacillante a laissé la place à un éclairage beaucoup plus agréable. Une lampe à fluorescence consomme cinq fois moins qu'une lampe à incandescence, et sa durée de vie est comprise entre 5 000 et 12 000 h. Pour fonctionner, une lampe fluorescente a besoin d'un starter et d'un dispositif de préallumage (ballast), généralement intégrés à l'armature. Le choix de lampes à ballast électronique, au détriment du ballast ferromagnétique, contribue à prolonger la durée de vie des ampoules tout en réduisant leur consommation. La fluorescence n'est pas adaptée aux pièces principales, à moins de l'associer à d'autres types d'éclairage ou d'utiliser une version dite compacte.

Éclairage fluocompact. Également appelé « Eco », cet éclairage utilise des lampes fluorescentes miniaturisées, qui permettent de concilier la diversité de formes de l'incandescence et la faible consommation de la fluorescence. Une lampe fluocompacte consomme quatre fois moins qu'une ampoule traditionnelle. Contrairement aux lampes fluorescentes, le dispositif de démarrage est directement intégré au culot des lampes électroniques. Ces lampes s'allument instantanément et résistent mieux aux allumages fréquents que les lampes fluorescentes traditionnelles. Une lampe à économie d'énergie convient mieux aux pièces à vivre qu'aux lieux de passage ou équipés de minuterie, car elle supporte mal les allumages répétés.

Fibre optique. Cet éclairage est en plein essor. À l'intérieur, les fibres optiques permettent d'élaborer des ciels étoilés et des éclairages de plans de travail, ainsi que de mettre en valeur vitrines et tableaux ou de baliser le sol. À l'extérieur, elles sont utilisées pour l'éclairage architectural de façades, de terrasses, de piscines et de jardins. Les fibres optiques sont des guides qui conduisent la lumière par une suite de rebonds sur une longueur maximale de 30 m. Une installation en fibre optique est généralement constituée d'un générateur de lumière, d'un ou plusieurs guides qui transportent la lumière et de terminaux. La fibre allie les avantages de la miniaturisation des sorties lumineuses, qui offre une grande souplesse dans la répartition des points lumineux, et de la puissance et de l'impact visuel de la gestion dynamique des couleurs. L'absence d'électricité dans le conducteur assure une sécurité totale et rend son utilisation possible dans l'eau. Le fait que les sources puissent être disposées loin des sorties de lumière facilite l'entretien (plafonds élevés, encastrés de sol, etc.). Les inconvénients de ce type d'installation sont le prix de revient relativement élevé et le nombre encore restreint de spécialistes.

LED. L'arrivée à maturité de la technologie LED (diode électroluminescente) nous fait entrer dans l'ère de l'éclairage électronique, qui constitue probablement un tournant aussi marquant que l'apparition de l'ampoule électrique il y a un siècle. Elle présente de nombreux avantages par rapport

Estimation des économies d'énergie selon le type de régulation

L'expérience menée sur un circuit d'éclairage constitué par un tube haut rendement équipé d'un ballast électronique a donné les résultats suivants *(source Syndicat de l'éclairage)* :
35 % d'économie avec un variateur manuel ou une programmation horaire ;
40 % d'économie avec un détecteur de présence ;
50 % d'économie avec une cellule de gestion de lumière.

Figure 10.11
À gauche, luminaire sans fil équipé de trois LED blanches. À droite, torches autonomes équipées de LED multicolores décoratifs *(source Osram)*

LED « High Power »

Une nouvelle génération de LED, dite « High Power », se développe sur le marché. Contrairement à la LED classique, souvent limitée aux applications de balisage, cette nouvelle LED est tellement puissante qu'elle peut être utilisée pour l'éclairage dans des spots encastrés, des projecteurs ou des lampadaires.

OLED

Également prometteuse pour l'éclairage, la technologie OLED (Organic Light-Emitting Diodes) est pour l'instant surtout appliquée à la conception d'écrans plats plus brillants, plus contrastés, plus fins et plus légers que les écrans LCD, tout en nécessitant beaucoup moins d'énergie et en coûtant potentiellement moins cher en production.

aux sources d'éclairage traditionnelles, notamment les suivants : plus grande efficacité énergétique, plus longue durée de vie, moins de maintenance, miniaturisation des équipements, mélange de couleurs, source très directive, grande résistance aux chocs et vibrations, insensibilité aux basses températures et aux allumages répétés, etc. La figure 10.11 montre des exemples d'application de la technologie LED en intérieur et en extérieur.

Après s'être imposées dans les domaines des feux de signalisation ou des phares de voitures, les LED investissent nos maisons pour les éclairages de sécurité et des terrasses et jardins, les lampes torches ou frontales, les lampes décoratives de designers ou encore le balisage des marches ou des couloirs *(voir figure 10.12)*

Une LED a la faculté de convertir directement, et avec un très haut rendement, le courant électrique en lumière, ce qui lui permet de consommer près de cent fois moins qu'une ampoule à incandescence classique, tout en possédant une durée de vie cent fois supérieure, à luminosité égale. Cet écart ne va faire qu'augmenter dans les prochaines années. Grâce aux énormes efforts de recherche et développement en cours sur cette technologie et de solutions complémentaires, la LED pourrait peu à peu devenir incontournable.

Lampes solaires. Les lampes solaires sont parfaitement adaptées à l'éclairage de jardin ou au balisage d'entrée de propriété. Un mini-panneau solaire emmagasine de l'énergie tout au long de la journée et la restitue à volonté pendant la nuit *(voir figure 10.13)*. Les lampes solaires sont totalement indépendantes, ne consomment pas d'électricité et ne nécessitent aucun travail de câblage. Elles sont disponibles dans les grandes surfaces de bricolage.

Figure 10.12
Balisage à base de bandeaux de LED encastrés dans le sol *(© P. Kozlowski)*

Figure 10.13
Lampe solaire restituant l'énergie solaire par l'intermédiaire de huit LED *(source Asert)*

Spots solaires. Une autre source propre d'éclairage est constituée par les apports naturels de lumière. La taille et l'orientation des ouvertures ainsi que l'utilisation de dispositifs d'amplification de flux lumineux ne doivent pas être négligées. Le conduit de lumière naturelle de Velux, par exemple, assure une luminosité naturelle très importante dans les pièces ou les cages d'escalier dépourvues de fenêtres. Un capteur placé sur un toit ou sur un mur intercepte les rayons lumineux, et un conduit constitué de matériaux réfléchissants les transporte sur plusieurs mètres à l'intérieur de la maison. Au besoin, un kit d'éclairage basse consommation en option peut servir d'appoint la nuit. La figure 10.14 montre le dôme à intégrer dans la toiture, le système de tube et le diffuseur de lumière naturelle situé dans une salle de bains.

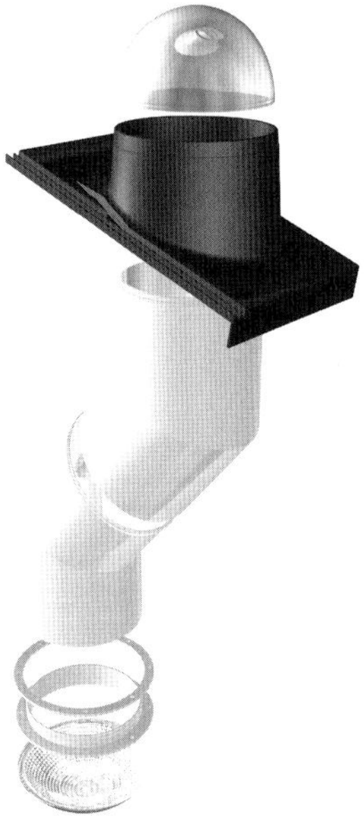

Figure 10.14
Dispositifs extérieur et intérieur d'un spot solaire *(source Lafarge)*

Les concepteurs se contentent trop souvent de prévoir un plafonnier par pièce sans prendre la peine de proposer d'autres solutions pour améliorer les conditions d'éclairage. Que ce soit en direct, en indirect ou en diffusion, en applique ou sur prise commandée, en fixe ou en variation, les combinaisons sont innombrables et peuvent aisément contribuer à la mise en valeur d'un intérieur. Il est souhaitable de concevoir les implantations d'éclairage pièce par pièce et d'effectuer des calculs de puissance pour les pièces principales avec l'aide du maître d'œuvre ou de l'installateur.

Le choix approprié de la source est susceptible de générer d'importantes économies d'énergie. Par exemple, les tubes fluorescents et les ballasts électromagnétiques peuvent générer une économie de l'ordre de 50 % sur la consommation. De la même façon, les lampes fluocompactes entraînent une économie de 60 à 70 % sur les traditionnelles lampes à incandescence.

Les modes de commande d'éclairage

Une fois la source correctement sélectionnée, il est possible d'optimiser le niveau de confort et la consommation d'électricité en choisissant un mode de commande adapté. En voici des exemples :

- Les dispositifs d'éclairage sur minuterie pour le garage, la cave, le jardin, etc.

- Les détecteurs de présence ou de passage dans certaines pièces, comme les couloirs, les WC ou le dressing.
- Les commandes à voyant lumineux, qui offrent la possibilité de savoir immédiatement que la lumière est restée allumée à la cave, au grenier ou dans le jardin.
- Les commandes de variation d'éclairage, qui permettent de ne consommer que la quantité nécessaire à l'activité en cours.
- L'asservissement automatique du niveau d'éclairage à la luminosité extérieure, qui génère d'importantes économies d'énergie.

La ventilation

Autrefois, les maisons n'étaient pas isolées. Les murs étaient en pierre, et l'air pouvait circuler en bas des portes ce qui permettait à la maison de « respirer » toute seule. Aujourd'hui, nos logements sont bien isolés, mais l'absence de ventilation a pour effet d'emprisonner l'humidité, les odeurs, le gaz carbonique et les polluants à l'intérieur et d'accélérer le vieillissement des maisons (condensation, moisissure, etc.), avec le risque d'indisposer les occupants (maladies respiratoires, asthme, maux de tête, etc.).

Les solutions retenues par la norme RT 2012 pour améliorer les performances énergétiques de nos maisons tendent vers davantage d'étanchéité encore. L'efficacité de la ventilation devient donc primordiale, que ce soit pour filtrer l'air insufflé, récupérer la chaleur de l'air rejeté, évacuer l'air vicié des pièces humides telles que cuisine, salle de bains, WC ou buanderie ou assurer le renouvellement permanent de l'air dans les pièces de vie.

La sensation de confort thermique est liée aux caractéristiques de l'air ambiant, comme la température, évidemment, mais aussi le degré hygrométrique ou la teneur en poussières et en éléments polluants. La VMC, ou ventilation mécanique contrôlée, joue un rôle primordial dans les performances de l'installation en régulant les flux d'air en fonction du taux d'humidité ambiant. La VMC simple flux hygroréglable et insonorisée garantit déjà une extraction et une répartition de l'air efficace et homogène. Elle peut en outre être économe en énergie dans sa version hygroréglable de type B.

Les systèmes double flux sont encore plus performants, grâce à l'insufflation d'air neuf, en flux contrôlé soigneusement filtré *(voir tableau 10.2)*. La salissure des murs, les gênes respiratoires ou les sensations de bouche pâteuse au réveil sont ainsi fortement réduites. L'efficacité du chauffage s'en trouve en outre renforcée, du fait que la chaleur de la maison est récupérée au lieu d'être évacuée directement vers l'extérieur *(voir figure 10.15)*. Il est même envisageable de mettre en œuvre le principe de la températion, qui consiste à utiliser le système de ventilation pour insuffler de l'air rafraîchi ou préchauffé en fonction des saisons.

Pour en savoir plus sur le Web

Fournisseurs de solutions d'éclairage

Artemide : www.artemide.com
Association française de l'éclairage : www.afe-eclairage.com.fr
Conduit de lumière : www.solatube.eu et www.velux.fr
Declic : www.slvbydeclic.fr
Delta Light : www.deltalight.fr
Erco : www.erco.fr
GE Lighting : www.gelighting.com/fr/
Lumitronix : www. lumitronix.fr
Mazda Éclairage : www.mazdaeclairage.com
Osram : www.osram.fr
Philips Éclairage : www.lighting.philips.com/fr_fr
Studio Design Italia : www.studioitaliadesign.com
Syndicat de l'éclairage : www.syndicat-eclairage.com

Tableau 10.2 Comparatif des solutions de ventilation simple flux et double flux

	Simple flux	**Double flux**
Qualité de l'air neuf	Peu ou pas filtré	– Filtré – Chauffé ou refroidi selon la saison
Entretien	Nettoyage des bouches	Changement de filtres
Interfaçage domotique	Limité : bouche hygroréglable	– Éventuellement (Konnex, Lonworks ou relayage) – Supervision, scénario, programmation, bypass, commande à distance
Chauffage	Non	Couplage avec un puits canadien ou système de « températion » électrique ou aérothermique
Rafraîchissement	Non	Couplage avec un puits canadien
Bilan thermique	Médiocre	Optimal
Coût d'investissement	Limité	Élevé en comparaison d'une solution simple flux

Figure 10.15
Exemple d'équipement double flux. Les bouches de ventilation, ici doubles, compte tenu du volume important de la pièce, permettent l'insufflation d'air neuf dans une pièce de vie. Dans les pièces humides (cuisine, salle d'eau, etc.), la bouche permet d'évacuer l'air vicié *(© P. Kozlowski)*

La rentabilité d'un système double flux est liée au bon dimensionnement de l'installation et à la qualité de la centrale. Il faut privilégier le matériel à haut rendement (jusqu'à 90 %) et les moteurs à basse consommation et courant continu, qui évitent une trop grande consommation d'électricité.

Au-delà de la rentabilité, l'intérêt d'un système double flux est, par exemple, de pouvoir ventiler un sous-sol qui ne pourrait l'être en simple flux, de contribuer au confort intérieur en améliorant la qualité de l'air ambiant, la moitié du volume d'air de chaque pièce pouvant être renouvelée par heure, et en adaptant le renouvellement d'air aux besoins réels grâce à la programmation horaire, l'asservissement au taux d'humidité ou de CO_2, le déclenchement sur détection de présence ou par dérogation manuelle (inoccupation, suroccupation, etc.).

La ventilation double flux est d'autant plus cruciale que le logement est bien isolé. Elle constitue un complément indispensable à l'installation d'un puits canadien.

Pour en savoir plus sur le Web

Fournisseurs de solutions de ventilation

Aldes : www.aldes.fr
Atlantic : www.atlantic-ventilation.com
Autogyre : www.autogyre.net
France Air : www.france-air.com
Helios : www.helios-fr.com
Nather : www.nather.fr
Rehau : www.rehau.fr
Unelvent : www.unelvent.fr
Zehnder : www.zehnder.fr

Le puits canadien

Le principe d'un puits canadien est de faire passer l'air sous la terre avant qu'il entre dans la maison, afin de tirer bénéfice de l'écart entre la température de l'air extérieur et celle du sous-sol. À quelques mètres de profondeur, celle-ci est pratiquement constante tout au long de l'année et est comprise entre 10 et 18 °C, selon la saison et la région.

Le puits canadien est efficace aussi bien en hiver, lorsque la température est inférieure à 10 °C, qu'en été, quand elle dépasse 20 °C (on parle dans ce dernier cas de puits provençal). Le dimensionnement du tuyau à enterrer est fonction de la nature du sol, de la région et bien entendu du volume total des pièces *(voir figure 10.16)*.

L'air réchauffé (ou rafraîchi en été) peut être diffusé dans la maison grâce à un ventilateur centrifuge ou à un système de VMC double flux, ce dernier permettant en prime de récupérer les calories de l'air avant de le rejeter à l'extérieur de la maison. Ce type d'installation représente un allié précieux du système de chauffage pendant l'hiver et rafraîchit naturellement la maison lorsque la température extérieure est élevée. Même s'il n'est pas comparable à un système de climatisation, il présente l'avantage de ne pas assécher l'air et de consommer infiniment moins.

Si le principe du puits canadien paraît simple, sa rentabilité n'est pas automatique selon les régions et les besoins. Il est de surcroît essentiel de le mettre en œuvre avec beaucoup de soin et en respectant les spécifications des fabricants de façon à éviter le développement de bactéries dans les tuyaux.

Pour en savoir plus sur le Web

Solutions de puits canadiens

Aldes : www.aldes.fr
Atlantic : www.atlantic-ventilation.com
Ekopedia : fr.ekopedia.org/Puits_canadien
Exemple d'installation : www.puitscanadien.com
Fiabitat Concept : www.fiabitat.com
Helios : www.helios-fr.com
Nather : www.nather.fr
Portail du puits canadien : www.puits-canadien.net
Vortice : www.vortice.info

Figure 10.16
Mise en œuvre d'un puits canadien et ses deux bornes de prise d'air pour tenir compte de la surface habitable *(source Mousset Électricité)*

Récupération de l'eau de pluie

L'installation d'un système de récupération d'eau de pluie constitue une solution de rechange intéressante au percement d'un puits. Parmi les nombreuses raisons qui plaident pour l'installation de cuves de récupération, citons le « civisme », dans la mesure où elles permettent la rétention d'eau pendant les gros orages, le prix de l'eau distribuée en France, qui ne cesse d'augmenter, ou le réchauffement climatique, qui risque d'entraîner des étés de plus en plus secs.

Enterrer une cuve lors de la construction d'une maison est devenu obligatoire dans certains pays comme la Belgique. L'idéal est de faire installer la cuve lors du branchement aux réseaux en profitant de la présence d'un terrassier *(voir figure 10.17)*.

L'utilisation d'une cuve en béton préfabriquée de 4 m^3 et d'une pompe de surface ou immergée est un compromis intéressant pour assurer l'arrosage du jardin. L'alimentation des sanitaires et de la machine à laver nécessite la mise en place d'un système de basculement sur le réseau d'eau de ville quand la cuve est vide.

Pour en savoir plus sur le Web

Solutions de récupération d'eau de pluie

Batir Bio : www.batirbio.org
Ekopedia : fr.ekopedia.org/eau_de_pluie

Figure 10.17
Ces deux cuves de récupération d'eau de pluie alimentent les chasses d'eau et l'arrosage du jardin. Elles ne sont pas enterrées mais installées au sous-sol de la maison A décrite au chapitre 13 *(© P. Kozlowski)*

L'utilisation de l'eau de pluie autorisée à l'intérieur

Pour des raisons sanitaires, l'eau de pluie récupérée ne pouvait servir qu'en extérieur pour laver la voiture ou arroser les plantes.
La récupération est autorisée à l'intérieur des maisons pour nettoyer le sol, alimenter les chasses d'eau ou laver le linge, à condition que l'eau provienne de toitures qui sont inaccessibles et non constituées d'amiante-ciment ou de plomb.

Si la qualité de l'eau distribuée n'est pas satisfaisante ou tout simplement pour diminuer la facture, il est possible d'alimenter toute la maison en mettant en place un système de filtrage spécifique. Dans ce cas, il faut prévoir une cuve de 10 m^3 au minimum.

> **Pour en savoir plus sur le Web**
>
> Principaux fournisseurs d'électricité pour particuliers
>
> Energie Info : www.energie-info.fr
> Direct Energie : www.direct-energie.com
> EDF : www.edf.fr
> Enercoop : www.enercoop.fr
> GDF Suez : www.gazdefrance.fr
> Poweo : www.poweo.com

Production d'électricité

La solution la plus commune pour disposer de l'électricité consiste à souscrire un abonnement auprès d'EDF. Depuis 2007, cependant, nous pouvons faire appel à d'autres fournisseurs d'électricité.

Cette libéralisation du secteur n'est pas pour autant synonyme de baisse des prix à court terme. Pour réduire notre facture énergétique et contribuer à préserver l'environnement, il est toutefois possible de produire une partie de nos besoins électriques. Il existe aujourd'hui des solutions techniques parfaitement au point pour cela, ainsi qu'un cadre légal et une pléthore d'aides financières.

La microproduction, c'est-à-dire l'utilisation d'énergies renouvelables, comme le soleil, le vent ou l'eau, est à la portée de tous et devient une solution de rechange crédible à l'abonnement auprès d'un fournisseur d'électricité.

Les solutions de microproduction

Voici quelques exemples de solutions de microproduction adaptées aux besoins des particuliers :

Panneaux solaires photovoltaïques. L'énergie photovoltaïque est produite par un ensemble de capteurs solaires en silicium, qui transforment la lumière du soleil en électricité. L'énergie ainsi produite ne génère aucune pollution, ni aucun bruit. L'absence de mouvement mécanique offre de surcroît un gage de pérennité à l'installation. Les capteurs peuvent être posés au sol, sur un toit ou intégrés dans les tuiles ou les fenêtres. Pour assurer un bon rendement, ils doivent être inclinés d'environ 30° et orientés plein sud, ce qui n'est évidemment pas possible dans toutes les maisons. Contrairement aux idées reçues, ce type d'installation n'est pas uniquement destiné aux régions très ensoleillées.

Éolienne. L'énergie cinétique du vent est transformée en énergie mécanique grâce aux pales de l'éolienne puis en électricité grâce à un générateur. Le rendement est optimal dans des conditions de vent constant, ni trop faible ni trop violent. L'idéal est de faire réaliser une analyse sur plusieurs mois pour vérifier la rentabilité potentielle du site. Il existe des modèles sur axe horizontal et d'autres sur axe vertical, qui peuvent être couchés sur le toit d'un immeuble. Le déploiement des éoliennes est actuellement freiné en France par la complexité technique et administrative de ce type de projet en résidentiel.

Microcentrale hydroélectrique. À la manière d'un barrage, une microcentrale génère de l'énergie électrique grâce à la force du courant d'un ruisseau ou d'une rivière. Ce type d'installation est rendu possible, en cas de débit insuffisant, par la mise en place de réserves ou de prises d'eau.

Dans la pratique, les autorisations sont quasiment impossibles à obtenir, sauf dans certains projets de réhabilitation de moulins, par exemple.

Biomasse. Dans le domaine de l'énergie, la biomasse désigne l'ensemble des énergies provenant de la dégradation de la matière organique (bois, compost ou gaz). Ce processus permettant de produire de la chaleur et de l'électricité est aujourd'hui surtout exploité en Allemagne et en Scandinavie à l'échelle de quartiers ou d'exploitations agricoles.

Pile à combustible. Une pile, appelée cogénérateur, utilise une énergie primaire, comme l'hydrogène, pour produire de l'électricité. La réaction électrochimique s'effectue sans combustion, c'est-à-dire sans autre rejet que de la vapeur d'eau. Les systèmes les plus répandus nécessitent encore des recharges d'hydrogène, mais une nouvelle génération d'appareils assure la cogénération à partir de bois ou de méthanol. Cette solution prometteuse, expérimentée sur quelques projets d'habitation en Europe, est pressentie pour équiper les futures générations d'ordinateurs ou de voitures.

En résumé

À moins de mettre en place de grosses installations, les dispositifs de microproduction ne peuvent garantir une autonomie permanente, si bien qu'il est difficilement envisageable de s'affranchir totalement de l'abonnement à un fournisseur d'électricité. La microproduction est généralement destinée à l'éclairage et aux appareils électroménagers. En cas de coupure d'électricité, certains systèmes peuvent se déconnecter automatiquement du réseau et continuer d'alimenter les fonctions prioritaires, telles que l'éclairage, la production de froid, la centrale de sécurité ou les ordinateurs.

L'énergie produite peut être stockée dans des batteries, mais il est en réalité beaucoup plus rentable de transformer l'électricité produite en courant alternatif grâce à un onduleur et de le revendre en souscrivant un contrat avec un opérateur. C'est ce qui se produit généralement avec la production solaire, pour laquelle les tarifs d'achat sont devenus avantageux. La revente d'électricité par les particuliers permet de réguler les sources d'énergie au plus près des utilisateurs, limitant d'autant les longues et onéreuses distances de transport.

À la différence de pays comme le Japon, la Chine ou l'Allemagne, et même si la France semble maintenant faire des énergies renouvelables une priorité, il existe peu de mesures d'incitation, à l'exception des installations solaires. Dans le cadre d'une construction ou d'une rénovation, que nous soyons propriétaire ou locataire, nous pouvons bénéficier des aides de l'ANAH (Agence nationale pour l'amélioration de l'habitat), de l'ADEME (Agence de l'environnement et de la maîtrise de l'énergie), des caisses d'allocations familiales, des collectivités locales, de l'Union européenne et de l'État sous forme de prêts aidés ou de crédits d'impôt.

Pour en savoir plus sur le Web

Sources d'information sur la microproduction

ADEME : www.ademe.fr
ANAH : www.anah.fr
Comité de liaison énergies renouvelables : www.cler.org
Électricité verte : www.electricite-verte.com
Énergies renouvelables : www.energies-renouvelables.com
Photovoltaïque Info : www.photovoltaique.info
Syndicat des énergies renouvelables : www.enr.fr

> **Niveau d'abonnement et délestage**
>
> Les fournisseurs d'électricité proposent plusieurs niveaux d'abonnement. Le tarif de base convient à une petite installation. Si nous nous chauffons à l'électricité et que nous disposions d'une source de chauffage secondaire, nous pouvons opter pour un abonnement de type Tempo, très avantageux. La seule contrainte de cet abonnement est qu'il ne permet pas d'utiliser le chauffage électrique pendant les jours les plus froids de l'hiver. Si nous possédons un chauffe-eau électrique à accumulation ou un chauffage électrique, les tarifs « heures creuses » permettent de réaliser d'importantes économies. Il est également possible de limiter le coût de l'abonnement d'électricité sans s'exposer à des dépassements de la puissance prévue dans le contrat grâce aux fonctions de délestage, qui permettent de couper l'alimentation d'un circuit non prioritaire. Il suffit, par exemple, d'éviter de faire fonctionner tous les convecteurs de chauffage électrique simultanément ou de programmer le fonctionnement de certains appareils pendant les heures creuses.

Comme pour toutes les installations décrites dans cet ouvrage, seuls le sérieux de la conception, la qualité du matériel et la rigueur de la mise en œuvre peuvent garantir un résultat satisfaisant.

Optimisation énergétique

Le choix des équipements ne fait pas tout. Le meilleur système de chauffage n'est rien sans une bonne isolation, tout comme le choix d'un luminaire basse consommation n'a de sens que s'il est allumé uniquement quand nous en avons réellement besoin.

Les sections qui suivent montrent que l'efficacité et les performances d'une installation de chauffage, d'éclairage ou de ventilation peuvent être renforcées par la mise en œuvre de fonctions de régulation, de programmation et de centralisation.

La régulation

La régulation permet d'optimiser les performances d'un ou plusieurs équipements, d'une zone ou de l'ensemble de la maison. Cela s'applique au chauffage et à la climatisation, mais également à l'éclairage et au traitement de l'air.

Économies d'énergie

L'énergie la moins chère étant celle que nous ne dépensons pas, quelques mesures de bon sens peuvent être rappelées :

- Surveiller les radiateurs : un degré de moins, c'est peut-être un pull en plus, mais c'est surtout 7 % de consommation en moins. Privilégier les thermostats électroniques aux thermostats mécaniques.
- Entretenir régulièrement la chaudière. C'est essentiel pour notre santé autant que notre portefeuille.
- Il est inutile de surchauffer l'eau chaude sanitaire : une température de 55 à 60 °C est suffisante. Préférer un chauffe-eau à thermostat électronique et à isolation renforcée, surtout s'il n'est pas situé dans le volume chauffé.
- Limiter la consommation d'eau tout en conservant une même efficacité d'utilisation en adaptant un dispositif sur les robinets ou les flexibles de douche.
- Privilégier les ampoules basse consommation et l'éclairage « où il faut, quand il faut ». Consulter les étiquettes énergie : les lampes fluorescentes sont classées en A et B, les halogènes entre C et G, les ampoules classiques entre E et G.
- Profiter des apports gratuits de la lumière du jour grâce à des automatismes simples évitant les consommations inutiles.
- Comme les appareils audiovisuels dépensent jusqu'à 90 % de leur consommation en mode veille, il est important de les éteindre systématiquement quand on ne les utilise pas ou de s'équiper d'un dispositif de coupe-veille électrique afin de couper et de réactiver automatiquement leur alimentation.
- Le lavage du linge à 30 °C consomme trois fois moins d'énergie qu'à 90 °C. De même, la touche « eco » d'un lave-vaisselle réduit sa consommation d'électricité de 45 % (sans compter sa consommation d'eau).
- Utiliser les appareils énergivore comme le lave-linge, le lave-vaisselle ou le sèche-linge en heures creuses si notre abonnement le permet et installer un indicateur de consommation.
- Privilégier les équipements de classes A, A+ et A++, dont le surcoût est souvent rapidement amorti par les économies d'énergie qu'ils permettent de réaliser.
- Raisonner en coût global, c'est-à-dire coût d'achat plus coût d'utilisation, augmenté du coût d'entretien dans certains cas, et du coût pour la planète.

RT 2012 et domotique

La réglementation RT 2012 légitime le recours à la domotique en imposant de prendre en compte, dès le stade de la conception, l'ensemble des paramètres déterminant les besoins énergétiques. Les volets, stores à lamelles, protections solaires et leurs modes de commande sont désormais reconnus comme faisant partie de ces paramètres puisqu'ils permettent d'améliorer l'isolation du bâtiment et de freiner les déperditions ou les apports caloriques (volets fermés la nuit en hiver, le jour en été), de bénéficier ou de limiter les apports solaires (volets ouverts dans la journée en hiver, protections solaires fermées en été). Le calcul réglementaire valorise la gestion automatisée des protections solaires par rapport à une simple centralisation motorisée.

De la même façon, la domotique devient indispensable pour économiser l'énergie et pallier les oublis des occupants (lumière allumée dans les pièces vides, télévision en veille toute la nuit, etc.) grâce aux détecteurs de présence, aux capteurs (température, ensoleillement, etc.) et à la mise en place des scénarios de vie.

Autre élément déterminant, la RT 2012 impose le comptage réel ou estimatif ainsi que l'affichage des différents postes de consommation d'énergie (chauffage, eau chaude sanitaire, climatisation, réseau de prises électriques, etc.).

Régulation individuelle. Certains équipements de chauffage sont capables de réguler seuls leur fonctionnement grâce à un thermostat électronique, un thermostat d'ambiance, un robinet thermostatique ou une sonde extérieure. Ces dispositifs sont capables d'adapter la température de la pièce à une consigne donnée par l'utilisateur, les besoins étant différents selon les goûts de chacun, l'orientation et l'équipement de chaque pièce. La plupart des systèmes de chauffage, par exemple, distinguent trois niveaux de confort : le mode hors gel est utilisé en cas d'absence prolongée, le mode réduit, ou économique, la nuit ou si la maison est inoccupée dans la journée et le mode confort le reste du temps. Deux niveaux de confort suffisent généralement pour les systèmes à inertie, comme les planchers chauffants, mais six niveaux peuvent être utiles dans les systèmes de chauffage électrique notamment. Les modes éco, hors gel, arrêt, confort, – 1 °C et – 2 °C permettent d'affiner le fonctionnement des appareils et de répondre aux exigences des labels haute performance énergétique.

La régulation est également intéressante dans des domaines tels que les suivants :

- La régulation apporte un meilleur contrôle du confort d'été en tirant parti des effets bioclimatiques grâce à la ventilation nocturne et à la protection solaire automatique.
- Nous avons vu qu'il était possible d'optimiser les performances de l'installation de VMC grâce à un programmateur horaire, un capteur d'humidité, une sonde CO_2, une bouche hygroréglable, un détecteur de présence ou par dérogation manuelle.
- En éclairage, les systèmes de variation permettent de réduire la consommation électrique et d'augmenter la durée de vie des ampoules. Une ampoule se dégrade en effet beaucoup plus rapidement si elle est continuellement soumise à la puissance maximale. Le tableau 10.3 montre que les variateurs d'éclairage se remboursent d'eux-mêmes.

Tableau 10.3 Retour sur investissement d'un variateur d'éclairage *(source Lutron)*

Niveau de variation de l'éclairage	Réduction de la consommation d'électricité	Durée de vie des ampoules
10 %	10 %	2 fois supérieure
25 %	20 %	4 fois supérieure
50 %	40 %	20 fois supérieure
75 %	60 %	+ de 20 fois supérieure

Sachant que nous ne pouvons pas être sans arrêt en train de varier manuellement l'intensité, l'idéal est de coupler le circuit à une sonde de luminosité capable de maintenir un niveau d'éclairage constant dans une pièce. Il est également possible d'associer les commandes d'éclairage à une programmation horaire, permettant par exemple de limiter l'éclairage des couloirs à 20 % la nuit afin de ne pas être ébloui et de réaliser de petites économies supplémentaires.

Régulation par zone. La granularité d'une installation de chauffage conditionne son efficacité. L'étendue des possibilités de régulation et de programmation et la facilité d'utilisation peuvent générer des économies d'énergie importantes. Toutes les zones de la maison n'ont pas besoin d'être chauffées de la même façon ni au même moment. La régulation doit idéalement se faire au minimum sur deux zones, la zone jour et la zone nuit. La cuisine et les salles de bains doivent être souvent gérées à part, car ces pièces ont besoin d'une montée en température rapide sur de courtes périodes. Une programmation hebdomadaire permet d'optimiser le confort thermique de chacune des zones en fonction de nos habitudes et de nos horaires *(voir figure 10.18)*. Une installation efficace doit être capable de couper instantanément le chauffage dans une pièce si une fenêtre est ouverte ou si la cheminée du séjour est allumée.

Figure 10.18
Programmation sur smartphone ou tablette. En un clin d'œil, nous connaissons toutes les données relatives à notre installation de chauffage et pouvons la piloter de manière extrêmement intuitive en local ou à distance *(source Zodianet)*

Le fait de pouvoir agir facilement sur une zone entière simplifie le quotidien et facilite la mise en service des modes partiels. Si, par exemple, un étage entier n'est pas occupé, il est simple de le passer en fonctionnement réduit, que ce soit pour le chauffage, la climatisation ou la VMC.

Régulation centralisée. La centralisation des commandes est très importante. Les appareils de chauffage, de climatisation ou de ventilation dotés chacun de leur système de régulation sont difficiles à coordonner, engendrent une hétérogénéité dans le traitement thermique des pièces et poussent à des réglages perpétuels. Un gestionnaire d'énergie comme celui illustré à la figure 10.19 tient compte des habitudes de la famille et pilote seul, à partir de consignes et d'indications fournies par les différents capteurs, les appareils de chauffage, de climatisation et de ventilation de chaque zone, ainsi que la production d'eau chaude sanitaire. Il décharge de la sorte les utilisateurs de toute préoccupation de surveillance, tout en offrant si nécessaire des possibilités simples de dérogation.

Figure 10.19
Thermostat de nouvelle génération conçu par le designer de l'iPod. Il est à la fois ergonomique, intelligent, puisque capable d'enregistrer nos habitudes, et communicant, car doté d'une puce ZigBee pour dialoguer directement avec un ordinateur ou un smartphone *(source Nest)*

Dans une installation électrique, les fonctions globales de délestage et d'optimisation selon les heures pleines et creuses gérées par les compteurs électroniques peuvent générer d'importantes économies.

Nous avons vu que les performances énergétiques d'une maison dépendaient évidemment du climat, mais aussi de la bonne orientation des pièces et des baies vitrées ainsi que de l'isolation thermique du bâtiment. Que ce soit en hiver ou en été, les performances des vitrages jouent un rôle non

Figure 10.20
Le confort d'éclairage passe par la variété des sources et la possibilité de régulation du niveau de luminosité en combinant les possibilités de variation des lumières et de positionnement des stores *(source Lutron)*

négligeable dans la qualité de l'isolation. Il existe des solutions de vitrage à contrôle solaire, à double, voire triple vitrage, à isolation thermique renforcée et à brise-soleil orientables intégrés. L'automatisation de ces stores intégrés, des volets roulants ou des luminaires en fonction de seuils d'ensoleillement préréglés permet d'optimiser les performances du chauffage, de l'éclairage et de la climatisation (*voir figure 10.20*).

Au-delà de la régulation individuelle de chaque équipement, la puissance d'une installation communicante réside dans la régulation globale de la maison et dans la mise en réseau de l'intelligence des différents systèmes. Ce dernier point est clairement illustré dans l'étude de cas détaillée au chapitre 13 : quand le chauffage, le chauffe-eau, les stores et les éclairages sont capables de partager les mêmes informations issues des thermostats et d'une station météo, de communiquer avec le gestionnaire d'énergie et de répondre collectivement aux commandes de l'utilisateur, le confort au quotidien et les performances énergétiques globales de la maison s'en trouvent grandement améliorés.

La programmation des équipements

La régulation est nécessaire mais pas toujours suffisante, dans la mesure où elle ne tient pas compte des habitudes de vie des habitants de la maison. Par exemple, un système de chauffage sophistiqué est capable de maintenir une température donnée à l'intérieur d'une maison, voire d'anticiper en fonction de la température extérieure pour les planchers chauffants, mais il n'a aucun moyen de savoir si la maison est habitée. C'est l'utilisateur qui doit généralement indiquer qu'il part au travail et que la maison va être inoccupée ou, à son retour, qu'il vient de rentrer. Cela pose des problèmes d'inertie, de risques d'oubli, d'attente que la maison se réchauffe, etc.

La programmation des équipements répond à ce type de besoin, que ce soit sur une base journalière (jour/nuit), hebdomadaire (jours de travail/week-end) ou annuelle (travail/week-end/jours fériés/vacances, etc.), et ce éventuellement zone par zone.

Figure 10.21
Les têtes thermostatiques deviennent communicantes ! La régulation, le pilotage et l'affichage se font directement sur le radiateur ou à distance puisque toutes les têtes thermostatiques de la maison sont en mesure de dialoguer sans fil en Z-Wave avec un écran tactile pour une meilleure centralisation *(source Danfoss)*

La programmation des équipements s'applique à tous les domaines de la maison, comme l'enregistrement d'un programme TV, la mise en marche différée en heures creuses du lave-vaisselle, le mode simulation de présence, le déclenchement d'un radio-réveil ou la mise en chauffe d'un sèche-serviette. Pour tirer le meilleur parti de toutes ces possibilités, l'ergonomie et la cohérence de fonctionnement de chaque interface de programmation sont évidemment fondamentales. Si chacun des appareils propose un mode de programmation différent, l'utilisateur est désorienté et peu enclin à l'utiliser régulièrement. Là encore, la domotique peut faciliter les choses en uniformisant les interfaces de programmation et en rassemblant les différents appareils dans de véritables scénarios de vie *(voir figure 10.21)*.

Les scénarios de vie

Un scénario de vie est une séquence d'actions prédéfinie destinée à simplifier la vie des utilisateurs. C'est un prolongement de la programmation, qui, en règle générale, met en jeu plusieurs types d'équipement. Nous avons déjà rencontré les scénarios « home cinéma », qui mettent en jeu le matériel audiovisuel, la lumière et les automatismes. En matière d'économies d'énergie, nous nous focalisons plutôt sur l'enchaînement d'actions systématiques à effectuer quand nous quittons la maison ou que nous allons nous coucher.

Le tableau 10.4 montre les détails des scénarios programmés dans la Maison A, qui sert de première étude de cas à cet ouvrage *(voir le chapitre 13)*. Remarquons la désactivation des prises commandées dans les

Tableau 10.4 Détails de la programmation des scénarios de la Maison A

	Éclairage	Chauffage	Prises commandées	Alarme	Stores	Simulation de présence	Vidéophone	VMC	Audiovisuel
Départ quotidien	Off	Réduit au 2e étage	Off	On	Régulation apports solaires	Off	Transfert vers mobile	Réduit	Hors tension
Vacances	Off	Hors gel	Off	On	Régulation apports solaires	On	Transfert vers mobile	Réduit	Hors tension
Arrivée	Activable	Confort	Activable	Off	Montés	Off	Fin du transfert	Normal	Activable
Se coucher	Off	Réduit	Off	Partiel	Baissés	Off	Répondeur	Réduit	Hors tension
Se lever	– Activable – Progressif dans la chambre	Confort	Activable	Off	Commandables	Off	Transfert vers téléphones	Maximum	Activable
Réception	Tout allumé + extérieur	Confort	On	Off	Montés	Off	On	Maximum	Diffusion sonore (claviers bloqués)
Cinéma	Réduit dans la salle multimédia	Confort zone sous-sol	On	–	Baissés dans la salle multimédia	–	–	Normal	Plasma, 5.1 et DVD On
Alarme	Clignotement	–	Off si détection de fumée	– Sirène – Message sur mobiles	Inversés	–	–	Off si détection de fumée	Message enregistré

Figure 10.22
Écran tactile permettant à l'utilisateur de piloter le chauffage ou d'activer de façon intuitive les scénarios de vie « se coucher », « se lever », « week-end », « vacances » ou « hors gel » *(source Delta Dore)*

scénarios « se lever » et « départ » afin d'éteindre les lampes et de couper l'alimentation des appareils restés en veille. La position des stores sur « régulation apport solaire » signifie qu'ils sont baissés quand, en été, la station météo indique la présence des rayons du soleil sur les baies vitrées.

La figure 10.22 illustre la possibilité pour l'utilisateur d'activer les scénarios de vie sur un écran tactile de façon intuitive. Le contenu de la séquence doit être facilement modifiable, surtout dans les premiers mois qui suivent leur mise en service. Idéalement, l'utilisateur doit pourvoir effectuer les modifications lui-même.

La mise en relation des différentes fonctions dans les scénarios doit permettre d'assurer le confort, la sécurité et l'accès optimal aux loisirs numériques, tout en optimisant les performances énergétiques de la maison. La mise en œuvre de ces scénarios multifonctionnels est grandement facilitée par la sélection d'équipements compatibles ou fondés sur des technologies interopérables.

La régulation, la programmation et les scénarios permettent d'optimiser nos consommations. Il existe d'autres moyens efficaces, comme la commande à distance, notamment pour les résidences secondaires, la prise en compte des tarifs heures pleines/heures creuses, le délestage, la surventilation nocturne en été ou encore la détection d'ouverture des fenêtres pour passer le chauffage en hors-gel. Prise en compte dans la RT 2012, la sensibilisation des utilisateurs est également fondamentale. Elle est rendue possible par des dispositifs d'affichage des consommations, voire par la mise en place de véritables tableaux de bord.

Le tableau de bord domotique

Nous disposons tous dans nos voitures d'un tableau de bord permettant de piloter tous les équipements et de saisir d'un coup d'œil toutes les informations relatives à la vitesse, à la consommation, au kilométrage et à l'état des principaux organes du véhicule. Ce type d'interface s'est enrichi ces dernières années de fonctions d'assistance à la navigation et d'un véritable ordinateur de bord capable d'analyser les informations issues de nombreux capteurs disséminés aux quatre coins de la voiture. Par comparaison, nos maisons restent désespérément conventionnelles, sans possibilité de superviser le fonctionnement des équipements ni de connaître précisément les consommations d'énergie.

Pourtant les solutions existent et sont susceptibles de séduire de nombreux utilisateurs *(voir figure 10.23)*. Il y a peu, on imaginait la maison du futur

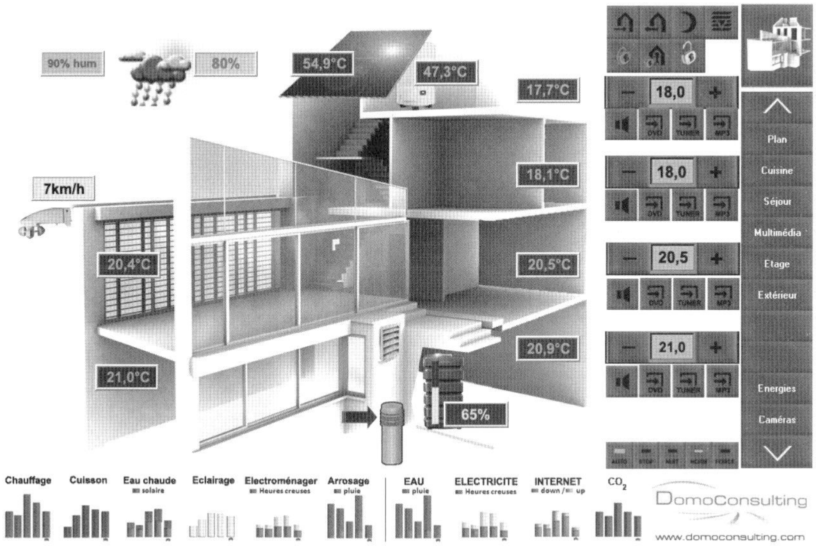

Figure 10.23
Exemple de tableau de bord accessible sur un ordinateur, une télévision ou un écran tactile. La partie gauche affiche les informations en temps réel (températures, vent, niveau de la cuve, etc.) ; la partie droite permet d'accéder aux principaux scénarios et de régler les consignes de chauffage. En bas, on distingue un résumé des historiques de consommations *(source DomoConsulting)*

comme un lieu entièrement régi par un ordinateur central capable de tout contrôler. En réalité, les faits montrent qu'un tableau de bord domotique s'appuie, non pas sur un cerveau informatique, mais sur la mise en réseau d'appareils domestiques et audiovisuels ainsi que d'organes de commande, de détection et d'analyse.

Comme dans une voiture, les solutions de tableau de bord disponibles sur le marché résidentiel proposent principalement trois types de fonctions :

- La commande des circuits d'éclairage, de chauffage, de climatisation, de ventilation, de son, etc.
- La supervision des équipements.
- L'historique des consommations.

Accès distant au tableau de bord domotique

La notion de tableau de bord présente un intérêt non seulement dans la maison, mais à distance, que nous soyons au travail, dans les transports ou en vacances. Un des atouts d'une maison intelligente est de gérer à distance et de façon sécurisée, par téléphone ou *via* Internet, les fonctions suivantes :

- Pilotage de l'installation (simulation de présence, gestion du chauffage, activation de l'alarme, télémaintenance, etc.).
- Supervision de l'installation (température dans les différentes zones, niveau d'eau dans les cuves, position des volets, état du système d'alarme, etc.).
- Visualisation de ce qui se passe dans la maison grâce aux caméras.
- Accès à distance aux ressources numériques de la maison (fichiers de travail, musique, vidéo, site Web familial, etc.).

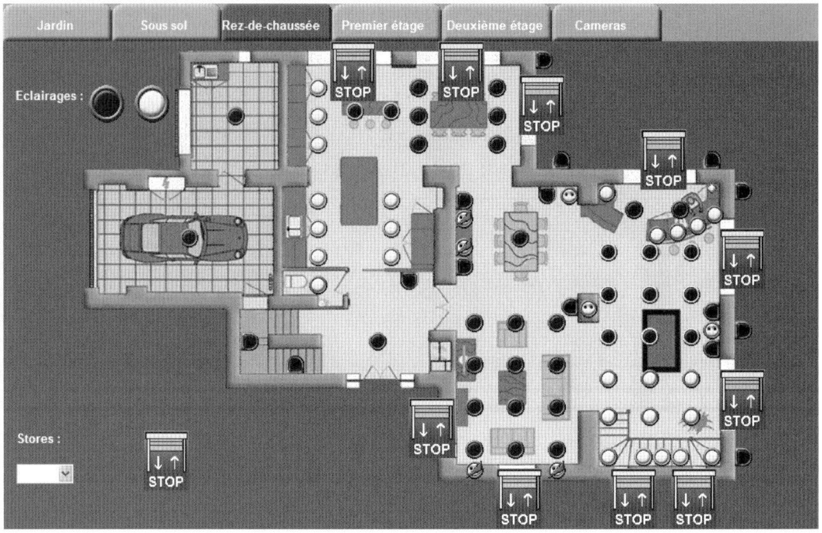

Figure 10.24
Panneau de commande sur écran tactile permettant de piloter tous les équipements de la maison *(source Marsollier Domotique)*

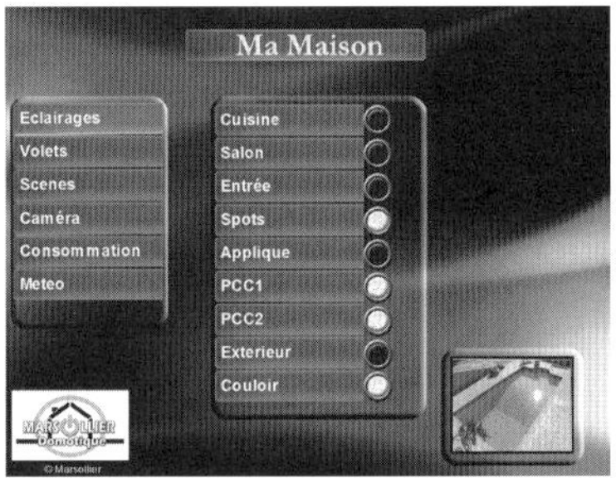

Figure 10.25
Panneau de commande accessible depuis un écran de télévision et pilotable par télécommande ou au clavier depuis le Media Center *(source Marsollier Domotique)*

Le panneau de commande

Le tableau de bord peut faire office de panneau de commande des différents équipements de la maison. La figure 10.24 montre un exemple d'interface permettant aux membres de la famille de gérer tous les éclairages et les volets roulants depuis un écran tactile sans fil situé dans le salon. Il est possible de gérer les équipements du salon, mais aussi ceux des autres pièces de la maison, de vérifier si l'éclairage est resté ou non allumé dans le jardin, par exemple, ou de visualiser les caméras et le mode de chauffage de la maison. Il ne serait pas possible de proposer de façon aussi conviviale autant de fonctions sur un bouton-poussoir ou une télécommande.

Une autre façon de gérer ce type d'installation est d'utiliser un écran de télévision couplé à un Media Center. Comme le montre la figure 10.25, l'utilisateur peut accéder depuis son canapé aux commandes d'éclairage et d'automatismes, surveiller une autre pièce, déclencher un scénario ou visualiser ses consommations d'énergie.

Supervision des équipements

Associée à la centralisation des commandes, la supervision permet tout à la fois de visualiser l'état de l'installation, d'être informé d'éventuels dysfonctionnements, de faciliter les travaux de maintenance et de gérer le budget énergétique. La supervision de base consiste à relever régulièrement la consommation d'eau, de gaz, de fuel ou d'électricité au moyen de sondes, capteurs ou compteur spécifique. Certains équipements sont conçus pour communiquer différents paramètres de fonctionnement, voire pour les afficher directement sur un navigateur Web, comme le montre la figure 10.26.

Une supervision aboutie permet de fédérer toutes les interfaces et toutes les données disponibles dans la maison pour connaître en temps réel les températures et les consommations. L'idéal est de disposer d'un tableau de bord graphique réalisé sur mesure ou embarqué dans certains gestionnaires d'énergie ou passerelles résidentielles.

Les systèmes centralisés les plus sophistiqués peuvent être reliés au réseau local pour un contrôle informatique sur écran tactile ou à distance par Internet. La figure 10.27 illustre ce type d'interface graphique.

Comptage

Le suivi des consommations et la mise en place des dispositifs d'affichage préconisés dans la RT 2012 passent par la présence de sondes, de capteurs, de compteurs ou d'équipements capables d'indiquer leur propre consommation. Il existe toutes sortes d'instruments de mesure (compteurs électriques, gaz, eau, calories, etc.) autonomes, sans fil ou sur bus de commande (KNX et M-Bus notamment). La collecte et l'exploitation des données peuvent se faire en local ou en ligne, en souscrivant un abonnement de suivi des consommations.

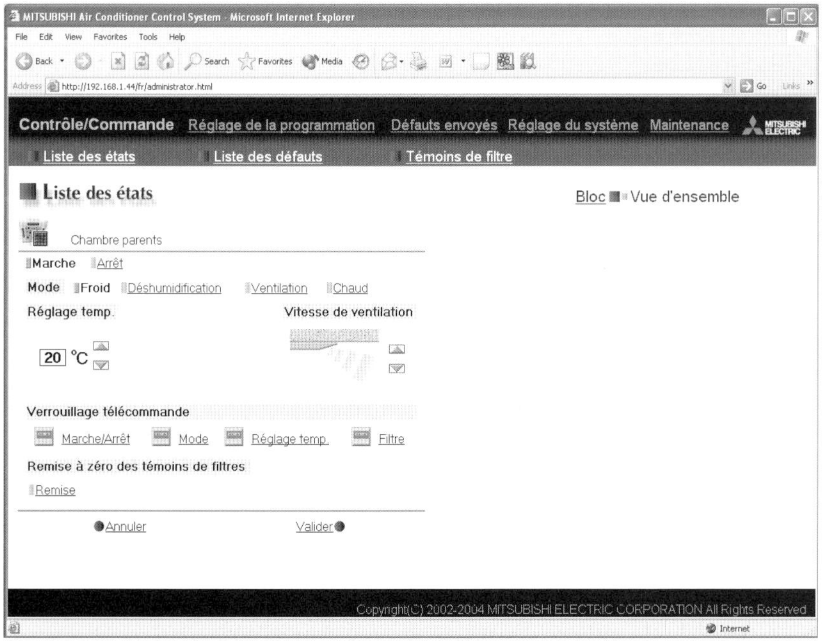

Figure 10.26
Supervision d'une centrale de climatisation sur un navigateur Web. Les paramètres de température, d'hygrométrie, de vitesse de ventilation et d'orientation des ailettes sont accessibles à la fois par l'utilisateur et par l'installateur. Ce dernier peut ainsi être prévenu de tout dysfonctionnement et, au besoin, intervenir à distance sur les différents réglages *(source Mitsubishi)*

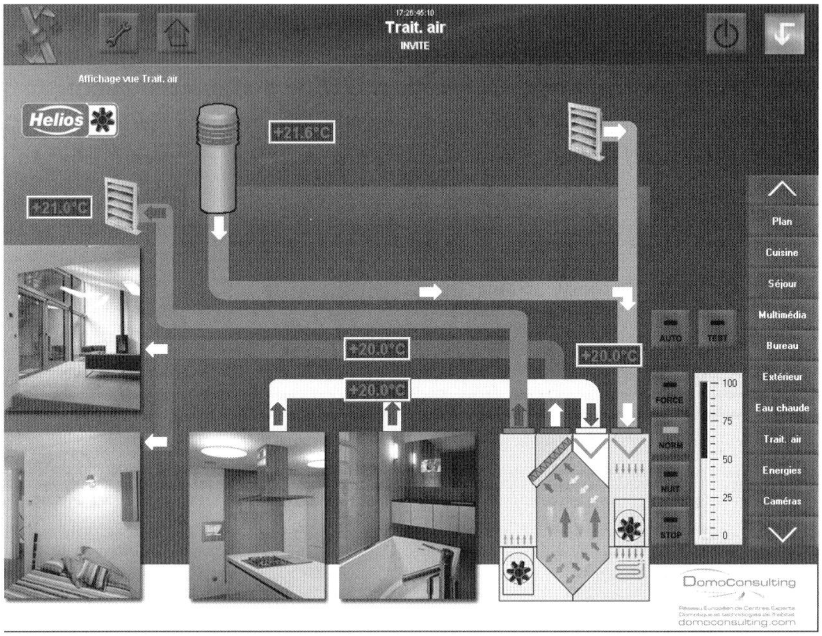

Figure 10.27
Supervision et commande d'un système de puits canadien couplé à une centrale double flux. Un simple clic permet de changer la vitesse de ventilation ou de permuter entre air issu du puits canadien et air aspiré directement à l'extérieur. La centrale de ventilation est également en mesure de remonter les informations de maintenance, comme la nécessité de changer un filtre *(source DomoConsulting)*

Gestion des historiques

Il est relativement simple dans une installation domotique de stocker toutes les données en temps réel issues de la supervision des différents équipements, de les analyser et de les restituer à l'utilisateur sous forme graphique pour observer des tendances, constater d'éventuels problèmes et faire le bilan thermique et énergétique du logement *(voir figure 10.28)*.

Pour en savoir plus sur le Web

Solutions de suivi des consommations en ligne

- Edelia : www.edelia.fr
- Energycom : www.energycom.fr
- Gridpocket : www.gridpocket.fr
- Home Technology : www.home-technology.fr
- Ijenko : www.ijenko.com
- Sagemcom : www.sagemcom.fr
- Vertelis : www.vertelis.fr
- Voltalis : www.voltalis.com

Pour en savoir plus sur le Web

Fournisseurs d'équipements de comptage

- ABB : www.abb.fr
- Ademe : www.ademe.fr
- Aemo : www.aemofrance.fr
- Arcus : www.arcus-eds.de (anglais, allemand)
- B+B : www.bb-steuerungstechnik.de (anglais, allemand)
- Barrowatt : www.barowatt.com
- Distech Controls : www.distech-controls.eu/fr
- Efficonso : www.efficonso.com
- Elster : www.elstermetering.com
- Hager : www.hager.fr
- Jung : fr.jung.de
- Lingg & Janke : www.lingg-janke.de (anglais, allemand)
- Multidomo : metering.multidomo.com
- NanoSense : www.nanosense.fr
- NZR : www.nzr.de (anglais, allemand)
- Oregon Scientific : fr.oregonscientific.com
- OWL : www.theowl.com (anglais)
- Radiocrafts : www.radiocrafts.fr
- Schneider : www.schneider-electric.fr
- Seamless Sensing : www.seamlesssensing.com (anglais)
- Sensus : www.sensus.com(anglais)
- Siemens : www.siemens.fr
- Qundis : www.qundis.com (anglais)
- Zennio : www.zennio.com

Figure 10.28
Tableau de bord montrant toutes les informations de consommation de la maison : quantité d'électricité utilisée sur une période donnée, consommation instantanée, production d'électricité issue des panneaux photovoltaïques ou température extérieure, par exemple *(source Niko)*

Ce type de graphique a des vertus pédagogiques évidentes. C'est en constatant l'impact d'un bain ou du remplacement d'une machine à laver énergivore sur la consommation quotidienne que nous pouvons sensibiliser notre entourage et influer sur son comportement. Convertir les consommations d'électricité en équivalent CO_2 peut aussi contribuer à la prise de conscience de la nécessité de certains gestes simples.

Conclusion

Les fabricants font énormément d'effort pour améliorer les performances énergétiques de leurs produits. C'est à nous de comparer et de sélectionner les produits qui consomment le moins. Par exemple, il existe des modèles de téléviseurs qui ne consomment plus rien en veille (mode pause 0 W

Maison passive

Une maison passive est une maison étanche à l'air et à très faible consommation d'énergie, dont les besoins en ventilation et en chauffage n'excèdent pas 15 kWh/m^2/an et la consommation énergétique totale, tous usages confondus, 120 kWh/m^2/an. Il s'agit d'augmenter l'investissement sur la qualité du bâti et éventuellement sur la gestion intelligente des occultants, ainsi que sur la récupération des calories afin de diminuer les investissements liés aux installations de chauffage ou de climatisation *(voir l'étude de cas détaillée au chapitre 15)*.

L'écoprêt

L'écoprêt à taux zéro permet de financer jusqu'à 30 000 euros de travaux d'amélioration de l'efficacité énergétique d'un logement (résidence principale occupée ou mise en location, individuelle ou en copropriété, et non résidence secondaire). Tous les particuliers peuvent bénéficier de ce prêt d'une durée de dix ans, qui vient compléter la gamme des instruments financiers incitatifs mis en place par le gouvernement pour les rénovations thermiques, comme le crédit d'impôt « "développement durable" » ou le « livret de développement durable ». Les frais liés aux équipements domotiques susceptibles d'améliorer les performances énergétiques ainsi que les frais d'études correspondants peuvent être inclus dans le prêt.

réactivable depuis la télécommande), des dispositifs de coupe-veille automatique, des ordinateurs passifs (disque dur remplacé par une carte flash, alimentation externe), etc.

Peu à peu, les nouvelles constructions doivent tendre vers l'autosuffisance énergétique grâce à l'utilisation combinée de nouveaux matériaux « intelligents », de sources d'énergie propres, qui seront de plus en plus intégrées dans la structure même de nos bâtiments, et de la domotique. Cela implique la sensibilisation du public, l'évolution des mentalités d'une bonne partie des professionnels, une approche globale dans la conception et une cohérence dans le choix du mode constructif, du type d'isolation et des équipements techniques.

Dans ce contexte, la domotique ne peut plus être considérée comme un gadget, mais comme un véritable et puissant allié. Elle permet de visualiser les consommations, de superviser les équipements et d'optimiser le fonctionnement de l'installation en gérant de manière constante et précise les températures de chaque zone, en centralisant toutes les données de l'installation et en pilotant en local ou à distance, au travers d'une interface intuitive ou de scénarios de vie, tous les équipements susceptibles de participer au confort et aux performances énergétiques de la maison.

Écoconception et domotique sont complémentaires. Les engagements du Grenelle Environnement pour l'habitat ne pourront être tenus que si nos maisons sont bien conçues d'un point de vue environnemental et si elles sont en mesure de s'autogérer en fonction des conditions météorologiques et d'accompagner l'utilisateur dans ses convictions de minimiser son empreinte écologique.

Les pouvoirs publics l'ont bien compris en taxant les équipements polluants et en proposant de nombreuses incitations, comme le prêt à taux zéro « vert », ou écoprêt, afin d'encourager les travaux améliorant les performances énergétiques des logements. Les équipements domotiques qui participent à l'efficacité énergétique peuvent en partie être financés de cette façon.

Ces mesures vont considérablement dynamiser le secteur et révolutionner notre façon de travailler. La réglementation RT 2012 légitime le recours à la domotique en imposant de prendre en compte, dès le stade de la conception, l'ensemble des paramètres déterminant les besoins énergétiques. Il devient crucial de pouvoir démontrer au fil des années les performances réelles de l'installation, ce qui légitime encore davantage les technologies domotiques, avec leurs réseaux de capteurs et le tableau de bord énergie.

III

Le projet domotique

La domotique a longtemps souffert d'une image négative : trop lourde à installer, trop compliquée à utiliser, trop chère et fondée sur des protocoles propriétaires. La demande croissante du marché, la nouvelle réglementation thermique, l'explosion des smartphones et des tablettes, la sensibilisation des différents intervenants et une offre de plus en plus étoffée offrent désormais les conditions favorables à la réconciliation entre installateurs et clients sur la base d'une nouvelle forme de domotique, la domotique « raisonnée », qui facilite la mise en œuvre tout en offrant un grand nombre de fonctions et en garantissant la pérennité de l'installation.

L'intégration de solutions innovantes ne doit pas être considérée comme un lot supplémentaire, comme peut l'être le lot électricité, par exemple. Il s'agit d'une dimension transversale, qui concerne tous les corps de métier. La domotique n'a d'intérêt que dans la mise en relation des différents équipements, qu'ils soient électriques, électroniques, informatiques, audiovisuels ou électroménagers. Cela sous-entend une démarche rigoureuse, impliquant tous les acteurs concernés par le projet.

Les chapitres de cette partie détaillent cette démarche à travers une méthodologie rigoureuse, une compilation des erreurs le plus souvent commises, ainsi que trois études de cas illustrant toutes les recommandations distillées dans l'ouvrage.

11 Approche méthodologique

« La science des projets consiste à prévenir les difficultés de l'exécution » (Vauvenargues, moraliste français, 1715).

La réussite d'un projet domotique implique rigueur et méthode. Le choix des solutions techniques ou des équipements électroniques est secondaire et n'intervient qu'en second lieu. Ce qui importe, c'est de se poser les bonnes questions, s'entourer correctement et rester lucide. Nous construisons des maisons pour plusieurs décennies, alors que la plupart des technologies évoluent sur quelques années, voire quelques mois. Nous devons nous concentrer en priorité sur les choix structurels dont dépendent les évolutions futures.

Le tableau 11.1 récapitule les étapes de réalisation d'un projet de construction traditionnelle, comparées à celles d'un projet de maison intelligente et montre à quel point l'intégration des technologies domotiques et multimédias touche tous les stades du projet.

Tableau 11.1 Comparatif des étapes d'un projet de construction

Maison traditionnelle	Maison intelligente
Achat du terrain	
Certificat d'urbanisme	
Choix de l'architecte	
	+ Choix d'un consultant indépendant ou d'un bureau d'étude spécialisé
	+ Définition du périmètre du projet
Étude de faisabilité	
	+ Conception fonctionnelle et étude spécifique
	+ Cahier des charges et plans d'implantation
Choix des matériaux	
	+ Choix des solutions techniques et phasage éventuel
Avant-projet définitif	
Demande de permis de construire	
Choix du maître d'œuvre	
Choix des entreprises	
Terrassement, fondations	
Passage des gaines électriques	
	+ Passage des gaines spécifiques (bus, home cinéma, informatique, audiovisuel, vidéophone, caméras, etc.)
Construction des murs	
Charpente, couverture	
	+ Validation des plans d'implantation sur place et éventuellement réalisation des plans d'exécution
Menuiserie, enduits extérieurs	
Cloisons	
Plomberie, chauffage, électricité	
	+ Raccordement des modules spécifiques
	+ Raccordement du coffret de communication
Finitions intérieures	
	+ Programmation, paramétrage
	+ Tests
	+ Mise en service
	+ Aide à la prise en main
Réception des travaux, remise des clés	
Certificat de conformité	
	+ Remise du DOE (dossier des ouvrages exécutés) incluant les plans à jour, les différents modes d'emploi, tous les mots de passe et les fichiers de programmation + Contre-visite pour affiner les réglages et les scénarios après quelques semaines d'utilisation

Les étapes du projet

Pour se donner toutes les chances de réussite, un minimum de rigueur s'impose dans le processus d'intégration de solutions innovantes. La méthodologie à suivre s'articule autour des quatre étapes principales suivantes :

Définition du projet (périmètre du projet, choix structurels). Le succès du projet passe nécessairement par une phase de conception amont. Cette dernière vise à faire correspondre besoins, budget, contraintes et solutions technologiques.

Rédaction du cahier des charges (études fonctionnelle et technique, plans d'implantation, choix des solutions, phasage éventuel). Une fois le périmètre du projet défini avec précision, un cahier des charges est rédigé de façon à mettre les entreprises en concurrence, sélectionner les intervenants et piloter le projet.

Sélection des intervenants (maître d'œuvre, bureau d'étude, consultant, expert, entreprises, prestataires, etc.) selon les critères suivants : compétence, tarif, références, disponibilité, aptitude dans le domaine des nouvelles technologies et faculté à dialoguer avec les autres corps de métier.

Mise en œuvre des systèmes (gainage, câblage, raccordement, paramétrage, test, mise en service). Notre rôle de maître d'ouvrage est de suivre l'organisation du chantier et de nous assurer que tous les intervenants respectent le cahier des charges.

Les sections qui suivent détaillent ces quatre étapes principales. Nous verrons dans le chapitre suivant qu'elles ne permettent malheureusement pas d'éviter tous les écueils. Le discernement dans le choix des hommes et le respect de certaines règles en sont les compléments indispensables.

Bon sens

Ce type de méthodologie empreint de bon sens et généralisé dans de nombreux secteurs est encore relativement peu appliqué dans la construction individuelle. Il permet pourtant de se poser toutes les questions en amont du projet, et non au fur et à mesure. Cette approche permet en outre de scinder l'installation en plusieurs phases et de planifier la mise en place des solutions sur plusieurs années. Cela conduit à maîtriser au mieux la réalisation et les budgets.

Définition du projet

Au même titre que l'emplacement de notre maison ou que l'agencement des pièces, la nature de l'intelligence que nous souhaitons introduire doit faire l'objet de nos premières réflexions. L'objectif est de concevoir une maison évolutive et adaptée à notre mode de vie.

Les choix relatifs à l'intégration de solutions innovantes ne peuvent qu'être le fruit d'une longue maturation. En fonction de ce que nous avons apprécié dans nos habitations successives ou chez nos proches et en discutant avec des professionnels, nous cernons petit à petit le périmètre de notre projet. Au besoin, nous visitons des maisons témoins, consultons des spécialistes

Désir, besoin, réalité

Le processus aboutissant à la définition de notre projet est complexe. Il y a souvent un profond décalage entre désir, besoin et réalité. Le rôle de l'architecte est de faire la part des choses, de nous ramener sur terre quand c'est nécessaire et de définir de façon réaliste ce que sera exactement notre projet. Au besoin, l'architecte peut s'entourer de personnes compétentes, capables de nous guider dans cette réflexion.

et effectuons des recherches sur Internet. Le but à atteindre à ce stade est la définition la plus précise possible de nos besoins.

Un dialogue peut alors s'engager avec l'architecte, le maître d'œuvre ou un bureau d'étude spécialisé afin d'élaborer par approximation successive de nos besoins et de la réalité un avant-projet réaliste *(voir figure 11.1).*

De ces discussions découlent naturellement les choix structurels des différents systèmes ainsi que les grandes lignes de leur mise en œuvre.

Les différents types de projets

Bien que chaque projet soit différent, il est possible de distinguer les cinq grands types suivants :

Construction de maison. Les contraintes d'infrastructure sont minimales, et toutes les solutions techniques sont envisageables. Hors considérations budgétaires, les seules contraintes à prendre en compte sont liées aux choix de l'architecture, des matériaux et de l'aménagement intérieur. Nous avons toutes les cartes en main pour faire les bons choix, surtout si nous envisageons l'intégration de solutions innovantes dès le début de notre réflexion.

Achat d'appartement en état futur d'achèvement. Même s'il s'agit de construction neuve, notre liberté de manœuvre est moins importante. Quand nous achetons un appartement sur plan en collectif, le promoteur et son bureau d'étude ont déjà effectué les choix structurels à l'échelle du programme (type de chauffage, matériaux, type d'installation électrique,

Figure 11.1
Dialogue avec le maître d'œuvre ou le bureau d'étude spécialisé *(source Secant)*

implantation de l'éclairage, etc.). Dans la plupart des opérations, nous ne pouvons choisir que quelques éléments de décoration (carrelage, revêtement de sol, sanitaires, etc.). Nous pouvons éventuellement déplacer ou ajouter quelques prises de courant, de téléphone ou de télévision ou encore modifier la disposition des pièces, voire l'emplacement de certaines cloisons.

Rénovation. Qu'il s'agisse de maison individuelle ou d'appartement, les contraintes liées à l'existant sont évidemment fortes. Nous devons tenir compte de la nature des murs, de l'installation électrique existante, de la possibilité ou non de repasser des gaines et des câbles, etc. Les choix fonctionnels et techniques sont donc plus restreints. La plupart du temps, l'intégration de technologies innovantes en rénovation s'avère plus onéreuse que dans le neuf, car les travaux de câblage reviennent plus cher. C'est aussi le cas des technologies courant porteur ou sans fil, qui nécessitent des investissements supplémentaires. La figure 11.2 illustre une des étapes du projet de réhabilitation de la Maison A, dans laquelle une cave est transformée en salle de home cinéma.

Extension. Il s'agit de projets mixtes combinant les contraintes liées à l'existant et les avantages inhérents à la construction neuve.

Réhabilitation. Même si les murs sont conservés et qu'il subsiste quelques contraintes liées à l'existant, ce type de projet peut être assimilé à de la construction neuve, puisque toute l'infrastructure de câblage est généralement à refaire.

Bon à savoir

Il est parfois possible de négocier en amont avec le promoteur une liste de travaux modificatifs pour la centralisation de volets roulants, l'installation de systèmes de sécurité, le précâblage d'un home cinéma, etc. Quand cela s'avère impossible, il faut envisager de prendre à notre charge le lot électrique, voire de nous faire livrer une surface brute à aménager.

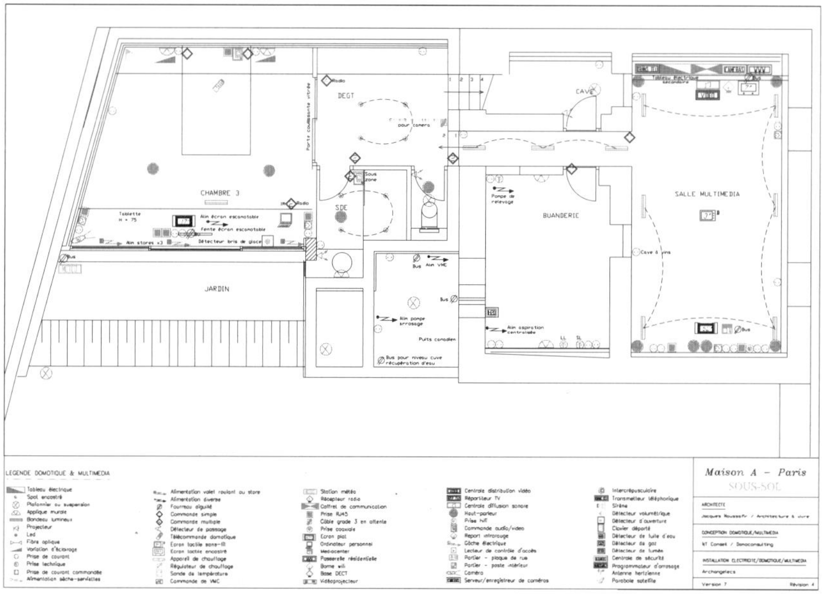

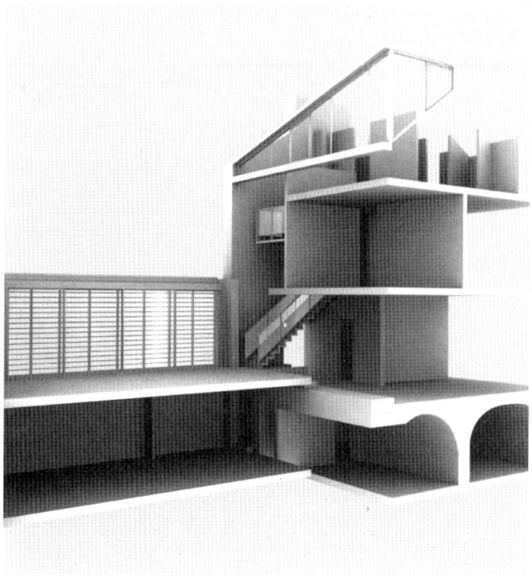

Figure 11.2
Conception d'un projet de réhabilitation
(voir l'étude de cas Maison A au chapitre 13)

Le périmètre du projet

Un projet de construction ou de rénovation est par nature extrêmement complexe. Dans la mesure où il met en jeu plusieurs corps de métier, il ne saurait être question de laisser la moindre place à l'improvisation. C'est d'ailleurs une des raisons qui poussent de nombreux maîtres d'œuvre à se montrer réticents face à l'innovation.

Pour définir nos besoins, l'idéal est de raisonner dans l'absolu, en commençant par faire abstraction des contraintes techniques et budgétaires. Qu'est-ce qui est important ? Imaginons-nous au quotidien dans cette maison, et établissons des priorités parmi les domaines présentés en détail au chapitre 1 et récapitulés au tableau 11.2.

Nous sommes maintenant capables d'établir nos priorités à l'échelle de la maison puis pièce par pièce. Notre objectif est d'exprimer clairement nos besoins à des professionnels à même de nous orienter et de nous donner les clés pour prendre les bonnes décisions.

Les principales questions à se poser sont les suivantes :

Quels sont les domaines à traiter de façon traditionnelle et ceux à concevoir de façon spécifique ? Nous pouvons faire confiance au plombier ou à l'électricien en ce qui concerne le système de chauffage si nous n'avons pas de besoin particulier en la matière. Par contre, si nous travaillons beaucoup à domicile, nous accorderons de l'importance à la possibilité d'accéder depuis plusieurs pièces aux ressources informatiques, téléphoniques et Internet. Si nous sommes mélomanes, nous souhaiterons peut-être écouter de la musique partout en qualité hi-fi. Si nous avons des enfants en bas âge, la possibilité de les surveiller depuis n'importe quel point de la maison ou à distance est à envisager. Le cahier des charges doit refléter ces différents niveaux de priorité. Le tableau 11.3 donne un exemple de priorité des besoins exprimés.

Quels sont les liens à faire entre les différentes fonctions ? Si nous souhaitons disposer d'une commande générale permettant d'un seul geste d'éteindre tous les éclairages, de fermer tous les volets roulants, de mettre le chauffage en mode réduit et d'activer l'alarme lorsque nous quittons notre domicile, il nous faut prévoir une cohérence dans le choix des systèmes concernés et assurer la coordination des entreprises d'électricité, de menuiserie, de chauffage et de sécurité.

Quelles sont les parties de la maison à considérer en priorité ? Tout est affaire de compromis, et il n'est pas nécessaire de tout installer partout et tout de suite. Nous pouvons, par exemple, concentrer nos investissements sur les pièces de vie (salon, séjour, cuisine) et mettre en place une installation traditionnelle dans les chambres et le sous-sol ou un précâblage minimal.

Tableau 11.2 Définition du périmètre du projet

Domaine	Priorité
Une maison confortable	Confort thermique
	Qualité de l'éclairage
	Centralisation des commandes, automatismes
	Détente et loisirs à tous les étages
Une maison communicante	Possibilité d'être averti d'éventuels incidents
	Commandes des systèmes en local et à distance sur smartphone ou tablette
	Équipements mis en réseau
Une maison évolutive	Modularité des espaces
	Infrastructures de câblage évoluées
	Ouverture sur les progrès futurs
	Possibilités de personnaliser certaines fonctions et certaines commandes
	Capacité à s'adapter à toutes les générations, à tous les handicaps et à tous les modes de vie
Une maison autonome	Supervision de l'installation
	Récupération de la chaleur et de la lumière gratuites
	Réactivité en fonction d'éventuels incidents ou dysfonctionnements
Une maison sûre	Sécurité des biens
	Sécurité des personnes
	Surveillance vidéo
Une maison économe	Gestion intelligente de l'énergie
	Tableau de bord des consommations
	Régulation transversale des systèmes

Qu'est-ce qui doit absolument être fait au stade de la construction ou de la rénovation et qu'est-ce qui pourra être fait ultérieurement ? Si nous adorons le cinéma, nous souhaiterons planifier l'intégration à court ou moyen terme des fonctions de home cinéma dans le salon ou dans une pièce dédiée. Nous nous contenterons dans un premier temps de prévoir les gaines nécessaires à la mise en place ultérieure des haut-parleurs ainsi que les alimentations en attente pour l'écran électrique et le vidéoprojecteur.

Comment les utilisateurs auront-ils accès de façon simple et intuitive aux différentes fonctions, et quelles commandes plus délicates,

Tableau 11.3 Exemple de liste de besoins exprimés et leur priorité

	Fonction	Prioritaire	Secondaire
Gestion de l'énergie	Réglage et programmation de la température des différentes pièces	✓	
	Optimisation des consommations de chauffage par un système de régulation	✓	
	Scénario absence (chauffage réduit, extinction éclairage, descente volets)		✓
Automatismes	Télécommande pour le home cinéma (volets, écran, éclairages)	✓	
	Centralisation des volets roulants	✓	
Ambiances lumineuses	Variation de lumière par télécommande dans le salon	✓	
	Circuits de lampes et de prises commandées (salon, chambre 1)	✓	
	Ambiances lumineuses (home cinéma, lecture, dîner, ménage)		✓
Sécurité des biens et des personnes	Simulation de présence (éclairage salon ou chambre et volets roulants)	✓	
Téléphonie	Réseau sans fil DECT (1 base + 1 combiné)	✓	
	Renvoi de l'interphone sur les combinés téléphoniques		✓
Informatique	Abonnement Internet haut débit	✓	
	Réseau informatique sans fil pour se connecter à Internet depuis le portable	✓	
Audiovisuel	Distribution de la TV et du satellite dans toutes les pièces	✓	
	Diffusion d'ambiance sonore dans la salle de bains et la cuisine		✓
	Installation home cinéma dans le salon avec grand écran		✓
	Aucun équipement audiovisuel visible (placard dédié)	✓	
Centralisation	Centralisation des volets roulants	✓	
	Scénario d'absence (chauffage réduit, extinction éclairage, descente volets)	✓	
	Contrôle de l'état des circuits (température par zone, éclairage on/off, etc.)	✓	
	Gestion à distance sur smartphone		✓

comme la gestion du chauffage, devront être réservées aux seuls parents ? Notre priorité doit être d'installer des systèmes facilement utilisables par tous. Les membres de la famille sont-ils suffisamment familiarisés avec l'informatique pour commander toutes les fonctions de la maison à travers un écran tactile ? Ne faudrait-il pas prévoir en complément un système de boutons-poussoir ? Quel est le meilleur moyen pour que tout le monde prenne l'habitude d'activer le système d'alarme sans risquer de déclencher la sirène ?

Les choix structurels

Pour assurer la cohérence des solutions techniques, les choix structurels préliminaires suivants sont très importants à ce stade de la réflexion :

Câblage domotique. Il peut être judicieux de remplacer l'installation électrique traditionnelle par une infrastructure plus évoluée. Pour apporter un certain niveau d'intelligence, nous avons le choix entre installer du câblage spécifique de type bus de commande et utiliser une installation traditionnelle complétée par un système en courant porteur ou en radio *(voir le chapitre 7)*.

Câblage multimédia. Pour des raisons fonctionnelles ou de mise en conformité, nous devons choisir entre une approche classique, privilégiant une infrastructure spécifique pour chaque besoin (téléphonie, TV, informatique, sécurité, etc.), et une infrastructure normalisée fédérant toutes les fonctions avec un seul type de câble et un seul type de prise. Les prises TV/FM-satellite-téléphone traditionnelles obligent à déterminer une fois pour toutes l'emplacement du téléphone et du téléviseur. L'idéal consiste à installer plusieurs socles RJ-45 multi-usage à différents endroits de la pièce pour y raccorder, au choix, un téléviseur, un téléphone ou un ordinateur *(voir figure 11.3)*.

Nous avons toujours le choix entre un câblage spécifique, les technologies courant porteur et les solutions sans fil ou infrarouge. Il est possible de

Complémentarité entre réseau VDI et sans fil

La plupart des projets voient cohabiter l'infrastructure filaire avec des solutions sans fil telles que les suivantes :

- technologie courant porteur pour disposer de l'accès Internet dans la chambre ;
- point d'accès Wi-Fi pour diffuser de la musique MP3 dans toute la maison ;
- modules radio pour diffuser sans fil les chaînes de TV et les commandes infrarouges dans la cuisine.

Figure 11.3
Socle de prises RJ-45 multi-usage permettant de distribuer simultanément TV, téléphone et informatique ou encore TV sur ADSL sur la prise informatique *(source Legrand)*

combiner ces deux approches (câblage traditionnel TV et réseau téléphonie-informatique dans le bureau, par exemple) et de compléter cette infrastructure par des solutions ponctuelles sans fil.

Topologie. C'est ici la philosophie même de l'installation qu'il nous faut déterminer. Il existe des systèmes centralisés, distribués, point-à-point, mixtes, en étoile, en bus, etc. Dans tous les cas, il est souvent nécessaire de prévoir des espaces pour piloter ces systèmes dans de bonnes conditions et les faire évoluer. Il peut s'agir d'emplacements dédiés (meuble audiovisuel, pièce technique) ou de coffrets spécifiques (tableau électrique, coffret de communication, boîtier d'alarme, etc.).

Place de l'ordinateur. Après s'être imposé dans de nombreux secteurs, l'ordinateur trouve peu à peu sa place dans nos maisons. Nous devons nous demander si nous sommes prêts à l'accueillir et, si oui, quelle espace nous lui attribuons. Il peut être situé au cœur de la maison pour tout contrôler ou être cantonné à certaines pièces, comme le bureau ou le salon, tactile en simple interface de commandes, isolé ou au contraire en réseau et relié à Internet.

Interfaces de commande. L'intégration de nouvelles technologies n'a d'intérêt que si ces dernières apportent quelque chose et qu'elles soient facilement utilisables par tous. L'interface entre les systèmes et les utilisateurs est primordiale. Nous pouvons opter pour de simples boutons-poussoir, des télécommandes, des écrans tactiles, des détecteurs ou une combinaison de tout cela. Pour répondre à des situations de handicap, il existe également des solutions efficaces fondées sur la voix ou le souffle.

Technologies standards ou propriétaires. Comme dans tous les secteurs innovants, la vitesse de renouvellement des produits est élevée, tandis que l'émergence de standards est lente. De nombreux constructeurs ont les moyens d'imposer leurs produits sans forcément tenir compte de ces standards. Pour des besoins ponctuels et spécifiques, en sécurité par exemple, il n'est pas aberrant de choisir des solutions propriétaires. À long terme, en revanche, et à l'échelle d'une maison, les besoins d'interopérabilité nécessitent des systèmes fondés sur des standards ou au minimum suffisamment ouverts pour éviter le piège de l'impasse technologique. Dans le même ordre d'idée, la possibilité de mise à jour logicielle des systèmes est primordiale.

Solutions « tout en un » ou intégration. Il est souvent tentant, pour des raisons budgétaires et de simplification de mise en œuvre, d'opter pour des packages répondant à plusieurs besoins. Là encore, si ce choix s'effectue en connaissance de cause et que les besoins d'évolutivité soient maîtrisés, il est parfaitement légitime. Néanmoins, la solution la plus raisonnable, la plus souple et la plus pérenne est souvent d'intégrer les meilleures solutions disponibles dans chaque domaine et de considérer notre projet comme un assemblage de modules interchangeables à volonté.

Rédaction du cahier des charges

Une fois le périmètre fonctionnel établi, il est possible de réfléchir dans de bonnes conditions aux solutions techniques. Là encore, si les désirs exprimés sont confus ou contradictoires, il faut savoir s'entourer de professionnels pour affiner l'expression du besoin. Après consultation de plusieurs spécialistes, nous sélectionnons le professionnel qui nous paraît le mieux comprendre l'esprit de notre projet.

Sur la base des plans, du dossier descriptif fourni par l'architecte ou le maître d'œuvre, d'éventuelles études d'implantation électrique traditionnelle et de nos discussions préliminaires, ce spécialiste pourra réaliser une étude spécifique matérialisée par la rédaction d'un cahier des charges comprenant les éléments suivants :

Définition précise du périmètre du projet *(voir figure 11.4)*. Cette section doit définir le cadre du projet (neuf ou rénovation, résidence principale ou secondaire, etc.), les demandes spécifiques des clients (simplicité d'utilisation, priorités éventuelles, contrôle à distance ou commande par écran tactile, par exemple), ainsi que les besoins fonctionnels exprimés (scénarios d'éclairage, centralisation de volets roulants, diffusion sonore, réseau informatique, etc.).

Analyse par domaine. L'analyse aboutit à une proposition de solutions techniques (éclairage, automatisme, sécurité, audiovisuel, centralisation des commandes, accès à distance, etc.), accompagnée de leurs implications budgétaires et éventuellement des surcoûts engendrés par rapport à une installation traditionnelle. Pour chaque domaine, un descriptif d'implantation pièce par pièce décrit les systèmes à mettre en place et le type de commande à prévoir.

Éléments permettant d'établir les plans d'exécution et la consultation des entreprises. Ce descriptif doit être assez précis pour obtenir des réponses comparables et suffisamment ouvert pour permettre aux entreprises de préconiser les produits et les marques de leur choix.

Proposition de phasage. L'objectif n'est pas forcément de tout faire tout de suite, mais d'effectuer des choix d'infrastructure permettant de faire évoluer l'installation. Ce phasage met en relief les dépendances existantes entre les différentes solutions et les possibilités de mise en place ultérieure de certaines fonctionnalités.

Schémas de principe. Il s'agit de représenter les solutions préconisées et les liens entre le tableau électrique, le coffret de communication, les équipements à piloter et les différentes interfaces de commande. La figure 13.3 montre un exemple de synoptique dont l'objectif est de synthétiser les choses et de montrer de façon simple aux différents intervenants les liens à réaliser entre les différents lots.

DomoConsulting
Réseau Européen de Centres Experts
Domotique et technologies de l'habitat

CAHIER DES FONCTIONS

V2.0 – 19/03/08

la **maison** communicante

1/CONFORT

ECLAIRAGE

Type d'éclairage : divers (applique, bandeau corniche, centre…) + attention particulière dans salon pour triptyque
Prise commandée : oui
Variation d'éclairage : oui
Ambiances lumineuses par scénario : à définir
Circuit en tri-chromie : à proposer pour salon et chambre
Circuit de leds : à proposer (éclairage vitrines entrée, corniche salon ?)
Circuit fibre optique : rosace salon ?
Éclairages automatiques extérieur, accueil (manuel, automatique, crépusculaire, horloge…): oui
Ambiances lumineuses extérieures, mise en valeur de végétation : à voir avec paysagiste

EVALUATION Nombre de circuits TOR : à définir
EVALUATION Nombre de circuits variables : à définir dans salon/séjour, salle de jeux, chambre principale ?
Situation du lot électricité (conception, implantation, devis en cours, signé, coordonnées de l'entreprise retenue…) :
Descriptif en cours Laurent Dréan est déjà intervenu sur le chantier – mise en concurrence ?

AUTOMATISMES

Volet roulant ou battant électrique : 10 environ dont 2 pour le bow window en latéral
Store électrique (toile, lamelles orientables…) : non
Store-banne (asservissement à la pluie/vent/jour/nuit) : non
Fenêtre de toit (ouverture, store, volet) : 2 (ouverture/fermeture) – pas de volet - pas de stores ?
Volet piscine (commande locale, sécurité…) : non
Portail/Porte de garage : oui portail et porte de garage
Ecran home cinema : non
Arrosage automatique (asservissement à la pluie, aux prévisions, au degré d'humidité…) : à voir avec paysagiste
Aspiration centralisée : à voir
Gestion automatisée de piscine et spa : non

EVALUATION Nombre de motorisations :
Situation du lot menuiserie (conception, devis en cours, signé, coordonnées de l'entreprise retenue …) :
Descriptif en cours

CHAUFFAGE/VMC/CLIM

Type de chauffage (électrique, gaz, PAC…) : gaz – condensation / prévoir module de gestion à distance
Type d'émetteurs (plancher, radiateur, radiant, rayonnant, ventilo-convecteur, plafond…): radiateurs, SS
Nombre de zones indépendantes (étage, pièce, volume particulier…) : à définir
Type de thermostat envisagé : à définir
Système réversible / rafraichissement : non
Climatisation (split, gainable…) : non
VMC Simple ou double-flux : double flux (à interfacer avec domotique si possible pour optimiser ses performances)
Séparation de zone Ventilation : non
Puits canadien : non

Situation du lot chauffage/clim (conception, devis en cours, signé, coordonnées de l'entreprise retenue …) :
Descriptif en cours

Reproduction interdite sans l'accord de DomoConsulting 3

Figure 11.4
Extrait du cahier des fonctions rempli dès le début du projet avec les futurs utilisateurs *(source DomoConsulting/Maison communicante)*

Plans d'implantation. Ces plans sont nécessaires à la consultation des entreprises et à l'installation des systèmes (gaines, éclairage, sécurité, vidéosurveillance, etc.). L'intérêt de ce type de plan est de faciliter les discussions, de compléter le cahier des charges, d'optimiser le travail des entreprises et, s'il est mis à jour régulièrement, d'assurer le suivi des travaux supplémentaires demandés de façon à éviter tout malentendu.

Le processus de décision

Le cahier des charges constitue une base de discussion et doit faire l'objet d'itérations successives entre nous, le consultant et l'architecte pour répondre parfaitement à nos besoins, rester compatible avec les contraintes de construction et entrer dans notre enveloppe budgétaire.

Certains compromis sont envisageables, notamment en limitant certaines fonctions. Par exemple, la diffusion sonore peut être réduite à quelques zones et mise en attente dans les pièces ou elle est moins prioritaire.

Le cahier des charges précise les postes indispensables et ceux moins importants, susceptibles d'être mis en œuvre ultérieurement. L'essentiel à ce stade est de réaliser une infrastructure suffisamment souple pour être en mesure de faire évoluer l'installation dans le futur sans être obligé d'engager de lourds travaux. La réalisation d'une maison est suffisamment complexe pour ne pas l'alourdir inutilement avec des fonctions non structurelles, qui pourraient facilement être installées plus tard.

Les analyses fonctionnelle, technique et financière doivent nous permettre de disposer de tous les éléments nécessaires à une prise de décision. Le rôle du consultant est de nous fournir tous ces éléments et d'assurer une cohérence globale à la réflexion et à l'installation. Dans certains cas, si nous souhaitons, par exemple, disposer d'un éclairage architectural ou d'un home cinéma sophistiqué, il peut s'appuyer lui-même sur d'autres experts, éclairagistes ou acousticiens, par exemple.

Dans le cas d'un projet de rénovation, un audit peut être nécessaire pour déterminer si l'installation électrique est aux normes et si elle est compatible avec des solutions courant porteur.

En résumé, l'objectif de cette phase d'étude est de nous permettre de prendre les meilleures décisions techniques et fonctionnelles. La sélection des entreprises capables de les mettre en œuvre peut alors commencer.

Sélection des intervenants

En fonction du type de projet et de notre première analyse, prenons le temps de nous entourer, et choisissons consciencieusement ceux que nous allons charger de transformer nos envies en réalité.

Un maître d'œuvre, architecte ou équivalent, saura globalement nous guider dans notre projet, tandis qu'un spécialiste en domotique et multimédia pourra nous orienter dans tous les domaines liés à l'innovation.

La sélection de ces intervenants étant déterminante pour la suite du projet, prenons notre temps pour l'effectuer, car ils seront nos interlocuteurs au quotidien pendant de longs mois. Nous devrons partager toutes nos décisions avec eux, et ils seront amenés à entrer dans l'intimité de notre vie familiale. Ils nous aideront en cours de projet à sélectionner des entreprises de confiance, capables de concrétiser nos rêves.

Le maître d'œuvre

À moins que nous ne soyons nous-mêmes dans le métier ou que nous n'ayons la fibre et la disponibilité pour nous en charger, il faut sélectionner un professionnel capable de nous accompagner dans les démarches administratives, les études, ainsi que dans la sélection et la coordination des entreprises.

Trouver des interlocuteurs ouverts au progrès est un critère de sélection supplémentaire à prendre en compte, au même titre que les références, la disponibilité, le montant des honoraires ou le style de maison qu'ils ont l'habitude de concevoir. Faisons-leur part de nos besoins dès le premier rendez-vous, et posons des questions précises concernant leur expérience dans le domaine de l'innovation. Nous pourrons ainsi évaluer leur envie d'intégrer cette dimension dans notre projet.

Le tableau 11.4 donne des exemples de questions à poser à un maître d'œuvre et des attitudes à adopter en fonction de ses réponses.

Si nous ne souhaitons pas recourir à un architecte ou si nous voulons limiter son rôle à l'éventuel dépôt d'un permis de construire, nous avons intérêt à demander à une entreprise, par exemple celle qui assure le gros œuvre, de s'occuper, moyennant rétribution, de la coordination du chantier.

Voici un bref inventaire des professions et entreprises susceptibles d'intervenir dans un projet de construction ou de rénovation, avec, pour chacune d'elles, le rapport qu'elles sont censées entretenir avec les solutions innovantes :

Architecte. Pour une maison originale ou si notre projet est complexe, par exemple à cause de contraintes de terrain, sa présence est absolument nécessaire. Il peut notamment nous aider à trouver une bonne répartition des espaces et à faire les bons choix de matériaux. À budget constant, il peut toutefois avoir tendance à privilégier l'apparence extérieure et le nombre de mètres carrés au détriment de l'intelligence éventuelle de l'habitation. D'une façon générale, les architectes doivent gérer un très grand nombre de corps d'état et sont souvent réticents à intégrer des solutions technologiques qu'ils ne maîtrisent pas encore.

Promoteur. À l'initiative de l'opération immobilière consistant à construire un certain nombre d'appartements ou de maisons individuelles, il peut passer avec nous différents types de contrats : vente du logement achevé, vente en état de parfait achèvement, contrat de promotion immobilière, etc. La plupart du temps, nous n'avons avec lui aucune marge de manœuvre pour personnaliser notre logement.

Tableau 11.4 Évaluation des compétences d'un maître d'œuvre dans le domaine de l'innovation

Question	Partons en courant	Signons, nous tenons une perle
Nous voudrions mettre en place un système de simulation de présence. Qu'en pensez-vous ?	Qu'est-ce que c'est ?	Excellente idée ! On ajoutera ce besoin dans le cahier des charges descriptif de façon que les systèmes d'éclairage et de volets roulants soient centralisables
Nous travaillons beaucoup à la maison. Serait-il possible de mettre en place un réseau informatique ?	Pas de problème, vous verrez ça avec l'électricien il vous mettra une borne Wi-Fi	Bien sûr ! On pourra toujours installer des bornes sans fil plus tard, mais la solution la plus performante est de prévoir un réseau VDI (voix, données, images) qui pourra servir en plus pour le téléphone et la télévision
Nous irons uniquement le week-end dans cette maison secondaire. Serait-il possible d'activer le chauffage à distance et de voir ce qui s'y passe en notre absence ?	Vous feriez mieux de demander aux voisins	Oui, je pense. J'ai l'habitude de travailler avec un consultant en nouvelles technologies qui est spécialisé dans ce domaine. On va étudier ça ensemble
Nous avons un enfant handicapé en fauteuil roulant. Existe-t-il des solutions pour lui permettre de vivre normalement dans notre future maison ?	Je ne sais pas trop, mais il sera toujours temps de voir cela plus tard	Vous faites bien de m'en parler. Nous pourrions imaginer une maison de plain-pied avec une commande des éclairages, du chauffage et des ouvertures par télécommande
Nous aimerions optimiser les dépenses énergétiques et centraliser à terme toutes les fonctions de notre future maison sur un écran tactile. Est-ce possible ?	Pourquoi pas, si vous y tenez ? Mais je vous conseillerais plutôt d'utiliser ce budget pour ajouter quelques mètres carrés de surface habitable	J'ai déjà installé ce type de système. Je vais voir si je peux vous faire visiter cette maison. Il faudra prévoir une régulation sur bus de commande, et vous pourrez facilement faire évoluer l'installation à l'avenir. On va en parler au bureau d'études

Constructeur de maison individuelle. Fournit le plan et réalise les travaux de bout en bout sans intervention de notre part. Comme avec le promoteur, il est difficile d'intégrer des solutions innovantes, sauf à prendre à notre charge le lot électrique, par exemple.

Maître d'œuvre. Peut constituer une solution de rechange intéressante aux produits clés en mains, à la maison d'architecte ou à un projet dans lequel nous sommes seuls maîtres à bord. Son expérience et son indépendance économique à l'égard des entreprises garantissent une bonne réalisation. Comme l'architecte, il ne saura pas toujours nous conseiller dans le domaine des nouvelles technologies.

Architecte d'intérieur. N'intervient, comme son nom l'indique, qu'à l'intérieur de la maison et plus souvent en rénovation qu'en construction neuve. Spécialisé dans les aspects esthétiques, l'aménagement et le choix des matériaux, il se montre généralement plus sensible que l'architecte à la qualité de l'éclairage ou à l'aspect fonctionnel des commandes, par exemple.

Permis de construire

L'intervention d'un architecte diplômé est obligatoire pour le dépôt du permis de construire lorsque la surface de la maison hors œuvre nette dépasse 170 m^2.

Il existe d'autres professions similaires, tels le décorateur, plus focalisé sur l'esthétique et les matériaux, et le « relooker », ou « home stylist », qui peut intervenir pour donner un coup de jeune à une pièce, par exemple.

Bureau d'étude, consultant et expert

Tous les professionnels cités précédemment ont un devoir d'assistance et de conseil à notre égard. Ils nous orientent vers les bureaux d'études ou les spécialistes capables de nous guider si notre projet le justifie ou si nous souhaitons aller plus loin dans certains domaines.

Les principales missions de ces intervenants sont les suivantes :

Bureau d'étude. Répond généralement à des besoins de diagnostic spécifiques, tels qu'étude thermique, diagnostic de performance énergétique (DPE), structure béton, isolation phonique ou acoustique, système d'assainissement, analyse de sol, etc. Parfois plus généraliste, il peut traiter des « fluides » au sens large pour les opérations de promotion immobilière ou de construction d'hôtels, hôpitaux, écoles, etc. Même s'il est parfois amené à intervenir dans un projet résidentiel, son rôle se limite souvent aux aspects techniques et non fonctionnels de l'étude.

Consultant en domotique et multimédia. Maillon moins connu de la chaîne de construction, il est pourtant notre meilleur allié, car il est le seul à pouvoir assurer une cohérence globale dans l'intégration de solutions intelligentes. Son rôle est de comprendre nos besoins, proposer des solutions, assister le maître d'œuvre dans la réalisation des études et orchestrer le déploiement des solutions choisies, depuis le conseil à la sélection des intervenants jusqu'à la prise en main du système. Exerçant dans la plupart des cas en libéral dans un cabinet indépendant et travaillant seul ou en petite équipe, il peut donner une dimension humaine et personnelle à notre projet et, grâce à son expérience et à une veille technologique permanente, nous orienter vers les solutions les plus pertinentes *(voir liens en annexe).*

Expert. Complémentaire du consultant domotique et multimédia, il est très spécialisé et peut, si notre projet le justifie, nous aider ponctuellement dans les domaines thermique, audiovisuel, acoustique, informatique, de l'éclairage, de la sécurité, etc.

Bureaux d'études, consultants et experts travaillent généralement sous la responsabilité du maître d'œuvre, mais ils peuvent aussi traiter directement avec nous. Quoi qu'il en soit, ils restent indépendants et, au contraire des entreprises, installateurs ou revendeurs de matériel, n'ont aucun intérêt à préconiser tel système plutôt qu'un autre.

Certification Qualifelec

La nouvelle qualification « bâtiment communicant » de Qualifelec valide les compétences et le savoir-faire d'une entreprise. Cette qualification ne porte pas sur l'ensemble des compétences nécessaires à la mise en œuvre d'un projet de maison communicante, mais certifie le professionnalisme de l'entreprise dans au moins deux des huit domaines suivants : gestion des motorisations, gestion de l'éclairage, détection d'intrusion, contrôle des accès, gestion thermique, multimédia et/ou diffusion sonore, sécurité des personnes et des biens et assistance à domicile des personnes à mobilité réduite. Plus globalement, la meilleure garantie est de faire appel à une entreprise expérimentée, capable de nous faire visiter une installation précédente et recommandée par les réseaux de professionnels spécialisés, comme Cedia ou DomoConsulting.

Installateurs et prestataires

À qui confier nos travaux ? À un maçon, un électricien, un menuisier, etc., ou à une entreprise en bâtiment qui se chargera de l'ensemble ? Chaque formule a ses avantages et ses inconvénients :

Entreprise générale. C'est la solution la plus raisonnable si nous n'avons pas pris d'architecte ou que nous ayons peu de temps à consacrer au chantier. Elle s'engage à réaliser l'ensemble des travaux, la plupart du temps avec le concours de sous-traitants, et est responsable des plannings. Les intervenants n'ont toutefois généralement aucune compétence dans les nouvelles solutions.

Entreprise spécialisée. Ne s'occupe que de son domaine et a parfois l'habitude d'intervenir dans des bâtiments intelligents. Elle dispose généralement de compétences plus pointues, et nous aurons plus de chances de trouver des installateurs formés aux dernières technologies. Si nous avons le temps, le goût et la capacité de suivre en détail le chantier ou si nous avons un maître d'œuvre capable de coordonner les interventions, nous nous donnons ainsi les moyens de mener à bien notre projet.

Artisan. Amène une dimension plus humaine et souvent plus souple que l'entreprise. Il dispose malheureusement rarement de compétences avancées. En guidant son travail et en l'associant à des installateurs spécialisés pour le raccordement, la programmation ou le paramétrage, nous pouvons obtenir à moindre frais une équipe capable de mettre en œuvre les solutions les plus complexes.

Prestataire de service et de maintenance. Entre peu à peu dans les projets individuels. Plus nos maisons deviennent sophistiquées et personnalisées plus le besoin de prestataires spécialisés se fait sentir pour assurer le support des entreprises traditionnelles.

Que ce soit pour le maître d'œuvre, le consultant ou les installateurs, nous avons évidemment intérêt à trouver quelqu'un d'ouvert, de consciencieux, tenant ses prix et ses délais et pourvu de bonnes idées. Le bouche-à-oreille est le meilleur moyen de dénicher l'oiseau rare.

Il est recommandé de contacter deux ou trois professionnels chaque fois, puis de visiter leurs réalisations et de les mettre en concurrence. Assurons-nous cependant qu'ils ont envie de travailler sur notre projet et qu'ils comprennent nos besoins.

Nouveaux métiers

Avec le développement de la domotique et du multimédia, de nouveaux métiers apparaissent, comme les consultants spécialisés ou les prestataires de services, qui peuvent intervenir dans les domaines suivants :

- programmation ou paramétrage de l'installation domotique et multimédia en support de l'électricien ;
- intégration de nouveaux matériels ;
- développement des interfaces graphiques de commandes ;
- formation des utilisateurs ;
- mises à jour des systèmes ;
- maintenance informatique, réseau et Internet ;
- maintenance des systèmes de sécurité, de vidéosurveillance et de chauffage/climatisation.

Mise en œuvre des systèmes

Si le projet est bien préparé et que les intervenants sont correctement sélectionnés, la mise en œuvre n'est plus qu'une affaire d'organisation, de suivi et de coordination. La figure 11.5 illustre un exemple de déroulement d'un chantier type.

Chaque lot fait l'objet d'un contrat qui conditionne la bonne marche du chantier. Rien ne doit être laissé au hasard : détail des prestations, délais, prix, conditions de paiement, garanties, clauses suspensives. Il faut être d'autant plus vigilant que certains produits à installer sortent de l'ordinaire et que le maître d'œuvre n'a pas forcément l'habitude d'assurer la coordination des entreprises chargées de leur mise en place.

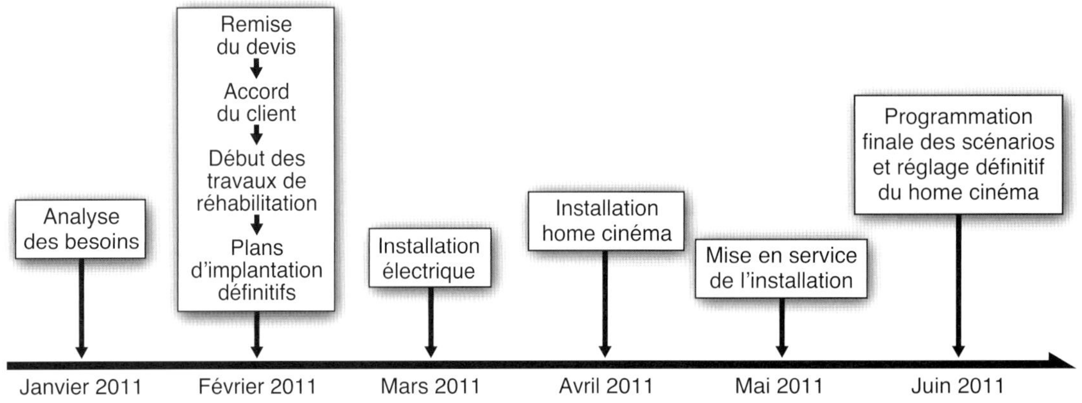

Figure 11.5
Exemple de déroulement d'un chantier type

La préparation du chantier

Le maître d'œuvre fournit le détail précis des travaux à réaliser dans un cahier des charges élaboré à partir du projet détaillé de construction et des études spécifiques. Chaque entreprise dispose des plans d'exécution et d'un calendrier de ses interventions.

Comme sur un chantier traditionnel, la synchronisation des corps de métier est primordiale. Le rôle exact de chacun est précisé, notamment en ce qui concerne l'étendue et les limites de son intervention par rapport aux autres entreprises. Si les différents corps de métier ignorent le travail des autres, comme c'est trop souvent le cas dans le bâtiment, les chances de succès sont minces, surtout en ce qui concerne l'intégration des fonctions domotiques et multimédias.

Le rôle du maître d'œuvre est donc crucial. À lui de motiver l'équipe, d'établir les responsabilités de chacun et de montrer clairement la voie à suivre.

Le suivi de chantier

Même si nous avons confié le projet à un maître d'œuvre, le patron c'est nous, et notre présence régulière sur le chantier est indispensable. Sachons rester à notre place, et évitons d'intervenir en direct auprès des équipes. L'important est de garder un œil sur tout et d'assister systématiquement aux réunions de chantier hebdomadaires.

Exigeons systématiquement des comptes rendus des rendez-vous de chantier, et faisons-nous préciser ce que nous ne comprenons pas. Il est important de

évolia
osez la domotique

CARNET DE CABLES
EL01 - Indice B

27/11/2008

Cablage électrique			
ABOUTISSANT	CABLE	TURE-SECT	TENARM
RDJ - Eclairage Douche	EL01	R2V 3G1.5	Vers TD
RDJ - Eclairage WC 1	EL02	R2V 3G1.5	Vers TD
RDJ - Eclairage Dgt1-Dgt2	EL03	R2V 3G1.5	Vers TD
RDJ - Eclairage Dgt2	EL04	R2V 3G1.5	Vers TD
R+1 - Volet Roulant 1 Loggia	VR15	R2V 4G1.5	Vers TD
R+1 - Volet Roulant 2 Loggia	VR16	R2V 4G1.5	Vers TD
R+1 - Volet Roulant 3 Loggia	VR17	R2V 4G1.5	Vers TD

Cablage VDI			
ABOUTISSANT	CABLE	NATURE-SECTION	TENARM
R+2 - Prise RJ Chambre 1	RJ21	Cable 4P Cat 6	Vers Baie VDI
R+2 - Prise RJ Chambre 1	RJ22	Cable 4P Cat 6	Vers Baie VDI
R+2 - Prise RJ Chambre 2	RJ23	Cable 4P Cat 6	Vers Baie VDI
R+2 - Prise RJ Chambre 2	RJ24	Cable 4P Cat 6	Vers Baie VDI
R+2 - Prise RJ Chambre 3	RJ25	Cable 4P Cat 6	Vers Baie VDI
R+2 - Prise RJ Chambre 3	RJ26	Cable 4P Cat 6	Vers Baie VDI
R+2 - Prise RJ Palier 1	RJ27	Cable 4P Cat 6	Vers Baie VDI
R+3 - Prise RJ Chambre 4	RJ31	Cable 4P Cat 6	Vers Baie VDI
R+3 - Prise RJ Chambre 5	RJ32	Cable 4P Cat 6	Vers Baie VDI
R+3 - Prise RJ Atelier	RJ33	Cable 4P Cat 6	Vers Baie VDI
R+1 - Clavier de Commande Séjour/Salon	CC11	Cat. 5	Vers Centrale de diffusion
R+1 - Clavier de Commande Cuisine	CC12	Cat. 5	Vers Centrale de diffusion
R+2 - Clavier de Commande Chambre 1	CC21	Cat. 5	Vers Centrale de diffusion
R+2 - Clavier de Commande Salle d'eau 1	CC22	Cat. 5	Vers Centrale de diffusion
R+3 - Clavier de Commande Atelier	CC31	Cat. 5	Vers Centrale de diffusion
R+1 - HP Séjour/Salon	HP11	Câble Audio	Vers Centrale de diffusion
R+1 - HP Séjour/Salon	HP12	Câble Audio	Vers Centrale de diffusion
R+1 - HP Coin Repas	HP13	Câble Audio	Vers Centrale de diffusion
R+1 - HP Cuisine	HP14	Câble Audio	Vers Centrale de diffusion
R+2 - HP Chambre 1	HP21	Câble Audio	Vers Centrale de diffusion
R+2 - HP Chambre 1	HP22	Câble Audio	Vers Centrale de diffusion
R+2 - HP Salle d'eau 1	HP23	Câble Audio	Vers Centrale de diffusion
R+2 - HP Salle d'eau 1	HP24	Câble Audio	Vers Centrale de diffusion
R+3 - HP Atelier	HP31	Câble Audio	Vers Centrale de diffusion
R+3 - HP Atelier	HP32	Câble Audio	Vers Centrale de diffusion

Figure 11.6
Extrait d'un carnet de câble fourni à l'installateur pour clarifier le type de câblage à réaliser pour chaque ligne *(source Evolia)*

réagir au moindre problème, en demandant les adaptations nécessaires. Filmer ou prendre des photos du chantier peut se révéler nécessaire pour, au mieux, garder un souvenir de la construction et, au pire, conserver une trace de toutes les étapes en cas de problème. Lorsque nous voudrons faire évoluer ou réparer notre installation, cela nous donnera en outre le moyen de savoir où les gaines ont été passées et où se trouvent les éventuels câbles en attente.

Le travail des électriciens doit faire l'objet de la plus grande attention. Nous avons vu que l'infrastructure de câblage était la base de la plupart des systèmes. Meilleure est notre relation avec les électriciens, plus facilement nous pourrons adapter l'emplacement de telle prise ou gaine.

Le local technique regroupant les arrivées et les départs des câbles est le cœur de notre installation. Que ce soit pour la mise en service ou la maintenance, la bonne organisation des différentes fonctions et la qualité des raccordements et de la signalétique sont autant de facteurs de succès.

La mise en service

Contrairement à ce qui se passe sur les chantiers traditionnels, une phase de mise en service rigoureuse est nécessaire. Il s'agit de programmer, paramétrer et tester de façon unitaire et globale toute l'installation.

Les éléments à prendre en compte sont les suivants :

Installation électrique. Vérification de tous les circuits et de la conformité du câblage et des protections :

- test unitaire par circuit ;
- repérage des circuits *(voir figure 11.7) ;*
- mise à disposition d'un schéma de repérage complet de l'installation précisant pour chaque circuit la nature et le type de dispositif de protection et de commande, le courant de réglage et la sensibilité des dispositifs de protection et de commande, la puissance prévisionnelle, le nombre et la section des conducteurs, le type d'application, le local desservi, etc.

Éclairage :

- programmation des commandes (boutons-poussoir, platines de boutons, détecteurs de présence, détecteurs crépusculaires, télécommandes, etc.) ;
- tests unitaires pour chaque circuit, ainsi que pour les ambiances d'éclairage et les commandes groupées (extinction générale et zone par zone).

Automatismes. Volets roulants, stores bannes, écran home cinéma, portail, porte de garage, arrosage, etc. :

- programmation des commandes (boutons-poussoir, platines de boutons, détecteurs intercrépusculaires et vent, télécommandes, etc.) ;

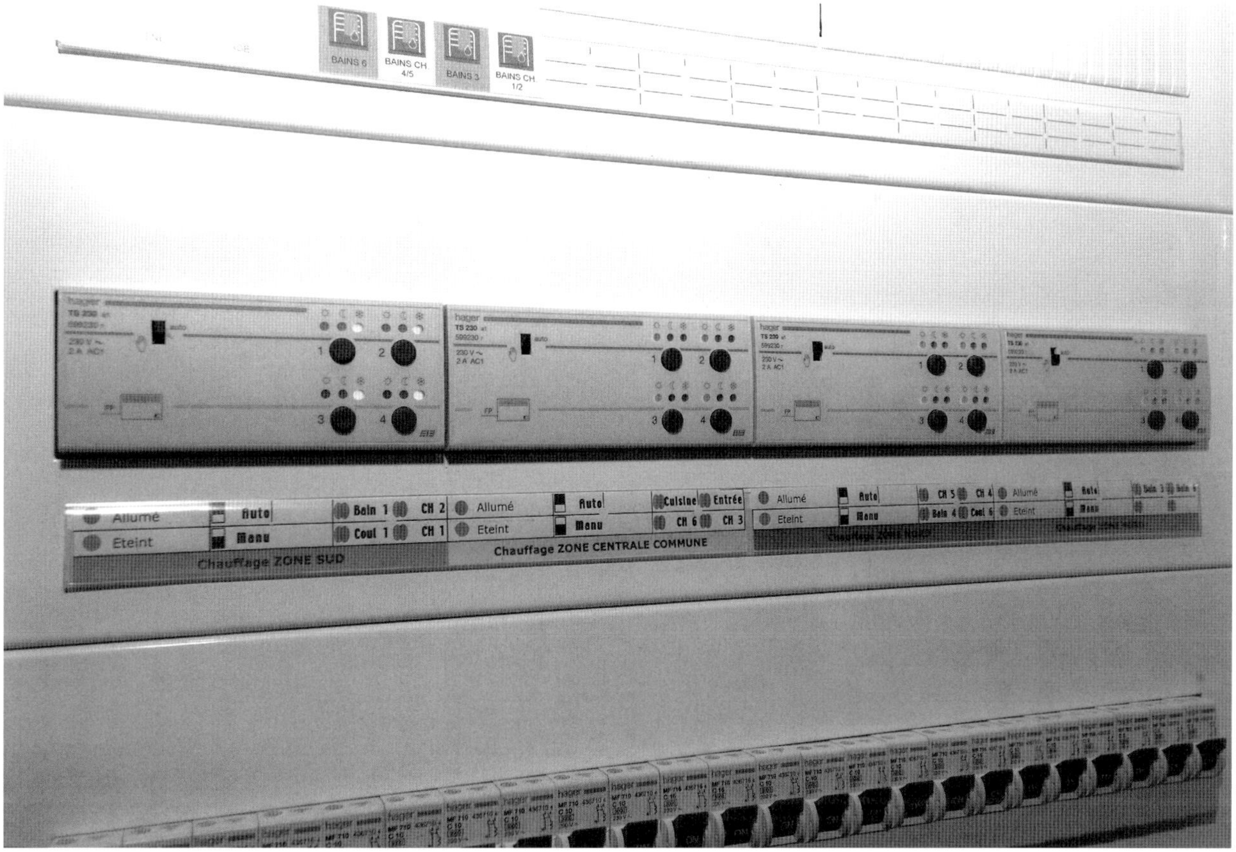

Figure 11.7
Exemple de tableau domotique parfaitement réalisé et repéré *(source Hager)*

- tests unitaires pour chaque automatisme et pour les commandes groupées (fermeture générale et zone par zone).

Chauffage, climatisation :

- programmation des commandes (thermostat, gestionnaire d'énergie, etc.) et des niveaux de consigne ;
- tests unitaires pour chaque zone.

Audiovisuel :

- raccordement des appareils (TV, satellite, hi-fi, diffusion sonore, haut-parleurs, vidéoprojecteur, etc.) ;
- programmation des commandes (platines de contrôle, télécommandes, écran tactile, etc.) ;
- tests unitaires pour chaque appareil et vérification de la qualité du son, de l'image et de la réception TV/satellite/FM.

Installation multimédia :

- tests unitaires pour chaque prise terminale (continuité, débit, raccordement des fonctions de téléphonie, informatique, etc.) ;
- respect des conventions de câblage et de couleur ;
- cohérence entre le repérage des prises terminales et le coffret de communication *(voir figure 11.8)* ;
- vérification de la conformité de l'installation avec le cahier des charges initial (emplacement des prises conforme au plan).

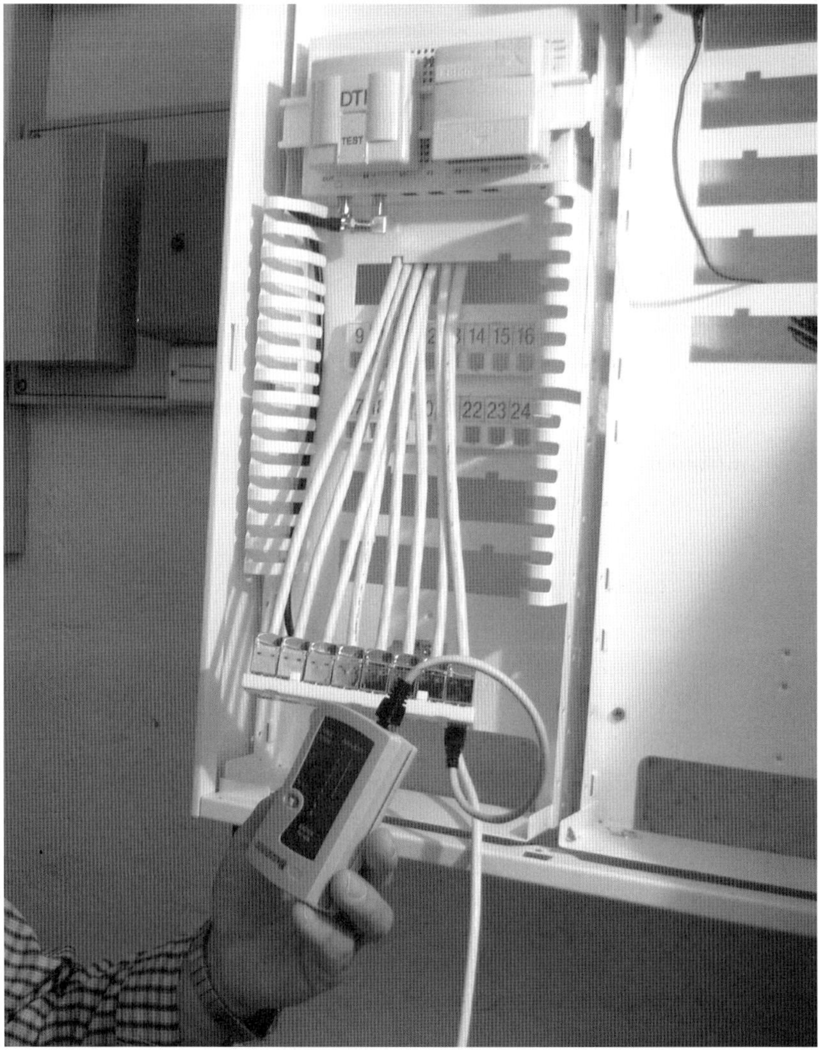

Figure 11.8
Test unitaire des prises RJ-45
(source Casanova)

Sécurité :

- programmation des zones, des temporisations, des mots de passe et des numéros de téléphone à appeler en cas d'incident ;
- test unitaire pour chaque détecteur (procédure de test de la centrale en général) ;
- test des flashs et sirènes intérieure et extérieure ;
- simulation activation/désactivation totale par zone ;
- simulation activation/désactivation partielle par zone ;
- test des télécommandes ;
- validation des temporisations ;
- vérification du renvoi des incidents vers les numéros prédéfinis ou vers le centre de télésurveillance.

Informatique :

- tests unitaires pour tous les ordinateurs et périphériques ;
- tests de la couverture du réseau sans fil ;
- branchement de la Box Internet et vérification de la qualité de la connexion Internet ;
- paramétrage de la Box Internet et sécurisation du réseau (accès distant, translation d'adresse, DNS dynamique, pare-feu, etc.).

Centralisation des commandes :

- grille de programmation des circuits unitaires et des scénarios (boutons-poussoir, platines de boutons, télécommandes, écran tactile, tablette, smartphone, etc.) ;
- simulation pour chaque scénario à chaque point de commande ;
- tests unitaires pour chaque scénario, que ce soit sur les boutons, les télécommandes, les tablettes ou les smartphones.

Accès à distance :

- paramétrage des systèmes à commander à distance ;
- test de sécurisation des accès depuis l'extérieur ;
- tests des commandes depuis l'extérieur.

En résumé, pour chaque poste, il convient de vérifier la conformité de l'installation avec le cahier des charges initial et de tester chaque fonction avant de réceptionner définitivement le chantier.

Une assistance à la prise en main et une documentation détaillée, avec synthèse d'utilisation et description de l'installation pour assurer la maintenance et l'évolution du système, doivent être exigées. La dernière version des plans d'implantation avec les numéros des différents circuits doit nous être remise de façon à faciliter les évolutions. Tous ces documents ainsi que les mots de passe et les fichiers de programmation constituent le dossier des ouvrages exécutés (DOE), gage de pérennité et de continuité de l'installation, quel que soit le professionnel qui sera amené à intervenir à l'avenir.

Les installateurs se doivent de nous accompagner dans le réglage précis de chaque système. Il est nécessaire de leur demander de repasser quelques semaines après la réception de la maison pour affiner certaines commandes et certains scénarios après les avoir éprouvés. C'est seulement en vivant au quotidien dans une maison que nous réalisons que tel bouton-poussoir devrait allumer telle lampe plutôt que telle autre ou qu'il serait plus logique de la commander depuis tel endroit. Une visite de maintenance et de réglage annuelle peut s'avérer utile pour certains systèmes.

Une installation réussie est une installation qui respecte à la lettre le cahier des charges et laisse toute leur place aux fonctions en faisant oublier la complexité technique des systèmes. Elle est de surcroît facilement utilisable par tous et évolue au fil du temps en fonction des besoins et des solutions apparues sur le marché.

Conclusion

Concevoir intelligemment sa maison ne nécessite aucune compétence technique particulière. Du bon sens, de la rigueur, une bonne équipe et de la persévérance suffisent à la réussite du projet.

L'approche décrite dans ce chapitre n'a rien d'exceptionnel, et on la retrouve dans de nombreux secteurs d'activité.

Elle peut se résumer en six points :

1. Nous poser les bonnes questions en amont.
2. Sélectionner consciencieusement les intervenants pour la phase de conception ainsi que pour la réalisation.
3. Retenir les solutions correspondant réellement à nos besoins et à notre budget.
4. Échelonner l'installation dans le temps à partir d'une infrastructure évolutive.
5. Nous donner les moyens de suivre ou de faire suivre le chantier.
6. Privilégier la fonction plutôt que la technologie grâce à des interfaces de commande intuitives et simples à utiliser par tous.

Si cette méthode permet d'optimiser les chances de réussite de notre projet, elle n'est évidemment pas suffisante, surtout si nous ne pouvons éviter certains des écueils détaillés au chapitre suivant.

12 Les écueils à éviter

« *Ce qui coûte le plus cher dans une construction, ce sont les erreurs* » (Ken Follett, écrivain britannique, 1949).

La première vertu pour mener à bien un projet d'intégration de technologies domotiques et multimédias est sans doute le bon sens. La seconde est de tirer parti des expériences vécues par ceux qui se sont lancés avant nous dans l'aventure.

Les sections qui suivent résument les erreurs le plus souvent commises :

- tout, tout de suite ;
- le tout-en-un ;
- gadgets à gogo ;
- technologies propriétaires ;
- câblage aveugle ;
- abus du sans fil ;
- l'innovation pour l'innovation.

Tout, tout de suite

Même en disposant du budget nécessaire, vouloir tout faire tout de suite oblige à intégrer dans la conception et la réalisation du projet énormément de contraintes, qui viennent s'ajouter à la complexité technique et humaine du chantier. À titre de comparaison, il est rare de bâtir en même temps la maison, la piscine, la véranda et le portail. Par contre, si l'ensemble est prévu dès le début, les alimentations en eau et en électricité sont mises en attente, et l'espace nécessaire est réservée, rendant extrêmement facile l'intégration future de ces extensions.

Le découpage d'un projet en plusieurs phases et la priorité accordée à la prédisposition et au prééquipement des pièces donnent le plus de chances de succès.

L'intégration de solutions innovantes dans l'habitat est avant tout un projet d'infrastructure, c'est-à-dire d'installations permanentes, lesquelles, au même titre que les murs ou la toiture, ne sont pas destinées à être modifiées de sitôt.

Prenons l'exemple du home cinéma *(voir figure 12.1)*. Avant de nous préoccuper du choix et de l'achat du matériel, contentons-nous de réfléchir aux questions d'infrastructure suivantes :

- disposition de la pièce, nature des murs et optimisation de l'acoustique ;
- réservation des espaces pour le câblage (fourreau dans la dalle béton, plan de gainage, faux plancher, faux plafond, cloison pour le local technique, etc.) ;
- arrivée des signaux vidéo devant ou en fond de salle pour la dalle plasma ou l'écran et le vidéoprojecteur, alimentation au milieu du mur ou en haut, relié à une gestion d'automatisme pour l'écran et en fond de salle pour le vidéoprojecteur, ou bien, comme dans l'exemple de la figure 12.1, passage des câbles depuis les sources audiovisuelles vers l'écran et les colonnes haut-parleurs posées au sol.

Une telle approche permet de nous concentrer sur l'essentiel et d'étaler les investissements. Elle évite dans la plupart des cas de nous retrouver avec du matériel choisi en début de projet et déjà obsolète lorsque nous emménageons.

Figure 12.1
Intégration d'un système home cinéma dans une cave. En début de projet, ce n'est pas la marque du plasma ou des haut-parleurs qui importe, mais plutôt l'idée du résultat escompté de façon à prévoir toutes les réservations *(© P. Kozlowski)*

Le tout-en-un

Une nette tendance des constructeurs de matériel et des éditeurs de logiciel consiste à profiter de la convergence des technologies pour vendre des systèmes tout en un, comme la TV/DVD/enregistreur/démodulateur satellite ou le routeur/modem/borne sans fil/pare-feu.

Séduisante de prime abord, une telle approche s'avère presque systématiquement décevante à l'usage, car elle aboutit à des systèmes complexes à utiliser et à des fonctions bâtardes, qui, à force de compromis, font tout moyennement bien et rien parfaitement. Par ailleurs, le fait de vouloir remplacer un élément oblige à tout changer.

Certains constructeurs proposent des boîtiers intégrant la gestion de la sécurité, la centralisation des volets et la régulation du chauffage. Le concept est attractif, mais il n'offre généralement aucune ouverture vers d'autres fonctions incompatibles avec ce dispositif. De plus, les équipements ont chacun une durée de vie qui leur est propre. Ainsi, le microprocesseur d'un écran tactile sera beaucoup plus vite obsolète que l'écran. Mieux vaut séparer les deux fonctions et intégrer un écran plat dans le mur et déporter la fonction ordinateur.

Dans une approche à long terme et à l'échelle d'une maison, mieux vaut intégrer entre eux des systèmes qui font bien ce que nous leur demandons et qui sont suffisamment ouverts pour être mis à jour ou remplacés facilement et communiquer avec d'autres produits actuels ou futurs.

Gadgets à gogo

La technologie pour la technologie n'a aucun intérêt. La méthodologie rigoureuse décrite dans le chapitre précédent est fondée sur l'analyse des besoins et la réalisation d'études fonctionnelles et techniques. Elle vise à écarter du projet tout ce qui n'est pas utile ou utilisable et à faire le tri entre le gadget, l'accessoire, l'important et l'essentiel.

La maison intelligente est souvent réduite à l'image du robot qui passe l'aspirateur en notre absence ou du frigidaire qui fait les courses tout seul. S'il n'y a rien de blâmable à automatiser efficacement des tâches pénibles, encore faut-il que les solutions soient infaillibles et abordables financièrement. En l'occurrence, notre réflexion doit plutôt porter sur la mise en place ou non d'un système d'aspiration centralisée à la place du robot ou l'installation d'une prise RJ-45 dans la cuisine, qui permettra le moment venu de raccorder le frigidaire à Internet.

Technologies propriétaires

Certains constructeurs et éditeurs s'obstinent à proposer des technologies non standards, qui leur ont permis d'acquérir certaines parts de marché et de rendre leurs clients captifs.

Que ce soit dans le multimédia, la connectique ou les automatismes, les standards de protocoles et d'interfaces mettent des années à s'imposer. Les alliances entre multinationales ne font souvent qu'entretenir l'illusion de faux standards. Par exemple, beaucoup de constructeurs de matériel électrique ont développé leur propre technologie domotique. Certains se sont obstinés – et s'obstinent encore – dans cette voie, tandis que d'autres se rapprochent des normes internationales, comme KNX, Lonworks ou ZigBee.

À l'heure de la convergence numérique, il est important d'assurer l'interopérabilité de tous les domaines concernés par l'habitat, à savoir téléphonie, audiovisuel, musique, cinéma, télévision, informatique, Internet, électricité, automatismes, chauffage, sécurité, électroménager, etc.

Mieux vaut parfois différer un achat plutôt que prendre le risque d'acquérir un système voué à l'impasse technologique, comme l'écran tactile fondé sur une technologie propriétaire illustré à la figure 12.2. Il est certes toujours possible de trouver une solution pour adapter une vieille technologie propriétaire à un standard, mais c'est au prix de surcouches pénalisantes en termes de performances, d'adaptateurs dommageables à la qualité des signaux ou de développements d'interfaces coûteuses. Par exemple, certains constructeurs, comme AMX ou Crestron, pionniers dans le domaine de l'intégration audiovisuelle, se sont contentés chaque année d'ajouter des fonctionnalités à leurs solutions propriétaires sans jamais repartir de zéro.

Résultat, leur déploiement nécessite des experts qui maîtrisent les différentes couches matérielles et logicielles, et leur maintenance s'avère coûteuse. À l'opposé, de nouveaux entrants ayant directement développé leurs technologies sur la base des dernières découvertes et de standards normalisés envahissent le marché avec des produits moins chers et plus faciles à déployer et à maintenir.

La maison numérique ne supporte pas la verticalité. Toutes les entreprises sont capables d'installer des systèmes performants dans leur domaine et des modes de commande conviviaux. Pour autant, il ne faut pas considérer notre projet comme une juxtaposition de technologies mais, au contraire, comme une installation transversale, dans laquelle tous les systèmes sont potentiellement capables de communiquer avec les autres.

Figure 12.2
Exemple d'écran tactile haut de gamme mais fondé sur des technologies propriétaires *(source AMX)*

Par exemple, même s'il n'y a pas d'intérêt évident à rendre la centrale de sécurité compatible avec le home cinéma, le fait de sélectionner des systèmes ouverts ne ferme aucune porte et permet toute évolution à venir.

Si nous n'y prenons garde, le menuisier va installer un système de volets roulants fondé sur un bus et une fréquence radio propriétaires, l'électricien une installation figée à tout jamais, le plombier un gestionnaire de chauffage non standard et l'alarmiste une centrale certes performante mais inadaptée aux contraintes de l'habitat individuel. Résultat : trois télécommandes différentes pour rentrer chez nous et aucune possibilité de disposer d'un bouton à la sortie de la maison pour, d'un seul geste, tout éteindre, fermer les volets roulants, mettre le chauffage en mode réduit et renvoyer l'alarme sur notre téléphone portable.

Câblage aveugle

Comme il est impossible de tout prévoir, mieux vaut installer plus de câbles ou de gaines que de besoin, le câblage en attente devant permettre de faire évoluer et de transformer l'installation.

Le choix de mauvais câbles ou leur pose n'importe où sans documentation ni trace n'a cependant aucun intérêt.

Le plan de câblage doit répondre rigoureusement au cahier des charges et respecter les critères suivants :

- Qualité des câbles et de la connectique.
- Séparation du 220 V et des câbles multimédias dans des gaines différentes.
- Étiquetage des câbles aux deux extrémités et conservation d'une trace de leur emplacement, *via* photo, film ou plan, s'ils sont en attente *(voir figure 12.3)*.
- Fourniture des plans de l'installation électrique, du tableau, du gainage et de l'implantation des différents systèmes (localisation des détecteurs de sécurité, reports infrarouges, etc.).

Figure 12.3
Coffret courant : faible parfaitement étiqueté *(source Casanova)*

- Accès facile aux faux plafonds, faux planchers, combles et vides sanitaires au moyen de trappes, gaines, colonnes montantes, etc.
- Pose de gaines aiguillées pour relier les différents centres névralgiques (tableau électrique, coffret de communication, meuble audiovisuel, bureau, etc.).

Abus du sans fil

Comme nous le voyons depuis le début du livre, les différentes technologies sans fil peuvent rendre de grands services dans tous les domaines : informatique, sécurité, automatisme, commande d'éclairage, hi-fi, etc. Gardons toutefois à l'esprit qu'il vaut toujours mieux faire passer un câble quand c'est possible. Les technologies filaires coûtent moins cher, sont plus fiables, plus performantes, plus sécurisées, plus saines et ne sont pas soumises à des perturbations du fait d'obstacles ou d'interférences avec d'autres systèmes.

Dans un projet de construction neuve, il ne faut pas hésiter à recourir aux communications filaires, quitte à les compléter ultérieurement par un réseau sans fil Wi-Fi pour accéder dans certaines zones aux ressources numériques sans la moindre contrainte.

En rénovation, le sans fil présente des avantages apparemment plus évidents, mais seule une analyse approfondie assortie d'une solide expertise technique et de tests sur le site permettent de faire les bons choix.

L'innovation pour l'innovation

Dans l'habitat, il ne faut pas idéaliser l'innovation. Il importe de faire la part des choses et de n'installer que ce qui nous paraît essentiel, sans donner trop d'importance ni laisser trop de place aux automatismes. Notre objectif n'est pas de réaliser une maison « automatique » mais une maison « intelligente ». Un bon dosage des techniques et fonctionnalités est essentiel à la réussite du projet.

De la même façon, vouloir faire trop de choses ou empiler aveuglément les systèmes sans en assurer la cohérence ergonomique aboutit souvent à une trop grande complexité au quotidien.

Notre projet vise à nous simplifier la vie et non à la compliquer. Si un système est de moins en moins utilisé parce qu'il ne marche que neuf fois sur dix ou que l'action peut être réalisée autrement, c'est autant de temps et d'argent de perdu. De même, se limiter à reproduire en domotique ce que l'on sait parfaitement faire en électricité traditionnelle, comme un va-et-vient, est un énorme gâchis. Il faut concevoir l'installation en exploitant au mieux les apports de la domotique, comme les scénarios multifonctions, la centralisation, les ambiances d'éclairage combinant plusieurs circuits, etc.

La mise en place de systèmes sophistiqués n'est pas une fin en soi. L'important est que toute la famille se les approprie. L'étape de prise en main est donc particulièrement importante. Combien de systèmes d'alarme, par exemple, ne sont pas activés parce que les utilisateurs, non suffisamment formés, redoutent une mauvaise manipulation ?

Pour éviter ce problème, qui concerne tous les systèmes innovants installés dans la maison, il faut exiger des installateurs les éléments d'accompagnement suivants :

- visite guidée et aide à la prise en main dès l'emménagement dans les lieux ;
- documentation pour les utilisateurs sous forme de mémo, synthèse d'utilisation, interface d'aide en ligne, etc. ;
- suivi régulier permettant d'adapter les systèmes aux évolutions des modes de vie et des habitudes.

Il est faux de penser que l'adoption d'un système par un membre de la famille vaille pour tous les autres. Nos attitudes respectives devant la technologie sont très différentes, et seul un accompagnement personnalisé peut garantir une adoption minimale par tous des systèmes de la maison. Si une seule personne reste réticente à leur utilisation, le pari est perdu. Il s'agit probablement là du principal critère de réussite du projet.

Figure 12.4
Une platine de boutons esthétique avec une signalétique claire et des témoins lumineux est souvent préférable à un panneau de quatre interrupteurs anonymes ou un écran tactile trop sophistiqué *(source Legrand)*

Sans tomber dans le cliché qui veut que Monsieur soit naturellement motivé par les nouvelles technologies et Madame réfractaire, il ne faut pas sous-estimer le WAF (Woman Acceptance Factor), ou facteur d'adoption par les femmes. Pour éviter l'approche purement technologique, il est utile de faire respecter par les différents intervenants du chantier les règles additionnelles suivantes :

- Éviter de laisser les câbles apparents et prendre en compte les aspects esthétiques. Il est possible aujourd'hui de se procurer des détecteurs de sécurité, des platines de boutons, des télécommandes ou des écrans tactiles encastrés sous différentes formes, couleur et design.

- Simplifier les commandes au maximum, comme l'illustrent les exemples suivants :
  - Une seule télécommande peut facilement en remplacer plusieurs *(voir figure 12.5)*.
  - Si, chaque fois que nous quittons la maison, nous faisons systématiquement les mêmes actions, autant regrouper ces dernières dans un scénario « départ ».
  - Si certains membres de la famille ne sont pas à l'aise avec l'informatique, mieux vaut prévoir, en plus de l'écran tactile, des commandes par simple bouton-poussoir ou par télécommande.
- Ne pas concentrer le pilotage de tous les systèmes au travers d'un ordinateur. Tout le monde n'est pas prêt à utiliser l'informatique au quotidien, et l'informatique elle-même est encore loin d'offrir le même niveau de fiabilité que les boutons, interrupteurs et autres télécommandes.

Tous ces conseils doivent nous permettre de définir les lignes directrices de notre projet et éventuellement d'éviter certains écueils. Le chapitre suivant se propose d'optimiser nos chances de succès en détaillant la conception et la mise en œuvre d'une installation réelle suivant la méthodologie proposée dans cet ouvrage.

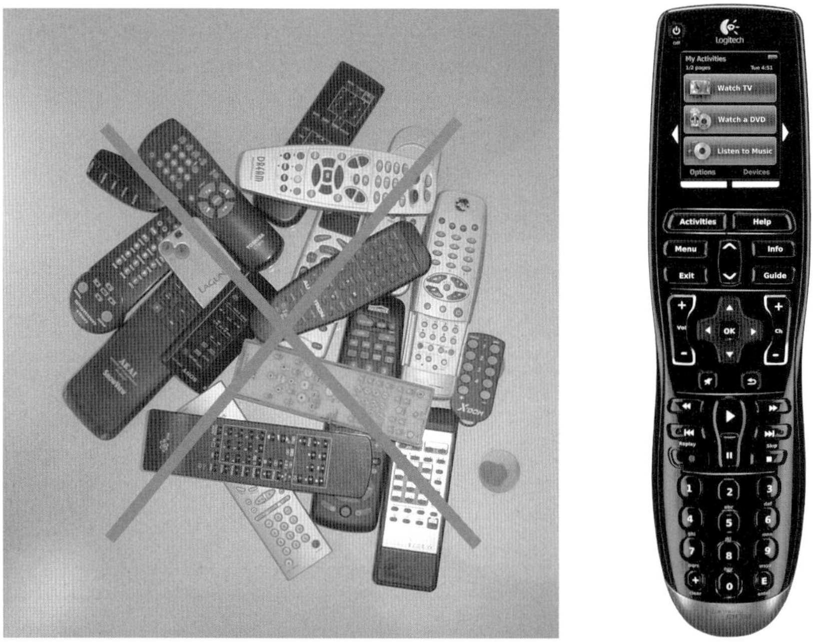

Figure 12.5
Une multitude de télécommandes peuvent être remplacées par une seule. La programmation se fait par apprentissage ou bien directement en ligne sur le site du fabricant, qui regroupe les codes infrarouge de la plupart des équipements audiovisuels *(source Logitech)*

13 Étude de cas n° 1 : Maison A

> *« La Maison A illustre ce qu'il est possible de faire dès à présent dans le cadre d'une réhabilitation pour offrir le plus grand confort domestique tout en limitant de manière significative la consommation d'énergie et les rejets de gaz à effet de serre »* (Jacques Repiquet, architecte).

Plutôt que de décrire la maison du prochain millénaire, nous présentons dans ce chapitre un projet exemplaire regroupant un grand nombre de fonctions innovantes que nous pouvons réaliser aujourd'hui dans un projet de construction ou de rénovation. Il s'agit de la réhabilitation de la Maison A, située à Paris, dans le XIVe arrondissement.

L'une des ambitions de ce projet était de vérifier qu'une œuvre architecturale forte pouvait s'enrichir de l'introduction raisonnée de technologies domotiques et multimédias. Dans ce contexte, la Maison A regroupe ce qui se fait de mieux dans les domaines de l'éclairage, de la gestion d'énergie, de la sécurité, de la communication, du numérique et de l'audiovisuel, sans toutefois tomber dans la surenchère technologique.

Il s'agit d'un projet exceptionnel, tant au niveau de l'architecture, que de la gestion de l'énergie, du respect de l'environnement et de l'installation domotique et multimédia. Il nous permet de mesurer jusqu'où il est possible d'aller dans ces domaines, de définir nos priorités et de toucher du doigt les coûts réels de conception, d'acquisition et d'installation de la plupart des matériels et fonctionnalités introduites dans l'ouvrage.

Même si les prix datent de 2006 et peuvent grandement varier d'une région à une autre ou selon qu'il s'agit de neuf ou d'amélioration de l'habitat, il nous a semblé utile de fournir un référentiel fiable.

Conception du projet

Les époux M. et leurs deux enfants décident en 2002 de réhabiliter une modeste demeure parisienne du XIXe siècle de 120 m^2. Ils rêvent d'une maison plus spacieuse, plus lumineuse et orientée non plus vers la rue mais vers le petit jardin situé derrière la maison, en bordure d'une impasse pittoresque. Leur rencontre avec l'architecte Jacques Moussafir en 2002 est déterminante et aboutit, après deux ans d'études, à un concept exceptionnel, renforcé en 2004 par l'achat du studio voisin.

Studio B

Garage mitoyen à l'origine, le Studio B a été réhabilité en parallèle avec le projet Maison A. Sa conception a été soumise à d'importantes contraintes de budget et de configuration des lieux, mais aussi à la nécessité de devoir évoluer d'une pièce attenante à la Maison A dans un premier temps à un studio totalement indépendant à moyen terme sans le moindre recâblage. Tous les équipements du studio, comme le tableau électrique, le coffret de communication, l'interphone ou la chaudière, sont distincts, tout en communiquant avec les infrastructures de la Maison A pour, par exemple, partager la connexion Internet, accueillir les visiteurs ou centraliser les fonctions d'éclairage et de chauffage selon des scénarios « je sors » ou « je me couche ». Cette souplesse a été obtenue par des infrastructures VDI (voix, données, images) et bus de commande.
Pour des raisons budgétaires, seules les fenêtres de toit Velux, motorisées et munies de détecteurs de pluie, fonctionnent en IO Homecontrol, protocole incompatible avec KNX, et sont gérées indépendamment *(voir figure 13.1)*. Logement économique, le Studio B bénéficie néanmoins d'une infrastructure domotique et multimédia évolutive, ainsi que d'une isolation thermique de qualité et d'une chaudière à condensation. Pour rendre le studio complètement indépendant, il suffira, le moment venu, de souscrire de nouveaux abonnements d'électricité, de gaz, de téléphone et d'accès Internet et de reprogrammer l'interphone et les commandes d'éclairage.
Ce projet illustre parfaitement, malgré son échelle modeste, les bénéfices apportés par la domotique et les réseaux VDI et démontre qu'il est possible d'intégrer des fonctions innovantes, même quand les contraintes budgétaires sont importantes.

La maison d'origine, constituée de quatre étages, est complétée par une extension dans laquelle sont aménagés deux niveaux : l'un pour le salon bordé par deux façades vitrées, l'autre au sous-sol pour la chambre principale ouverte sur le jardin intérieur. Les caves voûtées d'origine sont idéales pour y aménager une salle multimédia et les pièces techniques. La cuisine est au rez-de-chaussée. Les deux chambres du premier étage sont surmontées d'un bureau créé par surélévation de la toiture. Les deux pentes du toit ont été inversées par l'architecte *(voir figure 13.2)*.

Figure 13.1
Dans le Studio B, les fenêtres de toit et leurs stores sont pilotés par une télécommande fonctionnant sous le protocole IO Homecontrol. Des détecteurs de pluie ferment automatiquement les fenêtres en cas de besoin *(© P. Kozlowski)*

L'objectif de la famille M. est d'inscrire le projet dans une démarche environnementale compatible avec un bon niveau de confort et l'intégration des technologies domotiques et multimédias les plus récentes. Dans leur esprit, ces technologies n'ont de sens que si elles restent discrètes, voire invisibles, et si elles peuvent être utilisées de façon intuitive par tous les membres de la famille.

De façon à concevoir un projet cohérent, l'équipe d'architectes et leurs clients s'entourent d'un thermicien pour la partie énergétique et d'un spécialiste DomoConsulting pour l'installation domotique et multimédia. Suite aux premières discussions, une présentation détaillée des dernières innovations susceptibles de les intéresser et la visite d'un projet réalisé récemment dans la région sont organisées par DomoConsulting. Cela permet à la famille M. d'écarter certaines fonctions, comme la climatisation et la vidéoprojection, et d'en retenir d'autres.

DomoConsulting

DomoConsulting est un réseau national de spécialistes en domotique et multimédia dans l'habitat. La mise en commun des compétences et des expériences de chacun des membres du réseau, une veille technologique permanente et le respect d'une charte de qualité sont autant d'éléments qui permettent au client de mettre toutes les chances de son côté.
DomoConsulting ne préconise que des produits standards, ouverts et reconnus pour leur fiabilité afin d'assurer la cohérence et l'évolutivité des installations.
Pour plus d'informations, voir en annexe et sur *www.domoconsulting.com*

Figure 13.2
En 2002, la maison avait une surface de 110 m^2 et ne disposait que de petites pièces relativement sombres (photo de gauche). En 2004, après travaux, les pièces sont rendues lumineuses grâce à la création de nombreuses parois lumineuses, et la surface est portée à 220 m^2 habitables. On distingue sur la photo de droite la claustra du premier niveau de l'extension attenante à une ruelle pittoresque *(© P. Kozlowski)*

Analyse des besoins

Pour les propriétaires, la domotique doit avant tout participer à la performance énergétique de la maison. Ils souhaitent également disposer de fonctions de sécurité et de centralisation des commandes. Mme M. adore la décoration et les ambiances d'éclairage mais ne supporte pas la vue du moindre câble. Elle souhaiterait disposer d'un ordinateur et d'un téléviseur dans la cuisine. Comme les époux M. travaillent tous deux souvent à domicile et que les enfants sont des adeptes du chat, des jeux vidéo et du butinage sur Internet, l'accent est mis dès le début sur la mise en place d'un accès haut débit et de réseaux informatique et téléphonique de qualité.

Tous les membres de la famille étant passionnés de musique, ils accueillent avec beaucoup d'intérêt la proposition de sonoriser chacune des pièces de la maison. Enfin, priorité est donnée à la facilité d'utilisation et à la possibilité d'être autonome dans la programmation des fonctions principales, comme les scénarios.

Après les deux premiers rendez-vous, une liste de fonctions est établie *(voir tableau 13.1)*. Certains de ces besoins sont à intégrer dès le début du projet (phase 1) et d'autres à prendre en compte pour faciliter leur mise en place ultérieure (phase 2).

Tableau 13.1 Besoins recensés

Fonction	Caractéristique	Phase 1	Phase 2
Gestion de l'énergie	Contrôle en temps réel des consommations d'énergie (eau, gaz, électricité)	✓	
	Historiques des consommations (eau, gaz, électricité) et production d'eau chaude sanitaire (capteurs solaires)		✓
	Rafraîchissement de la température des différentes zones	✓	
	Dérogation puits canadien/air extérieur direct		✓
	Ouverture des stores par détection de chaleurs gratuites		✓
	Variation d'éclairage pour protection des ampoules et économies d'énergie		✓
	Allumage et extinction automatiques de l'éclairage dans certaines pièces avec dérogation possible	✓	
	Programmation de l'arrosage et gestion du niveau de la cuve de récupération d'eau de pluie		✓
Confort	Centralisation des stores par zone	✓	
	Commande sans fil des stores et des éclairages dans certaines zones (baies vitrées et portes de placard)	✓	
	Variation d'éclairage dans la chambre principale	✓	
	Allumage automatique contextuel (doux la nuit, normal le jour)		✓
	Mémoire d'ambiances lumineuses		✓
	Éclairage sur prises de courant commandées dans le salon, les chambres et le bureau	✓	
	Éclairage en trichromie dans le salon	✓	
	Éclairage sur LED encastrés dans le sol dans la salle multimédia	✓	
Centralisation	Scénario « départ de la maison », avec centralisation des stores, des éclairages, de l'alarme, du chauffage et de la VMC	✓	
	Scénario « nuit », avec centralisation des éclairages, de la VMC et du système d'alarme (mode partiel)	✓	
	Tableau de bord de gestion de l'installation domotique et multimédia sur écran tactile	✓	
	Supervision de l'installation à distance par Internet		✓

Tableau 13.1 Besoins recensés (suite)

Fonction	Caractéristique	Phase 1	Phase 2
Sécurité des biens et des personnes	Détection d'intrusion en mode total et partiel (uniquement les accès pendant la nuit)	✓	
	Détecteur double fonction (anti-intrusion sous alarme, éclairage automatique hors alarme pour couloir)		✓
	Simulation de présence intelligente (indécelable)	✓	
	Contrôle d'accès par empreinte digitale	✓	
	Sécurité dissuasive par clignotement forcé de toutes les lumières		✓
	Transmission téléphonique	✓	
	Centrale de télésurveillance		✓
	Détection de fuite d'eau, de coupure secteur et de fumées toxiques	✓	
	Limitation du rayonnement électromagnétique dans les chambres (bioswitch)	✓	
	Vidéosurveillance (cuisine, salon, sous-sol)	✓	
Accueil des visiteurs	Report du signal vidéo de la caméra du vidéophone sur les téléviseurs	✓	
	Report du signal audio de l'interphone sur les combinés téléphoniques	✓	
Audiovisuel	Distribution de la TV, de la TNT et du DVD dans toutes les pièces principales	✓	
	Diffusion de la radio, de l'iPod et du Media Center dans toutes les pièces principales	✓	
Informatique et téléphonie	Réseau informatique pour partager l'Internet haut débit, l'imprimante, les fichiers multimédias, etc.	✓	
	Réseau informatique Wi-Fi accessible dans toutes les pièces	✓	
	Réseau sans fil DECT (1 base + 3 combinés) et téléphonie IP		✓

Schéma de principe

La phase d'analyse des besoins aboutit à la rédaction du cahier des charges illustré à la figure 13.3. Le schéma montre les liens à réaliser entre les différentes briques de l'installation.

Pour optimiser l'évolutivité de l'installation et assurer sa fiabilité dans le temps, l'infrastructure réseau s'appuie sur trois infrastructures de câblage

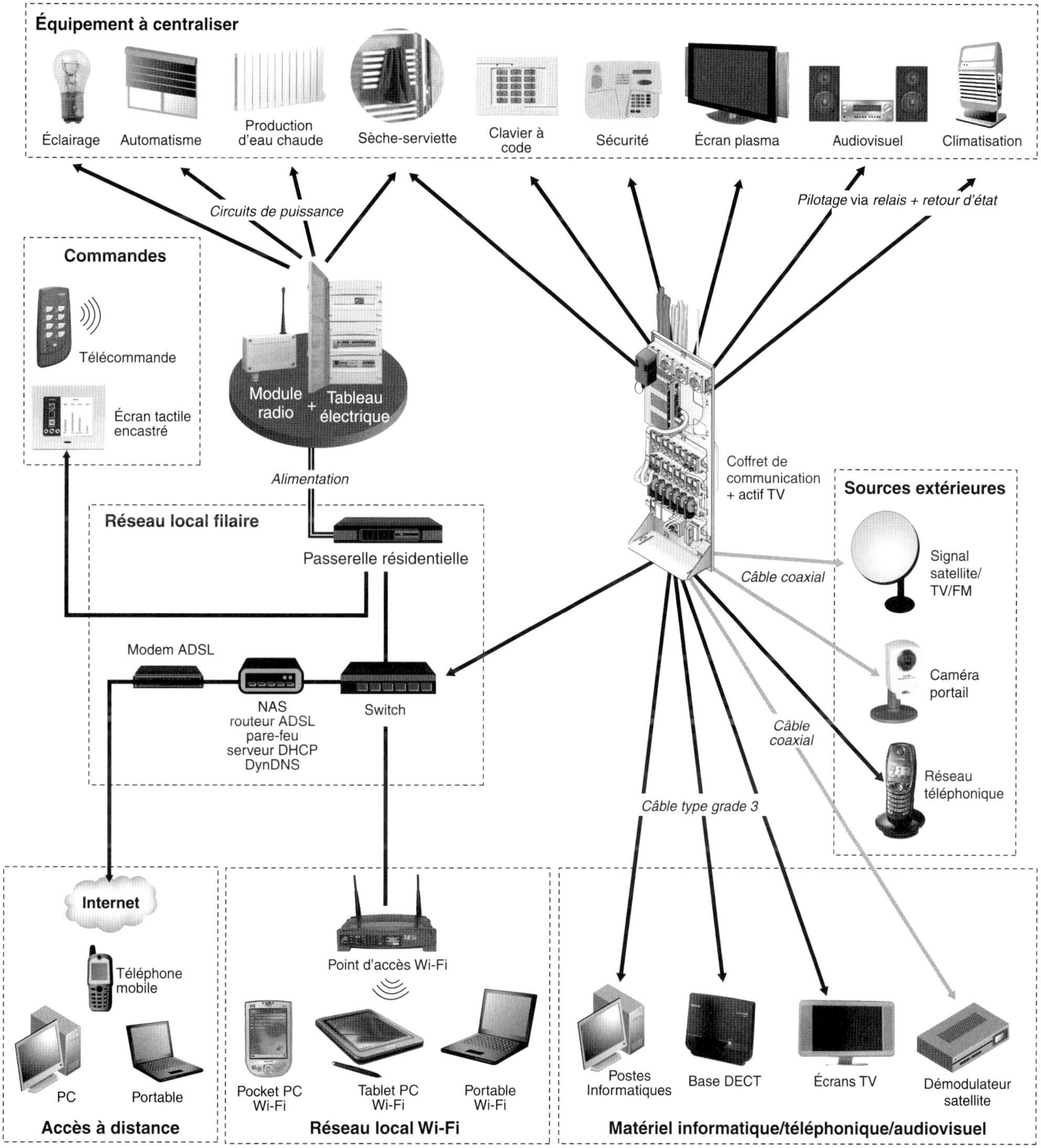

Figure 13.3
Schéma de principe de l'installation Maison A. Les équipements à commander sont représentés en haut de la figure. Ils doivent pouvoir être centralisés et pilotés par bouton-poussoir, télécommande, téléphone ou écran tactile, sans toutefois être complètement dépendants d'un ordinateur central *(source DomoConsulting)*

distinctes : un réseau de puissance 220 V, qui alimente individuellement chaque circuit d'éclairage, de prises de courant et de stores ; un réseau domotique, qui relie toutes les commandes et les détecteurs ; un réseau VDI (voix, données, images) dans toutes les pièces de la maison afin de garantir la flexibilité des fonctions informatiques, téléphoniques et audiovisuelles et d'assurer le pilotage des équipements par écran tactile ainsi que la supervision du système.

Plans d'implantation

Les différentes discussions entre la famille M. et le spécialiste DomoConsulting permettent d'établir les plans d'implantation des éclairages, des prises et des fonctions ainsi que les plans d'exécution.

La figure 13.4 montre le plan d'implantation du sous-sol.

Ces plans sont destinés dans un premier temps à finaliser le choix des implantations, à faciliter la procédure d'appel d'offres et à assurer la mise en œuvre du système et la coordination du travail des entreprises.

La réussite de ce type de projet repose souvent sur la complémentarité des intervenants. Après la constitution de l'équipe pluridisciplinaire de conception, l'architecte et les époux M. sélectionnent l'installateur après consultation menée auprès de trois entreprises de la région parisienne sur la base du cahier des charges.

Choix des solutions techniques

Les solutions techniques sélectionnées sont les suivantes :

Infrastructure domotique. Les solutions retenues pour la gestion du chauffage, de la VMC, de l'éclairage, de l'alarme, des stores sont toutes au standard KNX. Huit fabricants sont retenus : Hager (système domotique Tebis, appareillage, sécurité), Theben (station météo), Siemens (télépho-

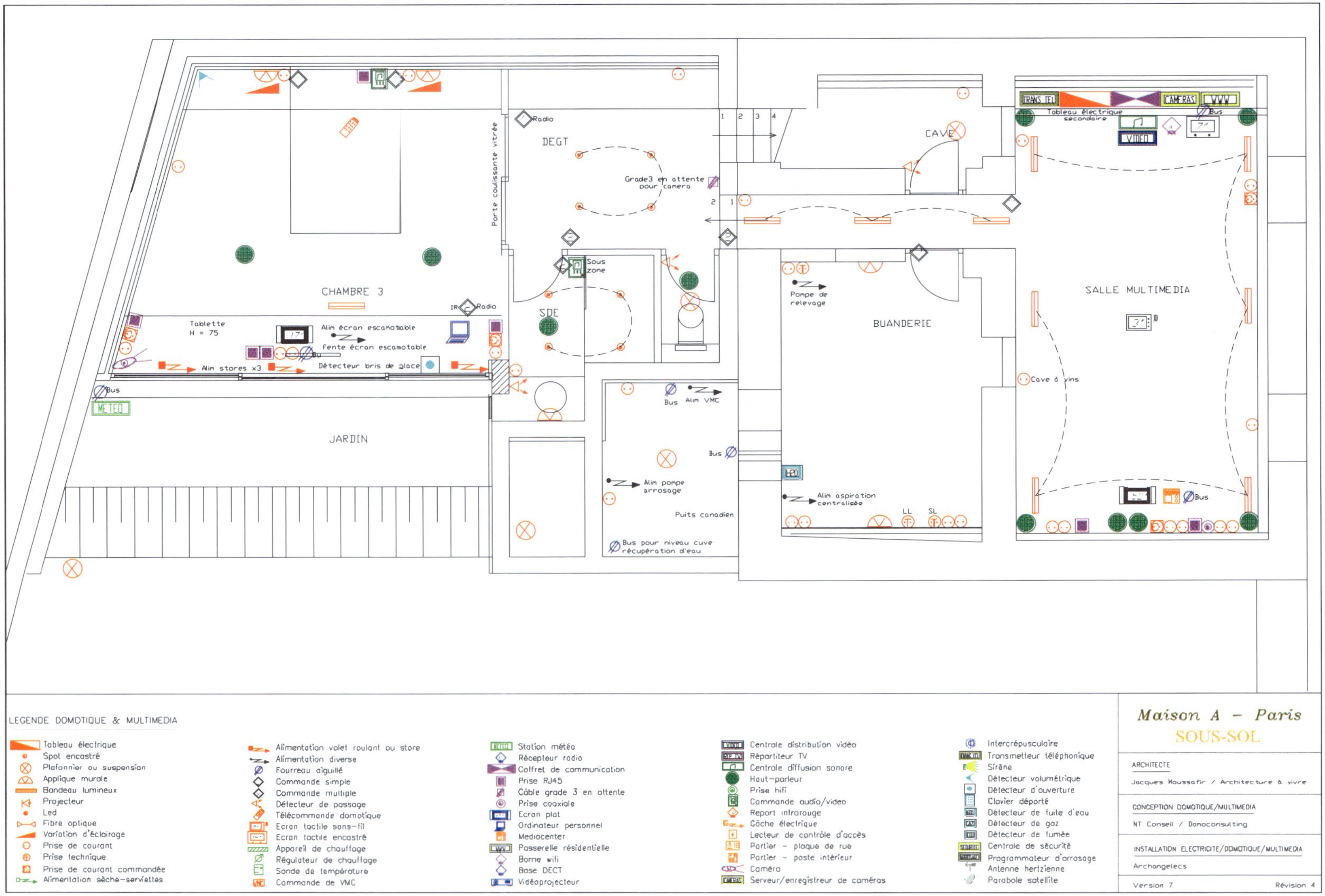

Figure 13.4

Plan d'implantation des équipements du sous-sol de la Maison A *(source DomoConsulting)* nie), Siedle (vidéophonie), Russound (diffusion sonore), Sairbere (tableau de bord), Helios (VMC et puits canadien) et Vity (écrans tactiles, vidéosurveillance). La figure 13.5 illustre l'installation domotique KNX de la Maison A.

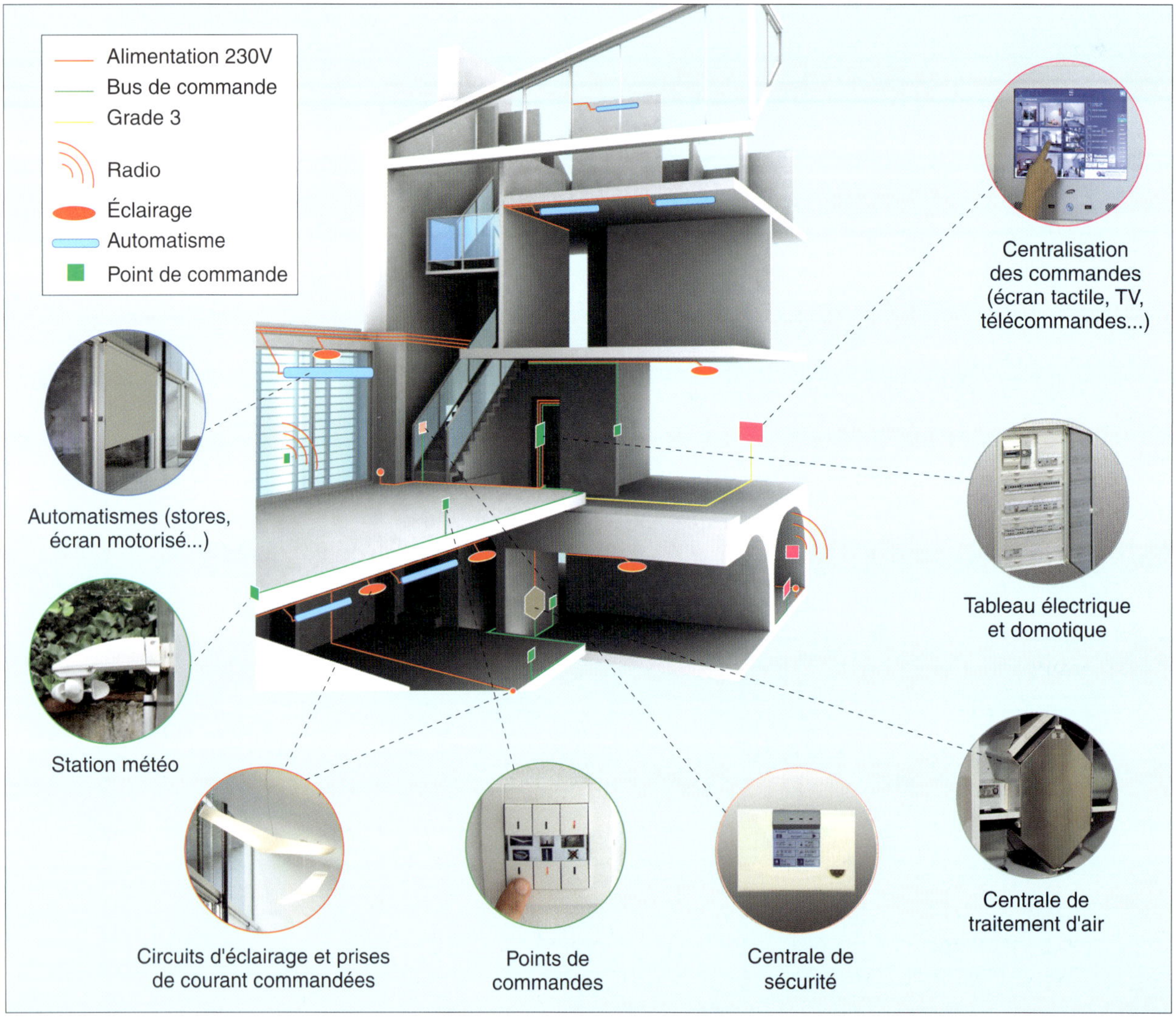

Figure 13.5
Schéma de principe de l'installation domotique de la Maison A. Tous les circuits alimentant les éclairages, prises ou stores sont raccordés directement au tableau électrique, de même que l'alarme ou la ventilation. Les trente-huit points de commandes, boutons, écrans tactiles et détecteurs sont reliés entre eux par le bus et programmés selon les besoins

Le plan électrique, conçu initialement par l'équipe d'architectes, est adapté en conséquence, notamment pour le passage des circuits d'éclairage, l'alimentation des stores et le raccordement sur le bus de tous les points de commande et de contrôle (détecteurs, sondes, thermostats, etc.). Compte tenu des contraintes de la réhabilitation, l'installateur souhaite disposer d'un tableau électrique au sous-sol et d'un autre au rez-de-chaussée *(voir figure 13.6)*. Le conduit de cheminée qui n'est plus utilisé constitue une colonne technique idéale pour distribuer tous les raccordements présents et futurs entre ces deux tableaux électriques, le coffret de communication et les quatre niveaux de la maison.

Infrastructure VDI. Le choix se porte sur la solution VDI de Casanova, avec coffret de communication et distribution des fonctions sur vingt-huit prises RJ-45 *(voir figure 13.7)*.

Figure 13.6
L'électricien Ramzi Nammour devant le tableau électrique principal situé au rez-de-chaussée de la maison. On distingue l'arrivée des circuits issus des étages, le raccordement sur bornier facilitant le câblage des modules domotiques *(source Ghassan G. Nammour)*

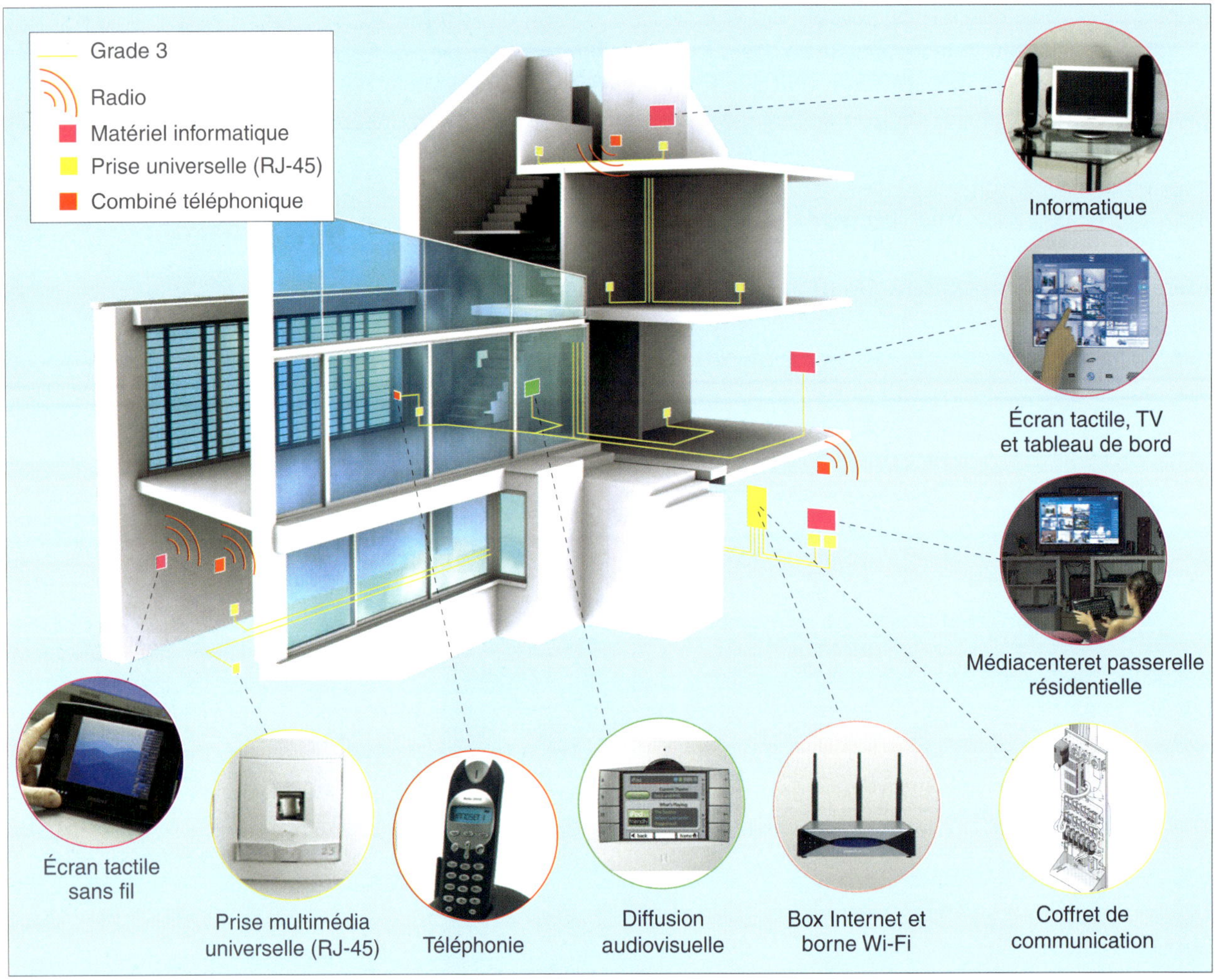

Figure 13.7
Schéma de principe de l'installation VDI de la Maison A. Le coffret de communication relie les arrivées (TV, téléphone, vidéophone, etc.), les modules actifs (switch informatique, distributeur vidéo, etc.), ainsi que les câbles reliant les vingt-huit prises RJ-45 réparties dans la maison

Même s'il n'est pas envisagé de réception TV par satellite, une prise coaxiale est prévue dans la salle multimédia ainsi que dans le bureau, les solutions de diffusion satellite en grade 3 n'étant pas encore commercialisées. La TNT est distribuée par le réseau VDI afin d'alimenter les écrans de télévision, l'écran intégré dans le miroir de la salle de bains, le Media Center et les ordinateurs. Les caméras, l'écran tactile de la cuisine, la base DECT, la Box Internet, le répéteur Wi-Fi et les commandes de diffusion sonores sont toutes raccordées au réseau VDI au niveau du coffret de communication illustré à la figure 13.8.

Chauffage. Toute rénovation qui mise sur l'efficacité énergétique commence par le travail d'un thermicien. Son rôle est d'établir un état des lieux thermique du bâtiment afin d'en appréhender les caractéristiques existantes, de déterminer le potentiel des apports solaires et de faire des recommandations pour l'améliorer. Le tout est confronté aux besoins des futurs occupants et à leurs exigences en matière de confort d'été et de chauffage d'hiver. La maison étant située dans le centre de Paris et les dimensions du jardin étant limitées, les solutions de type géothermie ou aérothermie ne sont pas envisageables. Tous ces éléments, renforcés par une analyse énergétique comparant les coûts d'investissement, les frais de fonctionnement et le niveau de rejet CO_2 de différents systèmes de chauffage, aboutissent au choix d'une solution fondée sur une chaudière à condensation au gaz naturel et un poêle à bois dans le salon.

La chaudière à condensation illustrée à la figure 13.9 permet d'atteindre des rendements supérieurs à 100 % et de générer à elle seule une économie d'énergie de l'ordre de 20 %. Associée à un système de régulation, elle permet d'adapter la température des planchers chauffants et des radiateurs aux besoins des différentes zones. Elle assure également le complément aux capteurs solaires pour la production d'eau chaude. Le tableau de commande de la chaudière sert d'interface entre les sources (chaudière, capteurs solaires, etc.) et les besoins (planchers chauffants, radiateurs, sèche-serviette, douches, bains, cuisines, etc.).

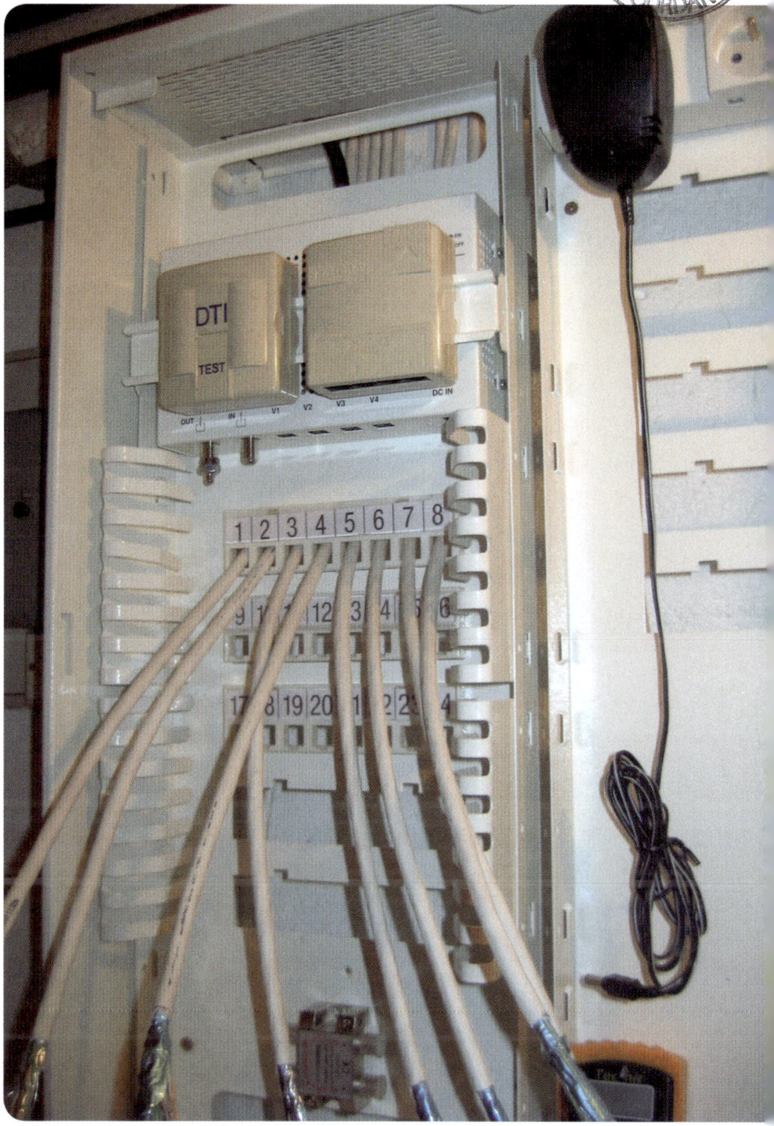

Figure 13.8
Coffret de communication en cours de raccordement *(source Casanova)*

Chaudière à condensation

Dans une chaudière classique, la combustion du gaz provoque de la vapeur d'eau évacuée avec les fumées de combustion. Une chaudière à condensation récupère l'énergie contenue dans la vapeur d'eau en la condensant, d'où une notable économie de combustible, moins de gaz carbonique et moins d'oxydes d'azote produits. Les produits de condensation sont évacués dans le réseau d'eaux usées de la maison. Les économies réalisées peuvent atteindre 30 % par rapport à une chaudière standard moderne si la maison est bien isolée (source ADEME).

Figure 13.9
Chaudière à condensation *(© P. Kozlowski)*

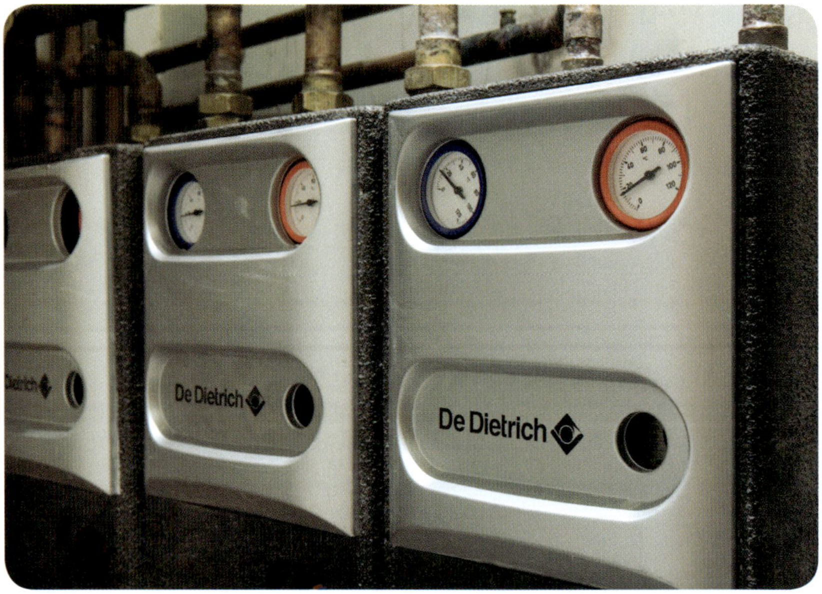

Production d'eau chaude. Malgré le milieu urbain dense aux alentours, la Maison A bénéficie d'une bonne orientation et d'un bon ensoleillement. Six mètres carrés de panneaux solaires situés sur le toit assurent la production d'eau chaude sanitaire et sont relayés par la chaudière à condensation en cas de rayonnement solaire insuffisant *(voir figure 13.10).*

Figure 13.10
Capteurs solaires posés sur le toit de la maison. Leur ressemblance avec des fenêtres de toit a facilité l'obtention des autorisations administratives *(© P. Kozlowski)*

L'utilisation de l'énergie solaire permet de bénéficier d'une énergie gratuite, inépuisable et propre puisqu'elle limite les rejets de CO_2. Le solaire couvre environ 60 % des besoins de la famille.

Traitement de l'air. La centrale de VMC double flux illustrée à la figure 13.11 est équipée d'un récupérateur d'énergie et d'un système à huit vitesses. Ce système participe à l'efficacité de l'installation, d'autant qu'il est directement pilotable par l'installation domotique KNX selon plusieurs modes : programmation horaire, température de consigne, asservissement au taux d'humidité ou de CO_2, déclenchement sur détection de présence, dérogation manuelle par télécommande déportée ou sur l'écran tactile.

Puits canadien. Un puits canadien constitué de quatre tubes de 25 m de longueur et de 11 cm de diamètre permet de réduire significativement la température dans la maison les jours de canicule et de l'augmenter l'hiver pour une consommation électrique dérisoire. Il est généralement recommandé d'utiliser des tubes de diamètre plus grand, et donc moins longs, mais la faible surface du jardin a ici imposé ce choix. L'entrée d'air est située dans le jardin, comme le montre la figure 13.12.

Selon la température extérieure, l'installation est capable de déterminer s'il est préférable d'insuffler dans le circuit de VMC de l'air provenant de l'extérieur ou du puits canadien. Une commande sur le logiciel de supervision permet d'effectuer une dérogation à ce fonctionnement automatique.

Figure 13.11
Centrale double flux : l'échangeur thermique situé au centre permet de récupérer la chaleur au lieu de l'évacuer vers l'extérieur et ainsi d'optimiser les performances énergétiques de la maison. Un système de filtrage assure la qualité de l'air insufflé dans les pièces *(source Helios)*

Figure 13.12
La borne de prise d'air du puits canadien est esthétique, inoxydable et équipée d'un filtre à poche très efficace pour isoler l'intérieur de la maison de la pollution *(© P. Kozlowski)*

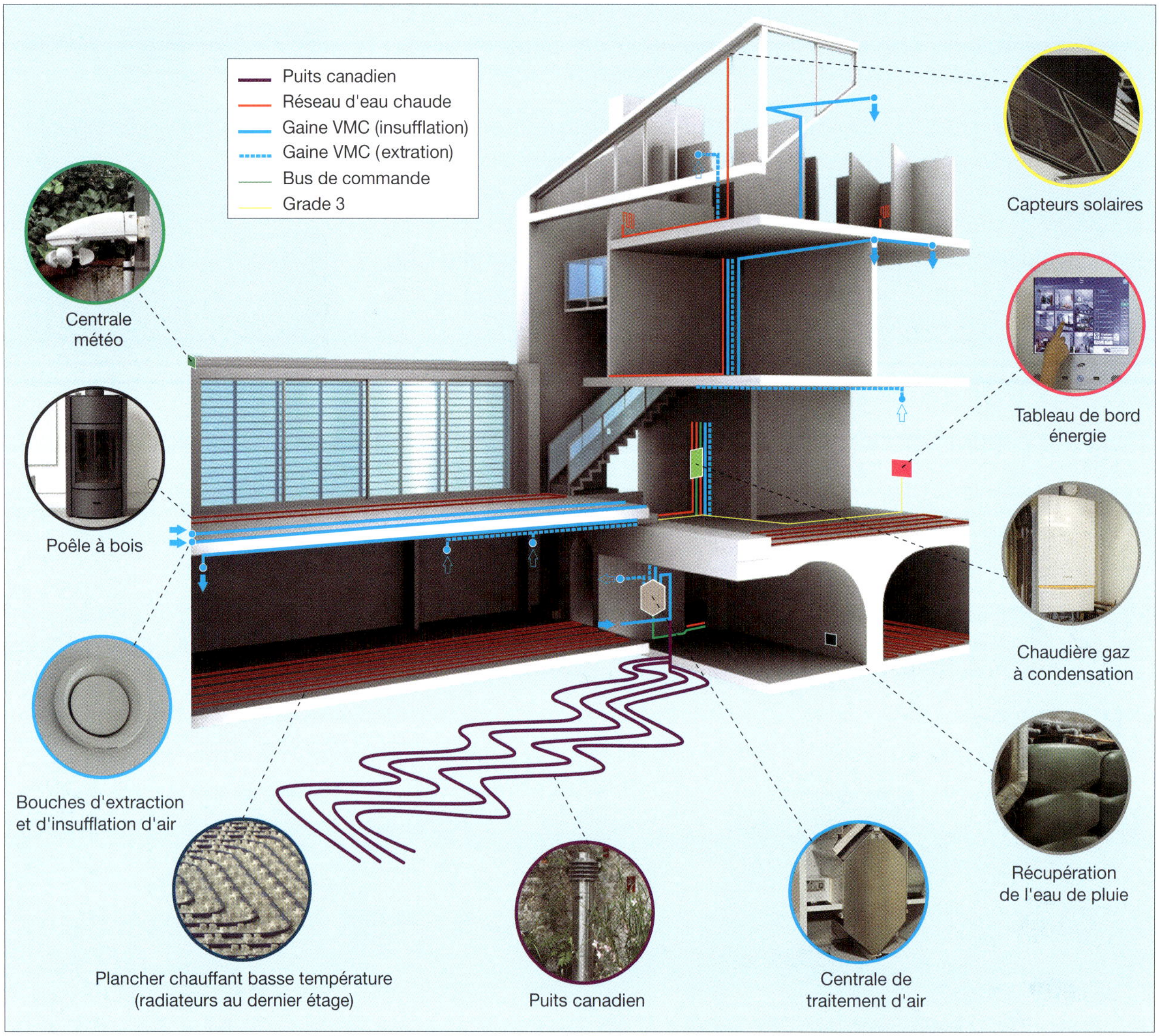

Figure 13.13

Schéma de principe de l'installation énergie de la maison. Les réseaux de chauffage, d'eau chaude sanitaire, de puits canadien, de récupération d'eau et de ventilation se complètent pour garantir à la fois le confort et les économies d'énergie. Sept bouches d'extraction et sept bouches d'insufflation d'air permettent le renouvellement d'air, tandis que les planchers chauffants et les radiateurs du deuxième étage assurent un confort thermique optimal. Le tout est régulé par la domotique grâce à différents capteurs et complété par le tableau de bord de la cuisine, qui permet de piloter l'installation et de connaître les consommations énergétiques en instantané ou sous forme d'historique

La figure 13.13 récapitule les différents équipements liés à l'énergie sélectionnés dans ce projet.

Récupération des eaux de pluie. Comme le montre la figure 13.14, deux cuves de 750 litres et une pompe installés au sous-sol alimentent les chasses d'eau et le système d'arrosage du jardin. Un capteur de niveau permet à tout moment de visualiser sur les écrans de la maison la quantité d'eau disponible.

Figure 13.14
Cuves de récupération d'eau de pluie et pompe alimentant les chasses d'eau et l'arrosage du jardin *(© P. Kozlowski)*

Sécurité. L'installation de sécurité comprend une partie d'alarme technique, avec deux détecteurs de fumée, et un système d'alarme anti-intrusion radio KNX, permettant de gérer jusqu'à quatre zones indépendantes. La centrale d'alarme installée à l'entrée de la maison est illustrée à la figure 13.15.

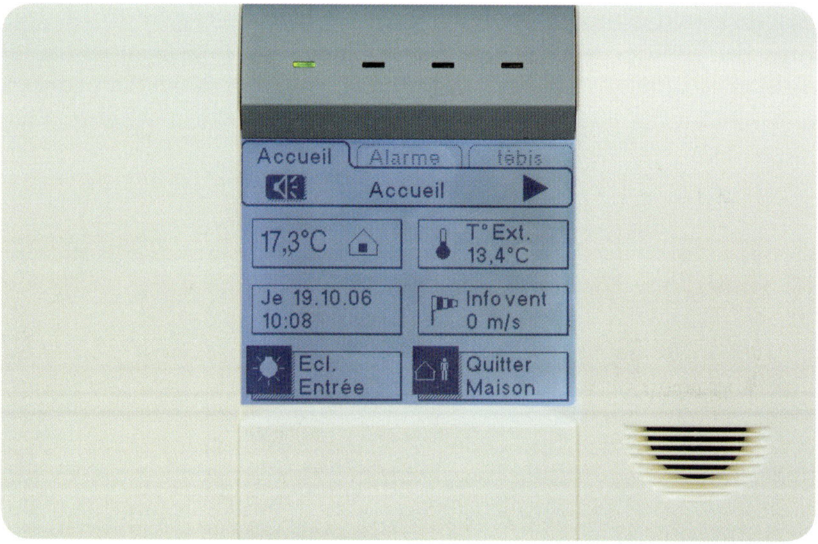

Figure 13.15
Centrale d'alarme KNX permettant la mise en service du système de protection de la maison, la commande de tous les équipements domotiques et accessoirement l'enregistrement de messages vocaux *(© P. Kozlowski)*

La détection des tentatives d'intrusion est assurée par des capteurs volumétriques, des détecteurs de bris de glace et des détecteurs d'ouverture. Une sirène intérieure complète ce dispositif. La centrale d'alarme radio est également reliée par bus à l'ensemble de l'installation domotique, ce qui permet l'échange d'informations entre les deux systèmes. Il est ainsi possible d'utiliser l'écran tactile de la centrale pour les mises en et hors service totale ou partielle de l'alarme, de visualiser les alarmes techniques, mais aussi de piloter par l'intermédiaire de cette interface tous les équipements électriques de la maison ou d'utiliser les détecteurs volumétriques pour commander l'éclairage d'un couloir quand la maison n'est pas sous alarme. Le dispositif propose également des fonctions de messagerie permettant aux membres de la famille de se laisser des messages vocaux. La figure 13.16 récapitule les différents équipements liés au système anti-intrusion.

Vidéosurveillance. Le système est constitué de trois caméras intérieures (cuisine, salon, sous-sol) et une extérieure, celle du vidéophone, qui est compatible avec les systèmes de vidéosurveillance du marché. L'infrastructure VDI décrite précédemment permet de simplifier la mise en œuvre du système et offrira à l'avenir la possibilité d'ajouter ou de déplacer des caméras. L'offre de caméra IP étant aujourd'hui restreinte, notamment en termes d'esthétique et de discrétion, et les webcams se révélant peu adaptées à la vidéosurveillance, le choix s'est porté vers des caméras analogiques traditionnelles reliées aux câbles grade 3 et couplées à un serveur numérique. Cette approche a permis d'optimiser la qualité des images, les fonctions disponibles et l'intégration. Le système de vidéosurveillance de la Maison A est interfacé avec le réseau TV pour permettre la visualisation des camé-

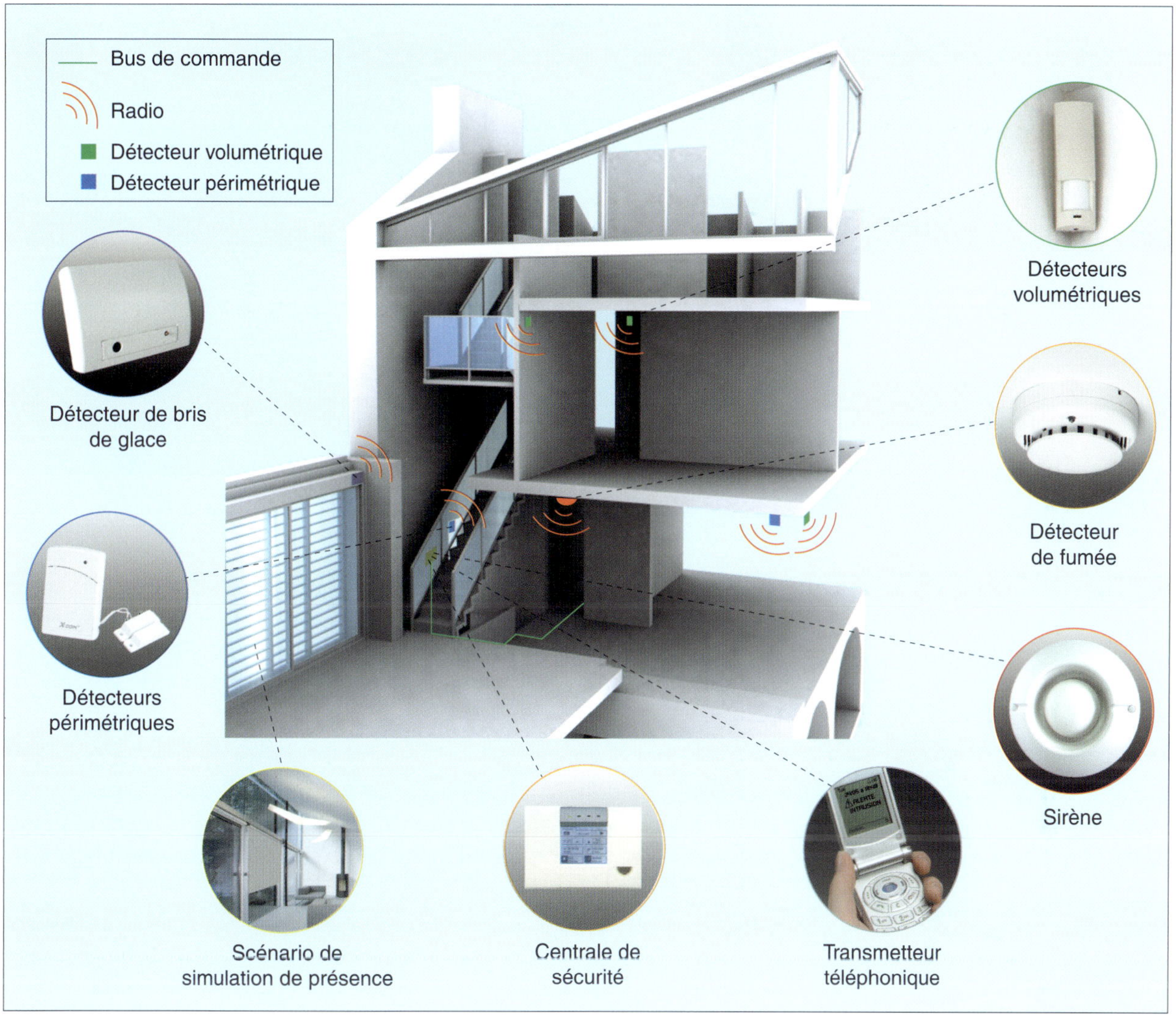

Figure 13.16
Schéma de principe de l'installation de sécurité. La centrale d'alarme centralise toutes les commandes domotiques et les remontées d'informations issues des trois détecteurs volumétriques, des deux détecteurs périmétriques, du détecteur de bris de glace et du capteur de fumée. Elle est en mesure de déclencher un scénario domotique, une sirène ou l'envoi d'un message à distance

ras sur les différents écrans et ordinateurs de la maison, en temps réel ou en différé, le tableau de bord de la cuisine ainsi que sur le réseau haut débit pour consultation des caméras à distance par Internet *(voir figure 13.17)*.

Le câblage en grade 3 préserve la possibilité de remplacer ultérieurement les caméras par des modèles IP dès que l'offre sera réellement adaptée au résidentiel.

Figure 13.17
Visualisation des caméras de la maison à distance par Internet *(source DomoConsulting)*

Accueil des visiteurs. En complément du système de sécurité et de vidéo-surveillance, le contrôle d'accès permet de sécuriser l'accès à l'habitation. Cette fonction est assurée par un vidéophone complété par un lecteur d'empreintes digitales. Comme le montre la figure 13.18, le système est

Figure 13.18
Système d'accueil des visiteurs. La platine de rue est encastrée en façade et est constituée d'un bouton-poussoir, d'un micro, d'un haut-parleur, d'une caméra couleur orientable et d'un lecteur d'empreintes digitales capable de gérer jusqu'à cent utilisateurs. Le poste intérieur de la cuisine se compose d'un combiné fixe, d'une sonnerie, de boutons de commande et d'un moniteur vidéo couleur. À droite, le poste audio du deuxième étage *(© P. Kozlowski)*

constitué d'une platine de rue, d'un poste intérieur vidéo dans la cuisine et d'un poste intérieur audio au deuxième étage.

Le vidéophone est raccordé au système téléphonique et au réseau TV, ce qui assure la réception des visiteurs dans les meilleures conditions de sécurité et depuis toutes les pièces de la maison.

La figure 13.19 donne une vue synthétique des systèmes de sécurité, de vidéosurveillance et de contrôle d'accès de la maison.

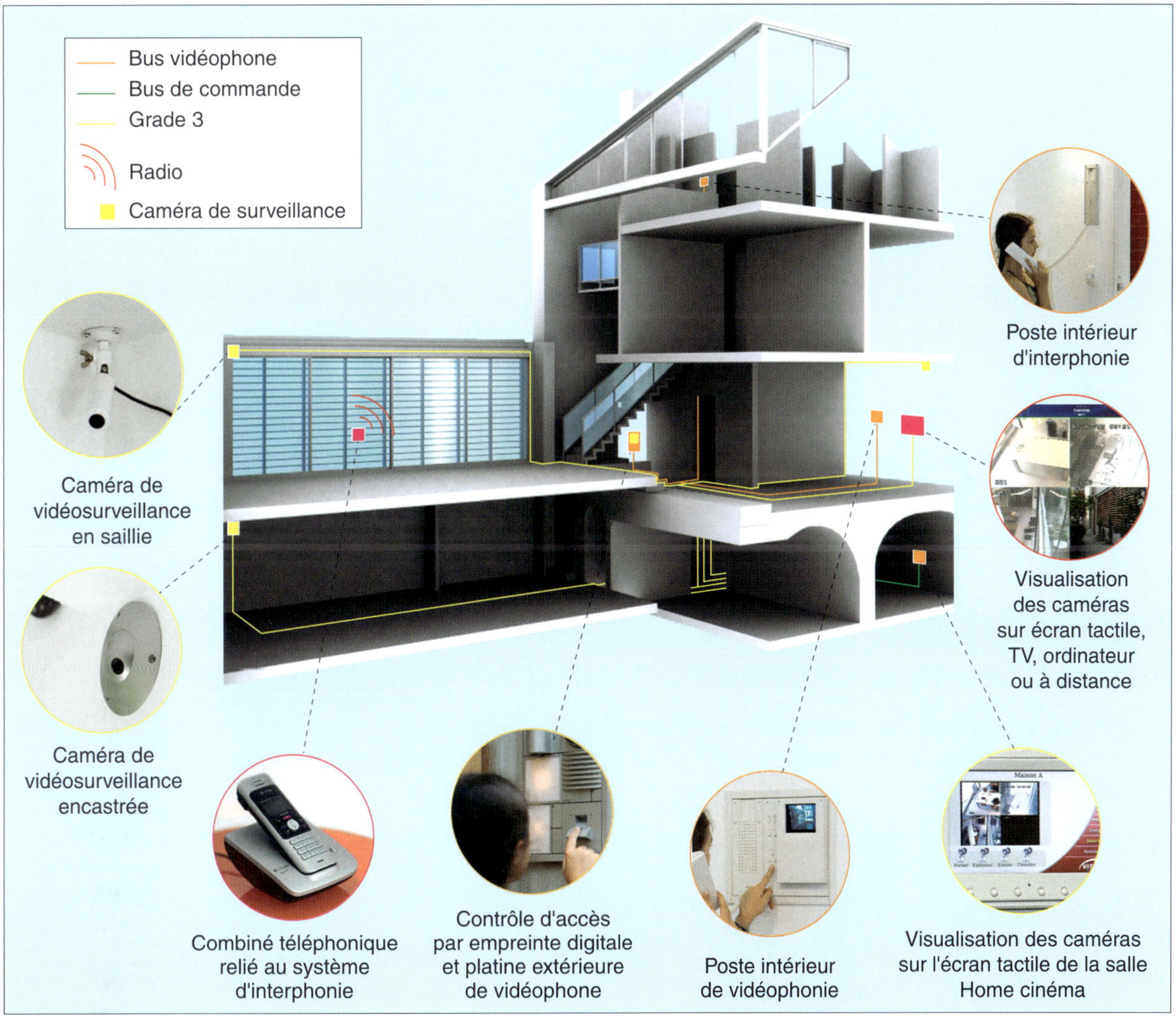

Figure 13.19
Schéma de principe des systèmes de vidéosurveillance et de contrôle d'accès. Un système de vidéophonie et de contrôle d'accès des visiteurs complète le niveau de sécurité de la maison Les quatre caméras sont consultables sur tous les écrans en local et à distance. La platine de rue communique avec le vidéophone de la cuisine, le combiné audio situé à l'étage ainsi qu'avec tous les téléphones de la maison

Appareillage. De façon à éviter la multiplication des boutons pour la gestion des stores, des éclairages intérieurs et extérieurs, de la variation d'éclairage, des thermostats, des prises commandées et des scénarios, la gamme Kallysta d'Hager est retenue. Elle permet de regrouper toutes les commandes à l'entrée de chaque zone sur une seule platine de 2, 4 ou 6 boutons-poussoir. La couleur et les matériaux des finitions sont choisies en fonction de la décoration de chaque pièce. Certaines platines intègrent des voyants lumineux pour connaître l'état du circuit concerné ou sont équipées de détecteurs de passage, qui permettent d'allumer automatiquement une pièce tout en laissant la possibilité à l'utilisateur d'activer ou non ce mode automatique. D'autres sont équipées d'un récepteur infrarouge pour permettre la commande des éclairages et des stores depuis une télécommande. Certaines platines sont sans fil, pour certains points de commande qui ne peuvent être câblés, comme les parois vitrées du salon, de la salle d'eau du deuxième étage ou le placard du sous-sol *(voir figure 13.20).*

Ce type de commande radio ne nécessite pas de changement de piles, car l'alimentation est assurée par un capteur solaire situé au centre de l'appareil.

Figure 13.20
Commandes sans fil collées sur les parois ne permettant pas le moindre câblage *(© P. Kozlowski)*

Une attention toute particulière est apportée à la signalétique des commandes de façon à faciliter l'utilisation au quotidien *(voir figure 13.21)*.

Un module à touches sensitives et à thermostat intégré est sélectionné pour la cuisine. Les prises de courant et les prises RJ-45 sont également choisies dans la gamme Kallysta.

Audiovisuel. Une centrale de diffusion audiovisuelle multizone située dans la salle multimédia est reliée aux sources audio et vidéo et à plusieurs commandes locales *(voir figure 13.22)*. Chaque utilisateur peut choisir dans la pièce où il se trouve d'écouter la source de son choix, de commander les équipements à distance sur le clavier ou par l'intermédiaire d'une télécommande.

Les claviers situés dans les zones principales peuvent afficher les informations relatives à la station de radio, au morceau en cours de lecture ou à la chaîne de TV diffusée. Le salon est équipé d'un clavier plus élaboré que dans les autres zones de la maison *(voir figure 13.23)*. Il permet de piloter la diffusion sonore sur un écran tactile couleur et de visualiser toutes les informations concernant la station de radio, le titre d'un album, le nom de l'artiste ou celui du morceau.

Figure 13.21
Exemple de signalétique facilitant l'utilisation des platines à boutons multiples *(source Hager)*

Figure 13.22
Schéma de principe de l'installation audiovisuelle *(source DomoConsulting)*

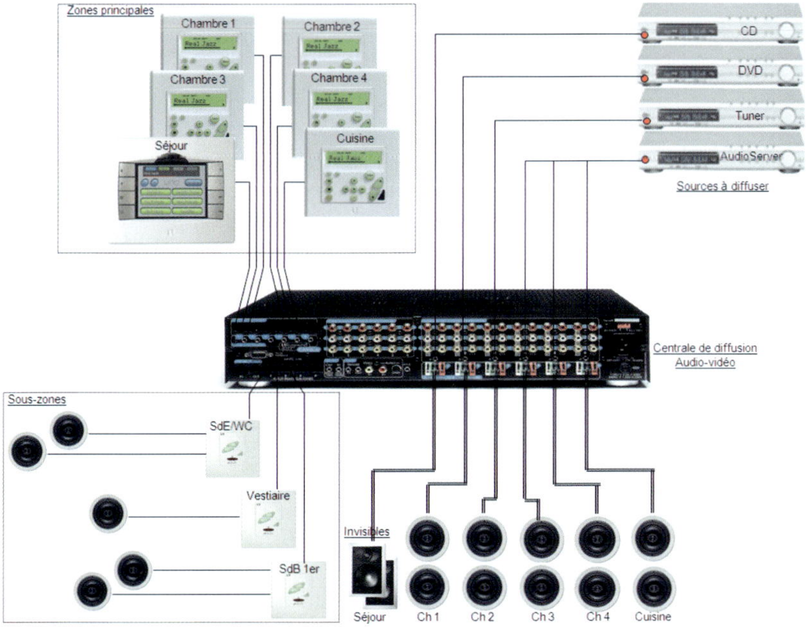

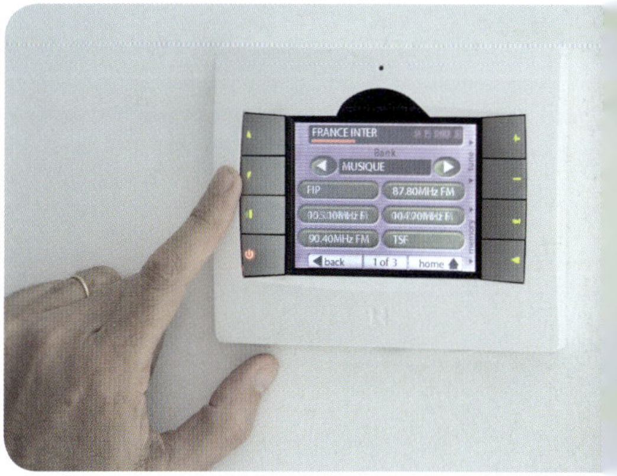

Figure 13.23
Écran tactile situé à l'entrée du salon permettant de commander toutes les sources audio et vidéo de la maison *(© P. Kozlowski)*

L'installation offre la possibilité de raccorder un baladeur numérique de type iPod et de diffuser le son dans la pièce de son choix ou encore de passer en mode réception, c'est-à-dire diffuser une musique d'ambiance dans toutes les zones de la maison tout en désactivant les différents claviers, afin d'éviter toute manipulation intempestive. Les haut-parleurs sont parfaitement encastrés dans les plafonds, notamment dans le séjour où ils sont complètement invisibles *(voir figure 13.24)*.

Ils sont reliés directement à la centrale par du câble haut-parleur tandis que les claviers sont raccordés grâce à du câble grade 3, ce qui est cohérent par rapport à la volonté de pérennité et d'évolutivité de l'installation.

Le principe de l'installation audiovisuelle est schématisé à la figure 13.25.

Figure 13.24
Enceintes invisibles conçues pour diffuser le son à travers une surface solide pouvant être peinte ou recouverte de tissus *(source Pilotefilms)*

Tableau de bord. La programmation des scénarios, la gestion de l'énergie, la centralisation des commandes et de la sécurité ainsi que la supervision en local et à distance de l'installation sont assurées par la passerelle résidentielle Sairbere. Comme le montre la figure 13.26, une attention particulière est apportée à l'ergonomie d'utilisation. La majorité des fonctions est accessible depuis une interface graphique représentée par les photos des pièces. L'utilisateur est en mesure de visualiser en temps réel le résultat de ses actions, que ce soit sur l'écran tactile de la cuisine, sur les écrans de télévi-

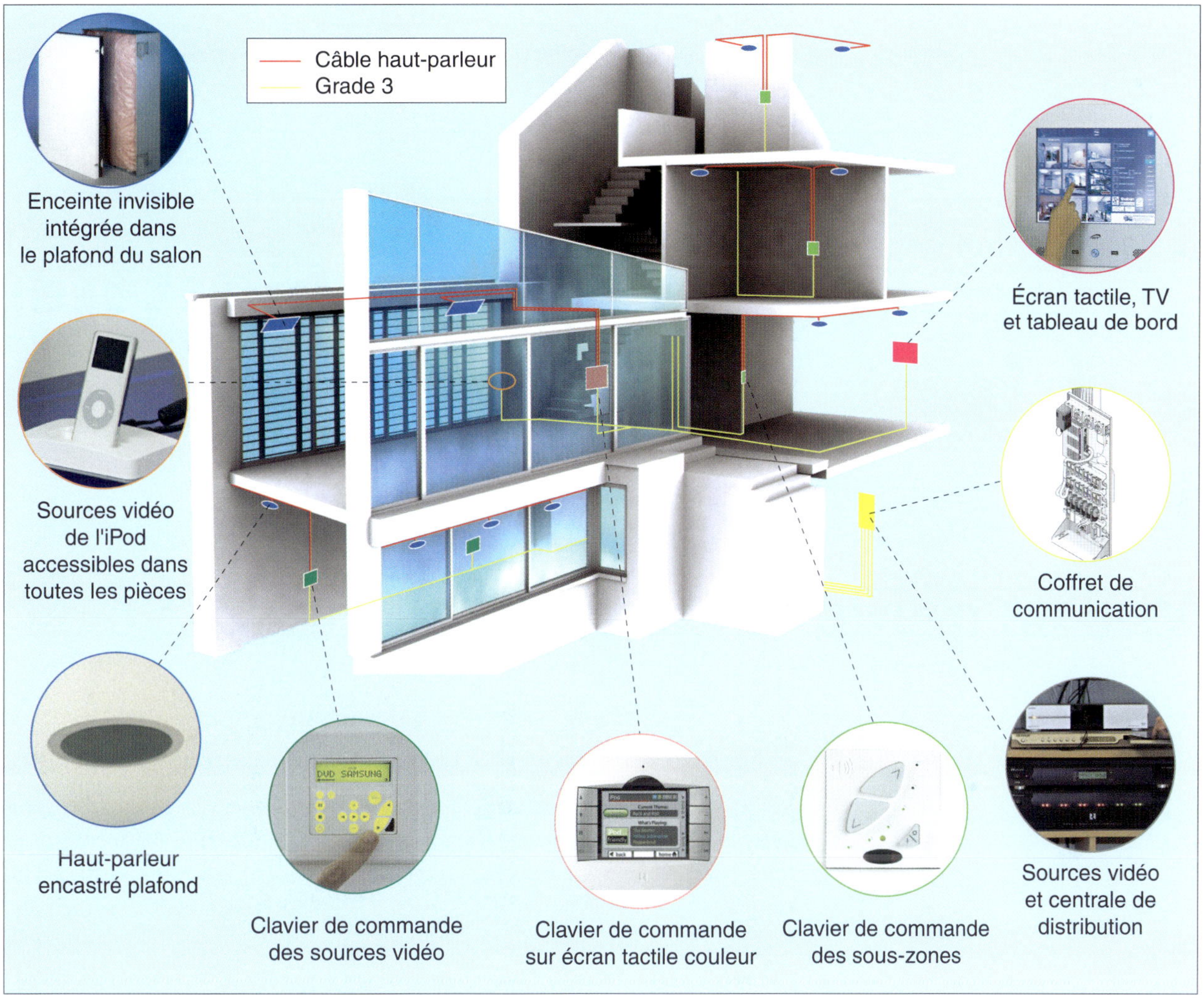

Figure 13.25
Schéma de principe de l'installation audiovisuelle. Le son est diffusé dans toutes les pièces grâce à quinze haut-parleurs encastrés dans les plafonds et à deux enceintes invisibles situés dans le salon. Les sources vidéos sont visibles sur tous les écrans et, comme les sources audio, sont pilotables localement grâce à trois claviers de sous-zone, cinq claviers à écran LCD et un écran tactile

sion ou à distance par Internet. La possibilité d'accéder à toutes les informations liées aux consommations énergétiques et de modifier le contenu des scénarios de vie sans faire appel à l'installateur est déterminante dans le choix du logiciel Sairbere.

Ces solutions répondent à toutes les fonctionnalités prévues dans la première phase du projet et permettront par la suite de faire évoluer l'installation conformément aux besoins exprimés pour la seconde phase.

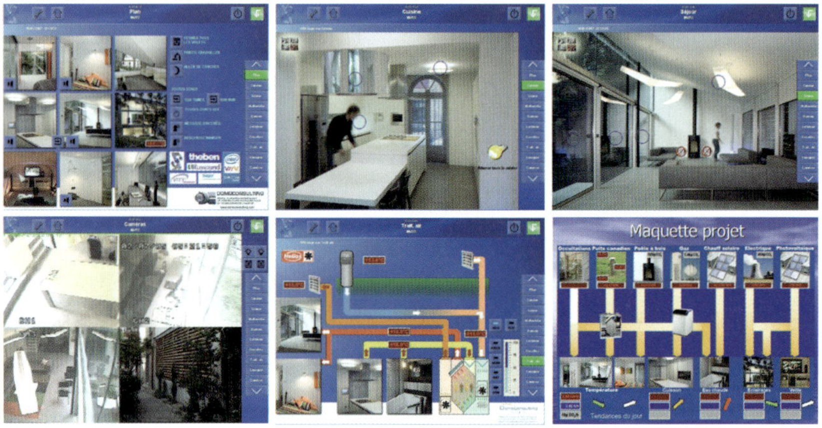

Figure 13.26
Exemples de pages du tableau de bord accessibles depuis les ordinateurs, les TV et les écrans tactiles de la maison. À partir de la page d'accueil, il est possible de commander tous les équipements domotiques et audiovisuels, de modifier les scénarios de vie, de visualiser les caméras, de superviser le puits canadien ou de connaître les consommations énergétiques en instantané ou sous forme d'historique *(source DomoConsulting)*

Mise en œuvre de l'installation

La figure 13.27 donne un aperçu du déroulement du projet.

Les plans d'implantation ont été modifiés une dernière fois sur place après l'élévation des murs, de façon à optimiser le placement des équipements et tenir compte des systèmes d'éclairage finalement choisis : lampes sur prises commandées, variation d'éclairage dans le salon et la chambre principale, éclairage en trichromie, LED encastrés dans le plancher du sous-sol *(voir figure 13.28)*.

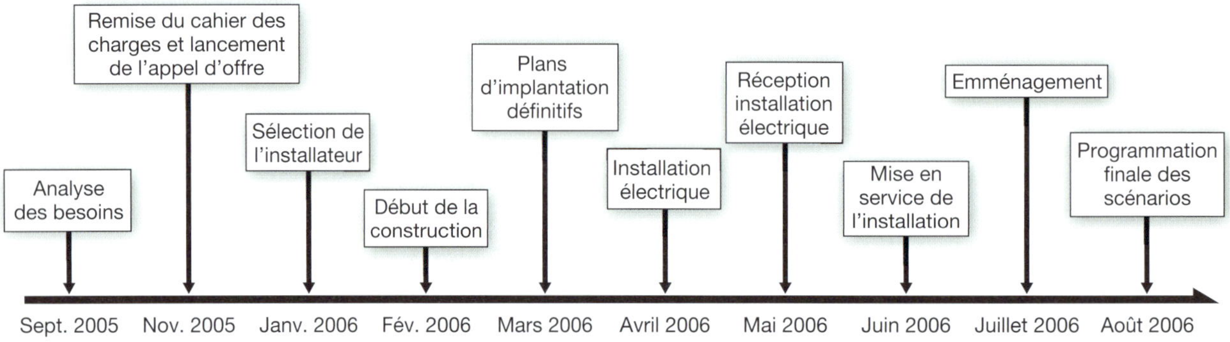

Figure 13.27
Principales étapes de déroulement du projet

Figure 13.28
Système de LED encastrés dans le plancher du sous-sol *(© P. Kozlowski)*

Le traçage des gaines de passage de câble est alors effectué, et les plans de câblage sont validés par toutes les parties. Cela permet à l'électricien de réaliser l'installation électrique de façon totalement autonome. Le rôle de DomoConsulting se limite pendant cette période à coordonner, au côté de l'architecte, les interventions des entreprises concernées. Certaines finitions, comme la pose des stores, la fabrication des meubles audiovisuels, l'intégration du téléviseur dans le miroir de la salle de bains ou l'intégration de l'écran d'ordinateur motorisé dans le bureau de la chambre principale nécessitent une synchronisation entre plusieurs corps d'état *(voir figure 13.29)*.

Compte tenu du nombre important d'équipements, la phase de mise en service est particulièrement délicate. L'électricien, véritable intégrateur, assure l'essentiel du paramétrage domotique, de la programmation des écrans et de la mise en œuvre de l'installation audiovisuelle sur la base du cahier des charges. Certains fabricants assurent ponctuellement le support technique et DomoConsulting sert d'interface dans le dialogue, la mise au point et la prise en main par les différents membres de la famille.

Figure 13.29
La mise en œuvre de certains équipements, comme l'écran motorisé, l'écran miroir de la salle de bains, l'écran tactile de la cuisine ou le home cinéma du sous-sol ont nécessité une synchronisation de touts les instants entre les différents corps d'état *(© P. Kozlowski)*

La réception des travaux permet de valider la conformité de l'installation avec les spécifications du cahier des charges.

Il est important de noter que la programmation finale des scénarios n'est effectuée qu'après l'emménagement, de façon à optimiser leur fonctionnement en fonction de l'utilisation réelle de la maison. La flexibilité du système permet de déplacer quelques points de commande et de modifier l'affectation de certaines prises VDI.

La figure 13.30 montre l'écran tactile de la cuisine permettant de contrôler l'ensemble de l'installation.

La mise en place de tous ces systèmes n'a pas d'impact sur la date de livraison de la maison. L'installation électrique prend évidemment plus de temps que pour une maison traditionnelle, mais, tout comme la phase de mise en service et de paramétrage, elle ne perturbe ni le planning ni l'intervention des autres corps d'état.

Figure 13.30

L'écran tactile de la cuisine donne accès à la centralisation des commandes, à la supervision de l'installation ainsi qu'à la visualisation des sources vidéo et des caméras et permet la commande de la diffusion sonore et l'accès à Internet *(© P. Kozlowski)*

Analyse budgétaire

La mise en place des différentes fonctions innovantes a nécessité la fourniture d'équipements supplémentaires et un surplus de main-d'œuvre dans de nombreux domaines. Le tableau 13.2 donne une estimation du surcoût engendré par ces différents postes.

Le surcoût de l'installation communicante par rapport à une installation traditionnelle, beaucoup moins riche en fonctionnalités, peut être évalué à environ 4 % du budget total de réhabilitation de la maison. Les équipements et fonctions optionnels, comme les écrans tactiles, les télécommandes, les caméras, les détecteurs de sécurité, la lustrerie, la variation d'éclairage et la supervision à distance, représentent 6 % du budget total.

Le surcoût doit être nuancé dans la mesure où les époux M. avaient de toute façon prévu la mise en place de fonctions de sécurité, de réseau informatique, de centralisation de volets et de home cinéma. L'étude préalable a permis de les inclure dans la phase initiale de construction, ce qui a permis de rationaliser l'installation et de réduire le coût total des différents systèmes. Le choix du puits canadien, de la VMC double flux et de la régulation domotique a même évité de lourds investissements liés au choix initial de climatiser la maison.

Plus globalement, toutes les évolutions liées aux futurs besoins des clients, comme la mise en location éventuelle de la maison, le changement de destination de certaines pièces ou l'intégration de nouveaux équipements, seront facilitées et ne nécessiteront pas de lourds travaux.

Après un an d'utilisation de la maison, une analyse du bureau d'étude NRGYS montre que l'intégration des fonctions de régulation, de programmation et d'automatismes offre un gain supplémentaire de 10 % par rapport aux hypothèses initiales du bureau d'étude thermique en ce qui concerne les performances énergétiques, soit 30 % en dessous des maximas de la réglementation thermique 2005. Les fonctions domotiques permettent en outre de réduire notablement les émissions de gaz à effet de serre, comme le montre la figure 13.31.

Au-delà du surplus de confort, de sécurité et d'évolutivité, la mise en place des fonctions domotiques et multimédias, du puits canadien, de la VMC double flux, des capteurs solaires, des doubles vitrages, d'une isolation de qualité, des scénarios de vie et de la régulation du chauffage et des éclairages génère au final chaque année des économies d'énergie, tout en valorisant la maison en cas de revente.

Tableau 13.2 Surcoûts d'intégration des fonctions communicantes (en euros HT/prix 2006)

	Projet initial	Installation communicante		Équipements optionnels	
Terrassement	10 000				
Maçonnerie/élévation	140 000				
Charpente	25 000				
Couverture	20 000				
Menuiseries/ouvertures	50 000				
Plomberie	20 000				
Électricité	21 000	5 100	Éclairage KNX/tableau domotique	240	Variation d'éclairage
Réseau VDI	1 200	1 400	Coffret de communication/RJ-45	500	Actif TV
Appareillage électrique	4 000	1 100	Kallysta KNX/détecteurs	340	Boutons IR/radio
Luminaires	12 000				
Automatismes	2 300	800	Centralisation stores KNX	1 200	Lift écran
Chauffage	25 000	1 100	Station météo/régulation	640	Capteurs T°
Peinture intérieure	18 000				
Cuisine	30 000				
Poêle à bois	3 000				
Jardin	5 000	400	Gestion arrosage		
Sécurité	1 400	600	Centrale KNX et écran tactile	430	Détecteurs de fumée
Contrôle d'accès		1 100	Code/lecteur biométrique		
Accueil des visiteurs	1 200	1 500	Vidéophone KNX modulaire	1 400	Renvoi vers téléphone et TV
Vidéosurveillance		200	Précâblage	900	Caméras/serveur
Escalier	12 000				
Aspiration centralisée	3 000				
VMC double flux	3 000	700	Interface KNX		
Puits canadien	2 500				
Carrelage	5 000				
Placards/dressing	3 000				
Informatique		220	Switch 16 ports/Wi-Fi	900	UMPC
Diffusion sonore			Précâblage/HP/claviers	5 500	Claviers/HP/centrale audio/tuner
Distribution vidéo		200	Précâblage	3 000	Modulateur/centrale vidéo
Home cinéma		250	Précâblage Home Cinema	3 800	Plasma/système 5.1/DVD
Centralisation		300	Boutons scénarios	1 600	Passerelle résidentielle
Écran tactile		200	Précâblage	4 000	Écrans 3,8″, 7″ et 15″
Programmation/paramétrage		1 500	Paramétrage KNX	3 200	Intégration domotique/multimédia
Études architectes et BET	30 000				
Étude multimédia/domotique		2 500	Conception	1 500	Suivi/Coordination
Total	**447 600**	**19 170**		**29 150**	
Surcoût/projet initial		**4,28 %**		**6,51 %**	

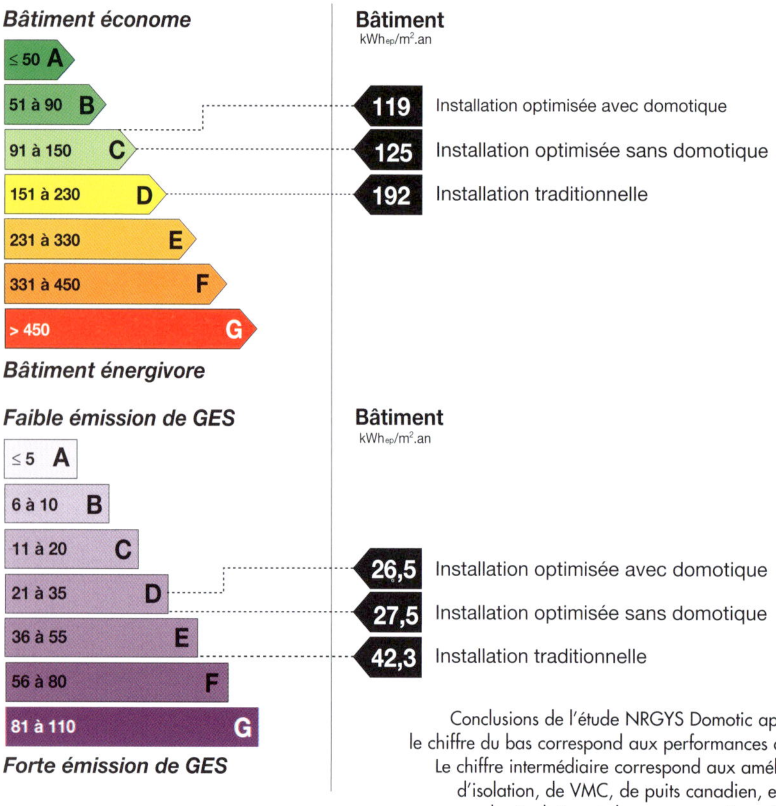

Figure 13.31

Conclusions de l'étude NRGYS Domotic après un an d'utilisation de la maison. Pour chaque étiquette, le chiffre du bas correspond aux performances qui auraient été obtenues avec une approche traditionnelle. Le chiffre intermédiaire correspond aux améliorations apportées grâce aux choix du type de chauffage, d'isolation, de VMC, de puits canadien, etc. Le chiffre du haut tient compte des fonctions domotiques de régulation et de programmation mises en œuvre. L'approche innovante a permis de minimiser les consommations énergétiques et de limiter les émissions de gaz à effet de serre *(source NRGYS)*

Ce projet a été géré selon la méthode décrite au chapitre 11, fondée sur une analyse fonctionnelle des besoins, la rédaction d'un dossier descriptif détaillé et une coordination rigoureuse des entreprises sélectionnées. Le respect scrupuleux de ces différentes étapes a constitué le facteur clé de sa réussite.

Pour en savoir plus

Un reportage vidéo illustrant ce projet, réalisé pour l'émission *Question Maison* (coproduction Sacha Production/France 5) et diffusé en octobre 2007 sur France 5, est disponible en ligne à l'adresse : *http://bit.ly/jeuland-chap13*

Tous les détails de ce projet ainsi que trois autres études de cas (construction d'une maison dans le sud de la France, rénovation d'un appartement en Bretagne et loft haut de gamme à Paris) sont disponibles sur le site dédié à l'ouvrage, à l'adresse *www.maisoncommunicante.com*.

Un livre détaillant toute la conception et la construction de la Maison A et du Studio B, ainsi que leurs aspects environnementaux, domotiques et multimédias, est paru en 2007 dans la collection « Construire, rénover, habiter », coéditée par les éditions Eyrolles et *Architectures à vivre* (*http://bit.ly/maison-a*).

14 Étude de cas n° 2 : petite rénovation d'un appartement

« *À chacun sa domotique* » (Promotelec, 2009).

Le slogan de la campagne de publicité lancé en 2009 par Promotelec* part du constat qu'il existe un éventail de solutions domotiques adaptées à la taille et aux caractéristiques de chaque projet. À partir du moment où les bonnes questions sont posées en amont, les produits retenus correspondent aux besoins exprimés par les futurs utilisateurs et aux compétences de l'installateur. C'est ce que cette étude de cas illustre parfaitement.

Il s'agit d'une petite installation très représentative du marché de la domotique puisqu'elle répond aux questions que nous sommes très nombreux à nous poser : comment adapter un logement existant et y ajouter des fonctions de centralisation, de pilotage à distance ou de sécurité ? Si oui, comment s'y prendre et combien cela coûte-t-il ?

Contrairement à l'étude de cas précédente et à la suivante, et étant donné le périmètre réduit de l'installation, nous allons voir que le déroulé de ce projet ne suit pas point par point la méthodologie détaillée dans cet ouvrage mais est néanmoins basé sur des principes fondamentaux d'analyse et de conception rigoureuse.

* Promotelec œuvre depuis plus de quarante-cinq ans pour la promotion de la sécurité électrique et de la qualité des installations. Aujourd'hui, tout en continuant à sensibiliser les usagers sur ces thèmes essentiels, l'association intègre aussi dans ses missions la promotion de la domotique et de la performance énergétique *(www.promotelec.com)*.

Conception du projet

En janvier 2008, les propriétaires des lieux et leurs deux enfants décident de rénover un appartement de vacances de la côte atlantique. Il s'agit d'un logement de 88 m^2 situé dans un immeuble de cinq étages en bord de mer *(voir figure 14.1)*.

C'est un appartement en angle, avec une vue imprenable sur l'océan. L'immeuble ayant été construit en 1967, l'appartement a besoin d'être totalement rénové. Pierre Vincent, l'architecte choisi pour cette mission, propose un aménagement fonctionnel et contemporain, à partir d'une sélection de matériaux « nobles » (wengué, granit, etc.) et de l'utilisation d'un jeu de couleurs complémentaires révélé par la qualité lumineuse du site.

Les clients ont exprimé très tôt leur volonté de piloter différentes fonctions à distance. L'entreprise d'électricité chargée à l'origine du projet avait initialement proposé une interface téléphonique qui s'est malheureusement révélée inadaptée aux besoins exprimés : le nombre de sorties disponibles et l'ergonomie rudimentaire empêchaient une utilisation réellement fonctionnelle. Le propriétaire devait en effet appeler une sorte de répondeur

Figure 14.1
Vue d'ensemble de l'immeuble édifié à la fin des années 1960 *(source Maison communicante)*

téléphonique ne permettant de gérer que deux appareils et d'inverser leur état sans vraiment avoir de retour d'état, ce qui risquait d'aboutir à l'inverse du résultat escompté.

Excepté la motorisation individuelle des volets et la mise en place d'un système d'alarme, l'appartement a été livré sans aucune autre fonction domotique en novembre 2008. L'architecte a fait appel dans un second temps à un artisan formé à la domotique et titulaire de la qualification « Bâtiment Communicant » de Qualifelec pour analyser la situation et proposer une solution de rechange.

Analyse des besoins

Nous sommes dans un projet typique des fonctions demandées dans les logements secondaires. Il s'agit avant tout de simplifier l'utilisation au quotidien, de piloter certaines fonctions à distance et de sécuriser les lieux.

Les propriétaires souhaitent avoir l'assurance que l'appartement est bien protégé et en mode « éco » lorsqu'ils sont absents, même s'ils l'ont prêté à des amis, par exemple. Sans fonction domotique, il faut, en l'état, faire le tour des ouvertures pour descendre les volets, le tour des panneaux rayonnants pour les passer en mode réduit, éteindre le sèche-serviette et le ballon d'eau chaude, s'assurer que tous les éclairages sont éteints et mettre l'alarme en route.

Il y a forcément un risque d'oubli ou de mauvaise manipulation, surtout pour les personnes de passage. En plus, il n'y a aucun moyen de remonter l'appartement en température quelques heures avant d'arriver sur place ni de couper l'état de veille du lave-vaisselle que la famille met systématiquement en route à son départ et qui consomme inutilement de l'électricité entre deux séjours.

Après le premier rendez-vous, une liste de fonctions est établie *(voir tableau 14.1)*.

Comme toujours, le système doit être simple à utiliser à partir d'un téléphone ou d'un ordinateur. L'utilisateur doit pouvoir connaître l'état réel des différents circuits pour éviter toute mauvaise manipulation.

Tableau 14.1 Besoins recensés

Fonction	Caractéristique
Gestion de l'énergie	Mise en route à distance des panneaux rayonnants
	Mise en route à distance du ballon d'eau chaude
	Passage simplifié du mode éco au mode confort lors de l'arrivée
	Passage simplifié du mode confort au mode éco lors du départ
	Coupe-veille du circuit électrique du lave-vaisselle
	Ajout du sèche-serviette dans le scénario départ
Confort	Pilotage groupé des volets roulants
	Pilotage groupé des éclairages
	Pilotage à distance en cas d'oubli
	Éclairage sur prises de courant commandées dans le salon
Centralisation	Scénario « départ de l'appartement», avec centralisation des volets, des éclairages, de l'eau chaude, du chauffage et du sèche-serviette
	Scénario « arrivée », avec remontée des volets, remise en route du ballon d'eau chaude, du chauffage, du sèche-serviette et du lave-vaisselle et éclairage du salon
	Pilotage par Internet du chauffage, des volets, du ballon d'eau chaude et du lave-vaisselle
	Supervision de l'installation à distance par Internet
Sécurité des biens et des personnes	Mise en et hors service à distance par procédure sécurisée (fonction à anticiper pour mise en place ultérieure)
	Ouverture aléatoire des volets ou des éclairages pour simuler une présence (fonction à anticiper pour mise en place ultérieure)
	Transmission téléphonique des alertes
	Détection de fuite d'eau, de coupure secteur et de fumées (fonction à anticiper pour mise en place ultérieure)

Choix des solutions techniques

Même si de gros travaux ont eu lieu pour la réhabilitation de l'appartement, il n'est plus question de refaire des travaux ni de repasser le moindre câble. Les seules solutions à la disposition de l'électricien sont donc les technologies radio ou courant porteur.

L'installation électrique étant toute neuve et les volets roulants étant déjà pilotés individuellement en courant porteur In One (Legrand), la solution CPL paraît la plus adaptée, car elle permet de s'interfacer simplement avec le matériel déjà en place et d'éviter de tout baser sur des technologies sans fil dont les résultats sont difficiles à garantir selon les distances et les obstacles.

Il existe des solutions de gestion domotique à distance fonctionnant en technologie In One. L'Axiophone IP répond ainsi parfaitement au cahier des charges en termes de nombre de circuits à piloter (10) et d'ergonomie. Plus tard, il pourra éventuellement permettre de connaître l'état de différents détecteurs techniques

Voici la liste du matériel proposé :

- 7 récepteurs CPL/émetteur fil pilote pour la gestion des panneaux rayonnants ;
- 1 commande émetteur/récepteur CPL de chauffage ;
- 1 boîtier modulaire CPL de gestion en tout ou rien pour le chauffe-eau et le sèche-serviette ;
- 2 prises commandées émetteur-récepteur CPL (2 500 W) pour la commande du lave-vaisselle et d'une lampe dans le salon ;
- 1 gestionnaire CPL avec écran tactile pour la gestion des scénarios à l'entrée de l'appartement ;
- 1 Axiophone IP pour le pilotage à distance ;
- 1 filtre d'entrée CPL pour stabiliser l'installation électrique et garantir la qualité du courant porteur.

Ces solutions répondent à toutes les fonctionnalités prévues et permettront par la suite de faire évoluer l'installation conformément aux besoins exprimés.

Mise en œuvre de l'installation

L'installateur a commencé par déposer une partie du tableau pour procéder au repérage des différents circuits. Ensuite, l'installation des modules domotiques a pu commencer.

Il s'agit d'ajouter les sorties de câbles récepteur CPL/émetteur fil pilote derrière tous les panneaux rayonnants de l'appartement, de brancher les prises commandées en saillie derrière le lave-vaisselle et la lampe du salon et d'installer le boîtier modulaire CPL de gestion en tout ou rien pour le chauffe-eau et le sèche-serviette ainsi que l'Axiophone IP dans le tableau électrique.

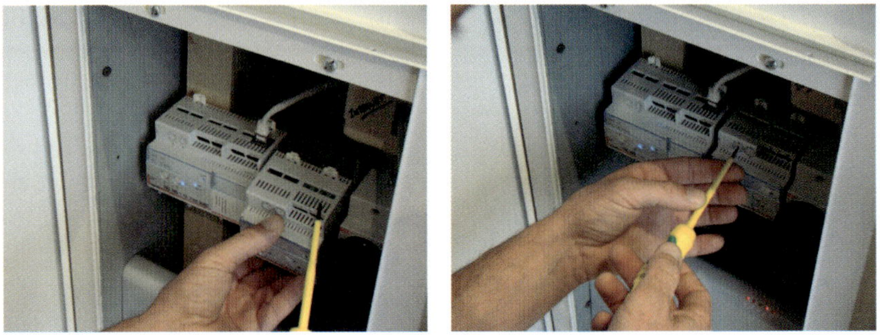

Figure 14.2
L'Axiophone IP et le boîtier modulaire CPL sont fixés sur un rail DIN ajouté dans la gaine technique de l'appartement. À droite, l'électricien sélectionne sur une molette située en façade du module le type de fonctionnement souhaité : poussoir, interrupteur, minuterie ou télérupteur *(source Maison communicante/Dréan Électricité)*

On peut voir à la figure 14.2 que certains produits, comme le boîtier modulaire CPL, sont réglables en façade afin de sélectionner le mode de fonctionnement (poussoir, interrupteur, minuterie ou télérupteur) et peuvent piloter un relais pour tenir compte, par exemple, de la puissance nécessaire au fonctionnement du chauffe-eau *(voir figure 14.3)*.

Programmation de l'installation

Figure 14.3
La pose des modules domotiques est terminée. On distingue le relais modulaire ajouté pour le pilotage du ballon d'eau chaude à droite de la deuxième rangée de protections différentielles et les deux modules domotiques dans le bas de la gaine technique *(source Maison communicante/Dréan Électricité)*

La technologie CPL In One oblige l'installateur à différencier la programmation des équipements en fonction de l'interface de commande. Il doit en effet programmer la commande émetteur/récepteur CPL pour le chauffage *(voir figure 14.4)*, puis l'écran tactile pour les scénarios en local et recommencer pour le pilotage des scénarios à distance.

La programmation des scénarios de vie s'effectue directement à partir du gestionnaire CPL avec écran tactile. Cet appareil permet de lancer jusqu'à 80 commandes de façon manuelle à partir de l'écran ou par programmation annuelle. Pour enregistrer le contenu d'un scénario In One, qui peut associer des fonctions éclairage, chauffage et volet, il suffit de choisir un pictogramme sur l'écran *(voir figure 14.5)*, de passer en mode apprentissage, d'actionner un à un tous les équipements que l'on souhaite associer au scénario puis de clôturer le mode d'apprentissage sur l'écran.

L'installateur effectue cette procédure pour la programmation des différents scénarios suivants :

- Scénario « arrivée » : montée des volets, remise en route du ballon d'eau chaude, du chauffage, du sèche-serviette et du lave-vaisselle et éclairage du salon ;

Figure 14.4
La commande émetteur/récepteur CPL permet de visualiser dans quel mode se trouve l'installation de chauffage et d'effectuer des dérogations *(source Maison communicante/Dréan Électricité)*

Figure 14.5
L'installateur ajoute un nouveau scénario directement sur l'écran tactile en appuyant successivement sur la touche Learn de chaque équipement à piloter *(source Maison communicante/Dréan Électricité)*

Figure 14.6
Les utilisateurs peuvent piloter individuellement les différents équipements et lancer les scénarios préprogrammés *(source Maison communicante/Dréan Électricité)*

- Scénario « départ de l'appartement », avec descente de tous les volets, extinction de l'éclairage, du ballon d'eau chaude, du chauffage et du sèche-serviette ;
- Scénario nuit : descente de tous les volets, extinction de l'éclairage du salon et du sèche-serviette et passage en mode réduit du chauffage.

Une fois programmé, l'écran tactile est prêt à être utilisé pour toute la famille *(voir figure 14.6)*. Le contenu des scénarios et leur programmation horaire pourraient même être modifiés par les utilisateurs eux-mêmes.

La partie la plus délicate concerne la mise en service de l'Axiophone IP pour le pilotage à distance. Comme on le voit sur la figure 14.7, le module est raccordé à l'installation électrique, d'une part, et au réseau local informatique, d'autre part.

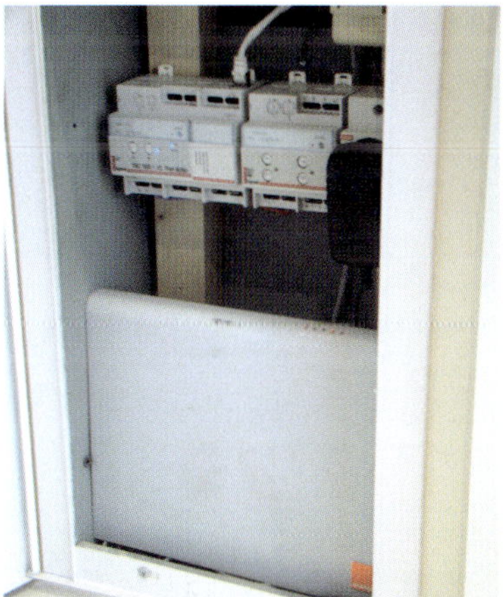

Figure 14.7
L'Axiophone IP est raccordé à la fois à l'installation électrique et au réseau local informatique. On distingue le câble réseau issu de la Box Internet ainsi que le repérage de l'adresse IP des différents équipements reliés au réseau local *(source Maison communicante/Dréan Électricité)*

La procédure à suivre pour la programmation de l'Axiophone IP est la suivante :

- Se connecter à l'Axiophone IP à partir d'un ordinateur équipé d'un navigateur Internet en s'assurant que les deux machines sont sur le même plan d'adressage IP.
- Après avoir saisi le mot de passe, la dénomination des scénarios et des alertes s'effectue dans l'onglet « Configuration » *(voir figure 14.8)*. La procédure décrite précédemment pour la programmation de l'écran tactile est à refaire pour chacun des scénarios à partir des boutons situés en façade de l'Axiophone, comme l'illustre la figure 14.9.
- Pour des raisons de sécurité, l'installateur prend soin de modifier le mot de passe fourni par le fabricant et de changer le port de communication.
- Création d'un nom de domaine dynamique *(voir le chapitre 3)* et ouverture des ports de communication sur la Box Internet.

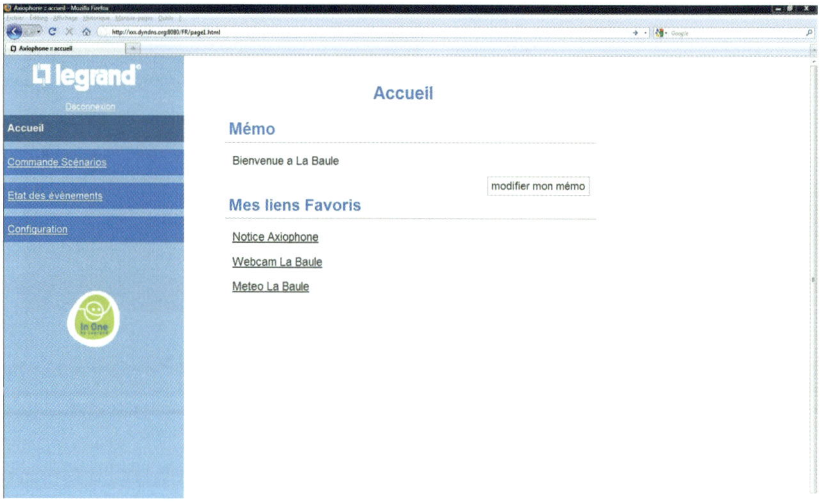

Figure 14.8
L'installateur se connecte en local au serveur Web intégré dans l'Axiophone IP pour donner un nom aux scénarios et aux alertes. Sur cette page, il est aussi possible de définir vers quelle adresse e-mail l'alerte doit être envoyée *(source Maison communicante)*

Figure 14.9
L'installateur utilise les boutons en façade de l'Axiophone IP pour enregistrer le contenu des scénarios *(source Maison communicante/Dréan Électricité)*

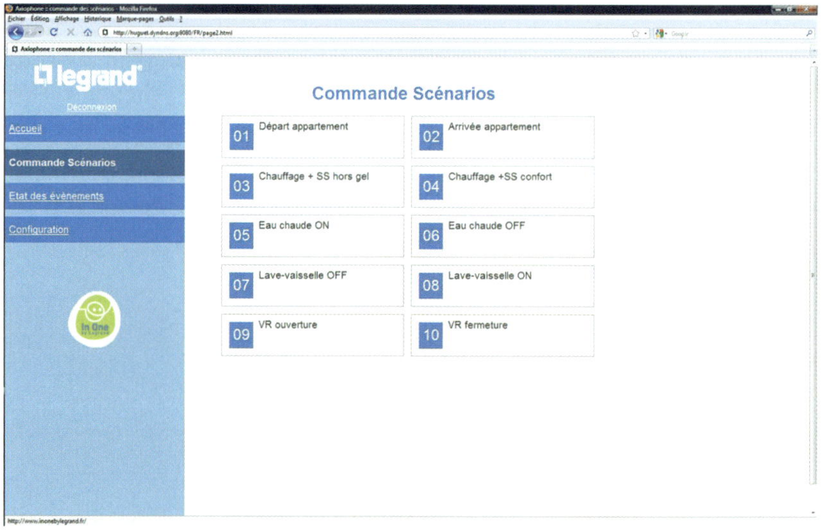

Figure 14.10
L'Axiophone IP est prêt a être consulté à distance pour la visualisation de l'état des différents circuits et le pilotage des scénarios *(source Maison communicante)*

Le bon fonctionnement de l'installation peut alors être testé en local puis à distance à partir d'un téléphone ou d'un ordinateur, comme l'illustre la figure 14.10.

L'installateur a pris le temps, en fin de projet, d'expliquer aux clients le fonctionnement de l'installation et de les aider à prendre en main l'application de pilotage de l'appartement à distance depuis leur propre téléphone portable *(voir figure 14.11)*. Une documentation simplifiée et personnalisée de l'installation a en outre été remise en main propre, avec notamment la description des fonctions, l'adresse Internet de la passerelle, les identifiants de connexion ainsi qu'une clé USB contenant les fichiers de configuration de la Box Internet et de l'Axiophone IP.

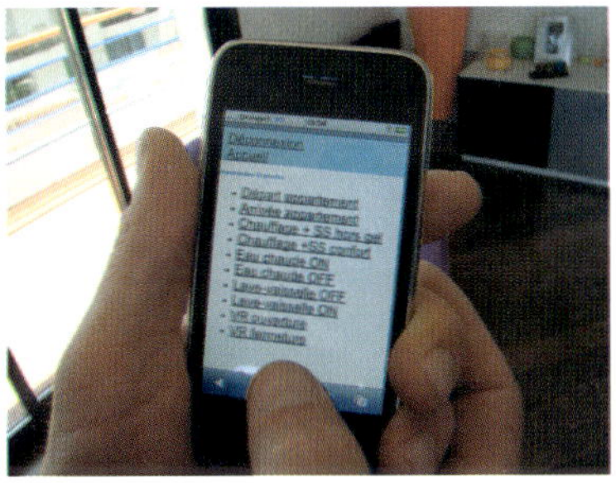

Figure 14.11
Pilotage de l'installation à partir d'un téléphone équipé d'un navigateur Internet *(source Maison communicante)*

Analyse budgétaire

La mise en place des différentes fonctions a nécessité la fourniture d'équipements ainsi que des prestations de câblage, de pose, de programmation et de mise en service. Le tableau 14.2 récapitule les coûts détaillés de l'installation.

Tableau 14.2 Budget détaillé (en euros HT)

Matériel posé	**Prix en euros HT**
7 récepteurs CPL pour la gestion du chauffage	854
1 commande de chauffage	230
1 boîtier modulaire de pilotage du chauffe-eau et du sèche-serviette	231
2 prises commandées CPL pour le lave-vaisselle et la lampe du salon	250
Filtre CPL	275
Axiophone IP pour pilotage par Internet	564
Écran tactile	795
Prestations	
Dépose, repérage et pose du tableau électrique	150
Installation des modules dans le tableau et en ambiance	150
Programmation/paramétrage	300
Mise en service et tests	150
TOTAL	3 949

Le budget de pose et de mise en service des récepteurs CPL pour la gestion des panneaux rayonnants, de la commande de chauffage, du boîtier modulaire de pilotage du chauffe-eau et du sèche-serviette, des prises commandées pour le lave-vaisselle et la lampe du salon, de l'écran tactile, de l'Axiophone IP et du filtre CPL s'élève donc à environ 4 000 euros HT.

Cet investissement a permis aux propriétaires de sécuriser leur appartement, de simplifier son utilisation au quotidien grâce à l'écran tactile et de pouvoir piloter à distance le chauffage, le lave-vaisselle, le sèche-serviette, l'éclairage du salon, les volets et le ballon d'eau chaude *(voir figure 14.12)*. L'interfaçage avec le système d'alarme, la remontée d'alertes liées à d'éventuels problèmes techniques (fuite d'eau, fumée, coupure secteur), un scénario de simulation de présence ou la gestion d'autres circuits d'éclairage pourront être facilement ajoutés ultérieurement.

La solution In One est bien adaptée à la taille de ce projet, mais la programmation des scénarios deviendrait vite fastidieuse pour une installation plus importante. Par exemple, l'installateur est obligé de faire l'apprentissage du même scénario plusieurs fois en fonction de l'interface de commande : une fois pour les boutons, une fois pour l'écran tactile et encore une fois pour l'Axiophone IP. La simplicité de mise en œuvre est forcément synonyme de fonctions restreintes, comme cette impossibilité de partager des séquences programmées entre différents types de commande.

Du point de vue de l'installateur, la solution retenue est idéale, car il est totalement autonome, que ce soit au niveau de la réalisation du devis, du travail à effectuer dans le tableau électrique, de la pose des interfaces courant porteur ou de la programmation proprement dite. C'est assez rare en domotique pour être signalé.

« La technologie In One m'a permis de proposer des fonctions de centralisation et de scénarios très simples à mettre en œuvre, nous a confié l'installateur, Laurent Dréan. À partir du moment où le neutre est présent, il suffit d'ajouter un module CPL et la technologie courant porteur fait le reste. » Seule la partie réseau de l'Axiophone IP (assignation de l'adresse IP, interfaçage avec la Box Internet, création du DNS dynamique, etc.) requiert quelques connaissances informatiques abordées lors des formations In One, très bien détaillées dans la documentation produit et renforcées éventuellement par l'assistance téléphonique du fabricant.

La domotique a également permis à l'électricien de proposer des produits complémentaires à forte valeur ajoutée, comme l'écran tactile, et a permis de fidéliser son client, puisqu'il est devenu son interlocuteur attitré, que ce soit pour le pilotage à distance ou pour le reste de l'installation électrique.

Ce projet est très représentatif du marché actuel. Nombreux sont les utilisateurs qui aimeraient disposer de fonctions intelligentes dans leur logement, mais ils ne trouvent pas facilement les compétences adéquates pour répondre à leurs besoins. Quand les solutions proposées ne sont pas les bonnes ou sont mal mises en œuvre, il est évidemment facile d'en faire porter la responsabilité à l'innovation.

Ce projet est un exemple de ce qu'il faut faire, mais aussi, au départ, de ce qu'il ne faut surtout pas faire, c'est-à-dire confier un projet à une entreprise qui ne dispose pas des compétences requises ou qui ne prend pas le soin de s'entourer. Un certain nombre de professionnels sont formés et habilités par les fabricants à réaliser ce type d'installation. Il faut faire appel à ces compétences pour tirer parti de tous les bénéfices de la domotique.

Pour en savoir plus

Un reportage vidéo illustrant ce projet, produit par Inexel TV et réalisé par Xplorer Studio en juillet 2010, est disponible en ligne à l'adresse : *http://bit.ly/jeuland-chap14*

Tous les détails de ce projet ainsi que trois autres études de cas (construction d'une maison dans le sud de la France, rénovation d'un appartement en Bretagne et loft haut de gamme à Paris) sont disponibles sur le site dédié à l'ouvrage, à l'adresse *www.maisoncommunicante.com.*

Figure 14.12
Le chauffage, l'éclairage du salon, le lave-vaisselle, le sèche-serviettes, le ballon d'eau chaude et les volets peuvent maintenant être pilotés à distance *(source Maison communicante/Dréan Électricité)*

15 Étude de cas n° 3 : la Villa Vision

« L'énergie la moins chère est celle que l'on ne dépense pas. »

Cette phrase, pleine de bon sens, illustre à merveille cette étude de cas. Avant de penser à optimiser et à réguler les différentes consommations énergétiques, le constructeur de cette maison a appliqué *stricto sensu* les concepts bioclimatiques et a tiré parti des technologies domotiques pour garantir un certain niveau de confort aux utilisateurs tout en limitant les consommations au maximum.

L'habitat passif est une notion désignant un bâtiment dont la consommation énergétique au mètre carré est très basse, voire entièrement compensée par les apports solaires ou par les calories émises en interne (matériel électrique et habitants). Ce type de construction n'a rien à voir avec une maison traditionnelle puisqu'elle offre une consommation de moins de 15 $kWh/m^2/an$, soit trente fois moins que la moyenne française et environ trois fois moins qu'une construction BBC (bâtiment basse consommation).

La domotique prend ici tout son sens en ce qu'elle permet tout à la fois d'ajuster la température quelles que soient les conditions extérieures, d'optimiser les apports solaires et de donner aux occupants une réelle visibilité sur les performances de leur maison. On reproche trop souvent aux maisons très performantes au niveau énergétique de renier sur le confort d'hiver ou celui d'été. Cette maison démontre qu'il est possible de concilier les deux.

Conception du projet

Figure 15.1
Perspectives d'avant-projet
(source Vision Éco-habitats)

Le rêve de la famille A était de faire construire à Carros, près de Nice, une maison de 130 m^2 la plus économe possible. Elle a fait appel pour cela à la société Vision Éco-habitats, spécialisée dans la construction de maisons ultra-performantes.

L'objectif initial était de réaliser le meilleur compromis entre confort, coût et performance. À la question de savoir s'il était possible de se passer d'un système de chauffage et d'aller au-delà du label BBC (bâtiment basse consommation), le constructeur a répondu par un « pourquoi pas ? » qui allait constituer un tournant dans le projet.

L'idée de maison passive s'est peu à peu imposée et est devenue au fil du chantier le leitmotiv de tous les intervenants. Depuis la coordination des diverses études (étude de sol, structure, thermique) jusqu'à la livraison, le constructeur a sélectionné des entreprises sensibles à cette démarche et prêtes à respecter scrupuleusement le cahier des charges.

Vu de l'extérieur, le type d'architecture envisagé pour la maison la distingue des habitations voisines construites dans le style provençal. Le défi consiste à garder le plus possible de baies vitrées côté sud pour bénéficier d'un maximum de lumière naturelle *(voir figure 15.1)*.

La notion de maison passive oblige à repenser tout le processus de conception habituel et à faire appel dans chaque domaine aux solutions les plus performantes. Orientation plein sud, isolation, étanchéité, traitement de l'air sont les principes de base de cette conception.

La pertinence des techniques de construction ne suffit toutefois pas à répondre aux critères de la certification dans cette région très ensoleillée. Vision Éco-habitats suggère à la famille A. de faire appel à la domotique

La certification « maison passive »

Une maison « passive » doit répondre à plusieurs critères :

- Un test d'étanchéité doit démontrer qu'elle peut conserver au minimum 60 % du volume d'air par heure sous une dépression de 50 pascal. Ce test est communément appelé « n50 ».
- La consommation d'énergie primaire ne doit pas excéder 120 kWh/m^2/an (électroménager inclus).
- Les résultats de l'étude thermique et énergétique doivent être analysés avec le logiciel PHPP (PassivHaus Planing Package).
- Le système de chauffage ou de ventilation ne doit pas consommer plus de 15 kWh/m^2/an. L'objectif de 0 kWh/m^2/an est pour l'instant utopique, car les spécialistes considèrent qu'en dessous de 15 kWh/m^2/an, le moindre kWh/m^2/an gagné en doublant l'épaisseur des isolants ou en choisissant des vitrages encore plus performants alourdirait énormément le budget et empêcherait tout retour sur investissement.

pour optimiser les chances de succès et, au-delà des exigences de la certification, assurer un meilleur confort, tout en disposant d'un véritable tableau de bord de l'installation.

La société Custhome PACA, centre expert DomoConsulting dans la région, est alors consultée et propose un certain nombre de solutions complémentaires à la conception architecturale initiale sur la base d'une analyse des besoins extrêmement précise.

Analyse des besoins

Pour les propriétaires, la domotique doit avant tout participer à la performance énergétique de la maison et contribuer au confort de tous les jours. Il est évident que les occupants ne peuvent pas passer leur temps à gérer manuellement la position des stores, la vitesse de ventilation ou le niveau de l'éclairage. La domotique permet d'automatiser ces tâches, que la maison soit vide ou occupée, avec à la clé de substantielles économies et une température comprise entre et 20 et 23 °C en toute saison.

Après les deux premiers rendez-vous, une liste de fonctions est établie en fonction des besoins *(voir tableau 15.1)*. Certains de ces besoins sont à intégrer dès le début du projet (phase 1). D'autres, projetés ultérieurement (phase 2), sont aussi à prendre en compte pour faciliter leur mise en place future.

Les différentes discussions entre la famille A., la société Vision Éco-habitats et le spécialiste en domotique permettent d'établir les implantations précises des éclairages, des stores, des prises et des fonctions domotiques.

La figure 15.2 montre le plan d'implantation du rez-de-chaussée de la maison.

Ces plans sont destinés dans un premier temps à finaliser le choix des implantations, à faciliter la consultation des entreprises, à assurer la mise en œuvre du système et la coordination du travail des différents intervenants.

La réussite de ce type de projet repose souvent sur la complémentarité des entreprises. Après la constitution de l'équipe de conception, l'architecte et les propriétaires sélectionnent l'installateur après consultation menée auprès de trois électriciens de la région sur la base du cahier des charges fonctionnel établi par CustHome PACA. La société Iacono, de Marseille, est sélectionnée pour son expérience dans ce type de réalisation et pour sa complémentarité avec CustHome PACA, qui est également chargée d'une mission d'accompagnement, de suivi et de programmation.

Tableau 15.1 Besoins recensés

Fonction	Caractéristique	Phase 1	Phase 2
Gestion de l'énergie	Contrôle en temps réel des consommations d'énergie (eau, électricité) et de la production liée aux capteurs solaires pour l'eau chaude sanitaire et aux panneaux photovoltaïques	✓	
	Historiques des consommations (eau, électricité) et de la production liée aux capteurs solaires pour l'eau chaude sanitaire et aux panneaux photovoltaïques	✓	
	Pilotage de la ventilation double flux et de la dérogation puits canadien air extérieur direct – affichage des températures de l'air aspiré, vicié, soufflé et du puits canadien	✓	
	Surventilation nocturne en période de canicule		✓
	Gestion des stores à lamelles pour optimiser les apports de chaleur gratuits et de lumière naturelle	✓	
	Protection antigel des stores à lamelles par détection de température extérieure négative	✓	
	Variation d'éclairage pour protection des ampoules et économies d'énergie	✓	
	Allumage et extinction automatiques de l'éclairage dans certaines zones avec dérogation possible	✓	
	Allumage de l'allée sur ouverture du portail et du garage sur détection intercrépusculaire	✓	
	Programmation de six zones d'arrosage avec sondes d'humidité et gestion du niveau de la cuve de récupération d'eau de pluie		✓
Confort	Centralisation des stores par zone	✓	
	Température comprise entre 20 et 23 °C dans la maison	✓	
	Variation d'éclairage dans les pièces principales	✓	
	Pilotage de l'installation sur claviers multifonctions	✓	
Centralisation	Scénario « départ de la maison » avec gestion automatique des stores, des éclairages et de la vitesse de ventilation	✓	
	Scénario « nuit », avec centralisation des éclairages, des stores et de la vitesse de ventilation	✓	
	Tableau de bord énergétique sur ordinateur Macintosh (Apple)	✓	
	Sauvegarde de toutes les données mesurées sur plusieurs années	✓	
	Supervision de l'installation à distance par Internet		✓
Sécurité des biens et des personnes	Détection d'intrusion en mode total et partiel (uniquement les accès nocturnes)	Précâblage	✓
	Détecteur double fonction (anti-intrusion sous alarme, éclairage automatique hors alarme pour couloir)	✓	
	Alarme et asservissement de la ventilation sur détection de fenêtre ouverte	✓	
	Simulation de présence intelligente		✓
	Scénario de réaction par clignotement forcé de toutes les lumières		✓
	Détection de coupure secteur et de fumée toxique	✓	
Accueil des visiteurs	Interphone à l'entrée de la propriété avec ouverture du portail sur télécommande	✓	
Audiovisuel	Distribution de la TV dans toutes les pièces principales	✓	
	Système home cinéma 5.1 dans le séjour	Précâblage	✓
Informatique et téléphonie	Distribution dans toutes les pièces des fonctions Triple Play de la Box Internet.	✓	
	Réseau informatique Wi-Fi accessible dans toutes les pièces	✓	
	Réseau sans fil DECT (1 base + 3 combinés) et téléphonie IP		✓

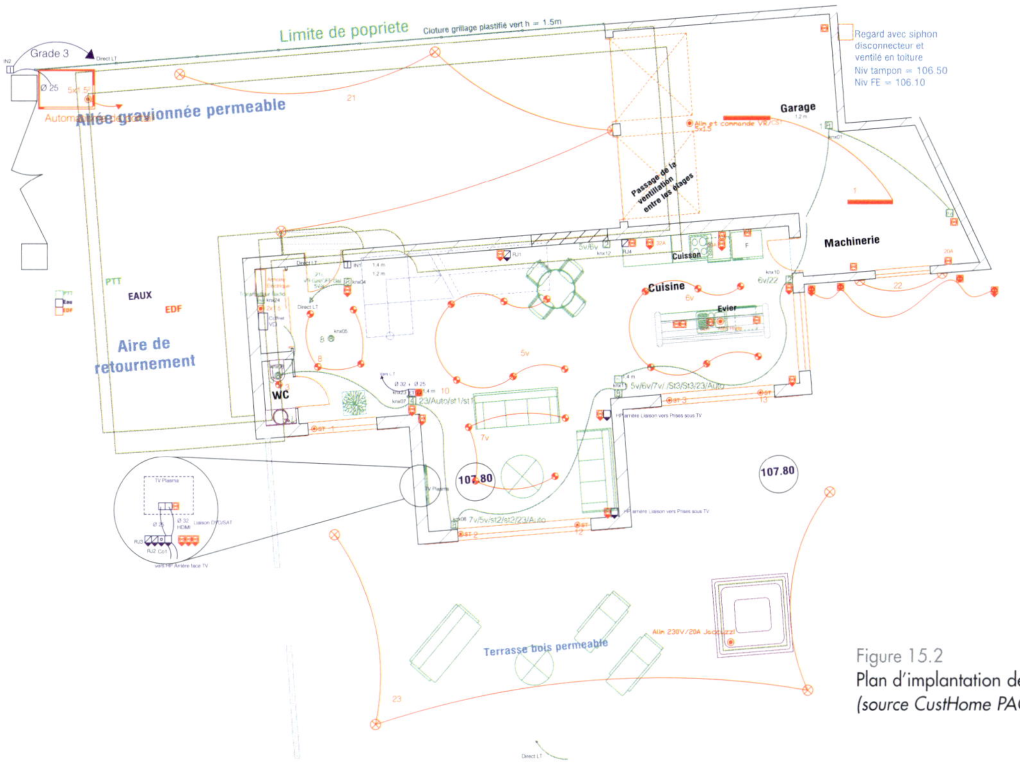

Figure 15.2
Plan d'implantation des équipements
(source CustHome PACA)

Mise en œuvre de l'installation

Le constructeur ayant peu de référentiels techniques sur ce type de construction, il est convenu avec les clients de surdimensionner matériaux et équipements tout en gardant une certaine flexibilité en cours de chantier en fonction des premiers résultats. Ainsi, ni le triple vitrage, ni une isolation extérieure de 23 cm d'épaisseur ne s'imposent dans cette région méditerranéenne *(voir figure 15.3)*.

Dès la fin du gros œuvre, un premier test d'étanchéité montre que le mode de construction en béton banché de 14 cm d'épaisseur dans un coffrage extérieur isolant répond aux critères établis. Il est donc décidé de supprimer toute l'isolation intérieure.

Cela se révélera payant pour améliorer l'inertie, comme le confirme Victoric Bailleul, de Vision Éco-habitats : « Été comme hiver, la température oscille entre 20 et 23 °C sans le moindre système énergivore de chauffage ou de refroidissement ! Grâce à l'inertie du béton banché et à la qualité de l'étanchéité et

Béton banché

Cette technique, consistant à couler du béton dans un coffrage placé à l'emplacement définitif du mur, assure une meilleure étanchéité à l'air que les modes de construction traditionnels handicapés par la porosité intrinsèque des briques ou des blocs en béton creux.

Figure 15.3
Étapes de la construction de la maison. La qualité des murs en béton banché de 14 cm d'épaisseur dans un coffrage extérieur isolant est validée par le test d'étanchéité *(source Vision Éco-habitats)*

de la circulation de l'air, nous avons même pu nous passer de la micro-pompe à chaleur associée à la VMC qui était censée venir en complément. »

Dans le même ordre d'idée, la domotique n'est certes pas obligatoire, mais elle constitue un moyen d'optimiser le fonctionnement global de l'installation, de connaître les consommations et les productions réelles et de faire facilement évoluer le fonctionnement ultérieur de la maison si le besoin s'en fait sentir.

Les solutions techniques sélectionnées sont les suivantes :

Infrastructure domotique. Les solutions retenues pour la gestion du chauffage, de la ventilation, de l'éclairage, des stores et de la détection de passage sont toutes au standard KNX. Sept fabricants sont retenus : Schneider (système domotique, appareillage), Theben (sondes CO_2, capteur de température, station météo), Hager (télécommande), RTS Automation (gestion des stores à lamelles), Varuna (détection de passage, sécurité), Helios (VMC et puits canadien) et Bab-Tec (passerelle IP et supervision).

Le plan électrique conçu initialement par le constructeur est adapté en conséquence, notamment pour le passage des circuits d'éclairage, l'alimentation des stores et le raccordement sur le bus de tous les points de commande et de contrôle (détecteurs, sondes, station météo, etc.). La taille et l'aménagement du local technique sont également adaptés en conséquence *(voir figure 15.4).*

Infrastructure VDI. Le choix se porte sur la solution VDI manuelle de Schneider (Alvidis), avec bandeau de communication intégré dans le tableau électrique et distribution des fonctions sur une douzaine de prises RJ-45. Même s'il n'est pas envisagé de réception TV par satellite pour l'instant et si la TNT n'est pas encore disponible dans la région, une distribution coaxiale est prévue dans plusieurs pièces.

Gestion de l'énergie. La conception de la maison permet de se passer d'un système de chauffage traditionnel. Néanmoins, un appoint peut être nécessaire pour l'eau chaude sanitaire que les panneaux solaires thermiques ne peuvent pas produire toute l'année en totalité, même sur la Côte d'Azur. Le combiné thermique Wesfa répond parfaitement à ce besoin, car il est

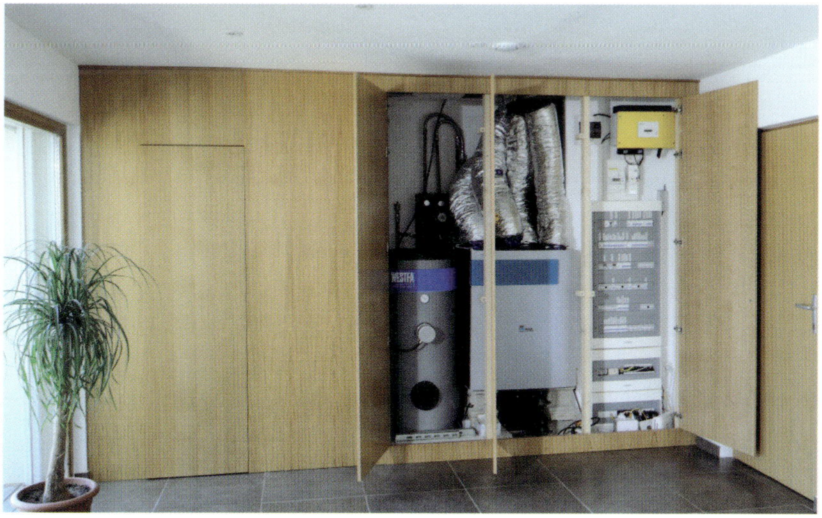

Figure 15.4
Local technique regroupant la ventilation, le ballon solaire, la régulation et le tableau électrique, avec notamment les protections différentielles, les modules KNX, la distribution VDI et la passerelle IP *(source CustHome PACA)*

Figure 15.5
Les capteurs solaires et les panneaux photovoltaïques participent activement à l'efficacité énergétique de la maison. Leur positionnement sur un toit plat permet d'améliorer la ventilation arrière et d'optimiser leur angle d'inclinaison par rapport au soleil *(source CustHome PACA)*

conçu pour accueillir ultérieurement, si le besoin s'en fait sentir, une micropompe à chaleur qui fonctionnerait de manière réversible et permettrait en conséquence de rafraîchir l'air ambiant distribué par l'aération centralisée.

Production d'électricité. 23 m^2 de capteurs photovoltaïques sont placés sur le toit, offrant une puissance maximale théorique de 3 000 W *(voir figure 15.5)*. Au bout d'une année d'utilisation, le système aura injecté environ 3 400 kWh dans le réseau public, ce qui représente 160 % des besoins de la maison.

Production d'eau chaude. 4 m^2 de panneaux solaires situés sur le toit assurent la production d'eau chaude sanitaire et sont relayés par le combiné Vitotres en cas de rayonnement solaire insuffisant. Après une année d'utilisation, le solaire couvre environ 60 % des besoins de la famille.

Traitement de l'air. La centrale VMC double flux est équipée d'un récupérateur d'énergie et d'un système à plusieurs vitesses de ventilation. Ce système participe à l'efficacité de l'installation, d'autant qu'il est directement pilotable par l'installation domotique KNX selon plusieurs modes : programmation horaire, température de consigne, asservissement au taux d'humidité dans les pièces humides ou de CO_2 dans les pièces de vie, déclenchement sur détection de présence et dérogation manuelle.

Puits canadien. Un puits canadien à eau glycolée constitué d'un tuyau de 100 m de longueur et de 5 cm de diamètre permet de réduire significativement la température dans la maison les jours de canicule et de l'augmenter l'hiver pour une consommation électrique dérisoire *(voir figure 15.6)*.

Figure 15.6
Le puits canadien à eau glycolée est constitué d'un tuyau de 100 m de longueur pour 5 cm de diamètre et d'une bouche extérieure *(source CustHome PACA)*

Figure 15.7
Tous les stores à lamelles de la maison sont pilotés par la station météo, qui détermine en temps réel la position idéale des lamelles en fonction de la saison, de la position du soleil et de la température intérieure *(source CustHome PACA)*

Selon la température extérieure, l'installation est capable de déterminer s'il est préférable d'insuffler dans le circuit de VMC de l'air provenant de l'extérieur ou du puits canadien. La pompe du puits canadien avec fluide caloporteur glycolé est pilotée par la domotique pour optimiser les performances de la VMC double flux. Le choix d'un système à eau glycolée, moins performant qu'un modèle traditionnel à air, évite à long terme les risques liés à l'humidité stagnante et au développement de bactéries.

Gestion des stores. La maison est équipée de huit stores à lamelles de marque Griesser qui assurent les fonctions d'occultation, de sécurité et d'optimisation des apports solaires et de la luminosité des pièces. Ils sont gérés individuellement, en commande groupée ou en mode automatique grâce au système RTS Automation de Somfy et aux informations climatiques mesurées par la station météo Theben et la sonde de température intérieure.

Le mode « ouverture/fermeture automatique » des stores permet de se protéger en été et de bénéficier des apports solaires en hiver. Le mode « sun-tracking » permet d'orienter les lamelles des stores en fonction de la position du soleil afin de se prémunir de rayons directs tout en maintenant un niveau de clarté confortable *(voir figure 15.7)*.

Sun-tracking

Une station météorologique domotique est capable de mesurer la température, la vitesse du vent et la luminosité et de détecter les précipitations. Elle dispose aussi en option de fonctions de sun-tracking, qui permettent, grâce au GPS, de connaître la position exacte du soleil, c'est-à-dire son azimut et son élévation, pour une gestion parfaite de la position des volets ou de l'orientation des lamelles des stores. Certaines stations peuvent gérer jusqu'à six façades séparément.

Arrosage. Un bassin de récupération des eaux de pluie est prévu pour alimenter les six zones d'arrosage du jardin, même en période de restriction (autonomie de trois jours environ). La valeur de PH est contrôlée, et une sonde de niveau KNX permet à tout moment de visualiser sur le tableau de bord la quantité d'eau disponible. Dans chaque zone, une sonde d'humidité permet d'ajuster le débit au plus juste.

Accueil des visiteurs. Un interphone de marque Cofrel-BTicino sur le portail communique avec un simple poste intérieur. L'allumage de l'allée se fait automatiquement après ouverture du portail et de la porte de garage grâce à une sonde de luminosité intégrée à la station météo.

Sécurité. Pour des raisons de priorité, la centrale d'alarme Varuna est uniquement précâblée. La plupart des détecteurs sont néanmoins installés, car ils offrent une double fonction : des contacts d'ouverture sur les baies indiquant à l'installation domotique qu'une fenêtre est ouverte permettent de diminuer la vitesse de ventilation ; les détecteurs volumétriques gèrent la détection de passage pour activer l'éclairage de la zone en conséquence.

Appareillage. Les quinze platines M-Plan de marque Schneider regroupent la gestion des stores, des éclairages intérieurs et extérieurs, de la variation d'éclairage, des prises commandées et des scénarios. Selon les pièces, les platines sont équipées de deux ou quatre boutons. Une télécommande à quatre touches permet de piloter le portail, la porte de garage ainsi que l'éclairage extérieur à partir d'un certain seuil pour éviter tout oubli intempestif.

Tableau de bord énergétique. Toutes les données de la maison issues des différents capteurs sont stockées dans une base de données SQL, analysées et affichées *via* la passerelle Bab-Tec sur un écran situé dans le séjour et relié à un Mac-Mini.

Comme le montre la figure 15.8, les températures extérieure et intérieure, mais aussi les informations sur la ventilation, le puits canadien, le niveau d'hygrométrie, le taux de CO_2, les consommations et productions d'eau, d'électricité, etc., sont disponibles en temps réel. Comme dans une voiture, les alarmes techniques permettent de réagir au plus vite en fonction du défaut constaté (filtre de ventilation à changer, niveau bas du bassin d'arrosage, fenêtre ouverte, etc.). L'écran permet également de visualiser les historiques de consommation et de production pour en déduire des tendances et des gisements d'économies possibles et détecter d'éventuels dysfonctionnements.

Après quatre mois de gros œuvre, le passage des câbles est effectué sur la base des plans de câblage validés par toutes les parties. Le rôle de CustHome PACA se limite pendant cette période à coordonner, au côté de Vision Écohabitats, les interventions des entreprises concernées par les lots techniques. Certaines finitions, comme la pose des stores ou le raccordement du puits

Figure 15.8
L'écran situé dans le séjour constitue un véritable tableau de bord de l'installation *(source CustHome PACA)*

canadien à la centrale double flux, nécessitent une synchronisation entre plusieurs corps d'état.

Une fois que tous les artisans ont achevé leur travail, l'intégration domotique peut commencer, la mise en relation des différents lots étant facilitée par la convergence apportée par le bus KNX. Un premier niveau de programmation des boutons, du tableau de bord et de la régulation stores/ventilation est proposé pour permettre aux utilisateurs de se familiariser avec le système et affiner son fonctionnement général après quelques semaines d'utilisation *(voir tableau 15.2)*.

La mise au point définitive du tableau de bord, du fonctionnement de la fonction sun-tracking des stores et des différents scénarios demandera plusieurs mois pour tenir compte des habitudes de chacun et de conditions météorologiques variées *(voir figure 15.9)*.

La réception des travaux permet de valider la conformité de l'installation avec les spécifications du cahier des charges. Un dossier des ouvrages exécutés (DOE) très détaillé est remis et présenté aux clients ; c'est assez rare pour être souligné.

Les premières réactions des clients sont enthousiastes : « Le dimensionnement de la ventilation double flux permet d'aérer aussi efficacement qu'en laissant les fenêtres ouvertes quatre heures par jour, mais sans aucune déperdition thermique. En moyenne, c'est un air à 15 °C qui arrive par le puits canadien dans la VMC. Les quelques degrés manquants sont apportés par l'ensoleillement, le rayonnement des halogènes basse consommation et la vie à l'intérieur de la maison. »

Tableau 15.2 Détails de la programmation des scénarios de la Villa Vision

	Emplacement du bouton	Éclairage	Position des stores	Vitesse de ventilation	Écran du hall
Nuit	Chambre	Off	– Automatique RdC – Automatique SdB – Fermée dans la chambre et le bureau	Automatique	Éteint
Arrivée	Entrée	Séjour à 50 % Salon 80 %	Automatique en mode sun-tracking	Automatique	Allumé
Départ court	Entrée	Off	Automatique en mode ouverture/fermeture	Automatique	Éteint
Départ prolongé	Entrée	Off	Fermée	Réduit	Éteint
Soirée été	Entrée	– Ambiance tamisée – Éclairages extérieurs allumés	Ouverte	Automatique	Allumé
Soirée hiver	Entrée	– Ambiance tamisée – Éclairage jardin allumé	Ouverte	Maximum	Allumé
Sortie salle de bains	Salle de bains	Off	Automatique en mode sun-tracking	–	–

Figure 15.9
Après dix mois de chantier, la maison est habitable. La mise au point définitive de la fonction sun-tracking des stores et des différents scénarios demandera deux mois supplémentaires pour tenir compte des habitudes de la famille et de conditions météorologiques variées. Sur la gauche de la maison, on distingue la bouche du puits canadien *(source Vision Éco-habitats)*

Analyse budgétaire

La Villa Vision est l'une des toutes premières maisons officiellement certifiées « passives » en France, avec une consommation de 7 kWh/m^2/an et une étanchéité de 0,46 volume d'air par heure *(voir l'encadré « La certification "maison passive" »)*. « La construction d'une maison passive représente un surcoût de 5 à 10 % amorti en cinq ans par les seules économies d'énergie », déclare Victoric Bailleul, de la société Vision Éco-habitats.

Le tableau 15.3 donne une estimation des surcoûts occasionnés par la mise en place des différentes fonctions domotiques sur les différents postes du chantier.

Comme le montre ce tableau, le coût de cette maison est estimé à 358 800 euros pour 130 m^2, soit 2 760 euros le mètre carré, dont 143 euros, c'est-à-dire 5,2 %, liés à l'intégration de fonctions domotiques qui devraient être rapidement amortis grâce à la réduction de 80 % de la consommation d'énergie.

En outre, on peut considérer que l'investissement lié au puits canadien, à la VMC double flux et à la régulation domotique associée aurait été du même ordre que pour un système de climatisation classique, mais avec à la clé d'énormes économies sur le poste « électricité ».

La Villa Vision a reçu le certificat « maison passive approuvée » grâce à un dossier de certification démontrant que le bâtiment réunit bien tous les critères définis par le PassivHaus Institut. Après un an d'utilisation, une analyse du bureau d'étude a montré qu'elle n'a eu besoin d'aucun apport de chauffage, soit 0 kWh/m^2 par an de chauffage pour une température moyenne de 21,5 °C tout l'hiver *(voir figure 15.10)*.

Objectif « trois fois vingt »

La directive européenne du 19 mai 2010 sur la performance énergétique des bâtiments constitue une véritable révolution dans le bâtiment. Le « paquet énergie-climat » prévoit l'objectif des trois fois vingt (20 % d'énergies renouvelables, diminution de 20 % des émissions de gaz à effet de serre et amélioration de 20 % de l'efficacité énergétique d'ici 2020). Cette directive très ambitieuse prévoit la généralisation des bâtiments passifs, ou producteurs d'énergie, à l'horizon 2020, avec une obligation anticipée pour les bâtiments publics dès 2018. La Villa Vision constitue à ce titre une expérimentation riche de promesses.

Tableau 15.3 Surcoûts engendrés par la domotique (en euros HT/prix 2010)

	Projet initial	Surcoût domotique	
Terrassement	15 000		
Maçonnerie/élévation	90 000		
Étanchéité	15 000		
Menuiseries/ouvertures	39 000		
Plomberie/sanitaire	17 000		
Électricité	19 000	5 100	*Modules domotiques éclairage, stores, etc.*
Réseau VDI	1 200	800	*Câblage Grade 3, switch informatique*
Appareillage électrique	4 000	1 100	*Boutons communicants, détecteurs, télécommande*
Luminaires	5 000		
Peinture intérieure	9 000		
Carrelage	7 000		
Placards/dressing	3 000		
Escalier	5 000		
Automatismes	4 300	800	*Centralisation stores à lamelles*
Gestion de l'énergie	3 000	1 100	*Station météo, régulation, comptage*
Installation photovoltaïque	25 000		
Production d'eau chaude solaire	8 000		
VMC double flux	11 000	900	*Interface communicante, sondes* CO_2
Puits canadien	6 500		
Cuisine	10 000		
Peinture extérieure	21 000		
Sécurité	0	400	*Précâblage*
Accueil des visiteurs	1 200		
Jardin	4 000	1 200	*Gestion arrosage*
Tableau de bord, écran		2 200	*Moniteur, passerelle IP/KNX*
Programmation/paramétrage		2 500	*Paramétrage KNX*
Maîtrise d'œuvre	12 000		
Études (structure, thermique, etc.)	5 000	2 500	*Conception* Étude multimédia/domotique
Total	**340 200**	**18 600**	

Au-delà des qualités environnementales de la maison, le défi initial consistant à trouver un compromis satisfaisant entre performances énergétiques et qualité de vie a été parfaitement rempli. Il n'y qu'à écouter la propriétaire de la villa : « On apprécie ce nouveau confort. La maison est agréable quelle que soit l'heure et la saison, et ce sans que nous ayons à intervenir sur le système. On se demande pourquoi on n'y a pas pensé avant ! »

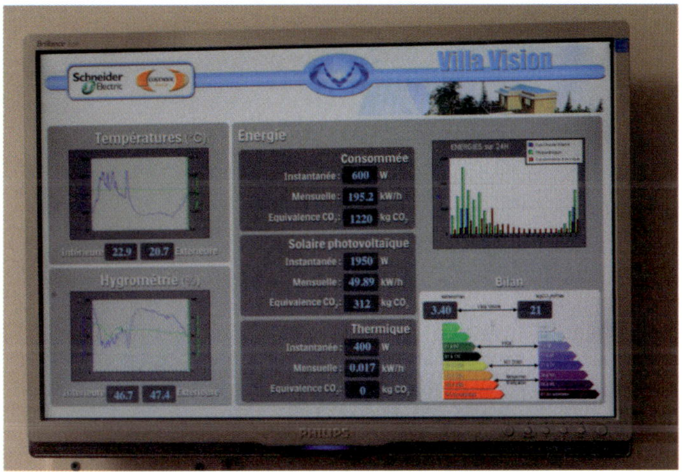

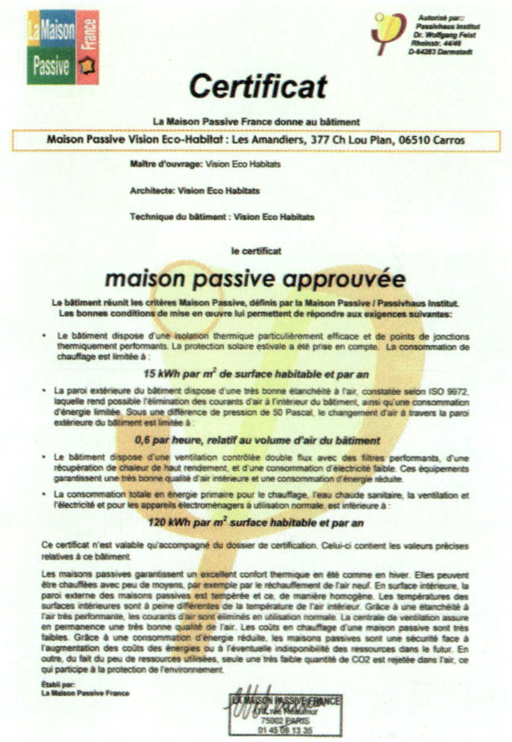

Autorisé par:
Passivhaus Institut
Dr. Wolfgang Feist
Rheinstr. 44/46
D-64283 Darmstadt

Certificat

La Maison Passive France donne au bâtiment

Maison Passive Vision Eco-Habitat : Les Amandiers, 377 Ch Lou Plan, 06510 Carros

Maître d'ouvrage: Vision Eco Habitats

Architecte: Vision Eco Habitats

Technique du bâtiment : Vision Eco Habitats

le certificat

maison passive approuvée

Le bâtiment réunit les critères Maison Passive, définis par la Maison Passive / Passivhaus Institut. Les bonnes conditions de mise en œuvre lui permettent de répondre aux exigences suivantes:

- Le bâtiment dispose d'une isolation thermique particulièrement efficace et de points de jonctions thermiquement performants. La protection solaire estivale a été prise en compte. La consommation de chauffage est limitée à :

15 kWh par m² de surface habitable et par an

- La paroi extérieure du bâtiment dispose d'une très bonne étanchéité à l'air, constatée selon ISO 9972, laquelle rend possible l'élimination des courants d'air à l'intérieur du bâtiment, ainsi qu'une consommation d'énergie limitée. Sous une différence de pression de 50 Pascal, le changement d'air à travers la paroi extérieure du bâtiment est limitée à :

0,6 par heure, relatif au volume d'air du bâtiment

- Le bâtiment dispose d'une ventilation contrôlée double flux avec des filtres performants, d'une récupération de chaleur de haut rendement, et d'une consommation d'électricité faible. Ces équipements garantissent une très bonne qualité d'air intérieure et une consommation d'énergie réduite.
- La consommation totale en énergie primaire pour le chauffage, l'eau chaude sanitaire, la ventilation et l'électricité et pour les appareils électroménagers à utilisation normale, est inférieure à :

120 kWh par m² surface habitable et par an

Ce certificat n'est valable qu'accompagné du dossier de certification. Celui-ci contient les valeurs précises relatives à ce bâtiment.

Les maisons passives garantissent un excellent confort thermique en été comme en hiver. Elles peuvent être chauffées avec peu de moyens, par exemple par le réchauffement de l'air neuf. En surface intérieure, la paroi externe des maisons passives est tempérée et ce, de manière homogène. Les températures des surfaces intérieures sont à peine différentes de la température de l'air intérieur. Grâce à une étanchéité à l'air très performante, les courants d'air sont éliminés en utilisation normale. La centrale de ventilation assure en permanence une très bonne qualité de l'air. Les coûts en chauffage d'une maison passive sont très faibles. Grâce à une consommation d'énergie réduite, les maisons passives sont une sécurité face à l'augmentation des coûts des énergies ou à l'éventuelle indisponibilité des ressources dans le futur. En outre, du fait du peu de ressources utilisées, seule une très faible quantité de CO2 est rejetée dans l'air, ce qui participe à la protection de l'environnement.

Établi par:
La Maison Passive France

LA MAISON PASSIVE FRANCE
75002 PARIS
01 45 08 13 35

Figure 15.10
Avec une étanchéité de 0,46 volume d'air par heure (test n50) et une consommation de 7 kWh/m²/an, la Villa Vision est sans doute une des maisons les plus performantes de France *(source Vision Éco-habitats)*

La Villa Vision : une référence

Le projet « Villa Vision » a été récompensé au concours Smarthome 2010 et a été nominé au KNX Awards 2010 dans la catégorie « efficacité énergétique ». Un reportage vidéo illustrant ce projet, produit par Inexel TV et réalisé par Xplorer Studio en mars 2010, est disponible en ligne à l'adresse : *http://bit.ly/jeuland-chap15*.

Figure 15.11
La Villa Vision concilie confort, coût et performance, ce qui fait la fierté de ses propriétaires et de toutes les entreprises ayant contribué à la réussite du projet *(source Vision Éco-habitats)*

Pour en savoir plus

Un reportage vidéo illustrant ce projet, produit par Inexel TV et réalisé par Xplorer Studio en mars 2010, est disponible en ligne à l'adresse : *http://bit.ly/jeuland-chap15*

Tous les détails de ce projet ainsi que trois autres études de cas (construction d'une maison dans le sud de la France, rénovation d'un appartement en Bretagne et loft haut de gamme à Paris) sont disponibles sur le site dédié à l'ouvrage, à l'adresse *www.maisoncommunicante.com.*

16 Les grandes tendances

« Le progrès a encore des progrès à faire » (Philippe Meyer, *Les progrès du progrès*)

Au-delà de l'aspect financier, construire ou rénover exige un investissement personnel considérable, en particulier dans la phase de conception. Accepter systématiquement ce que l'architecte suggère ou subir ce que le promoteur impose est possible dans un projet de placement spéculatif, dans lequel seule compte la rentabilité, mais en aucun cas lorsqu'il s'agit du lieu de vie dans lequel nous allons élever nos enfants, travailler et recevoir nos amis.

Le fait de refuser d'assister de façon passive aux différentes phases du projet mais au contraire d'y participer pleinement en tant qu'acteur apporte généralement une grande satisfaction. Surtout, cela nous permet de nous approprier les décisions importantes et de personnaliser notre habitation en fonction de nos envies, de nos besoins, de notre mode de vie et du type de loisirs que nous affectionnons.

Le concepteur, qu'il soit architecte, architecte d'intérieur, décorateur, promoteur ou constructeur de maisons individuelles, doit tenir compte du fait que nous accordons une importance de plus en plus grande au confort, à la simplicité d'utilisation des différentes fonctions, à l'élimination de certaines tâches répétitives, à la sécurité, à la santé, aux économies d'énergie, au multimédia et à la modularité des espaces, sans oublier l'esthétique.

Ce chapitre revient sur ces grandes tendances en insistant sur ce qu'elles impliquent concrètement sur le terrain.

Le rapport au travail

Une première tendance à prendre compte concerne notre rapport au travail, qui implique un changement radical dans la façon de concevoir nos maisons. Comme nous sommes de plus en plus nombreux à travailler à domicile, d'un abri dortoir, la maison devient l'endroit où nous exerçons tout ou partie de nos activités professionnelles.

Que nous ayons simplement besoin de continuer à traiter nos messages électroniques après notre journée de travail, pendant le week-end ou en vacances ou que nous travaillions en permanence à domicile, la qualité de la connexion Internet haut débit et du réseau local informatique ainsi que la flexibilité de l'aménagement permettant de travailler dans les meilleures conditions sont devenues des exigences essentielles.

Figure 16.1
Travail à domicile *(source Legrand)*

Le rapport à la santé

La plupart des gens souhaitent aujourd'hui vivre, se soigner et vieillir le plus longtemps possible à domicile. Nos maisons doivent s'adapter à cette tendance, d'autant qu'elle est amplifiée par le papy-boom et le prix toujours plus élevé pour la société de la prise en charge des personnes âgées en maisons spécialisées.

Les technologies domotiques et multimédias ont évidemment un rôle à jouer dans ce domaine. Elles peuvent contribuer à l'amélioration de la qualité de vie et s'adapter au vieillissement de la population en automatisant certaines actions, en facilitant la vie quotidienne à travers des automatismes et des systèmes régulés, en permettant d'adapter le logement à certaines situations de maladie ou de handicap, en renforçant la sécurité des personnes et en développant les possibilités de majordome virtuel, de monitoring, de téléassistance, de télédiagnostic ou de télémédecine. Il ne s'agit pas de remplacer tous les hôpitaux ou toutes les maisons de retraite, mais de permettre, dans la mesure du possible, à ceux qui le souhaitent de concilier maladie, vieillissement ou handicap avec la vie familiale à domicile.

Avant même de parler de confort, toutes les fonctions d'automatisation et de simplification de la vie de tous les jours évoquées dans cet ouvrage constituent un progrès vital pour tous ceux qui, sans elles, ne pourraient vivre de façon autonome. La durée de vie s'allongeant et le maintien à domicile étant souhaité par beaucoup, le système de santé publique fondé sur le recours systématique à des établissements spécialisés est devenu trop coûteux pour la société. Concevoir l'habitat comme un lieu potentiellement adapté à toutes les générations doit donc constituer une priorité.

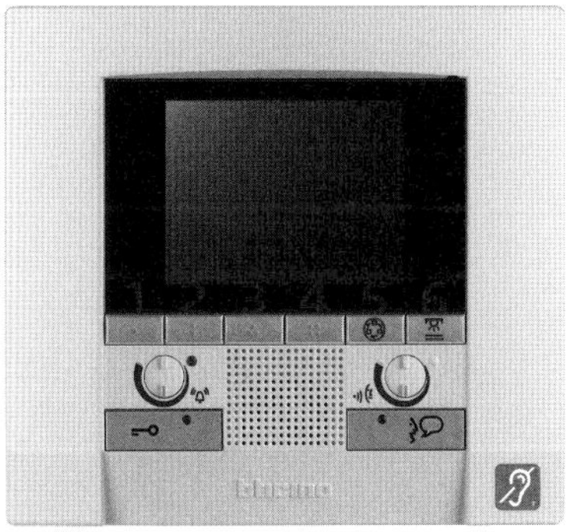

Figure 16.2
La législation oblige peu à peu à adapter tous les équipements aux différentes formes de handicap. Sur ce poste de vidéophonie d'intérieur, par exemple, chaque fonction est repérée par un pictogramme en relief et possède une boucle inductive intégrée compatible avec les prothèses auditives *(source Legrand)*

Figure 16.3
Les technologies domotiques et multimédias peuvent contribuer au maintien à domicile des seniors et des personnes en situation de handicap *(source Hager/Handiservice)*

Les loisirs

Nos modes de vie et de travail laissent de plus en plus de place aux loisirs. S'informer, communiquer, jouer en réseau, consulter des programmes interactifs à la demande ou organiser une séance de cinéma sont devenus possibles sans sortir de chez soi.

Il est devenu naturel de pouvoir écouter de la musique ou de visualiser de la vidéo dans toutes les pièces. Le numérique, le multimédia et l'informatique prennent une telle importance dans nos maisons qu'il est essentiel de prévoir des réseaux de communication qui leur soient dédiés, d'autant que la connexion à Internet est permanente et son utilisation fluide et naturelle. Au même titre que la télévision ou la radio, Internet constitue désormais un média indispensable dans toutes les pièces de la maison.

L'Internet haut débit

L'Internet haut débit par ADSL et très haut débit par le câble et la fibre optique révolutionne non seulement nos loisirs et notre façon de travailler, mais aussi notre rapport à la maison depuis l'extérieur, puisqu'il établit un lien permanent avec elle, quel que soit l'endroit où nous nous trouvions, depuis un smartphone, une tablette ou un ordinateur. À l'image du réseau domotique, qui met en relation tous les équipements de la maison, le réseau Internet peut relier virtuellement la résidence principale, le bureau et la résidence secondaire, par exemple.

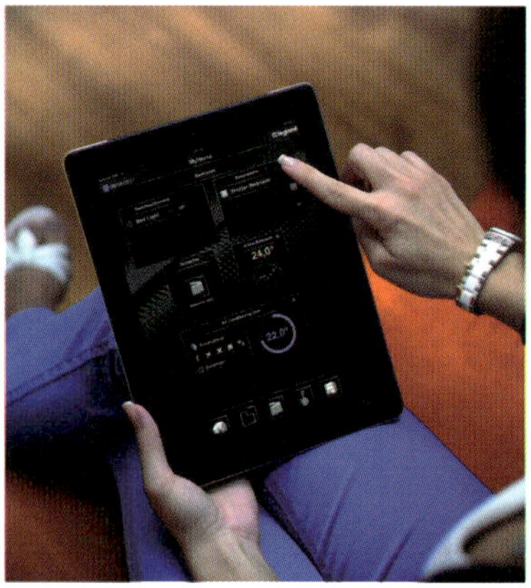

Figure 16.4
Loin de la domotique des années 1980 conçue par les ingénieurs pour les ingénieurs, les nouvelles interfaces deviennent accessibles au plus grand nombre, que ce soit au doigt, à l'œil ou à la voix *(source Legrand)*

Voir ce qui se passe en ces différents endroits, être prévenu en temps réel d'éventuels incidents et interagir avec les équipements deviennent des actes naturels, que nous soyons dans notre voiture, sur notre lieu de travail ou en vacances.

Ce lien constitue également une source d'espoirs pour tous ceux que l'âge, la maladie ou le handicap obligeaient jusque-là à vivre loin de chez eux. Non seulement l'encadrement médical peut les voir, dialoguer avec eux et effectuer un diagnostic à distance, mais il peut également superviser certains paramètres et être prévenu de toute évolution anormale de leur état de santé.

Figure 16.5
L'importance d'être en permanence en contact avec sa maison *(source Secant)*

La qualité environnementale et les économies d'énergie

Une autre tendance, également liée à la santé, concerne la qualité environnementale de nos habitations. Les maisons bioclimatiques, à basse consommation d'énergie ou même passives, c'est-à-dire qui produisent plus d'énergie qu'elles n'en consomment, gagnent du terrain. Outre le fait qu'elles pourraient utiliser beaucoup moins d'énergie pour l'éclairage, le chauffage ou la climatisation par une meilleure combinaison de solutions techniques et architecturales, nos maisons doivent s'adapter pour assurer une meilleure qualité de l'air intérieur et minimiser l'effet des champs électromagnétiques.

Dans ce dernier domaine, plutôt que d'essayer de se protéger en blindant tous les câbles, il est souvent préférable de minimiser les sources de perturbation, comme les installations électriques défectueuses (mauvaise mise à la terre, fils mal isolés, inversion de phase, etc.), et de privilégier les installations sur bus de commande, qui fonctionnent en très basse tension, et, dans les chambres en particulier, les circuits de puissance équipés de rupteurs de

HQE (haute qualité environnementale)

De nombreux professionnels de la construction militent pour une approche HQE de l'architecture. La qualité environnementale des bâtiments consiste à maîtriser les répercussions de leur mise en œuvre et de leur fonctionnement sur l'environnement extérieur et à créer un environnement intérieur sain et confortable. La HQE est née du souci d'économiser l'énergie dans les années 1970 et de celui d'assurer un développement durable dans les années 2000. Cette démarche, qui s'appuie sur une prise en compte globale des coûts d'investissement et de fonctionnement, consiste à remplir un certain nombre d'objectifs liés à l'écoconstruction, à la gestion de l'énergie ou des déchets, au confort et à la santé.

champs (alimentation en 12 V). Cette préoccupation constitue une motivation supplémentaire pour privilégier quand c'est possible les solutions filaires aux bornes sans fil radio.

Le Grenelle Environnement a permis de faire comprendre au plus grand nombre qu'on ne pouvait plus continuer à construire nos maisons comme dans les années 1960. Avec la réglementation thermique 2012, une nouvelle manière de travailler s'impose : nous devons démontrer les performances thermiques du bâtiment. La prochaine étape consistera à construire des maisons « autosuffisantes », dans lesquelles la qualité du bâti et celle des équipements domotiques permettront de réduire le système de chauffage à sa plus simple expression, car il est cher, polluant, et nécessite de la maintenance, voire d'être remplacé au mieux tous les vingt ans.

Le confort

Une dernière tendance importante concerne la demande toujours plus forte de confort domestique. Cette notion a beaucoup évolué ces dernières années. Les besoins fondamentaux liés à la qualité du chauffage et de l'éclairage étant maintenant satisfaits dans la majorité des maisons, les demandes s'élargissent pour satisfaire de nouveaux besoins, liés à l'évolution de la société ainsi que des modes de vie, de travail et de loisirs.

Cela ne signifie pas que l'utilisateur souhaite vivre dans une maison robotisée ou « domotisée » à l'extrême, avec une informatique omniprésente. La

Figure 16.6
Le confort passe par la qualité de l'installation audiovisuelle, de l'éclairage, du chauffage et du réseau multimédia *(source Philips)*

recherche du confort nécessite simplement des systèmes intelligents capables de se mettre à l'écoute de nos besoins.

Comme nous l'avons vu tout au long de cet ouvrage, une multitude de moyens permettent d'améliorer la qualité de l'éclairage et du chauffage ou celle des systèmes de sécurité et de simplifier la vie quotidienne par des scénarios, des automatismes et des interfaces de commande intuitives.

La qualité des réseaux audiovisuels, téléphoniques et informatiques participe à l'impression de confort puisque ces derniers nous permettent de nous distraire, d'étudier ou de travailler n'importe où dans les meilleures conditions. Si le confort est une notion éminemment relative, il n'en reste pas moins que, sans être vital, il contribue au bien-être de tous.

Certes, la recherche du confort, la prise en compte de notre santé, la capacité de nos maisons à permettre d'y travailler ou de s'y distraire dans les meilleures conditions ne constituent pas des exigences totalement nouvelles. Ce qui est nouveau, c'est que toutes ces notions peuvent se généraliser dans l'habitat grâce à la convergence du numérique, de la domotique, de l'informatique et des réseaux de communication.

Ignorer ces tendances lors de projets de construction ou de rénovation constitue dorénavant une faute lourde de conséquences, car cela hypothèque la

Figure 16.7
Comme l'illustre cette table basse interactive, tous les équipements qui nous entourent deviennent capables de communiquer, d'interagir avec leur environnement et d'offrir aux utilisateurs des interfaces de commande et de divertissement véritablement intuitives *(source Microsoft)*

pérennité des logements et obligera à consentir dans le futur de lourds investissements pour les rendre compatibles avec nos modes de vie. Par analogie, nous payons encore aujourd'hui les erreurs des années 1970, qui ont vu la construction de véritables passoires énergétiques précarisant quarante ans plus tard de nombreuses familles qui ne peuvent plus payer leurs charges. Évitons donc aujourd'hui de construire des poubelles technologiques !

Gardons à l'esprit qu'une bonne conception et un conseil avisé sur les solutions réellement adaptées à nos besoins ne nous coûteront jamais plus cher qu'une installation mal conçue ou que des solutions bon marché inappropriées.

17 À nous de jouer…

« Pour aller de l'avant, il faut prendre du recul, car prendre du recul, c'est prendre de l'élan » (MC Solaar).

Dans l'immobilier comme ailleurs, les conditions indispensables à la réussite d'un projet passent par le recul dont nous disposons dans l'analyse d'une situation et par le choix des hommes et de leurs compétences.

Le recul permet généralement de prendre les bonnes décisions et d'arbitrer si nécessaire entre plusieurs solutions. Par exemple, si le surcoût entre une installation élémentaire et une installation élaborée est, comme nous l'avons vu dans l'étude de cas du chapitre 13, de l'ordre de 10 % (4 % d'infrastructure plus 6 % d'équipements), nous devons être en mesure de trancher, par exemple, entre une maison traditionnelle de 200 m^2 et une maison plus confortable, communicante et évolutive de 180 m^2. Dans le pire des cas, nous espérons que ce livre aura donné au lecteur l'envie de sacrifier quelques mètres carrés pour assurer un prééquipement minimal et lui donner ainsi les moyens de faire évoluer son habitation en fonction de ses besoins futurs ou de ceux de ses successeurs.

S'il va de soi que l'innovation a un coût, une maison intelligemment conçue offre en retour certains avantages économiques, notamment les suivants : réduction du budget d'exploitation, en particulier pour l'électricité et le chauffage ; pérennisation des investissements par la modularité et l'évolutivité de l'installation conçue à partir d'une infrastructure standard ; valorisation du patrimoine par une habitation bien conçue, confortable, personnalisable et communicante.

La décision de se lancer dans ce type de projet ne doit cependant pas être seulement motivée par des espoirs de retour sur investissement. Dans ce domaine, la recherche du bien-être et du confort au quotidien est un objectif souvent plus facile à atteindre.

Le choix des hommes permet d'optimiser les chances de succès. Comme expliqué au chapitre 11, il est primordial pour la sélection des intervenants de suivre une méthodologie rigoureuse et de constituer une équipe compétente, depuis le maître d'œuvre jusqu'à l'installateur. La priorité dans les critères de choix du maître d'œuvre est son ouverture d'esprit et sa capacité à intégrer une nouvelle composante dans le projet.

Si le projet le justifie, il peut être utile de bénéficier en complément des conseils d'un spécialiste indépendant, qui nous aidera à sélectionner des solutions domotiques et multimédias réellement adaptées à vos besoins et à assurer la cohérence des systèmes à installer par les différentes entreprises.

En ce qui concerne la mise en œuvre proprement dite, nous pouvons nous appuyer sur les entreprises préconisées par le maître d'œuvre ou lui demander d'étendre la consultation à des entreprises spécialisées. Si le projet est bien conçu et les plans d'exécution suffisamment détaillés, n'importe quel installateur peut intervenir. Selon la complexité du projet, l'intégration finale peut être confiée à une entreprise spécialisée, appelée intégrateur. Ce dernier effectue les raccordements et le paramétrage des différents systèmes, la programmation des scénarios et des organes de commande ainsi que la maintenance et l'évolution de l'installation.

La plupart des acteurs traditionnellement impliqués dans l'habitat résidentiel sont en train de s'adapter au bouleversement du numérique tant l'enjeu est d'importance pour leurs métiers.

Les fabricants ne peuvent plus ignorer la nécessité d'ouvrir leurs produits aux réseaux domotiques et multimédias. Comme dans les autres secteurs d'activité liés à l'innovation, on assiste à deux types de réaction. Certains, en situation de force voire de monopole dans leur secteur, optent pour une stratégie propriétaire, en espérant que leur protocole maison deviendra à terme un standard de fait. D'autres s'ouvrent aux protocoles normalisés en faisant le pari de l'interopérabilité.

Les maîtres d'œuvre, qu'ils soient architectes, architectes d'intérieur, décorateurs ou constructeurs de maisons individuelles, n'ont pas encore tous les compétences nécessaires pour prendre en compte les besoins exprimés par leurs clients. L'architecte a traditionnellement une approche liée à l'espace de l'habitat, le promoteur une approche économique alors que la domotique est l'occasion d'introduire une approche liée aux usages et à l'écoute de l'utilisateur. Certains professionnels se distinguent néanmoins depuis quelques années soit parce qu'ils sont eux-mêmes passionnés par l'innovation et qu'ils ont compris que les technologies multimédias et domotiques contemporaines pouvaient répondre à leurs exigences en termes de simplicité d'utilisation, d'ergonomie et d'esthétisme, soit enfin parce que leurs clients ne leur ont pas laissé le choix. En règle générale, il faut donc pour l'instant que les clients soient relativement avisés pour imposer une réflexion de fond sur l'innovation. Dans la construction collective, des promoteurs commencent à réaliser des programmes fondés sur des infrastructures de câblage évolutives, facilitant la personnalisation des appartements.

Certains installateurs ont vu dans l'innovation l'occasion de valoriser leur activité en apportant une valeur ajoutée à leurs clients. Ils peuvent se familiariser avec ces technologies grâce à des formations proposées par les fabricants ou par certaines entreprises spécialisées. Il existe sur le marché des solutions adaptées aux différents niveaux de compétence des installateurs, qui doivent choisir entre leur métier traditionnel, axé sur le câblage, et de nouvelles professions de conseil, d'intégration, de programmation et de maintenance.

D'une manière générale, les différents acteurs du secteur sont encore relativement frileux, même si la généralisation du très haut débit, des smartphones et des tablettes ainsi que la crédibilité apportée par la nouvelle réglementation thermique RT 2012 devrait accélérer le développement de la domotique. En définitive, c'est à nous qu'il reviendra d'imposer notre volonté et de montrer que nous sommes prêts à consacrer une partie de notre budget à la mise en œuvre de fonctions élaborées.

Nous en savons maintenant beaucoup sur l'intégration de technologies innovantes dans l'habitat. Nous sommes en mesure de nous poser les bonnes questions afin de décider en connaissance de cause de retenir ou non certaines des fonctionnalités décrites dans cet ouvrage. Ce livre n'est pas exhaustif, loin s'en faut, tant les offres des fabricants sont nombreuses, les innovations constantes et les possibilités offertes par les nouvelles technologies infinies. L'objectif de l'auteur a été de transmettre les résultats d'une veille technologique permanente ainsi que l'expérience accumulée sur de nombreux projets de maison communicante au contact d'utilisateurs, d'électriciens et d'architectes.

Nous savons ce qu'il est possible de faire dans ce domaine, et nous détenons les clés pour être réellement acteurs du processus de décision. N'hésitons pas à nous entourer de conseils pertinents afin de réussir notre projet de construction ou de rénovation et de profiter au final d'une maison numérique intelligemment conçue.

Annexe

Conseillers en domotique et multimédia

Les professions liées à l'intégration des technologies domotiques et multimédias dans l'habitat sont en train de se structurer, à l'image de ce qui se fait dans d'autres pays, grâce notamment à DomoConsulting, réseau national de spécialistes.

Le rôle d'un conseiller DomoConsulting est d'analyser les besoins fonctionnels, d'évaluer les enveloppes budgétaires dès la phase d'avant-projet, de sélectionner les produits les plus adaptés en toute indépendance et de coordonner les entreprises concernées jusqu'à la réception de l'installation.

Pour en savoir plus et contacter le conseiller le plus proche, rendez-vous sur *www.domoconsulting.com*.

Sites Internet généralistes

Association Promotelec : www.promotelec.com

Magazines Architectures à vivre *et* Ecologik *: www.avivre.net*

Base de données des produits du bâtiment : www.batiproduits.com

Assistance à la gestion de chantier : www.batirenover.com

Le bien-être à la maison : www.bienchezsoi.net

Association des spécialistes CEDIA *: www.cedia.net (anglais)*

Portail du home cinéma : www.cinenow.com

Portail des technologies numériques : www.digitalworld.fr

Domotique et économies d'énergie : www.domoclick.com

Actualités de la domotique : www.domotique-news.com

Réseau d'installateurs home cinéma : www.homecinefeel.com

Équipement de la maison : www.homeconfort.com

Mieux vivre sa maison : www.ideesmaison.com

Portail de la domotique : www.maison-domotique.com

Association Promotelec : www.promotelec.com

Magazine Residential Systems *: www.resmagonline.com (anglais)*

Guide de la maison : www.vivremamaison.com

Informations sur les nouveautés en électricité : www.voltimum.fr

Portail de l'immobilier : www.321maison.com

Blogs spécialisés

Abavala : www.abavala.com

3e : www.bienchezsoi.nblog3e.com

Domadoo : blog.domadoo.com

Domoconcept2B : domoconcept2b.wordpress.com

Domotique Info : www.domotique-info.fr

Maison et domotique : www.maison-et-domotique.com

Multiroom : blog.multiroom.fr

Smarthome : blog.smarthome.com (anglais)

Toute la domotique : www.touteladomotique.com

Références

C. BOSSARD, *Guide de l'électricité biocompatible*, Des dessins et des mots, 2006

D. BRIERE, P. HURLEY, *Smart Homes for Dummies*, 3e édition, Wiley, 2007

S. DIXIT, R. PRASAD, *Technologies for Home Networking*, Wiley, 2008

T. GALLAUZIAUX, D. FEDULLO, *L'Installation électrique*, 4e édition, Eyrolles, 2012

GUIDE PROMOTELEC, *Habitat communicant*, 2e édition, 2011

J. NOZICK, *Guide du câblage universel*, 3e édition, Eyrolles, 2009

G. PUJOLLE, *Les Réseaux*, 6e édition, Eyrolles, 2007

J. REPIQUET, F.-X. JEULAND, *Maison A/Studio B. Architectures à vivre*, Eyrolles, 2007

M. THIÉBAUT-BRODIER, *Domotique : sécurité, confort, économies*, Publitronic-Elektor, 2011

Index

C

E

F

G

H

I

O

P

Q

R

S

T

U

V

W

X

Y

Z

Dépôt légal : mars 2012
N° d'éditeur : 8541
IMPRIMÉ EN FRANCE

Achevé d'imprimer le 5 mars 2012
sur les presses de l'imprimerie « La Source d'Or »
63039 Clermont-Ferrand
Imprimeur n° 12889

Dans le cadre de sa politique de développement durable,
La Source d'Or a été référencée IMPRIM'VERT®
par son organisme consulaire de tutelle.
Cet ouvrage est imprimé - pour l'intérieur -
sur papier couché sans bois « G-Print » 100 g,
provenant de la gestion durable des forêts, des papeteries Arctic Paper,
fabriqué avec une pâte sans acide, répondant à la norme ISO 9706.
L'usine opère selon les certifications environnementales ISO 14001 et E.M.A.S.